CAMBRIDGE LIBRARY COLLECTION

Books of enduring scholarly value

Mathematical Sciences

From its pre-historic roots in simple counting to the algorithms powering modern desktop computers, from the genius of Archimedes to the genius of Einstein, advances in mathematical understanding and numerical techniques have been directly responsible for creating the modern world as we know it. This series will provide a library of the most influential publications and writers on mathematics in its broadest sense. As such, it will show not only the deep roots from which modern science and technology have grown, but also the astonishing breadth of application of mathematical techniques in the humanities and social sciences, and in everyday life.

Oeuvres complètes

Augustin-Louis, Baron Cauchy (1789-1857) was the pre-eminent French mathematician of the nineteenth century. He began his career as a military engineer during the Napoleonic Wars, but even then was publishing significant mathematical papers, and was persuaded by Lagrange and Laplace to devote himself entirely to mathematics. His greatest contributions are considered to be the Cours d'analyse de l'École Royale Polytechnique (1821), Résumé des leçons sur le calcul infinitésimal (1823) and Leçons sur les applications du calcul infinitésimal à la géométrie (1826-8), and his pioneering work encompassed a huge range of topics, most significantly real analysis, the theory of functions of a complex variable, and theoretical mechanics. Twenty-six volumes of his collected papers were published between 1882 and 1958. The first series (volumes 1–12) consists of papers published by the Académie des Sciences de l'Institut de France; the second series (volumes 13–26) of papers published elsewhere.

Cambridge University Press has long been a pioneer in the reissuing of out-of-print titles from its own backlist, producing digital reprints of books that are still sought after by scholars and students but could not be reprinted economically using traditional technology. The Cambridge Library Collection extends this activity to a wider range of books which are still of importance to researchers and professionals, either for the source material they contain, or as landmarks in the history of their academic discipline.

Drawing from the world-renowned collections in the Cambridge University Library, and guided by the advice of experts in each subject area, Cambridge University Press is using state-of-the-art scanning machines in its own Printing House to capture the content of each book selected for inclusion. The files are processed to give a consistently clear, crisp image, and the books finished to the high quality standard for which the Press is recognised around the world. The latest print-on-demand technology ensures that the books will remain available indefinitely, and that orders for single or multiple copies can quickly be supplied.

The Cambridge Library Collection will bring back to life books of enduring scholarly value across a wide range of disciplines in the humanities and social sciences and in science and technology.

Oeuvres complètes

Series 1

VOLUME 5

AUGUSTIN LOUIS CAUCHY

CAMBRIDGE
UNIVERSITY PRESS

CAMBRIDGE UNIVERSITY PRESS

Cambridge New York Melbourne Madrid Cape Town Singapore São Paolo Delhi

Published in the United States of America by Cambridge University Press, New York

www.cambridge.org
Information on this title: www.cambridge.org/9781108002714

This edition first published 1885
This digitally printed version 2009

ISBN 978-1-108-00271-4

ŒUVRES

COMPLÈTES

D'AUGUSTIN CAUCHY

PARIS. — IMPRIMERIE DE GAUTHIER-VILLARS, SUCCESSEUR DE MALLET-BACHELIER.
5050 Quai des Augustins, 55.

ŒUVRES

COMPLÈTES

D'AUGUSTIN CAUCHY

PUBLIÉES SOUS LA DIRECTION SCIENTIFIQUE

DE L'ACADÉMIE DES SCIENCES

ET SOUS LES AUSPICES

DE M. LE MINISTRE DE L'INSTRUCTION PUBLIQUE.

Ire SÉRIE. — TOME V.

PARIS,

GAUTHIER-VILLARS, IMPRIMEUR-LIBRAIRE

DU BUREAU DES LONGITUDES, DE L'ÉCOLE POLYTECHNIQUE,

SUCCESSEUR DE MALLET-BACHELIER,

Quai des Augustins, 55.

M DCCC LXXXV

PREMIÈRE SÉRIE.

MÉMOIRES, NOTES ET ARTICLES

EXTRAITS DES

RECUEILS DE L'ACADÉMIE DES SCIENCES

DE L'INSTITUT DE FRANCE.

III.

NOTES ET ARTICLES

EXTRAITS DES

COMPTES RENDUS HEBDOMADAIRES DES SÉANCES

DE L'ACADÉMIE DES SCIENCES.

(SUITE.)

NOTES ET ARTICLES

EXTRAITS DES

COMPTES RENDUS HEBDOMADAIRES DES SÉANCES

DE L'ACADÉMIE DES SCIENCES.

69.

Analyse mathématique. — *Mémoire sur l'évaluation et la réduction de la fonction principale dans les intégrales d'un système d'équations linéaires.*

C. R., t. IX, p. 637 (18 novembre 1839).

J'ai fait voir, dans mes *Exercices d'Analyse et de Physique mathématique*, qu'étant donné un système d'équations linéaires aux différences partielles et à coefficients constants entre plusieurs variables principales et des variables indépendantes qui, dans les problèmes de Mécanique, seront, par exemple, trois coordonnées rectangulaires x, y, z et le temps t, on pourra, en supposant connues les valeurs initiales des variables principales et de quelques-unes de leurs dérivées, réduire la recherche des intégrales générales des équations proposées à l'évaluation d'une seule fonction des variables indépendantes, que j'ai nommée la *fonction principale*. Cette fonction principale n'est autre chose qu'une intégrale particulière de l'équation unique aux différences partielles à laquelle doit satisfaire une fonction linéaire quelconque des variables principales; et si, dans tous les termes de cette équation aux différences partielles, on efface la lettre employée pour représenter la fonction principale, on obtiendra, entre les puissances des signes de différentiation

$$D_x, \quad D_y, \quad D_z, \quad D_t,$$

ce que nous appelons l'*équation caractéristique*. Ajoutons : 1° que l'ordre n de cette équation caractéristique est généralement la somme des nombres qui, dans les équations données, représentent les ordres des dérivées les plus élevées des variables principales, différentiées par rapport au temps t; 2° que la fonction principale, assujettie à s'évanouir au premier instant, c'est-à-dire pour $t = 0$, avec ses dérivées relatives au temps et d'un ordre inférieur à $n - 1$, doit fournir une dérivée de l'ordre $n - 1$ qui se réduise alors à une fonction de x, y, z choisie arbitrairement. Ainsi déterminée, la fonction principale peut toujours être représentée par une intégrale définie sextuple, relative à six variables auxiliaires, et qui renferme sous le signe $\int$ une exponentielle trigonométrique dont l'exposant est une fonction linéaire des variables indépendantes. Mais, dans beaucoup de cas, cette intégrale définie sextuple peut être remplacée par des intégrales d'un ordre moindre, ou se réduire même à une expression en termes finis. En conséquence, la fonction principale peut admettre des transformations et des réductions qu'il est bon de connaître, et qui sont l'objet du Mémoire que j'ai l'honneur d'offrir aujourd'hui à l'Académie.

Déjà, dans un article que renferme le *Compte rendu* de la séance du 26 août dernier, j'ai observé que la méthode exposée dans mon Mémoire sur l'intégration d'un système d'équations aux différences partielles continue d'être applicable, lors même qu'on peut abaisser l'ordre de l'équation caractéristique; et qu'alors les intégrales générales se présentent sous une forme plus simple que celle qu'on aurait obtenue si l'on n'avait pas tenu compte de l'abaissement. C'est ce qui arrive en particulier lorsqu'un système simple, ou un double système de molécules, devient isotrope. En effet, comme les équations du mouvement, étant chacune du second ordre par rapport au temps, sont au nombre de trois dans un système simple, et au nombre de six dans un double système de molécules, il en résulte que l'équation caractéristique est généralement du sixième ordre pour un système simple, et du douzième ordre pour un double système. Toutefois, lorsque le système devient isotrope, l'ordre de l'équation caractéristique se réduit à quatre dans le premier cas, et à huit dans le second.

Dans les deux cas que nous venons de rappeler, le premier membre de l'équation caractéristique, réduite à sa forme la plus simple, est décomposable en deux facteurs rationnels du second ou du quatrième ordre; par conséquent l'équation caractéristique se décompose en deux autres d'ordres inférieurs. De semblables décompositions peuvent être employées avantageusement dans la détermination de la fonction principale. Ainsi, en particulier, je prouve que si l'équation caractéristique, étant de l'ordre $2m$, se décompose en m équations du second ordre, propres à fournir pour le carré de D_t des valeurs qui soient entre elles dans des rapports constants, la fonction principale, correspondante à l'équation caractéristique de l'ordre $2m$, offrira pour sa dérivée relative au temps, et de l'ordre $2m$, la somme de m termes respectivement proportionnels aux fonctions principales qui vérifieraient les m équations du second ordre. C'est pour cette raison que les équations du mouvement d'un système isotrope, lorsqu'elles deviennent homogènes, fournissent toujours des intégrales générales semblables à celles que M. Poisson a données dans les tomes VIII et X des *Mémoires de l'Académie*, la fonction principale pouvant alors être réduite à celle que l'on obtient en intégrant l'équation du son, et cette réduction pouvant être opérée, quel que soit d'ailleurs le rapport entre les vitesses de propagation des deux espèces d'ondes planes compatibles avec la constitution du système, par conséquent soit que l'on suppose ce rapport égal à $\sqrt{3}$ avec MM. Navier et Poisson, ou qu'on le réduise à zéro comme je le fais dans la *Théorie de la lumière*.

Après avoir indiqué les avantages que peut offrir, dans la détermination de la fonction principale, la décomposition de l'équation caractéristique en plusieurs autres, je passe à des réductions qui s'opèrent dans le cas même où cette équation est indécomposable. Je trouve en particulier que, dans le cas où elle est homogène, on peut, en considérant les deux systèmes de variables auxiliaires comme deux systèmes de coordonnées rectangulaires, et substituant à celles-ci des coordonnées polaires, réduire l'intégrale sextuple qui représente la fonction principale à une intégrale quadruple. Alors les résultats qu'on obtient sont analogues à ceux que j'ai donnés dans un Mémoire présenté à l'Académie le 17 mai 1830, et dont un extrait a été inséré dans le *Bulletin* de M. de Férussac de la même année.

Enfin, lorsque l'équation caractéristique est non seulement homogène, mais du second ordre, l'intégrale quadruple qui représente la fonction principale se réduit à une intégrale double semblable à celles auxquelles je suis parvenu dans un Mémoire que renferme le XXe Cahier du *Journal de l'École Polytechnique*.

Outre les réductions que nous venons d'indiquer, et qui ne diminuent en rien la généralité des solutions, il en est d'autres qui tiennent à des formes spéciales des fonctions arbitraires introduites par l'intégration. Lorsqu'on adopte ces formes spéciales, on obtient, non plus les intégrales générales des équations données, mais des intégrales particulières qui peuvent souvent se présenter sous une forme très simple et même s'exprimer en termes finis. Telles sont, par exemple, les intégrales qui représentent ce que nous avons nommé les mouvements simples d'un ou de plusieurs systèmes de molécules. Mais les mouvements simples et par ondes planes ne sont pas les seuls dans lesquels les variables principales puissent être exprimées par des fonctions finies des variables indépendantes. Il existe d'autres cas où cette condition se trouve pareillement remplie. Ainsi, en particulier, lorsque dans un système isotrope les équations des mouvements infiniment petits deviennent homogènes, des intégrales en termes finis peuvent représenter des ondes sphériques du genre de celles que j'ai mentionnées dans le n° 19 des *Comptes rendus* de 1836 (1er sem.) [1], savoir, des ondes dans lesquelles les vibrations moléculaires soient dirigées suivant les éléments de circonférences de cercles parallèles

[1] *Œuvres de Cauchy*, S. I, t. IV. — Extrait n° 7, p. 32 et suiv.

tracés sur les surfaces sphériques, ces vibrations étant semblables entre elles, et isochrones pour tous les points d'une même circonférence. De plus, si ce qu'on appelle la *surface des ondes* est un ellipsoïde, des intégrales en termes finis représenteront encore des ondes ellipsoïdales dans lesquelles les vibrations moléculaires resteront les mêmes pour tous les points situés sur une même surface d'ellipsoïde, ces vibrations étant alors dirigées suivant des droites parallèles. Au reste, je reviendrai plus en détail dans un autre Mémoire sur ces diverses espèces d'ondes qui se propagent en conservant constamment les mêmes épaisseurs.

§ Ier. — *Sur les avantages que peut offrir la décomposition de l'équation caractéristique en plusieurs autres.*

Considérons, pour fixer les idées, un système d'équations linéaires aux différences partielles et à coefficients constants, entre plusieurs variables principales, et quatre variables indépendantes, dont trois x, y, z pourront représenter des coordonnées rectangulaires, et le quatrième t le temps. Si l'on nomme 8 l'une quelconque des variables principales, l'élimination de toutes les autres entre les équations linéaires données fournira une équation résultante

$$\nabla 8 = 0, \tag{1}$$

dans laquelle ∇ sera une fonction entière des caractéristiques

$$D_x, \quad D_y, \quad D_z, \quad D_t,$$

et l'on vérifiera l'équation (1) en prenant pour 8, non seulement l'une quelconque des variables principales, mais encore une fonction linéaire quelconque de ces variables. Alors aussi

$$\nabla = 0 \tag{2}$$

sera l'*équation caractéristique*, et si l'on nomme n l'exposant de la plus haute puissance de D_t contenue dans ∇, n représentera l'*ordre* ou le degré de l'équation caractéristique. Enfin, si le coefficient de D_t^n dans ∇

se réduit à l'unité, alors, $\varpi(x, y, z)$ désignant une fonction arbitraire des coordonnées, la fonction principale ϖ devra vérifier, quel que soit t, l'équation linéaire

$$\nabla\varpi = 0, \tag{3}$$

et, pour $t = 0$, les conditions

$$\varpi = 0, \quad D_t\varpi = 0, \quad \ldots, \quad D_t^{n-2}\varpi = 0, \quad D_t^{n-1}\varpi = \varpi(x, y, z). \tag{4}$$

Cela posé, il est facile de reconnaître les avantages que peut offrir la décomposition de l'expression symbolique ∇ en d'autres expressions de même forme.

Supposons, par exemple,

$$\nabla = \nabla'\nabla'',$$

∇' étant du degré n' par rapport à D_t, et ayant pour premier terme $D_t^{n'}$. Alors, si l'on pose

$$\nabla''\varpi = \Pi, \tag{5}$$

Π sera une fonction principale propre à vérifier, quel que soit t, l'équation linéaire

$$\nabla'\Pi = 0, \tag{6}$$

et, pour $t = 0$, les conditions

$$\Pi = 0, \quad D_t\Pi = 0, \quad \ldots, \quad D_t^{n'-2}\Pi = 0, \quad D_t^{n'-1}\Pi = \varpi(x, y, z). \tag{7}$$

La valeur de Π étant obtenue, on aura pour déterminer ϖ l'équation (5) jointe aux conditions

$$\varpi = 0, \quad D_t\varpi = 0, \quad \ldots, \quad D_t^{n''-1}\varpi = 0, \tag{8}$$

la valeur de n'' étant $n - n'$.

Supposons maintenant que l'on ait

$$\nabla = (D_t^2 - G)(D_t^2 - H)\ldots, \tag{9}$$

G, H, ... étant seulement fonctions de

$$D_x, \quad D_y, \quad D_z,$$

et admettons que ces fonctions soient entre elles dans des rapports constants. On aura identiquement

$$(10)\qquad \frac{D_t^{n-2}}{\nabla} = \frac{g}{D_t^2 - G} + \frac{h}{D_t^2 - H} + \ldots,$$

g, h, ... désignant des quantités constantes. Cela posé, soient

$$\varpi_1, \quad \varpi_2, \quad \ldots$$

des fonctions principales propres à vérifier, quel que soit t, les équations linéaires

$$(11)\qquad (D_t^2 - G)\varpi_1 = 0, \qquad (D_t^2 - H)\varpi_2 = 0, \qquad \ldots,$$

et, pour $t = 0$, les conditions

$$(12)\qquad \varpi_1 = 0, \qquad \varpi_2 = 0, \qquad \ldots, \qquad D_t\varpi_1 = D_t\varpi_2 = \ldots = \varpi(x, y, z).$$

Je prouve de deux manières différentes que l'on aura

$$(13)\qquad D_t^{n-2}\varpi = g\varpi_1 + h\varpi_2 + \ldots,$$

et, par suite,

$$(14)\qquad \varpi = D_t^{2-n}(g\varpi_1 + h\varpi_2 + \ldots).$$

L'une des deux démonstrations se déduit immédiatement des formules (3), (4), (11) et (12); l'autre, qui est la plus simple, repose sur la transformation de la fonction principale ϖ en intégrale définie, transformation qu'il est utile d'opérer lors même que les fonctions G, H cessent d'être entre elles dans des rapports constants. Ajoutons que, n étant supérieur à 2, le signe

$$D_t^{2-n} = D_t^{-(n-2)}$$

indiquera, dans l'équation (14), $n - 2$ intégrations successives effectuées chacune, par rapport à t, à partir de l'origine $t = 0$.

Au reste, la proposition contenue dans la formule (14) peut être généralisée; et, en effet, on établit, à l'aide des mêmes raisonnements, celle que nous allons énoncer.

THÉORÈME. — *Supposons que, dans l'équation caractéristique*

$$\nabla = 0,$$

la plus haute puissance de D_t *ait pour coefficient l'unité, et que le premier membre* ∇ *de cette équation soit décomposable en facteurs de même forme, en sorte qu'on ait*

$$\nabla = \nabla' \nabla'' \ldots;$$

soient d'ailleurs

$$\varpi, \quad \varpi_1, \quad \varpi_2, \quad \ldots$$

les fonctions principales correspondantes aux équations caractéristiques

$$\nabla = 0, \qquad \nabla' = 0, \qquad \nabla'' = 0, \qquad \ldots$$

Si l'on a identiquement

(15) $$\frac{D_t^m}{\nabla} = \frac{g}{\nabla'} + \frac{h}{\nabla''} + \ldots,$$

g, h, ... désignant des quantités constantes, on en conclura

$$D_t^m \varpi = g\varpi_1 + h\varpi_2 + \ldots,$$

et par conséquent

(16) $$\varpi = D_t^{-m}(g\varpi_1 + h\varpi_2 + \ldots).$$

§ II. — *Transformation de la fonction principale.*

Soient

$$\nabla = \mathrm{F}(D_x, D_y, D_z, D_t)$$

le premier membre de l'équation caractéristique, et

$$8 = \mathrm{F}(u, v, w, s)$$

ce que devient ce premier membre, quand on y remplace

$$D_x, \quad D_y, \quad D_z, \quad D_t$$

par les lettres

$$u, \quad v, \quad w, \quad s;$$

enfin soient

$$\mathrm{u}, \quad \mathrm{v}, \quad \mathrm{w}, \quad \lambda, \quad \mu, \quad \nu$$

six variables auxiliaires, et supposons : 1° que u, v, w soient liées avec u, v, w par les formules

$$u = \mathrm{u}\sqrt{-1}, \qquad v = \mathrm{v}\sqrt{-1}, \qquad w = \mathrm{w}\sqrt{-1};$$

2° que l'on considère s comme une fonction de u, v, w déterminée par l'équation

$$8 = 0.$$

La fonction principale ϖ, assujettie à vérifier, quel que soit t, l'équation linéaire

$$\nabla\varpi = 0,$$

et, pour $t = 0$, les conditions

$$\varpi = 0, \quad D_t\varpi = 0, \quad \ldots, \quad D_t^{n-2}\varpi = 0, \quad D_t^{n-1}\varpi = \varpi(x, y, z),$$

sera déterminée par la formule

$$(1) \quad \varpi = \mathcal{E}\int_{-\infty}^{\infty}\int_{-\infty}^{\infty}\int_{-\infty}^{\infty}\int_{-\infty}^{\infty}\int_{-\infty}^{\infty}\int_{-\infty}^{\infty}\frac{\varpi(\lambda, \mu, \nu)}{((8))}e^{u(x-\lambda)+v(y-\mu)+w(z-\nu)+st}\frac{d\lambda\, du}{2\pi}\frac{d\mu\, dv}{2\pi}\frac{d\nu\, dw}{2\pi},$$

le signe $\mathcal{E}$ du calcul des résidus étant relatif aux diverses racines s de l'équation

$$8 = 0.$$

Concevons à présent que l'on transforme les quantités variables

$$u, \quad v, \quad w$$

et

$$\lambda - x, \quad \mu - y, \quad \nu - z,$$

considérées comme représentant des coordonnées rectangulaires, en coordonnées polaires

$$k, \quad p, \quad q$$

et

$$\rho, \quad \theta, \quad \tau$$

à l'aide des équations

$$u = k\cos p, \qquad v = k\sin p\cos q, \qquad w = k\sin p\sin q,$$
$$\lambda - x = \rho\cos\theta, \qquad \mu - y = \rho\sin\theta\cos\tau, \qquad \nu - z = \rho\sin\theta\sin\tau.$$

Posons d'ailleurs, pour abréger,

$$\cos\delta = \frac{u(\lambda - x) + v(\mu - y) + w(\nu - z)}{k\rho}$$
$$= \cos p\cos\theta + \sin p\cos q\sin\theta\cos\tau + \sin p\sin q\sin\theta\sin\tau$$

et

$$s = k\omega\sqrt{-1}.$$

On devra, dans l'équation (1), remplacer des produits

$$du\,dv\,dw,\quad d\lambda\,d\mu\,d\nu$$

par

$$k^2 \sin p\,dp\,dq\,dr,\quad \rho^2 \sin\theta\,d\theta\,d\tau\,d\rho;$$

et, en ayant égard à la formule

$$h^2 e^{k\omega t\sqrt{-1}} = -\frac{1}{\omega^2} D_t^2 e^{k\omega t\sqrt{-1}},$$

on trouvera

$$(2)\quad \varpi = -\frac{D_t^2}{4}\mathcal{E}\int_0^{\pi}\int_0^{2\pi}\int_0^{\infty}\int_0^{\pi}\int_0^{2\pi}\int_0^{\infty}\frac{\varpi(\lambda,\mu,\nu)}{((\mathcal{S}))}e^{k(\omega t-\rho\cos\delta)\sqrt{-1}}\left(\frac{\rho}{\omega}\right)^2 \sin p \sin\theta\,\frac{dp\,dq\,dk\,d\theta\,d\tau\,d\rho}{(2\pi)^3}.$$

Si

$$F(D_x, D_y, D_z, D_t)$$

est une fonction homogène de

$$D_x,\quad D_y,\quad D_z,\quad D_t,$$

alors on aura

$$\mathcal{S} = (k\sqrt{-1})^n F(\cos p, \sin p\cos q, \sin p \sin q, \omega);$$

et, en remplaçant

$$k \text{ par } \frac{k}{\cos\delta},$$

puis effectuant la double intégration relative aux variables auxiliaires k et ρ, on tirera de l'équation (2), différentiée $n-1$ fois par rapport à t,

$$(3)\quad D_t^{n-3}\varpi = -\frac{1}{16\pi^2}\mathcal{E}\int_0^{\pi}\int_0^{2\pi}\int_0^{\pi}\int_0^{2\pi}\frac{\omega^{n-1}t^2\sin p\sin\theta\,\varpi(\lambda,\mu,\nu)}{((F(\cos p, \sin p\cos q, \sin p\sin q, \omega)))}\,\frac{dp\,dq\,d\theta\,d\tau}{\cos^2\delta\sqrt{\cos^2\delta}},$$

les valeurs de λ, μ, ν étant

$$(4)\quad \begin{cases} \lambda = x + \dfrac{\omega t}{\cos\delta}\cos\theta, \\ \mu = y + \dfrac{\omega t}{\cos\delta}\sin\theta\cos\tau, \\ \nu = z + \dfrac{\omega t}{\cos\delta}\sin\theta\sin\tau, \end{cases}$$

et le signe $\mathcal{E}$ étant relatif à la variable ω considérée comme racine de l'équation

$$F(\cos p, \sin p \cos q, \sin p \sin q, \omega) = 0.$$

On tirera immédiatement de l'équation (3) la valeur de ϖ, en plaçant devant le second membre la caractéristique

$$D_t^{3-n}$$

qui, lorsque $3 - n$ deviendra négatif, indiquera $n - 3$ intégrations effectuées par rapport à t à partir de l'origine $t = 0$. Si l'on suppose simplement $n = 2$, le coefficient de D_t^2 dans $F(D_x, D_y, D_z, D_t)$ étant l'unité, on trouvera

$$\mathcal{E} \frac{\omega^{n-1}}{((F(\cos p, \sin p \cos q, \sin p \sin q, \omega)))} = 1,$$

et, par suite, l'équation (3) donnera

$$(5) \qquad \varpi = -\frac{1}{16\pi^2} D_t \int_0^{\pi} \int_0^{2\pi} \int_0^{\pi} \int_0^{2\pi} t^2 \sin p \sin \theta \varpi(\lambda, \mu, \nu) \frac{dp\, dq\, d\theta\, d\tau}{\cos^2\delta \sqrt{\cos^2\delta}}.$$

Si l'on suppose en particulier

$$F(u, v, w, s) = s^2 - A u^2 - B v^2 - C w^2 - 2D vw - 2E wu - 2F uv,$$

c'est-à-dire, en d'autres termes, si l'équation linéaire à laquelle doit satisfaire la fonction ϖ est de la forme

$$\frac{\partial^2 \varpi}{\partial t^2} = A \frac{\partial^2 \varpi}{\partial x^2} + B \frac{\partial^2 \varpi}{\partial y^2} + C \frac{\partial^2 \varpi}{\partial z^2} + 2D \frac{\partial^2 \varpi}{\partial y\, \partial z} + 2E \frac{\partial^2 \varpi}{\partial z\, \partial x} + 2F \frac{\partial^2 \varpi}{\partial x\, dy},$$

A, B, C, D, E, F désignant des quantités constantes, alors, en admettant que le produit

$$t^2 \varpi(x + t\cos\theta, y + t\sin\theta\cos\tau, z + t\sin\theta\sin\tau)$$

s'évanouisse pour des valeurs infinies de t, ou du moins que ce produit acquière, pour $t = -\infty$ et pour $t = \infty$, deux valeurs égales au signe près, mais affectées de signes contraires, on pourra, en vertu d'une formule établie dans la 49e livraison des *Exercices de Mathématiques* (p. 16), effectuer les deux intégrations relatives aux variables auxiliaires p, q; et, en désignant par K, Θ deux quantités positives, propres à vérifier les formules

$$\mathrm{K}^2 = \mathrm{ABC} - \mathrm{AD}^2 - \mathrm{BE}^2 - \mathrm{CF}^2 + 2\,\mathrm{BEF},$$

$$\begin{aligned}\mathrm{K}^2\Theta^2 = (\mathrm{BC}-\mathrm{D}^2)\cos^2\theta + (\mathrm{CA}-\mathrm{E}^2)\sin^2\theta\cos^2\tau + (\mathrm{AB}-\mathrm{F}^2)\sin^2\theta\sin^2\tau\\ + 2(\mathrm{AD}-\mathrm{EF})\sin^2\theta\sin\tau\cos\tau + 2(\mathrm{BE}-\mathrm{FD})\sin\theta\cos\theta\sin\tau\\ + 2(\mathrm{CF}-\mathrm{DE})\sin\theta\cos\theta\sin\tau,\end{aligned}$$

on trouvera

$$(6)\qquad \varpi = \frac{1}{4\pi}\int_0^{\pi}\int_0^{2\pi} t\sin\theta\,\varpi(\lambda,\mu,\nu)\,\frac{d\theta\,d\tau}{\mathrm{K}\Theta^3},$$

les valeurs de λ, μ, ν étant

$$(7)\quad \lambda = x + \frac{t}{\Theta}\cos\theta,\qquad \mu = y + \frac{t}{\Theta}\sin\theta\cos\tau,\qquad \nu = z + \frac{t}{\Theta}\sin\theta\sin\tau.$$

Dans le cas où l'on a

$$\mathrm{A} = \mathrm{B} = \mathrm{C} = \Omega^2,\qquad \mathrm{D} = \mathrm{E} = \mathrm{F} = 0,$$

on trouve

$$\mathrm{K} = \Omega^3,\qquad \Theta = \frac{1}{\Omega},$$

et, par suite, la formule (6) se réduit à

$$(8)\qquad \varpi = \frac{1}{4\pi}\int_0^{\pi}\int_0^{2\pi} t\sin\theta\,\varpi(\lambda,\mu,\nu)\,d\theta\,d\tau,$$

les valeurs de λ, μ, ν étant

$$(9)\quad \lambda = x + \Omega t\cos\theta,\qquad \mu = y + \Omega t\sin\theta\cos\tau,\qquad \nu = z + \Omega t\sin\theta\sin\tau.$$

On se trouve ainsi ramené à l'intégrale que M. Poisson a donnée de l'équation linéaire généralement considérée comme propre à représenter la propagation du son dans un fluide élastique.

§ III. — *Application des principes établis dans les paragraphes précédents à l'intégration des équations linéaires qui représentent les mouvements infiniment petits d'un système isotrope.*

Comme nous l'avons prouvé dans les *Exercices d'Analyse et de Physique mathématique,* les équations qui représentent les mouvements infiniment petits d'un système isotrope de molécules sollicitées par des forces d'attraction ou de répulsion mutuelle sont de la forme

$$(1)\quad \begin{cases} (\mathrm{E}-\mathrm{D}_t^2)\xi+\mathrm{F}\mathrm{D}_x(\mathrm{D}_x\xi+\mathrm{D}_y\eta+\mathrm{D}_z\zeta)=0,\\ (\mathrm{E}-\mathrm{D}_t^2)\eta+\mathrm{F}\mathrm{D}_y(\mathrm{D}_x\xi+\mathrm{D}_y\eta+\mathrm{D}_z\zeta)=0,\\ (\mathrm{E}-\mathrm{D}_t^2)\zeta+\mathrm{F}\mathrm{D}_z(\mathrm{D}_x\xi+\mathrm{D}_y\eta+\mathrm{D}_z\zeta)=0,\end{cases}$$

ξ, η, ζ désignant les déplacements d'une molécule, mesurés parallèlement aux axes des x, y, z au bout du temps t, et

$$\mathrm{E},\quad \mathrm{F}$$

étant deux fonctions de

$$\mathrm{D}_x^2+\mathrm{D}_y^2+\mathrm{D}_z^2$$

entières, mais généralement composées d'un nombre infini de termes. Cela posé, le premier membre ∇ de l'équation caractéristique sera de la forme

$$\nabla=\nabla'\nabla'',$$

les valeurs de ∇', ∇'' étant

$$\nabla'=\mathrm{D}_t^2-\mathrm{E},\qquad \nabla''=\mathrm{D}_t^2-\mathrm{E}-(\mathrm{D}_x^2+\mathrm{D}_y^2+\mathrm{D}_z^2)\mathrm{F}.$$

Soit d'ailleurs

$$\varpi$$

la fonction principale correspondante à l'équation caractéristique

$$\nabla=0.$$

Désignons par

$$(2)\quad \varphi(x,y,z),\quad \chi(x,y,z),\quad \psi(x,y,z),\quad \Phi(x,y,z),\quad \mathrm{X}(x,y,z),\quad \Psi(x,y,z)$$

les valeurs initiales de

$$\xi,\quad \eta,\quad \zeta,\qquad \mathrm{D}_t\xi,\quad \mathrm{D}_t\eta,\quad \mathrm{D}_t\zeta,$$

et par

$$\varphi, \quad \chi, \quad \psi, \qquad \Phi, \quad \mathbf{X}, \quad \Psi$$

ce que devient la fonction principale ϖ quand on y remplace successivement la fonction arbitraire

$$\varpi(x, y, z)$$

par chacune des fonctions (2). Pour obtenir les valeurs générales des variables principales ξ, η, ζ, il suffira de résoudre, par rapport à ces variables, les équations (1), après avoir remplacé les seconds membres par

$$\nabla(\Phi + D_t\varphi), \quad \nabla(\mathbf{X} + D_t\chi), \quad \nabla(\Psi + D_t\psi).$$

En opérant ainsi l'on trouvera, pour intégrales générales d'un système isotrope, les équations suivantes :

$$(3) \qquad \begin{cases} \xi = \nabla''(\Phi + D_t\varphi) + F\,D_x\mathrm{8}, \\ \eta = \nabla''(\mathbf{X} + D_t\chi) + F\,D_y\mathrm{8}, \\ \zeta = \nabla''(\Psi + D_t\psi) + F\,D_z\mathrm{8}, \end{cases}$$

la valeur de $\mathrm{8}$ étant

$$(4) \qquad \mathrm{8} = D_x(\Phi + D_t\varphi) + D_y(\mathbf{X} + D_t\chi) + D_z(\Psi + D_t\psi).$$

Si, pour abréger, on désigne par

$$\varpi_1, \quad \varpi_2$$

les fonctions principales qui correspondraient séparément aux deux équations caractéristiques

$$\nabla' = 0, \qquad \nabla'' = 0,$$

on aura

$$\nabla''\varpi = \varpi_1, \qquad \nabla'\varpi = \varpi_2;$$

et, en nommant

$$\varphi_1, \quad \chi_1, \quad \psi_1, \qquad \Phi_1, \quad \mathbf{X}_1, \quad \Psi_1$$

ou

$$\varphi_2, \quad \chi_2, \quad \psi_2, \qquad \Phi_2, \quad \mathbf{X}_2, \quad \Psi_2$$

ce que devient la fonction principale

$$\varpi_1 \quad \text{ou} \quad \varpi_2$$

quand on remplace successivement la fonction arbitraire

$$\varpi(x, y, z)$$

par chacune des fonctions (2), on verra les formules (3) se réduire aux suivantes :

$$(5)\quad \begin{cases} \xi = \Phi_1 + D_t \varphi_1 + F\, D_x 8, \\ \eta = X_1 + D_t \chi_1 + F\, D_y 8, \\ \zeta = \Psi_1 + D_t \psi_1 + F\, D_z 8. \end{cases}$$

Si les équations des mouvements infiniment petits deviennent homogènes, on aura [*voir* le *Compte rendu* de la séance du 24 juin (¹)]

$$E = \iota(D_x^2 + D_y^2 + D_z^2), \quad F = \iota f,$$

ι, f désignant deux constantes réelles, et, par suite,

$$\frac{D_t^2}{\nabla} = \frac{1+f}{f}\frac{1}{\nabla''} - \frac{1}{f}\frac{1}{\nabla'}.$$

Donc alors la formule (14) du § Iᵉʳ donnera

$$(6)\quad \varpi = D_t^{-2}\,\frac{(\iota + f)\varpi_2 - \varpi_1}{f},$$

et la valeur de ϖ se déduira immédiatement de celles des fonctions

$$\varpi_1, \quad \varpi_2,$$

dont chacune, en vertu de la formule (8) du § II, se trouvera représentée par une intégrale double. Cela posé, les intégrales (5), dans le cas particulier que nous considérons ici, deviendront analogues à celles qu'a données M. Poisson dans les Tomes VIII et X des *Mémoires de l'Académie*. Si l'on y pose f = 2, elles coïncideront précisément avec celles que j'avais moi-même obtenues à l'époque où je m'occupais de la théorie des corps élastiques, et qui ne diffèrent qu'en apparence des intégrales données par M. Ostrogradsky. Mais, si l'on admet la supposition f = − 1, à laquelle nous sommes conduits dans la théorie de la

(¹) *Œuvres de Cauchy*, S. I, t. IV. — Extrait n° 54, p. 434.

lumière, la formule (6) donnera simplement

$$\varpi = D_t^{-2}\varpi_1 = \int_0^t \int_0^t \varpi_1 \, dt \, dt, \tag{7}$$

et se déduira immédiatement de l'équation

$$\nabla'' \varpi = \varpi_1,$$

puisqu'on aura, dans cette supposition,

$$\nabla = D_t^2.$$

70.

Physique mathématique. — *Mémoire sur la polarisation des rayons réfléchis ou réfractés par la surface de séparation de deux corps isophanes et transparents.*

C. R., t. IX, p. 676 (25 novembre 1839).

Dans un Mémoire présenté à l'Académie le 12 janvier 1829, Mémoire dont un extrait a été inséré dans le tome IX des *Mémoires de l'Académie,* j'étais parvenu à cette conclusion remarquable que les équations du mouvement de la lumière sont renfermées dans celles qui expriment le mouvement d'un système de molécules très peu écartées de leurs positions d'équilibre. Cette conclusion s'est trouvée confirmée par les recherches que j'ai publiées sur cette matière dans mes *Exercices de Mathématiques,* anciens et nouveaux, ainsi que dans le Mémoire sur la dispersion de la lumière. J'ai reconnu en effet que, parmi les mouvements qui peuvent se propager dans un système de molécules sollicitées par des forces d'attraction ou de répulsion mutuelle, on doit distinguer les mouvements simples et périodiques, appelés *mouvements par ondes planes;* et j'ai prouvé que, dans les mouvements simples d'un système isotrope, les vibrations moléculaires étaient toujours, ou comprises dans les plans des ondes, ou perpendiculaires à ces mêmes plans. Si, pour abréger, on appelle *rayon simple* une file de molécules, originairement situées sur une droite perpendiculaire aux plans des ondes, l'*axe* de ce rayon n'étant autre chose que la droite même dont il s'agit, on pourra dire que, dans un système isotrope, où un mouvement simple se propage sans s'affaiblir, les vibrations de chaque molécule sont toujours dirigées, ou suivant le rayon dont elle fait partie, ou perpendiculairement à ce rayon. Ainsi, l'hypothèse admise par Fresnel des vibrations transversales, c'est-à-dire perpendiculaires aux rayons, est devenue une réalité; et il reste prouvé, comme j'en ai fait le premier la remarque dans les *Mémoires de l'Académie*, que les vibrations transversales sont compatibles avec la constitution d'un système isotrope de molécules qui s'attirent ou se repoussent mutuellement. A la vérité, les idées de Fresnel sur cet objet avaient d'abord été vivement combattues par un illustre académicien, dans plusieurs articles que renferment les *Annales de Chimie et de Physique*. Mais l'auteur de ces articles, en discutant les intégrales des équations, considérées par M. Navier et par lui-même comme propres à représenter les mouvements infiniment petits d'un système isotrope, a finalement reconnu qu'au moment où les ondes, occasionnées par un ébranlement d'abord circonscrit dans un très petit espace, parviennent à une distance du centre d'ébranlement assez grande pour que les surfaces qui les terminent deviennent sensiblement planes, il ne reste en effet que deux espèces de vibrations moléculaires dirigées, les unes, suivant les rayons, les autres, perpendiculairement à ces mêmes rayons. Quant aux différences qui subsistent encore entre les résultats obtenus par notre illustre Confrère et ceux auxquels j'arrive, elles tiennent à ce qu'il est parti des équations aux différences partielles indiquées en 1821 par M. Navier, équations qui me paraissent propres à représenter seulement dans un cas particulier, et dans une première approximation, les mouvements infiniment petits d'un système isotrope de molécules. Dans le cas général, les équations de ces mouvements ne sont pas homogènes; et, si on les rend homogènes en négligeant les termes d'un ordre supérieur au second, le rapport entre les vitesses de propagation des deux espèces d'ondes pourra différer notablement du rapport cité dans le *Compte rendu* de la séance du 18 octobre dernier, c'est-à-dire de la racine carrée de 3. Il pourra même, comme on le verra dans le présent Mémoire, devenir inférieur à l'unité et se réduire à zéro.

Au reste, les recherches que j'ai publiées dans les *Mémoires de l'Académie* et dans les *Exercices de Mathématiques*, en fournissant les moyens d'établir les lois de la propagation de la lumière dans un seul milieu, soit isophane, soit biréfringent, demeuraient insuffisantes pour la solution de l'important problème de la réflexion et de la réfraction des rayons lumineux. Avant de résoudre ce problème, il fallait commencer par trouver une méthode propre à fournir les conditions relatives aux limites des corps et les équations qui doivent se vérifier dans le voisinage des surfaces de séparation. C'est dans un Mémoire, offert à l'Académie le 18 mars de la présente année, que j'ai, pour la première fois, exposé une méthode générale qui conduit à ce but. J'ai promis d'appliquer en particulier cette méthode à la théorie de la lumière. Je viens aujourd'hui remplir cette promesse. Pour que les physiciens et les géomètres puissent facilement juger si les conclusions auxquelles je parviens sont exactes, je vais indiquer en deux mots la marche que j'ai suivie.

Étant donnés deux systèmes isotropes de molécules, séparés par une surface plane, je cherche les lois générales de la réflexion et de la réfraction d'un mouvement simple, ou par ondes planes, dans lequel les vibrations sont transversales, et qui vient rencontrer la surface de séparation. Je trouve que l'expression de ces lois renferme deux constantes, dont la première est celle qu'on nomme l'*indice de réfraction*. D'autre part, en définissant un rayon simple, comme je l'ai fait ci-dessus, je dis que ce rayon simple est doué de la polarisation rectiligne, circulaire, ou elliptique, suivant que chaque molécule décrit une droite, un cercle ou une ellipse. Dans le premier cas, j'appelle *plan du rayon* celui qui le renferme, et *plan de polarisation* un second plan mené par l'axe du rayon perpendiculairement au premier. Enfin, lorsqu'un rayon quelconque tombe sur la surface de séparation, je le décompose, soit avant, soit après la réflexion ou la réfraction, en deux autres, polarisés, l'un suivant le plan d'incidence, l'autre perpendiculairement à ce plan. Cela posé, je parviens aux conclusions suivantes.

Lorsque la seconde des constantes ci-dessus mentionnées se réduit, au signe près, à l'unité, les lois de la polarisation par réflexion ou par réfraction sont précisément celles que Fresnel a données pour la polarisation de la lumière opérée par la première et la seconde surface des corps transparents. Ainsi, en particulier, sous l'incidence perpendiculaire, la proportion de la lumière réfléchie est précisément celle qui résulte d'une formule donnée il y a longtemps par M. Th. Young, et qui a été vérifiée par l'expérience.

Lorsque la seconde constante ne se réduit pas à l'unité, les formules qu'on obtient sont celles que j'ai indiquées dans le *Compte rendu* de la séance du 1er juillet dernier, formules qui paraissent d'accord avec les phénomènes offerts par la réflexion de la lumière à la surface des corps qui ne la polarisent pas complètement.

J'ajouterai que, dans le cas où la deuxième constante se réduit à l'unité, la vitesse de propagation des rayons, dans lesquels les vibrations sont longitudinales, se réduit précisément à zéro. Or il est remarquable qu'effectivement, dans le vide et dans les corps isophanes, on observe une seule espèce de rayons lumineux.

Je ne vois pas ce que l'on pourrait objecter à l'analyse contenue dans le présent Mémoire. Que les lois auxquelles je parviens soient rigoureusement déduites des équations des mouvements infiniment petits d'un système isotrope : c'est ce dont chacun pourra aisément s'assurer, en exécutant de nouveau les calculs qui sont assez simples, même dans les cas les plus difficiles à résoudre. Que les lois obtenues, dans le cas où il ne reste qu'une seule espèce d'ondes planes et de rayons, soient précisément celles de la polarisation de la lumière par réflexion et par réfraction, les nombreuses expériences entreprises par Fresnel et par d'autres physiciens, particulièrement par M. Brewster, pour vérifier ces lois qui ont illustré le nom de Fresnel, ne laissent guère place au doute à cet égard. Nous pouvons donc, en finissant, conclure, avec quelque confiance, que les lois de la réflexion et de la réfraction de la lumière sont celles de la réflexion et de la réfraction des mouvements simples dans les milieux isotropes.

Analyse. — Supposons deux systèmes isotropes de molécules séparés par une surface plane que nous prendrons pour plan des y, z; et concevons qu'un mouvement simple ou par ondes planes, mais sans changement de densité, se propage dans le premier milieu situé du côté des x négatives. Si le mouvement simple dont il s'agit, à l'instant où il atteint la surface de séparation, donne toujours naissance à un seul mouvement simple réfléchi et à un seul mouvement simple réfracté, les lois de la réflexion et de la réfraction se déduiront sans peine des formules que nous avons données dans la séance du 15 juillet dernier. Entrons à ce sujet dans quelques détails.

Dans un mouvement par ondes planes, et qui se propagera sans s'affaiblir, nous nommerons, pour abréger, *rayon simple* une file de molécules originairement situées sur une droite perpendiculaire aux plans des ondes, l'axe de ce rayon n'étant autre chose que la droite même dont il s'agit. De plus, nous dirons que le rayon est doué de la *polarisation rectiligne, circulaire* ou *elliptique,* suivant que chaque molécule décrira une droite, un cercle ou une ellipse; et quand il s'agira d'un *rayon plan* ou polarisé rectilignement, nous aurons soin de distinguer le *plan du rayon,* c'est-à-dire le plan qui le renferme, et le plan suivant lequel ce rayon est polarisé, ou le *plan de polarisation*, ce dernier plan étant perpendiculaire au premier et passant comme lui par l'axe du rayon. Enfin les *nœuds* d'un rayon plan seront à chaque instant les points de l'axe occupés par les molécules qui conserveront ou reprendront leurs positions initiales. Cela posé, soient, au bout du temps t, et pour le point (x, y, z),

$$\xi,\quad \eta,\quad \zeta \quad \text{et} \quad \bar{\xi},\quad \bar{\eta},\quad \bar{\zeta}$$

ou

$$\xi_{,},\quad \eta_{,},\quad \zeta_{,} \quad \text{et} \quad \bar{\xi}_{,},\quad \bar{\eta}_{,},\quad \bar{\zeta}_{,}$$

ou enfin

$$\xi',\quad \eta',\quad \zeta' \quad \text{et} \quad \bar{\xi}',\quad \bar{\eta}',\quad \bar{\zeta}'$$

les déplacements effectifs d'une molécule, mesurés parallèlement aux axes rectangulaires des x, y, z, et les déplacements symboliques correspondants, c'est-à-dire les variables imaginaires dont les déplacements effectifs sont les parties réelles : 1° dans un rayon incident qui rencontre la surface de séparation de deux milieux isotropes ; 2° dans le rayon réfléchi par cette surface ; 3° dans le rayon réfracté. Si l'on prend pour axe des z une droite parallèle aux traces des ondes incidentes sur la surface de séparation des deux milieux, les trois rayons seront représentés par trois systèmes d'équations symboliques de la forme

$$(1)\qquad \bar{\xi} = \mathrm{A}e^{ux+vy-st},\qquad \bar{\eta} = \mathrm{B}e^{ux+vy-st},\qquad \bar{\zeta} = \mathrm{C}e^{ux+vy-st},$$

$$(2)\qquad \bar{\xi}_{,} = \mathrm{A}_{,}e^{-ux+vy-st},\qquad \bar{\eta}_{,} = \mathrm{B}_{,}e^{-ux+vy-st},\qquad \bar{\zeta}_{,} = \mathrm{C}_{,}e^{-ux+vy-st},$$

$$(3)\qquad \bar{\xi}' = \mathrm{A}'e^{u'x+vy-st},\qquad \bar{\eta}' = \mathrm{B}'e^{u'x+vy-st},\qquad \bar{\zeta}' = \mathrm{C}'e^{u'x+vy-st},$$

u, v, u', s, A, B, C, $\mathrm{A}_{,}$, $\mathrm{B}_{,}$, $\mathrm{C}_{,}$, A', B', C' désignant des constantes qui pourront être imaginaires. Si les trois rayons, comme nous le supposerons dans ce Mémoire, se propagent sans s'affaiblir, on aura nécessairement

$$(4)\qquad \begin{cases} u = \mathrm{u}\sqrt{-1}, & v = \mathrm{v}\sqrt{-1}, \quad s = \mathrm{s}\sqrt{-1}, \\ u' = \mathrm{u}'\sqrt{-1}, \end{cases}$$

u, v, s, u' désignant des constantes réelles. On pourra même supposer toutes ces constantes réelles, positives. En effet, chaque déplacement symbolique pouvant être l'une quelconque de deux expressions imaginaires conjuguées, qui ne diffèrent entre elles que par le signe de $\sqrt{-1}$, on pourra toujours admettre que, dans l'exponentielle népérienne à laquelle chaque déplacement symbolique est proportionnel, le coefficient de $t\sqrt{-1}$, représenté par la quantité s, est positif. De plus, pour que le coefficient v de y soit positif, ainsi que s, il suffira de choisir convenablement le demi-axe suivant lequel se compteront les y positives. Enfin, le rayon incident qui passera par l'origine des coordonnées étant perpendiculaire au plan invariable représenté par l'équation

$$\mathrm{u}x + \mathrm{v}y = 0,$$

on aura pour ce rayon

$$\frac{x}{\text{U}} = \frac{y}{\text{V}},$$

et par suite les nœuds de ce rayon, qui correspondront à des valeurs constantes de l'argument

$$\text{U}x + \text{V}y - \text{S}t = \frac{\text{U}^2 + \text{V}^2}{\text{U}} x - \text{S}t,$$

se déplaceront dans l'espace avec une vitesse dont la projection algébrique sur l'axe des x sera le rapport entre des accroissements Δx, Δt de x et de t choisis de manière que l'accroissement de l'argument s'évanouisse. Cette projection algébrique, déterminée par la formule

$$\frac{\text{U}^2 + \text{V}^2}{\text{U}} \Delta x - \text{S}\,\Delta t = 0,$$

sera donc

$$\frac{\Delta x}{\Delta t} = \text{U} \frac{\text{S}}{\text{U}^2 + \text{W}^2};$$

et pour qu'elle soit positive, ou, en d'autres termes, pour que les ondes planes incidentes se meuvent dans le sens des x positives, comme elles devront le faire en approchant de la surface de séparation des deux milieux, il sera nécessaire que le coefficient U soit positif. Pour la même raison, le coefficient U′ devra encore être positif, les ondes réfractées devant évidemment s'éloigner de la surface de séparation des deux milieux en se mouvant elles-mêmes dans le sens des x positives.

Considérons en particulier le cas où les mouvements simples propagés dans les deux milieux sont du nombre de ceux dans lesquels la densité reste invariable, c'est-à-dire, en d'autres termes, le cas où, dans les rayons incident, réfléchi, réfracté, les vibrations des molécules sont transversales. Alors les coefficients

$$\text{A}, \quad \text{B}, \qquad \text{A}_{,}, \quad \text{B}_{,}, \qquad \text{A}', \quad \text{B}'$$

se trouveront liés entre eux, et avec les constantes imaginaires

$$u, \quad v, \quad u',$$

par les formules

$$(5) \qquad A u + B v = 0,$$

$$(6) \qquad -A_{,} u + B_{,} v = 0, \qquad A' u' + B' v = 0.$$

Soient maintenant

$$(7) \qquad \mathrm{k} = \sqrt{\mathrm{u}^2 + \mathrm{v}^2}, \qquad \mathrm{k}' = \sqrt{\mathrm{u}'^2 + \mathrm{v}^2},$$

et faisons, pour abréger,

$$(8) \qquad k = \mathrm{k}\sqrt{-1}, \qquad k' = \mathrm{k}'\sqrt{-1},$$

$$(9) \qquad k^2 = u^2 + v^2, \qquad k'^2 = u'^2 + v^2.$$

On aura, en supposant les équations des mouvements infiniment petits des deux milieux réduites à des équations homogènes,

$$(10) \qquad \mathrm{k}^2 = \frac{s^2}{\iota}, \qquad \mathrm{k}'^2 = \frac{s^2}{\iota'},$$

ι, ι' désignant deux constantes qui dépendront de la nature de ces deux milieux; et, après avoir déterminé k′, à l'aide de la seconde des deux formules (10), on déduira de la seconde des équations (7) la valeur de

$$(11) \qquad \mathrm{u}' = \sqrt{\mathrm{k}'^2 - \mathrm{v}^2}.$$

Si d'ailleurs il existe un rayon réfléchi et un rayon réfracté, quels que soient la direction et le mode de polarisation du rayon incident, alors, en vertu des principes développés dans un précédent Mémoire (*voir* le *Compte rendu* de la séance du 15 juillet) (¹), on pourra, des valeurs de

$$\mathrm{u}, \quad \mathrm{v}, \quad \mathrm{s}, \qquad \mathrm{A}, \quad \mathrm{B}, \quad \mathrm{C}$$

supposées connues, déduire les valeurs de

$$\mathrm{A}_{,}, \quad \mathrm{B}_{,}, \quad \mathrm{C}_{,}, \qquad \mathrm{A}', \quad \mathrm{B}', \quad \mathrm{C}'$$

à l'aide des formules (11), (9) et (6) jointes aux suivantes :

$$(12) \qquad \frac{\mathrm{C}_{,}}{\mathrm{C}} = \frac{u - u'}{u + u'}, \qquad \frac{\mathrm{C}'}{\mathrm{C}} = \frac{2u}{u + u'},$$

(¹) *OEuvres de Cauchy*, S. I, t. IV. — Extrait n° 57, p. 468.

$$(13)\quad \left\{ \begin{aligned} \frac{A_1}{A} &= \frac{(v^2 - uu')\left(1 - \dfrac{v^2}{\mathfrak{V}\mathfrak{V}'}\right) + (u' + u)\, v^2 \left(\dfrac{1}{\mathfrak{V}} + \dfrac{1}{\mathfrak{V}'}\right)}{(v^2 + uu')\left(1 - \dfrac{v^2}{\mathfrak{V}\mathfrak{V}'}\right) + (u' - u)\, v^2 \left(\dfrac{1}{\mathfrak{V}} + \dfrac{1}{\mathfrak{V}'}\right)} \, \frac{u - u'}{u + u'}, \\ \frac{A'}{A} &= \frac{h^2\left(1 - \dfrac{v^2}{\mathfrak{V}\mathfrak{V}'}\right)}{(v^2 + uu')\left(1 - \dfrac{v^2}{\mathfrak{V}\mathfrak{V}'}\right) + (u' - u)\, v^2 \left(\dfrac{1}{\mathfrak{V}} + \dfrac{1}{\mathfrak{V}'}\right)} \, \frac{2u}{u + u'}, \end{aligned} \right.$$

les valeurs de $\mathfrak{V}$, $\mathfrak{V}'$ étant données par les équations

$$(14)\qquad \mathfrak{V} = \left(\mathrm{v}^2 - \frac{\mathrm{k}^2}{1 + \mathrm{f}}\right)^{\frac{1}{2}}, \qquad \mathfrak{V}' = \left(\mathrm{v}^2 - \frac{\mathrm{k}'^2}{1 + \mathrm{f}'}\right)^{\frac{1}{2}},$$

dans lesquelles $\mathfrak{V}$, $\mathfrak{V}'$ désignent encore deux constantes réelles qui dépendent de la nature du premier et du second milieu.

La constante s, comprise dans les formules qui précèdent, est, comme on sait, liée à la *durée* T des vibrations moléculaires par la formule

$$\mathrm{T} = \frac{2\pi}{s},$$

et l'on a pareillement

$$\mathrm{l} = \frac{2\pi}{\mathrm{k}}, \qquad \mathrm{l}' = \frac{2\pi}{\mathrm{k}'},$$

l, l′ désignant les *longueurs d'ondulation* ou les plus courtes distances entre deux nœuds de même espèce : 1° dans le rayon incident ou réfléchi, 2° dans le rayon réfracté. Si d'ailleurs on nomme

$$\Omega, \quad \Omega'$$

les vitesses de propagation des nœuds ou des ondes planes dans le premier et le second milieu, on aura

$$\Omega = \frac{\mathrm{s}}{\mathrm{k}} = \frac{\mathrm{l}}{\mathrm{T}}, \qquad \Omega' = \frac{\mathrm{s}}{\mathrm{k}'} = \frac{\mathrm{l}'}{\mathrm{T}}$$

et, par suite,

$$\Omega^2 = \iota, \qquad \Omega'^2 = \iota'.$$

Enfin, si l'on nomme τ, τ' les angles d'incidence et de réfraction, c'est-à-dire les angles aigus formés par les directions des rayons incident et réfléchi avec la normale à la surface de séparation de deux milieux, on aura

$$(15)\quad \begin{cases} u = k\cos\tau, & v = k\sin\tau, \\ u' = k'\cos\tau', & v' = v = k'\sin\tau', \end{cases}$$

puis on en conclura

$$uu' - v^2 = kk'\cos(\tau + \tau'), \qquad uu' + v^2 = kk'\cos(\tau - \tau'),$$

$$(u' + u)\,v = kk'\sin(\tau + \tau'), \qquad (u' - u)\,v = kk'\sin(\tau - \tau'),$$

et par suite, en posant, pour abréger,

$$(16)\quad \mathfrak{E} = \left[1 - \frac{1}{(1+f)\sin^2\tau}\right]^{-\frac{1}{2}}, \qquad \mathfrak{E}' = \left[1 - \frac{1}{(1+f')\sin^2\tau'}\right]^{-\frac{1}{2}},$$

on tirera des formules (12), (13), (14), jointes aux équations (4) et (8),

$$(17)\quad \frac{C_{,}}{C} = \frac{\sin(\tau' - \tau)}{\sin(\tau' + \tau)}, \qquad \frac{C'}{C} = \frac{2\sin\tau'\cos\tau}{\sin(\tau' + \tau)},$$

$$(18)\quad \begin{cases} \dfrac{A_{,}}{A} = \dfrac{-(1 + \mathfrak{E}\mathfrak{E}')\cos(\tau + \tau') + (\mathfrak{E} + \mathfrak{E}')\sin(\tau + \tau')\sqrt{-1}}{(1 + \mathfrak{E}\mathfrak{E}')\cos(\tau - \tau') + (\mathfrak{E} + \mathfrak{E}')\sin(\tau - \tau')\sqrt{-1}}\,\dfrac{C_{,}}{C}, \\[2ex] \dfrac{A'}{A} = \dfrac{k}{k'}\,\dfrac{1 + \mathfrak{E}\mathfrak{E}'}{(1 + \mathfrak{E}\mathfrak{E}')\cos(\tau - \tau') + (\mathfrak{E} + \mathfrak{E}')\sin(\tau - \tau')\sqrt{-1}}\,\dfrac{C'}{C}. \end{cases}$$

Soient maintenant

$$\text{ȣ}, \quad \text{ȣ}_{,}, \quad \text{ȣ}'$$

les déplacements d'une molécule mesurés dans les rayons incident, réfléchi et réfracté, parallèlement au plan d'incidence, et

$$\bar{\text{ȣ}}, \quad \bar{\text{ȣ}}_{,}, \quad \bar{\text{ȣ}}'$$

les déplacements symboliques correspondants, chacun des déplacements effectifs ȣ, $\text{ȣ}_{,}$, $\text{ȣ}'$ étant positif ou négatif, suivant que la molécule déplacée est transportée du côté des x positives, ou du côté des x négatives. Comme les déplacements

$$\text{ȣ}, \quad \text{ȣ}_{,}, \quad \text{ȣ}',$$

lorsqu'ils seront positifs, auront pour projections algébriques sur l'axe des x

$$\xi, \quad \xi_{,}, \quad \xi',$$

on aura nécessairement

$$\xi = \text{ȣ} \sin\tau, \qquad \xi_{,} = \text{ȣ}_{,} \sin\tau, \qquad \xi' = \text{ȣ}' \sin\tau',$$

ou, ce qui revient au même,

$$\xi = \frac{\mathrm{v}}{\mathrm{k}}\text{ȣ}, \qquad \xi_{,} = \frac{\mathrm{v}}{\mathrm{k}}\text{ȣ}_{,}, \qquad \xi' = \frac{\mathrm{v}}{\mathrm{k}'}\text{ȣ}',$$

et par suite

$$\text{ȣ} = \frac{\mathrm{k}}{\mathrm{v}}\xi, \qquad \text{ȣ}_{,} = \frac{\mathrm{k}}{\mathrm{v}}\xi_{,}, \qquad \text{ȣ}' = \frac{\mathrm{k}'}{\mathrm{v}}\xi'.$$

On pourra donc prendre

$$\bar{\text{ȣ}} = \frac{\mathrm{k}}{\mathrm{v}}\bar{\xi}, \qquad \bar{\text{ȣ}}_{,} = \frac{\mathrm{k}}{\mathrm{v}}\bar{\xi}_{,}, \qquad \bar{\text{ȣ}}' = \frac{\mathrm{k}'}{\mathrm{v}}\bar{\xi}';$$

de sorte qu'en posant, pour abréger,

$$\mathrm{H} = \frac{\mathrm{k}}{\mathrm{v}}\mathrm{A}, \qquad \mathrm{H}_{,} = \frac{\mathrm{k}}{\mathrm{v}}\mathrm{A}_{,}, \qquad \mathrm{H}' = \frac{\mathrm{k}'}{\mathrm{v}}\mathrm{A}', \tag{19}$$

on tirera des équations (1), (2), (3)

$$\bar{\text{ȣ}} = \mathrm{H}\, e^{ux+vy-st}, \qquad \bar{\zeta} = \mathrm{C}\, e^{ux+vy-st}, \tag{20}$$

$$\bar{\text{ȣ}}_{,} = \mathrm{H}_{,} e^{-ux+vy-st}, \qquad \bar{\zeta}_{,} = \mathrm{C}_{,} e^{-ux+vy-st}, \tag{21}$$

$$\bar{\text{ȣ}}' = \mathrm{H}' e^{u'x+vy-st}, \qquad \bar{\zeta}' = \mathrm{C}' e^{u'x+vy-st}. \tag{22}$$

Si, maintenant, on nomme

$$\mathrm{h}, \quad \mathrm{c}, \qquad \mathrm{h}_{,}, \quad \mathrm{c}_{,}, \qquad \mathrm{h}', \quad \mathrm{c}'$$

les modules des expressions imaginaires

$$\mathrm{H}, \quad \mathrm{C}, \qquad \mathrm{H}_{,}, \quad \mathrm{C}_{,}, \qquad \mathrm{H}', \quad \mathrm{C}',$$

et si l'on pose en conséquence

$$\left\{\begin{array}{lll} \mathrm{H} = \mathrm{h}\, e^{\mu\sqrt{-1}}, & \mathrm{H}_{,} = \mathrm{h}_{,} e^{\mu_{,}\sqrt{-1}}, & \mathrm{H}' = \mathrm{h}' e^{\mu'\sqrt{-1}}, \\ \mathrm{C} = \mathrm{c}\, e^{\nu\sqrt{-1}}, & \mathrm{C}_{,} = \mathrm{c}_{,} e^{\nu_{,}\sqrt{-1}}, & \mathrm{C}' = \mathrm{c}' e^{\nu'\sqrt{-1}}, \end{array}\right. \tag{23}$$

μ, ν, $\mu_{,}$, $\nu_{,}$, μ', ν' désignant des arcs réels, les formules (20), (21), (22) donneront

$$(24)\quad ȣ = \mathrm{h}\cos(\mathrm{u}x + \mathrm{v}y - \mathrm{s}t + \mu), \qquad \xi = \mathrm{c}\cos(\mathrm{u}x + \mathrm{v}y - \mathrm{s}t + \nu),$$

$$(25)\quad ȣ_{,} = \mathrm{h}_{,}\cos(-\mathrm{u}x + \mathrm{v}y - st + \mu_{,}), \qquad \xi_{,} = \mathrm{c}_{,}\cos(-\mathrm{u}x + \mathrm{v}y - \mathrm{s}t + \nu_{,}),$$

$$(26)\quad ȣ' = \mathrm{h}'\cos(\mathrm{u}'x + \mathrm{v}y - \mathrm{s}t + \mu'), \qquad \xi' = \mathrm{c}'\cos(\mathrm{u}'x + \mathrm{v}y - \mathrm{s}t + \nu').$$

Le système des formules (24) représente le rayon incident; $ȣ$ et ξ désignent, dans ce rayon, les déplacements d'une molécule mesurés parallèlement au plan d'incidence et perpendiculairement à ce plan. Si l'un de ces déplacements venait à s'évanouir, le rayon incident deviendrait un rayon plan renfermé dans le plan d'incidence, ou polarisé suivant ce même plan, et qui pourrait être représenté, dans le premier cas, par la seule formule

$$(27)\qquad ȣ = \mathrm{h}\cos(\mathrm{u}x + \mathrm{v}y - \mathrm{s}t + \mu),$$

dans le second cas, par la seule formule

$$(28)\qquad \zeta = \mathrm{c}\cos(\mathrm{u}x + \mathrm{v}y - st + \nu).$$

Comme le rayon représenté par le système des formules (24) offre tout à la fois les deux espèces de déplacements moléculaires observés dans les rayons plans que représentent les formules (27) et (28) prises chacune à part, on dit que le premier rayon *résulte* de la *superposition* des deux autres. Chacun des rayons réfléchi et réfracté peut, d'ailleurs, aussi bien que le rayon incident, être considéré comme résultant de la superposition de deux rayons plans; l'un de ces derniers étant renfermé dans le plan d'incidence, ou, ce qui revient au même, polarisé perpendiculairement à ce plan, et l'autre étant, au contraire, polarisé suivant ce même plan. Cela posé, après la réflexion ou la réfraction, le rayon plan, renfermé dans le plan d'incidence, sera représenté par la première des formules (25) ou (26), et le rayon polarisé suivant le plan d'incidence par la seconde.

Observons encore que, dans les formules (24), (25), (26), les *demi-amplitudes des vibrations* et les *paramètres angulaires* se trouvent représentés par

$$\mathrm{h},\ \mathrm{h}_{,},\ \mathrm{h}' \quad \text{et} \quad \mu,\ \mu_{,},\ \mu'$$

pour les rayons renfermés dans le plan d'incidence, et par

$$\mathrm{c},\quad \mathrm{c}_{,},\quad \mathrm{c}' \qquad \text{et} \qquad \nu,\quad \nu_{,},\quad \nu'$$

pour les rayons polarisés suivant le même plan.

Au point où le rayon incident rencontre la surface réfléchissante on a

$$x = 0,$$

ce qui réduit les formules (20), (21), (22) aux suivantes :

$$(29) \qquad \bar{ȣ} = \mathrm{H}\, e^{vy-st}, \qquad \bar{\zeta} = \mathrm{C}\, e^{vy-st},$$

$$(30) \qquad \bar{ȣ}_{,} = \mathrm{H}_{,} e^{vy-st}, \qquad \bar{\zeta}_{,} = \mathrm{C}_{,} e^{vy-st},$$

$$(31) \qquad \bar{ȣ}' = \mathrm{H}' e^{vy-st}, \qquad \bar{\zeta}' = \mathrm{C}' e^{vy-st},$$

et les formules (24), (25), (26) aux suivantes :

$$(32) \qquad ȣ = \mathrm{h} \cos(\mathrm{v}y - \mathrm{s}t + \mu), \qquad \zeta = \mathrm{c} \cos(\mathrm{v}y - \mathrm{s}t + \nu),$$

$$(33) \qquad ȣ_{,} = \mathrm{h}_{,} \cos(\mathrm{v}y - \mathrm{s}t + \mu_{,}), \qquad \zeta_{,} = \mathrm{c}_{,} \cos(\mathrm{v}y - \mathrm{s}t + \nu_{,}),$$

$$(34) \qquad ȣ' = \mathrm{h}' \cos(\mathrm{v}y - \mathrm{s}t + \mu'), \qquad \zeta' = \mathrm{c}' \cos(\mathrm{v}y - \mathrm{s}t + \nu').$$

Il suit des formules (29), (30), (31) que la réflexion ou la réfraction d'un rayon simple renfermé dans le plan d'incidence, ou polarisé suivant ce plan, fait varier dans ce rayon le déplacement symbolique

$$\bar{ȣ} \quad \text{ou} \quad \bar{\zeta}$$

dans un rapport constant. Ce rapport, qui sera d'ailleurs imaginaire, est ce que nous nommerons le *coefficient de réflexion* ou *de réfraction*. Si on le désigne par

$$\bar{\mathrm{I}} \quad \text{ou} \quad \bar{\mathrm{I}}'$$

pour le rayon plan renfermé dans le plan d'incidence, et par

$$\bar{\mathrm{J}} \quad \text{ou} \quad \bar{\mathrm{J}}'$$

pour le rayon polarisé suivant ce plan, on aura

$$(35) \qquad \begin{cases} \bar{\mathrm{J}} = \dfrac{\mathrm{C}_{,}}{\mathrm{C}}, & \bar{\mathrm{J}}' = \dfrac{\mathrm{C}'}{\mathrm{C}}, \\ \bar{\mathrm{I}} = \dfrac{\mathrm{H}_{,}}{\mathrm{H}} = \dfrac{\mathrm{A}_{,}}{\mathrm{A}}, & \bar{\mathrm{I}}' = \dfrac{\mathrm{H}'}{\mathrm{H}} = \dfrac{\mathrm{k}'\mathrm{A}'}{\mathrm{k}\,\mathrm{A}}, \end{cases}$$

et, par suite, eu égard aux formules (17), (18),

$$(36)\qquad \bar{J} = \frac{\sin(\tau' - \tau)}{\sin(\tau' + \tau)}, \qquad \bar{J}' = \frac{2\sin\tau'\cos\tau}{\sin(\tau + \tau')},$$

$$(37)\qquad \left\{ \begin{aligned} \bar{I} &= -\frac{(1 + \mathfrak{E}\mathfrak{E}')\cos(\tau + \tau') + (\mathfrak{E} + \mathfrak{E}')\sin(\tau + \tau')\sqrt{-1}}{(1 + \mathfrak{E}\mathfrak{E}')\cos(\tau - \tau') + (\mathfrak{E} + \mathfrak{E}')\sin(\tau - \tau')\sqrt{-1}}\bar{J}, \\ \bar{I}' &= \frac{1 + \mathfrak{E}\mathfrak{E}'}{(1 + \mathfrak{E}\mathfrak{E}')\cos(\tau - \tau') + (\mathfrak{E} + \mathfrak{E}')\sin(\tau - \tau')\sqrt{-1}}\bar{J}'. \end{aligned} \right.$$

Il suit des formules (32), (33), (34) que la réflexion ou la réfraction d'un rayon simple, renfermé dans le plan d'incidence ou polarisé suivant ce plan, fait varier, dans ce rayon, l'amplitude des vibrations moléculaires dans un certain rapport donné, et ajoute en même temps au paramètre angulaire un certain angle. Ce rapport et cet angle sont ce que nous appelons le *module et l'argument de réflexion ou de réfraction*. Si l'on désigne le module et l'argument de réflexion ou de réfraction par

$$\mathrm{I} \text{ et } i, \qquad \text{ou par} \qquad \mathrm{I}' \text{ et } i',$$

pour le rayon renfermé dans le plan d'incidence, et par

$$\mathrm{J} \text{ et } j, \qquad \text{ou par} \qquad \mathrm{J}' \text{ et } j',$$

pour le rayon polarisé suivant ce même plan, les constantes positives

$$(38)\qquad \mathrm{I} = \frac{\mathrm{h}_{\prime}}{\mathrm{h}}, \qquad \mathrm{I}' = \frac{\mathrm{h}'}{\mathrm{h}}, \qquad \mathrm{J} = \frac{\mathrm{c}_{\prime}}{\mathrm{c}}, \qquad \mathrm{J}' = \frac{\mathrm{c}'}{\mathrm{c}}$$

seront, en vertu des formules (35), les modules des expressions imaginaires

$$\bar{I}, \quad \bar{I}', \qquad \bar{J}, \quad \bar{J}',$$

tandis que les arcs réels

$$(39)\qquad i = \mu_{\prime} - \mu, \qquad i' = \mu' - \mu, \qquad j = \nu_{\prime} - \nu, \qquad j' = \nu' - \nu$$

représenteront les arguments de ces mêmes expressions. On aura donc

$$(40)\qquad \left\{ \begin{aligned} \bar{J} &= \mathrm{J}e^{j\sqrt{-1}}, \qquad & \bar{J}' &= \mathrm{J}'e^{j'\sqrt{-1}}, \\ \bar{I} &= \mathrm{I}e^{i\sqrt{-1}}, \qquad & \bar{I}' &= \mathrm{I}'e^{i'\sqrt{-1}}. \end{aligned} \right.$$

Ces dernières formules, jointes aux équations (36) et (37), suffiront pour déterminer complètement les valeurs des modules et des arguments de réflexion et de réfraction.

Lorsqu'un rayon doué de la polarisation rectiligne, ou circulaire, ou elliptique, est considéré comme résultant de la superposition de deux rayons plans, dont l'un est polarisé suivant un plan fixe donné, et l'autre perpendiculairement à ce plan, nous appelons *anomalie* du rayon résultant la différence entre les paramètres angulaires des rayons composants. Cette anomalie, qu'on peut sans inconvénient augmenter ou diminuer d'un multiple de la circonférence 2π, peut être censée réduite à zéro ou à π pour un rayon doué de la polarisation rectiligne, et à $-\frac{\pi}{2}$ ou à $\frac{\pi}{2}$ pour un rayon doué de la polarisation circulaire. Nous appelons encore *azimut* du rayon résultant, par rapport au plan fixe, l'azimut qu'on obtiendrait si l'anomalie se réduisait à zéro, c'est-à-dire l'angle aigu que formerait dans cette hypothèse le plan du rayon résultant avec le plan fixe. Donc l'azimut sera toujours l'angle aigu qui aura pour tangente trigonométrique le rapport entre les amplitudes des deux rayons plans et polarisés, l'un perpendiculairement au plan fixe, l'autre suivant ce même plan.

Concevons maintenant que le rayon donné soit un rayon incident sur la surface de séparation de deux milieux et représenté par les équations (24). Si l'on prend pour plan fixe le plan d'incidence, l'anomalie de ce rayon pourra être exprimée par la différence

$$\nu - \mu,$$

et la tangente trigonométrique de l'azimut par le rapport

$$\frac{\mathrm{c}}{\mathrm{h}}.$$

Pareillement, dans le rayon réfléchi ou réfracté, l'anomalie sera représentée par la différence

$$\nu_{\prime} - \mu_{\prime} \quad \text{ou} \quad \nu' - \mu',$$

et la tangente de l'azimut, par le rapport

$$\frac{\mathrm{c}_{,}}{\mathrm{h}_{,}} \quad \text{ou} \quad \frac{\mathrm{c}'}{\mathrm{h}'}.$$

Cela posé, la tangente de l'azimut et l'anomalie, mesurées dans le rayon réfléchi ou réfracté, se déduiront aisément de la tangente de l'azimut et de l'anomalie mesurées dans le rayon incident. On tirera en effet des formules (38) et (39)

$$(41) \qquad \frac{\mathrm{c}_{,}}{\mathrm{h}_{,}} = \frac{\mathrm{J}}{\mathrm{I}}\,\frac{\mathrm{c}}{\mathrm{h}}, \qquad \frac{\mathrm{c}'}{\mathrm{h}'} = \frac{\mathrm{J}'}{\mathrm{I}'}\,\frac{\mathrm{c}}{\mathrm{h}},$$

et

$$(42) \qquad \nu_{,} - \mu_{,} = (j - i) + (\nu - \mu), \qquad \nu' - \mu' = (j' - i') + (\nu - \mu).$$

On doit surtout remarquer le cas où l'anomalie du rayon incident se réduit à zéro et la tangente de son azimut à l'unité, en sorte que ce rayon soit, non seulement doué de la polarisation rectiligne, mais de plus renfermé dans un plan qui forme avec le plan d'incidence un angle égal à la moitié d'un angle droit. Nous appellerons *anomalie* et *azimut de réflexion ou de réfraction* ce que deviennent, dans ce cas particulier, l'anomalie et l'azimut du rayon réfléchi ou réfracté. Si l'on désigne par

$$\varpi, \quad \varpi'$$

les azimuts, et par

$$\delta, \quad \delta'$$

les anomalies de réflexion et de réfraction, alors, en posant, dans les formules (41) et (42),

$$\frac{\mathrm{c}}{\mathrm{h}} = 1, \qquad \nu - \mu = 0,$$

on en tirera

$$(43) \qquad \begin{cases} \operatorname{tang}\varpi = \dfrac{\mathrm{J}}{\mathrm{I}}, & \operatorname{tang}\varpi' = \dfrac{\mathrm{J}'}{\mathrm{I}'}, \\ \delta = j - i, & \delta' = j' - i'; \end{cases}$$

et, en vertu de ces dernières, on réduira les équations (41), (42) à la forme

$$(44)\quad \begin{cases} \dfrac{\mathrm{c}_{,}}{\mathrm{h}_{,}} = \dfrac{\mathrm{c}}{\mathrm{h}} \operatorname{tang} \varpi, & \dfrac{\mathrm{c}'}{\mathrm{h}'} = \dfrac{\mathrm{c}}{\mathrm{h}} \operatorname{tang} \varpi', \\ \nu_{,} - \mu_{,} = \nu - \mu + \delta, & \nu' - \mu' = \nu - \mu + \delta'. \end{cases}$$

Observons encore qu'en vertu des formules (40) et (43) on aura

$$(45)\qquad \frac{\bar{\mathrm{J}}}{\bar{\mathrm{I}}} = \operatorname{tang} \varpi\, e^{\delta\sqrt{-1}}, \qquad \frac{\bar{\mathrm{J}}'}{\bar{\mathrm{I}}'} = \operatorname{tang} \varpi'\, e^{\delta'\sqrt{-1}}$$

et que, pour déterminer à l'aide des formules (45) les valeurs de

$$\varpi, \quad \varpi', \quad \delta, \quad \delta',$$

il suffira d'y substituer les valeurs des rapports

$$\frac{\bar{\mathrm{J}}}{\bar{\mathrm{I}}}, \quad \frac{\bar{\mathrm{J}}'}{\bar{\mathrm{I}}}$$

tirées des équations (37).

Les formules qui précèdent comprennent, comme cas particulier, les équations données par Fresnel pour représenter les lois de la réflexion et de la réfraction de la lumière à la première et à la seconde surface des corps transparents, lorsqu'il existe un angle d'incidence pour lequel un rayon simple est toujours, après la réflexion, complètement polarisé dans le plan d'incidence. Elles montrent les modifications que doivent subir ces mêmes lois dans la supposition contraire. C'est ce que j'expliquerai plus en détail dans les *Exercices d'Analyse et de Physique mathématique*. Je me bornerai ici à observer que, dans la première hypothèse, on doit avoir, pour la valeur de τ qui répond à la polarisation complète du rayon réfléchi,

$$\mathrm{I} = 0, \qquad \bar{\mathrm{I}}_{,} = 0,$$

et par suite, en vertu de la première des formules (37),

$$(1 + \mho\mho')\cos(\tau + \tau') = 0, \qquad (\mho + \mho')\sin(\tau + \tau') = 0.$$

Or, $\mho$, $\mho'$ étant positifs ou nuls, on ne peut vérifier ces dernières équations qu'en posant

$$(46) \qquad \cos(\tau+\tau')=0, \qquad \mathfrak{T}=0, \qquad \mathfrak{T}'=0,$$

et par suite

$$(47) \qquad \tau+\tau'=\frac{\pi}{2}, \qquad \mathrm{f}=-1, \qquad \mathrm{f}'=-1.$$

La première des formules (47) montre que l'angle de polarisation complète, quand il existe, est celui pour lequel les rayons réfléchi et réfracté se coupent à angle droit, suivant la loi découverte par M. Brewster. De plus, les deux dernières des équations (46) réduisent les formules (37) aux suivantes :

$$(48) \qquad \frac{\mathrm{J}}{\mathrm{I}}=-\frac{\cos(\tau-\tau')}{\cos(\tau+\tau')}, \qquad \frac{\mathrm{J}'}{\mathrm{I}'}=\cos(\tau-\tau'),$$

et de ces dernières, jointes aux formules (45), on tire : 1° pour le rayon réfléchi,

$$(49) \qquad \begin{cases} \operatorname{tang}\varpi=\dfrac{\cos(\tau-\tau')}{\cos(\tau+\tau')}, & \delta=\pi, \quad \text{si} \quad \tau+\tau'<\dfrac{\pi}{2}, \\ \operatorname{tang}\varpi=\dfrac{\cos(\tau-\tau')}{\cos(\pi-\tau-\tau')}, & \delta=0, \quad \text{si} \quad \tau+\tau'>\dfrac{\pi}{2}; \end{cases}$$

2° pour le rayon réfracté,

$$(50) \qquad \operatorname{tang}\varpi'=\cos(\tau-\tau'), \qquad \delta'=0.$$

Les formules (49) et (50) sont précisément celles qui ont été vérifiées à l'aide d'un grand nombre d'expériences entreprises par Fresnel et par d'autres physiciens, particulièrement par M. Brewster. Les azimuts et les anomalies de réflexion ou de réfraction, représentés dans ces formules par les lettres

$$\varpi, \quad \varpi', \qquad \delta, \quad \delta',$$

sont précisément les quantités qui servent à faire connaître ce qu'on peut nommer le mouvement du plan de polarisation et la translation des nœuds dans le passage du rayon incident au rayon réfléchi ou réfracté.

71.

Physique mathématique. — *Note sur les milieux dans lesquels un rayon simple peut être complètement polarisé par réflexion.*

C. R., t. IX, p. 726 (2 décembre 1839).

Lorsque les équations des mouvements infiniment petits d'un système isotrope de molécules deviennent homogènes, elles se réduisent à celles que nous avons données dans la séance du 24 juin dernier (*voir* les *Comptes rendus*, 1er semestre, p. 990) (¹) et renferment deux constantes désignées par les lettres ι et f. Si, d'ailleurs, le système isotrope que l'on considère est du nombre de ceux dans lesquels un rayon simple peut être complètement polarisé par réflexion, la constante f, comme nous l'avons prouvé dans la dernière séance, se réduira au signe près à l'unité, en vérifiant la formule

$$f = -1.$$

Donc alors, si l'on nomme, au bout du temps t,

$$\xi, \quad \eta, \quad \zeta$$

les déplacements d'une molécule mesurés au point (x, y, z) parallèlement aux axes coordonnés, et υ la dilatation du volume en ce même point, on aura

$$(1) \quad \begin{cases} [D_t^2 - \iota(D_x^2 + D_y^2 + D_z^2)]\xi + \iota D_x \upsilon = 0, \\ [D_t^2 - \iota(D_x^2 + D_y^2 + D_z^2)]\eta + \iota D_y \upsilon = 0, \\ [D_t^2 - \iota(D_x^2 + D_y^2 + D_z^2)]\zeta + \iota D_z \upsilon = 0, \end{cases}$$

la valeur de υ étant

$$(2) \quad \upsilon = D_x\xi + D_y\eta + D_z\zeta;$$

puis on en conclura, non seulement

$$(3) \quad D_t^2 \upsilon = 0,$$

(¹) *Œuvres de Cauchy*, S. I, t. IV. — Extrait n° 54, p. 434.

mais encore

$$[D_t^2 - \iota(D_x^2 + D_y^2 + D_z^2)]D_t^2 8 = 0, \tag{4}$$

8 désignant le déplacement d'une molécule mesuré parallèlement à un axe fixe qui pourra coïncider, si l'on veut, avec l'un des axes coordonnés. Si, d'ailleurs, on nomme Ω la vitesse de propagation des ondes planes, correspondantes à un mouvement simple, et sans changement de densité, qui se propage sans s'affaiblir, la constante ι ne sera autre chose que le carré de la vitesse Ω, en sorte qu'on aura

$$\iota = \Omega^2.$$

En vertu des formules (39) de la page 994 (1er semestre) [1], les vitesses de propagation des deux espèces de mouvements simples qui peuvent, dans un système isotrope, se propager sans s'affaiblir, ont pour carré ι et $\iota(1 + f)$. Donc le rapport de ces deux vitesses sera généralement $\sqrt{1 + f}$. Dans les équations adoptées par MM. Navier et Poisson on a $f = 2$, et le rapport des deux vitesses devient $\sqrt{3}$. Mais, lorsque $f = -1$, ce même rapport se réduit évidemment à zéro.

72.

Physique mathématique. — *Mémoire sur la polarisation incomplète produite, à la surface de séparation de certains milieux, par la réflexion d'un rayon simple.*

C. R., t. IX, p. 727 (2 décembre 1839).

Concevons qu'un rayon simple, et dans lequel les vibrations sont transversales, étant réfléchi par la surface de séparation de deux milieux isotropes, ne se trouve jamais complètement polarisé dans le plan d'incidence, et que l'impossibilité d'arriver à la polarisation com-

(1) *Œuvres de Cauchy*, S. I, t. IV. — Extrait n° 54, p. 440.

plète résulte de la nature, non du premier, mais du second milieu, en sorte qu'il suffise de changer la nature de celui-ci pour obtenir, sous une certaine incidence, un rayon réfléchi qui soit complètement polarisé. Alors, des deux constantes désignées par

$$\mathrm{f}, \quad \mathrm{f}'$$

dans le *Compte rendu* de la précédente séance, la première f se réduira au signe près à l'unité, en vérifiant la condition

$$\mathrm{f} = -1,$$

et l'on aura, par suite,

$$\varepsilon = 0.$$

Mais la constante f′, prise en signe contraire, différera de l'unité; par conséquent, la quantité ε' sera, non pas égale, mais supérieure à zéro. Ces principes étant admis, concevons que le rayon incident soit décomposé en deux autres, l'un renfermé dans le plan d'incidence, l'autre polarisé suivant le même plan; puis, représentons les *coefficients de réflexion* ou de *réfraction* par

$$\bar{\mathrm{I}} \quad \text{ou} \quad \bar{\mathrm{I}}'$$

pour le premier des rayons composants, et par

$$\bar{\mathrm{J}} \quad \text{ou} \quad \bar{\mathrm{J}}'$$

pour le second. On aura, en vertu de ce qui a été dit dans la dernière séance,

$$(1) \qquad \bar{\mathrm{J}} = \frac{\sin(\tau' - \tau)}{\sin(\tau' + \tau)}, \qquad \bar{\mathrm{J}}' = \frac{2 \sin\tau' \cos\tau}{\sin(\tau' + \tau)},$$

$$(2) \qquad \begin{cases} \bar{\mathrm{I}} = -\dfrac{\cos(\tau + \tau') + \varepsilon' \sin(\tau + \tau')\sqrt{-1}}{\cos(\tau - \tau') + \varepsilon' \sin(\tau - \tau')\sqrt{-1}}\,\bar{\mathrm{J}}, \\[2ex] \bar{\mathrm{I}}' = \dfrac{1}{\cos(\tau - \tau') + \varepsilon' \sin(\tau - \tau')\sqrt{-1}}\,\bar{\mathrm{J}}', \end{cases}$$

τ, τ' désignant les angles de réflexion et de réfraction, et la valeur de ε' étant

$$(3) \qquad \varepsilon' = \left[1 - \frac{1}{(1 + \mathrm{f}')\sin^2\tau'}\right]^{-\frac{1}{2}}.$$

Comme les formules (1) ne renferment pas $\mathfrak{C}'$ et sont, par suite, indépendantes de la constante f', il en résulte que les lois de la réflexion et de la réfraction, relatives au rayon polarisé suivant le plan d'incidence, restent les mêmes dans le cas où l'on peut obtenir la polarisation complète par réflexion, et dans le cas où la polarisation demeure généralement incomplète, quelle que soit l'incidence. Cette proposition, que j'ai déjà énoncée dans la séance du 1er juillet, paraît conforme à des expériences entreprises depuis cette époque.

Soient maintenant

$$\varpi, \quad \varpi'$$

les *azimuts* et

$$\delta, \quad \delta'$$

les *anomalies* de *réflexion* ou de *réfraction*, c'est-à-dire, en d'autres termes, ce que deviennent, après la réflexion ou la réfraction, l'azimut et l'anomalie du rayon résultant quand, ce rayon étant primitivement doué de la polarisation rectiligne, son azimut primitif, mesuré par rapport au plan d'incidence, est la moitié d'un angle droit. On aura, en vertu des formules établies dans la dernière séance,

$$(4) \qquad \operatorname{tang}\varpi\, e^{\delta\sqrt{-1}} = \frac{\bar{\mathrm{J}}}{\bar{\mathrm{I}}}, \qquad \operatorname{tang}\varpi'.e^{\delta'\sqrt{-1}} = \frac{\bar{\mathrm{J}}'}{\bar{\mathrm{I}}'};$$

puis, de ces dernières équations jointes aux formules (2), on tirera

$$(5) \qquad \operatorname{tang}\varpi'.e^{\delta'\sqrt{-1}} = \cos(\tau-\tau') + \mathfrak{C}'\sin(\tau-\tau')\sqrt{-1},$$

et

$$(6) \qquad \frac{\cot\varpi}{\cot\varpi'}\, e^{(\delta'-\delta)\sqrt{-1}} = -\cos(\tau+\tau') + \mathfrak{C}'\sin(\tau+\tau')\sqrt{-1}.$$

On vérifiera la formule (5), relative au rayon réfracté, en posant

$$(7) \qquad \begin{cases} \operatorname{tang}^2\varpi' = \cos^2(\tau-\tau') + \mathfrak{C}'^2\sin^2(\tau-\tau'), \\ \delta' = \operatorname{arc\,tang}[\mathfrak{C}'\operatorname{tang}(\tau-\tau')]. \end{cases}$$

On vérifiera ensuite la formule (6) en posant

$$(8) \qquad \cot^2\varpi = [\cos^2(\tau+\tau') + \mathfrak{C}'^2\sin^2(\tau+\tau')]\cot^2\varpi',$$

et, de plus,

$$(9)\quad \begin{cases} \delta = \delta' + \operatorname{arc\,tang}[\varpi' \operatorname{tang}(\tau + \tau')] + \pi, & \text{si } \tau + \tau' < \frac{\pi}{2}, \\ \delta = \delta' + \operatorname{arc\,tang}[\varpi' \operatorname{tang}(\tau + \tau')], & \text{si } \tau + \tau' > \frac{\pi}{2} \end{cases}$$

Si f', étant inférieur à -1, en diffère très peu, en sorte qu'on ait

$$1 + f' = -\varepsilon'^2,$$

ε' désignant une constante positive très petite, on trouvera sensiblement

$$\varpi' = \varepsilon' \sin\tau';$$

puis, en nommant θ l'indice de réfraction $\frac{\sin\tau}{\sin\tau'}$, et posant pour abréger

$$\varepsilon = \frac{\varepsilon'}{\theta},$$

on trouvera encore

$$(10)\quad \varpi' = \varepsilon \sin\tau.$$

Cela posé, les formules (7), (8), (9) donneront à très peu près

$$(11)\quad \begin{cases} \operatorname{tang}^2\varpi' = \cos^2(\tau - \tau') + \varepsilon^2 \sin^2\tau \sin^2(\tau - \tau'), \\ \delta' = \operatorname{arc\,tang}[\varepsilon \sin\tau \operatorname{tang}(\tau - \tau')]; \end{cases}$$

$$(12)\quad \cot^2\varpi = [\cos^2(\tau + \tau') + \varepsilon^2 \sin^2\tau \sin^2(\tau + \tau')] \cot^2\varpi'$$

et

$$(13)\quad \begin{cases} \delta = \delta' + \operatorname{arc\,tang}[\varepsilon \sin\tau \operatorname{tang}(\tau + \tau')] + \pi, & \text{si } \tau + \tau' < \frac{\pi}{2}, \\ \delta = \delta' + \operatorname{arc\,tang}[\varepsilon \sin\tau \operatorname{tang}(\tau + \tau')], & \text{si } \tau + \tau' > \frac{\pi}{2}. \end{cases}$$

On se trouve ainsi ramené aux formules que j'ai données dans la séance du 1er juillet, page 9 (1).

(1) *Œuvres de Cauchy*, S. I, t. IV. — Extrait n° 55, p. 456.

73.

PHYSIQUE MATHÉMATIQUE. — *Sur la réflexion des rayons lumineux produite par la seconde surface d'un corps isophane et transparent.*

C. R., t. IX, p. 764 (9 décembre 1839).

Dans un grand nombre de questions relatives à la Physique mathématique, il s'agit de savoir sous quelles conditions un mouvement vibratoire, qui a pris naissance dans un milieu donné, se transmet à un autre milieu, et quelles sont les lois suivant lesquelles le mouvement se réfracte en passant du premier milieu dans le second, ou se réfléchit dans l'intérieur du premier milieu. De semblables questions se rencontrent à chaque instant, non seulement dans la théorie de la lumière, mais encore dans la théorie du choc des corps, dans celle des plaques vibrantes, etc., ...; et cette remarque explique suffisamment tout l'intérêt que les physiciens et les géomètres attachaient avec raison à la recherche des équations qui doivent être remplies dans le voisinage de la surface de séparation de deux milieux, par exemple de deux systèmes de molécules. Comme la nature des phénomènes observés se trouve intimement liée à la forme de ces équations, tant que celles-ci demeuraient inconnues, il fallait renoncer à traiter d'une manière rigoureuse les plus belles questions de la Physique, par exemple la réflexion et la réfraction de la lumière. Heureusement, dans un précédent Mémoire, je suis parvenu à vaincre la difficulté que je viens de signaler, en donnant une méthode générale pour la formation des équations relatives aux limites des corps. Pour montrer de plus en plus les avantages de cette méthode, je me propose de l'appliquer successivement aux divers problèmes de Physique mathématique; et déjà, dans les précédentes séances, on a pu voir avec quelle facilité elle donnait les lois de la polarisation des rayons lumineux réfléchis ou réfractés par la première surface d'un corps isophane et transparent. Les formules qui expriment ces lois renferment deux constantes dont la première, bien connue des physiciens, est celle que l'on nomme *indice de réfraction*, et varie avec la nature du corps transparent entre les limites 1 et $\frac{1}{3}$, ou 1 et 3; tandis que la seconde, prise en signe contraire, diffère généralement très peu de l'unité. Lorsque cette dernière constante se réduit, au signe près, à l'unité, un rayon polarisé rectilignement, suivant un plan quelconque, peut tomber sur la surface réfléchissante sous une incidence telle qu'il se trouve, après la réflexion, complètement polarisé dans le plan d'incidence; et l'angle d'incidence pour lequel cette condition est remplie, ou ce qu'on nomme l'*angle de polarisation* complète, a précisément pour tangente trigonométrique l'indice de réfraction, conformément à un théorème de M. Brewster. Dans ce même cas, les formules qui représentent les lois de la polarisation sont précisément les formules si remarquables qui ont été données par Fresnel, et qui se trouvent ainsi pour la première fois déduites de méthodes exactes. Mais il en est autrement lorsque la deuxième constante ne se réduit pas, au signe près, à l'unité; et alors on voit disparaître l'angle de polarisation complète, en sorte qu'il n'existe plus d'incidence pour laquelle un rayon simple soit toujours polarisé par réflexion dans le plan d'incidence, quel que soit, d'ailleurs, l'azimut primitif de ce rayon, c'est-à-dire l'angle formé avec le plan d'incidence par le plan qui renferme le rayon incident. Dans ce dernier cas, les lois de la polarisation se trouvent exprimées par des formules que j'ai données dans la dernière séance et qui renferment, comme cas particulier, les formules de Fresnel relatives aux corps transparents.

Au reste, les diverses formules que je viens de rappeler supposent l'existence d'un rayon réfracté qui se propage dans le second milieu sans s'affaiblir. Cette supposition est toujours conforme à la réalité lorsque, les deux milieux étant transparents, l'indice de réfraction, c'est-à-dire le rapport entre le sinus d'incidence et le sinus de réfraction, est supérieur à l'unité; attendu qu'alors, en passant du premier milieu dans le second, un rayon simple se rapproche de la normale à la surface réfléchissante. Mais c'est précisément le contraire qui aura lieu si l'indice de réfraction est inférieur à l'unité. Alors, en effet, à l'instant où l'angle d'incidence, venant à croître, offrira un sinus égal à l'indice de réfraction, le rayon réfracté rasera la surface réfléchissante. Si, l'angle d'incidence croissant encore, son sinus devient supérieur à l'indice de réfraction, le rayon réfracté disparaîtra, ou plutôt il s'éteindra en pénétrant à une petite profondeur dans le second milieu; par conséquent, ce second milieu, qui était transparent sous des incidences moindres, remplira les fonctions d'un corps opaque, et l'on obtiendra ce qu'on appelle le phénomène de la *réflexion totale,* l'angle de réflexion totale n'étant autre chose que celui qui a pour sinus l'indice de réfraction. La réflexion totale s'observe toutes les fois qu'un rayon propagé dans l'air, après avoir traversé la première surface d'un verre ou d'un cristal, tombe sur la seconde surface de manière à former avec la normale un angle supérieur à celui que nous venons d'indiquer.

Les formules que je présente aujourd'hui à l'Académie sont relatives à la réflexion totale produite, comme on vient de le dire, par la seconde surface d'un corps transparent. Ces formules renferment encore les deux constantes, dont la première est l'indice de réfraction, et fournissent, lorsque la deuxième constante se réduit, au signe près, à l'unité, les résultats auxquels Fresnel était parvenu en cherchant, disait-il, ce que l'analyse voulait indiquer par les formes, en partie imaginaires, que prennent dans le cas de la réflexion totale les coefficients des vitesses absolues déterminées dans l'hypothèse de la réflexion partielle. En vertu de ces mêmes formules, l'azimut de réflexion se réduit à l'unité, par conséquent le rayon incident et le rayon réfléchi offrent toujours le même azimut dont la tangente trigonométrique représente le rapport entre les amplitudes des vibrations mesurées perpendiculairement au plan d'incidence et suivant ce même plan. Donc la réflexion fait varier seulement l'anomalie du rayon incident, ou, ce qui revient au même, la distance entre les nœuds de deux rayons plans qui, par leur superposition, produiraient le rayon incident, et dont l'un serait polarisé suivant le plan d'incidence, l'autre étant renfermé dans ce plan. Donc si l'on fait subir à un rayon primitivement doué de la polarisation rectiligne une suite de réflexions totales sur des surfaces perpendiculaires à un même plan d'incidence, le dernier rayon réfléchi, quand il sera doué lui-même de la polarisation rectiligne, offrira toujours un azimut égal à celui du rayon incident; en d'autres termes, ces deux rayons formeront avec le plan d'incidence des angles égaux, mais qui pourront se mesurer en sens contraire de part et d'autre de ce plan.

Quant à l'anomalie de réflexion, qui représente la différence entre les anomalies des rayons réfléchi et incident, elle varie dans le cas de la réflexion totale avec l'angle d'incidence, et s'évanouit : 1° lorsque, l'angle d'incidence étant l'angle de réflexion totale, le rayon réfracté rase la surface réfléchissante; 2° lorsque, l'angle d'incidence étant droit, le rayon incident rase la même surface. Entre ces limites, il existe un angle d'incidence pour lequel l'anomalie de réflexion atteint un maximum, et le supplément de ce maximum est précisément le quadruple de l'angle de polarisation complète.

Pour qu'un rayon soit polarisé circulairement, il suffit que son anomalie se réduise à un angle droit, son azimut en étant la moitié. De cette remarque, jointe à la règle que nous venons d'énoncer, on conclut facilement qu'un rayon plan peut être transformé en un rayon doué de la polarisation circulaire par deux réflexions totales opérées sur la surface intérieure du verre, sous un angle d'environ 52°, ou par une seule réflexion opérée sur la surface intérieure d'un diamant, sous un angle d'environ 33°. On se trouve ainsi ramené, d'une part, à un résultat énoncé par Fresnel, et que cet illustre physicien a vérifié à l'aide de l'expérience; d'autre part, à une proposition que j'ai déjà indiquée dans une lettre adressée à M. Ampère (voir le *Compte rendu* de la séance du 11 avril 1836) [1].

Je remarquerai, en finissant, que mes formules fournissent encore le moyen de calculer des quantités qui, selon toute apparence, ne pour-

[1] *OEuvres de Cauchy*, S. I, t. IV. — Extrait n° 5, p. 21.

raient facilement se déduire d'expériences directes, par exemple la rapidité avec laquelle s'éteint la lumière en pénétrant dans le second des milieux donnés, et d'obtenir les lois de cette extinction.

ANALYSE.

Considérons, comme dans la séance du 25 novembre (p. 679 et suiv.) (¹), deux milieux isotropes séparés par une surface plane que nous prendrons pour plan des y, z; et concevons qu'un mouvement simple et par ondes planes, mais sans changement de densité, se propage dans le premier milieu situé du côté des x négatives. Supposons encore qu'à l'instant où ce mouvement simple atteint la surface de séparation, il donne toujours naissance à un seul mouvement simple réfléchi et à un seul mouvement simple réfracté. Lorsqu'on prendra pour axe des z une droite parallèle aux traces des ondes incidentes sur la surface réfléchissante, les *équations symboliques* des trois mouvements simples, incident, réfléchi et réfracté, se réduiront aux formules (1), (2), (3) de la page 680 (²), les valeurs des constantes imaginaires

$$\mathrm{A}_{,},\quad \mathrm{B}_{,},\quad \mathrm{C}_{,},\qquad \mathrm{A}',\quad \mathrm{B}',\quad \mathrm{C}'$$

étant liées à celles des constantes

$$\mathrm{A},\quad \mathrm{B},\quad \mathrm{C}$$

par les formules (6), (12) et (13) [p. 682 et 683 (³)], et les valeurs des coefficients

$$u = \mathrm{u}\sqrt{-1},\qquad v = \mathrm{v}\sqrt{-1},\qquad u'$$

étant liées elles-mêmes à l'angle d'incidence τ par les formules (9) et (15) [p. 682 et 684 (⁴)], en vertu desquelles on aura non seulement

$$\mathrm{u} = \mathrm{k}\cos\tau,\qquad \mathrm{v} = \mathrm{k}\sin\tau, \tag{1}$$

mais encore $u'^2 = k'^2 - v^2 = \mathrm{v}^2 - \mathrm{k}'^2$ et, par conséquent,

$$u'^2 = \mathrm{k}^2\sin^2\tau - \mathrm{k}'^2. \tag{2}$$

(¹) *OEuvres de Cauchy*, S. I, t. V. — Extrait n° 70, p. 20 et suiv.
(²) Id. Id. p. 25.
(³) Id. Id. p. 27 et 28.
(⁴) Id. Id. p. 27 et 29.

Lorsque les constantes réelles k, k' vérifient la condition $k' > k$, l'équation (2) fournit une valeur toujours négative de u'^2, par conséquent, des valeurs toujours imaginaires de u'; et, par suite, quel que soit l'angle d'incidence, le mouvement réfracté se propage sans s'affaiblir. Alors aussi, en nommant τ' l'angle de réfraction, et θ l'indice de réfraction, on a

$$(3)\qquad \begin{cases} \mathrm{v} = \mathrm{k}\sin\tau = \mathrm{k}'\sin\tau', \\ \theta = \dfrac{\sin\tau}{\sin\tau'} = \dfrac{\mathrm{k}'}{\mathrm{k}}; \end{cases}$$

par conséquent, la formule (2) se réduit à

$$u'^2 = \mathrm{k}'^2(\sin^2\tau' - 1) = -\mathrm{k}'^2\cos^2\tau',$$

et on la vérifie, comme on devait s'y attendre, en posant

$$u' = \mathrm{U}'\sqrt{-1}, \qquad \mathrm{U}' = \mathrm{k}'\cos\tau'.$$

Dans tous les cas, si l'on combine la formule (2) avec la suivante

$$(4)\qquad \mathrm{k}' = \theta\mathrm{k},$$

on en tirera

$$(5)\qquad u'^2 = \mathrm{k}^2(\sin^2\tau - \theta^2).$$

Si d'ailleurs on nomme ϖ l'azimut et δ l'anomalie de réflexion, la première des formules (45) [p. 690 (1)] donnera

$$(6)\qquad \tan g\varpi . e^{\delta\sqrt{-1}} = \frac{\bar{\mathrm{J}}}{\bar{\mathrm{I}}},$$

tandis que l'on tirera des formules (12), (13) et (35) [pages 682, 683 et 687 (2)]

$$(7)\qquad \bar{\mathrm{I}} = \frac{(v^2 - uu')\left(1 - \dfrac{v^2}{\mathrm{U}\mathrm{U}'}\right) + (u' + u)v^2\left(\dfrac{1}{\mathrm{U}} + \dfrac{1}{\mathrm{U}'}\right)}{(v^2 + uu')\left(1 - \dfrac{v^2}{\mathrm{U}\mathrm{U}'}\right) + (u' - u)v^2\left(\dfrac{1}{\mathrm{U}} + \dfrac{1}{\mathrm{U}'}\right)}\bar{\mathrm{J}},$$

(1) *OEuvres de Cauchy*, S. I, t. V. — Extrait n° 70, p. 36.
(2) Id. Id. p. 27, 28 et 32.

les valeurs de $\mho$, $\mho'$ étant

$$(8)\qquad \mho = \left(v^2 - \frac{k^2}{1+f}\right)^{\frac{1}{2}}, \qquad \mho' = \left(v^2 - \frac{k'^2}{1+f'}\right)^{\frac{1}{2}}.$$

Concevons maintenant que l'on ait

$$k' < k.$$

Alors l'indice de réfraction θ, déterminé par la seconde des formules (3), deviendra inférieur à l'unité; et si l'on pose, pour abréger,

$$(9)\qquad \psi = \arcsin\theta,$$

l'équation (5) ne fournira une valeur négative de u'^2, par conséquent des valeurs imaginaires de u', qu'autant que l'on supposera

$$\tau < \psi,$$

ou, ce qui revient au même, $\sin\tau < \theta$. Si l'on a, au contraire,

$$\tau > \psi,$$

et, par suite, $\sin\tau > \theta$, l'équation (5) fournira une valeur positive de u'^2, par conséquent deux valeurs réelles de u', l'une positive, l'autre négative; et la valeur négative de u' sera

$$(10)\qquad u' = -kU,$$

U désignant une constante positive déterminée par la formule

$$(11)\qquad U = k(\sin^2\tau - \theta^2)^{\frac{1}{2}} = k\sin^{\frac{1}{2}}(\tau+\psi)\sin^{\frac{1}{2}}(\tau-\psi).$$

Alors le mouvement réfracté s'éteindra en se propageant dans le second milieu; et l'amplitude des vibrations moléculaires, étant proportionnelle à l'exponentielle

$$e^{-kUx},$$

décroîtra en progression géométrique, tandis que l'on fera croître en progression arithmétique l'abscisse x, c'est-à-dire la distance d'une molécule à la surface réfringente.

Dans le cas que nous considérons ici, l'azimut et l'anomalie de réflexion peuvent encore être déterminés à l'aide des formules (6), (7) et (8). Si la nature des deux milieux est telle qu'un rayon simple se trouve toujours, sous une certaine incidence, complètement polarisé par réflexion, on aura

$$(12) \qquad \mathrm{f} = -1, \qquad \mathrm{f}' = -1, \qquad \frac{1}{\mho} = 0, \qquad \frac{1}{\mho'} = 0,$$

et, par suite, les équations (6), (7) donneront

$$(13) \qquad \operatorname{tang}\varpi . e^{\delta\sqrt{-1}} = \frac{v^2 + uu'}{v^2 - uu'};$$

puis, en ayant égard aux formules

$$u = \mathrm{k}\cos\tau\sqrt{-1}, \qquad v = \mathrm{k}\sin\tau\sqrt{-1}, \qquad u' = -\mathrm{kU},$$

on tirera de l'équation (12)

$$(14) \qquad \operatorname{tang}\varpi . e^{\delta\sqrt{-1}} = \frac{\sin^2\tau + \mathrm{U}\cos\tau\sqrt{-1}}{\sin^2\tau - \mathrm{U}\cos\tau\sqrt{-1}}.$$

On vérifiera la formule (14) en posant

$$(15) \qquad \operatorname{tang}\varpi = 1$$

et

$$(16) \qquad \delta = 2 \operatorname{arc\,tang} \frac{\mathrm{U}\cos\tau}{\sin^2\tau}.$$

Si, dans l'hypothèse admise, et en supposant les conditions (12) vérifiées, on calcule, non plus seulement les valeurs de ϖ et de δ, où, ce qui revient au même, la valeur du rapport $\frac{\bar{\mathrm{I}}}{\bar{\mathrm{J}}}$, mais encore les deux termes de ce rapport, $\bar{\mathrm{I}}$ et $\bar{\mathrm{J}}$, qui représentent les coefficients de réflexion d'un rayon renfermé dans le plan d'incidence ou polarisé suivant ce plan, on reconnaîtra que les modules de ces coefficients se réduisent, tout comme le module de leur rapport, à l'unité. Par conséquent, dans cette hypothèse, les amplitudes des vibrations moléculaires ne varient pas quand on passe du rayon incident au rayon réfléchi; ce qui fait dire que la réflexion est *totale*. L'*angle de réflexion totale* est l'angle d'incidence pour lequel la réflexion totale commence à se produire, c'est-à-dire l'angle ψ déterminé par la formule (9). Il suit d'ailleurs de la formule (15) que, dans le cas de la réflexion totale, l'*azimut de réflexion se réduit à la moitié d'un angle droit*, et par suite l'azimut du rayon réfléchi à l'azimut du rayon incident. Quant à l'anomalie δ, on la tire aisément des formules (11) et (16), ou, ce qui revient au même, de la suivante

$$(17) \qquad \operatorname{tang}\frac{\delta}{2} = \frac{\sin^{\frac{1}{2}}(\tau+\psi)\sin^{\frac{1}{2}}(\tau-\psi)}{\sin\tau\operatorname{tang}\tau};$$

et comme, en vertu de ces formules, on aura encore

$$(18) \qquad \operatorname{tang}^2\frac{\delta}{2} = \frac{(\sin^2\tau-\theta^2)(1-\sin^2\tau)}{\sin^4\tau} = \left(\frac{1-\theta^2}{2\theta}\right)^2 - \left(\frac{1+\theta^2}{2\theta} - \frac{\theta}{\sin^2\tau}\right)^2,$$

il est clair que cette anomalie, qui s'évanouit : 1° pour $\tau = \psi$, 2° pour $\tau = \frac{\pi}{2}$, acquerra, entre les limites $\tau = \psi$, $\tau = \frac{\pi}{2}$, une valeur maximum pour laquelle on aura

$$(19) \qquad \sin^2\tau = \frac{2\theta^2}{1+\theta^2}, \qquad \frac{\delta}{2} = \frac{1-\theta^2}{2\theta}.$$

Lorsque, les conditions (12) étant remplies, l'angle d'incidence τ reste inférieur à l'angle de réflexion totale, alors, pour que le rayon réfléchi soit complètement polarisé dans le plan d'incidence, il faut que l'on ait [*voir* la formule (47), p. 691 (¹)]

$$\tau + \tau' = \frac{\pi}{2}.$$

De cette dernière formule, jointe à la première des équations (2), on conclut

$$\operatorname{tang}\tau = \theta.$$

Donc, si l'on nomme φ l'angle de polarisation complète, on aura

$$(20) \qquad \varphi = \operatorname{arc\,tang}\theta,$$

et, par suite, la seconde des formules (19) donnera $\frac{\delta}{2} = \frac{\pi}{2} - 2\varphi$,

$$(21) \qquad \pi - \delta = 4\varphi.$$

(¹) *Œuvres de Cauchy*, S. I, t. V. — Extrait n° 70, p. 37.

Ainsi, dans le cas de la réflexion totale, *l'anomalie maximum a pour supplément le quadruple de l'angle de polarisation.*

74.

THÉORIE DES NOMBRES. — *Théorèmes relatifs aux formes quadratiques des nombres premiers et de leurs puissances.*

C. R., t. X, p. 51 (13 janvier 1840).

Parmi les résultats auxquels je suis parvenu dans le Mémoire présenté à l'Académie le 31 mai 1830, et inséré par extrait dans le *Bulletin des Sciences* de M. de Férussac, il en est un qui a particulièrement attiré l'attention des géomètres. Je veux parler du théorème suivant lequel une puissance d'un nombre premier p, ou le quadruple de cette puissance, peut toujours être converti en un binôme de la forme

$$x^2 + ny^2$$

lorsque, n étant un diviseur premier de $p - 1$, et de la forme $4x + 3$, on prend pour exposant de la puissance le double du plus petit nombre entier équivalent, abstraction faite du signe, et suivant le module n, à celui des nombres de Bernoulli,

$$\frac{1}{6}, \quad \frac{1}{30}, \quad \frac{1}{42}, \quad \ldots,$$

dont le rang est représenté par le quart de $n + 1$. D'ailleurs ce même exposant a pour valeur exacte, ou la différence entre le nombre des résidus et le nombre des non-résidus inférieurs à la moitié du module n, ou le tiers de cette différence, suivant que ce module divisé par 8 donne pour reste 7 ou 3. Or non seulement la proposition que je viens de rappeler renferme, comme cas particulier, un théorème remarquable énoncé par M. Jacobi dans le *Journal de M. Crelle*, mais il est bon d'observer qu'elle se trouve elle-même comprise dans une proposition plus générale qui me paraît digne d'être signalée, et que je vais énoncer en peu de mots.

Supposons que, n représentant toujours un diviseur impair de $p-1$, ce diviseur n soit encore de la forme $4x+3$, mais cesse d'être un nombre premier. Soit d'ailleurs h l'un quelconque des nombres entiers, premiers à n et inférieurs à $\frac{1}{2}n$. Lorsqu'on prendra successivement pour modules les divers facteurs premiers de n, que nous supposerons inégaux entre eux, h pourra devenir plusieurs fois un non-résidu quadratique, et ce nombre de fois pourra être ou pair ou impair. Cela posé, comptons les valeurs de h qui se trouvent dans l'un des cas, et, du nombre de ces valeurs, retranchons le nombre de celles qui se trouvent dans l'autre. Le quadruple de la puissance de p qui aura pour exposant, ou la différence obtenue, si n est de la forme $8x+7$, ou le tiers de cette différence dans le cas contraire, pourra toujours être converti en un binôme de la forme x^2+ny^2; et l'on pourra effectuer immédiatement cette conversion en multipliant l'un par l'autre, dans un certain ordre, les facteurs primitifs du nombre premier p.

Des théorèmes analogues sont relatifs au cas où le nombre n serait pair, ainsi qu'au cas où n, étant impair, serait de la forme $4x+1$, pourvu que, dans ce dernier cas, le nombre $p-1$ soit divisible par 4.

ANALYSE.

p étant un nombre premier,
n un diviseur impair de $p-1$, en sorte qu'on ait $p-1=n\varpi$,
θ une racine primitive de l'équation $x^p=1$,
ρ une racine primitive de l'équation $x^n=1$,
t une racine primitive de l'équivalence $x^{p-1}\equiv 1 \pmod{p}$,
et h, k des quantités entières,

posons

$$\Theta_h=\theta+\rho^h\theta^t+\rho^{2h}\theta^{t^2}+\ldots+\rho^{(p-2)h}\theta^{t^{p-2}} \tag{1}$$

et

$$R_{h,k}=\frac{\Theta_h\Theta_k}{\Theta_{h+k}}. \tag{2}$$

En vertu des principes exposés dans le *Bulletin des Sciences* de M. de Férussac (septembre 1829) et rappelés dans la séance du 28 octobre dernier ([1]), on aura : 1° en supposant h divisible par n,

$$\Theta_h = \Theta_0 = -1; \tag{3}$$

2° et supposant h non divisible par n,

$$\Theta_h \Theta_{-h} = (-1)^{\varpi h} p, \qquad R_{h,-h} = -(-1)^{\varpi h} p. \tag{4}$$

On trouvera par suite, en supposant h ou k divisibles par n,

$$R_{h,k} = -1, \tag{5}$$

et, en supposant h, k, ainsi que $h+k$, non divisibles par n,

$$R_{h,k} R_{-h,-k} = p. \tag{6}$$

De plus, si n est pair, alors la valeur de

$$\Theta_{\frac{n}{2}} = \Theta_{-\frac{n}{2}} = \theta - \theta^t + \theta^{t^2} - \ldots + \theta^{t^{p-3}} - \theta^{t^{p-2}}$$

sera déterminée par la formule

$$(\theta - \theta^t + \theta^{t^2} - \ldots + \theta^{t^{p-3}} - \theta^{t^{p-2}})^2 = (-1)^{\frac{p-1}{2}} p. \tag{7}$$

Enfin nous désignerons, avec M. Legendre, par la notation

$$\left(\frac{h}{p}\right)$$

le reste de la division de $h^{\frac{p-1}{2}}$ par le nombre p, et par suite l'on aura

$$\left(\frac{h}{p}\right) = 1 \quad \text{ou} \quad \left(\frac{h}{p}\right) = -1,$$

selon que h sera *résidu quadratique* ou *non résidu quadratique* suivant le module p.

([1]) *OEuvres de Cauchy*, S. I, t. IV. — Extrait n° 64, p. 506.

Pour obtenir les formules que nous donnons ici, il suffit de remplacer, dans celles que renferme le *Compte rendu* de la séance du 28 octobre, h par ϖh, et k par ϖk, puis d'écrire, pour abréger, Θ_h, Θ_k, $R_{h,k}$, au lieu de $\Theta_{\varpi h}$, $\Theta_{\varpi k}$, $R_{\varpi h, \varpi k}$.

Cela posé, considérons d'abord le cas où n est un nombre impair, et soient

$$\nu, \quad \nu', \quad \nu'', \quad \ldots$$

les facteurs premiers de n, que nous supposerons, pour plus de simplicité, inégaux entre eux. Concevons d'ailleurs que, h étant un nombre entier, premier à n, on pose, avec M. Jacobi ([1]),

$$\left(\frac{h}{n}\right)=\left(\frac{h}{\nu}\right)\left(\frac{h}{\nu'}\right)\left(\frac{h}{\nu''}\right)\cdots.$$

Parmi les nombres entiers, inférieurs à n et premiers à n, les uns

$$h, \quad h', \quad h'', \quad \ldots$$

vérifieront la condition

$$\left(\frac{h}{n}\right)=1,$$

les autres

$$k, \quad k', \quad k'', \quad \ldots$$

vérifieront la condition

$$\left(\frac{k}{n}\right)=-1.$$

Cela posé, faisons

$$I=\Theta_h\Theta_{h'}\Theta_{h''}\ldots, \qquad J=\Theta_k\Theta_{k'}\Theta_{k''}\ldots,$$

et soit

$$N=n\left(1-\frac{1}{\nu}\right)\left(1-\frac{1}{\nu'}\right)\left(1-\frac{1}{\nu''}\right)\cdots$$

le nombre des entiers inférieurs à n et premiers à n. Si le diviseur n de $p-1$ est de la forme $4x+1$, on aura

$$\left(\frac{-1}{n}\right)=1,$$

$$\left(\frac{-h}{n}\right)=\left(\frac{h}{n}\right), \qquad \left(\frac{-k}{n}\right)=\left(\frac{k}{n}\right)$$

et par suite, en vertu de la première des formules (4),

$$I=p^{\frac{N}{4}}, \qquad J=p^{\frac{N}{4}}. \tag{8}$$

([1]) *Comptes rendus* des séances de l'Académie de Berlin, octobre 1837.

Mais il n'en sera plus de même, lorsque n sera de la forme $4x+3$, et que l'on aura en conséquence

$$\left(\frac{-1}{n}\right)=-1.$$

Soient, dans ce dernier cas,

$$\Delta, \quad \text{ou} \quad \Delta', \quad \text{ou} \quad \Delta'', \quad \ldots$$

ce que devient le polynôme

$$\theta-\theta^{t}+\theta^{t^2}-\ldots+\theta^{t^{p-3}}-\theta^{t^{p-2}},$$

quand on y substitue à p le nombre premier

$$\nu, \quad \text{ou} \quad \nu', \quad \text{ou} \quad \nu'', \quad \ldots,$$

à θ, une racine primitive de l'équation

$$x^{\nu}=1, \qquad \text{ou} \qquad x^{\nu'}=1, \qquad \text{ou} \qquad x^{\nu''}=1, \qquad \ldots,$$

enfin, à t, une racine primitive de l'équivalence

$$x^{\nu-1}\equiv 1 \pmod{\nu}, \quad \text{ou} \quad x^{\nu'-1}\equiv 1 \pmod{\nu'}, \quad \text{ou} \quad x^{\nu''-1}\equiv 1 \pmod{\nu''}, \quad \ldots.$$

On trouvera

$$(9) \qquad 2\mathrm{I}=\mathrm{A}+\mathrm{B}\Delta\Delta'\Delta''\ldots, \qquad 2\mathrm{J}=\mathrm{A}-\mathrm{B}\Delta\Delta'\Delta''\ldots,$$

A, B désignant deux quantités entières, qui, pour certaines valeurs de n, pourront être divisibles par p ou par une puissance de p. Comme on aura d'ailleurs

$$\Delta^2=(-1)^{\frac{\nu-1}{2}}\nu, \qquad \Delta'^2=(-1)^{\frac{\nu'-1}{2}}\nu', \qquad \Delta''^2=(-1)^{\frac{\nu''-1}{2}}\nu'', \qquad \ldots,$$

$$(-1)^{\frac{\nu'-1}{2}+\frac{\nu''-1}{2}+\ldots}=(-1)^{\frac{\nu\nu'\ldots-1}{2}},$$

par conséquent

$$(10) \qquad \Delta^2\Delta'^2\Delta''^2\ldots=(-1)^{\frac{n-1}{2}}n;$$

et de plus, en vertu de la première des formules (4),

$$(11) \qquad \mathrm{IJ}=p^{\frac{\mathrm{N}}{2}},$$

on tirera des équations (9) et (10), en supposant n de la forme $4x+3$,

$$4p^{\frac{N}{2}} = A^2 + nB^2. \tag{12}$$

Concevons maintenant que l'on ait

$$n = 4\nu\nu'\nu'', \quad \ldots,$$

$\nu, \nu', \nu'', \ldots$ désignant toujours des facteurs premiers impairs, et supposons que, h étant un entier premier à n, par conséquent impair, on représente par

$$\left(\frac{h}{4}\right)$$

la quantité $+1$ ou -1 à laquelle on peut réduire le reste de la division de h par 4. Posons d'ailleurs généralement

$$\left(\frac{h}{n}\right) = \left(\frac{h}{4}\right)\left(\frac{h}{\nu}\right)\left(\frac{h}{\nu'}\right)\left(\frac{h}{\nu''}\right)\cdots.$$

Enfin partageons les entiers inférieurs à n et premiers à n en deux groupes

$$h,\ h',\ h'',\ \ldots \quad \text{et} \quad k,\ k',\ k'',\ \ldots,$$

les termes du premier groupe étant ceux qui vérifient la condition

$$\left(\frac{h}{n}\right) = 1,$$

et les termes du second groupe, ceux qui vérifient la condition

$$\left(\frac{k}{n}\right) = -1.$$

En raisonnant comme ci-dessus, désignant par

$$N = \frac{n}{2}\left(1 - \frac{1}{\nu}\right)\left(1 - \frac{1}{\nu'}\right)\cdots$$

le nombre des entiers inférieurs à n, mais premiers à n, et posant toujours

$$I = \Theta_h \Theta_{h'} \Theta_{h''} \ldots, \qquad J = \Theta_k \Theta_{k'} \Theta_{k''} \ldots,$$

on trouvera, si n est de la forme $4x+3$,

$$I = p^{\frac{N}{4}}, \qquad J = p^{\frac{N}{4}}. \tag{13}$$

Si au contraire n est de la forme $4x+1$, on obtiendra la formule

$$p^{\frac{N}{2}} = A^2 + \nu\nu'\nu''\ldots B^2, \tag{14}$$

ou, ce qui revient au même, la formule

$$p^{\frac{N}{2}} = A^2 + \frac{n}{4} B^2, \tag{15}$$

A, B étant des quantités entières, qui pourront être divisibles par p ou par une puissance entière de p.

Supposons encore

$$n = 8\,\nu\nu'\nu''\ldots,$$

$\nu, \nu', \nu'', \ldots$ étant des facteurs premiers impairs. Alors le nombre des entiers inférieurs à n et premiers à n sera toujours

$$N = \frac{n}{2}\left(1-\frac{1}{\nu}\right)\left(1-\frac{1}{\nu'}\right)\cdots$$

Concevons d'ailleurs que l'on partage ces entiers en deux groupes

$$h,\ h',\ h'',\ \ldots;\qquad k,\ k',\ k'',\ \ldots,$$

en plaçant dans le premier groupe ceux qui, étant de la forme $8x+1$ ou $8x+7$, vérifient la condition

$$\left(\frac{h}{\nu\nu'\nu''\ldots}\right) = 1,$$

et ceux qui, étant de la forme $8x+3$ ou $8x+5$, vérifient la condition

$$\left(\frac{h}{\nu\nu'\nu''\ldots}\right) = -1.$$

Alors, en supposant toujours

$$I = \Theta_h\,\Theta_{h'}\,\Theta_{h''}\ldots,\qquad J = \Theta_k\,\Theta_{k'}\,\Theta_{k''}\ldots,$$

on trouvera, si n est de la forme $4x + 1$,

$$I = p^{\frac{N}{4}}, \qquad J = p^{\frac{N}{4}},$$

et, si n est de la forme $4x + 3$,

$$(16) \qquad p^{\frac{N}{2}} = A^2 + 2\nu\nu'\nu'' \ldots B^2,$$

ou, ce qui revient au même,

$$(17) \qquad p^{\frac{N}{2}} = A^2 + \frac{n}{4} B^2,$$

A, B désignant des quantités entières qui peuvent être divisibles par p ou par une puissance de p. Pour rendre la formule (17) applicable au cas où n serait de la forme $4x + 1$, il suffirait de prendre pour

$$h, \quad h', \quad h'', \quad \ldots$$

ceux des entiers, inférieurs à n et premiers à n qui, étant de la forme $8x + 1$ ou $8x + 3$, vérifient la condition

$$\left(\frac{h}{\nu\nu'\nu'' \ldots}\right) = 1,$$

et ceux qui, étant de la forme $8x + 5$ ou $8x + 7$, vérifient la condition

$$\left(\frac{h}{\nu\nu'\nu'' \ldots}\right) = -1.$$

Soit maintenant

$$p^\lambda$$

la plus haute puissance de p qui, dans les formules (12), (15), (17), divise simultanément A et B. Si l'on pose

$$A = p^\lambda x, \qquad B = p^\lambda y$$

et

$$\mu = \frac{N}{2} - 2\lambda,$$

ces formules donneront respectivement : 1° pour $n = \nu\nu'\nu'' \ldots$,

$$(18) \qquad 4p^\mu = x^2 + ny^2;$$

2° pour $n = 4\nu\nu'\nu''\ldots$ ou pour $n = 8\nu\nu'\nu''\ldots$,

$$p^{\mu} = x^2 + \frac{n}{4} y^2, \tag{19}$$

x, y étant des nombres entiers, non divisibles par p.

Il reste à expliquer comment on peut obtenir dans chaque cas la valeur de l'exposant μ.

Or, parmi les entiers premiers à n, mais inférieurs à $\frac{1}{2}n$, les uns. dont nous désignerons le nombre par i, appartiendront au groupe

$$h, \quad h', \quad h'', \quad \ldots,$$

les autres, dont nous désignerons le nombre par j, au groupe

$$k, \quad k', \quad k'', \quad \ldots;$$

et, comme le nombre total de ces entiers sera évidemment $\frac{N}{2}$, les nombres i, j vérifieront la condition

$$i + j = \frac{N}{2}. \tag{20}$$

Cela posé, si l'on étend à tous les cas la méthode de calcul que nous avons suivie dans le Mémoire du 31 mai 1830, lorsque n était un nombre premier de la forme $4x + 3$, on arrivera aux conclusions suivantes.

Si le nombre n est impair et de la forme $4x + 3$, l'exposant μ se réduira simplement à la valeur numérique de la différence

$$i - j,$$

ou au tiers de cette valeur numérique, suivant que n divisé par 8 donnera pour reste 7 ou 3.

Si, le nombre n étant divisible par 4, $\frac{n}{4}$ est de la forme $4x + 1$, ou si n, étant divisible par 8, donne pour quotient un nombre impair, l'exposant μ se réduira simplement à la moitié de la valeur numérique de la différence $i - j$.

Quant aux valeurs entières de x propres à vérifier les formules (18),

(19), on les déduira, si n est impair, de la formule

$$(21)\qquad x^2 = p^\mu\left(2 + \frac{I}{J} + \frac{J}{I}\right),$$

et, si n est pair, de la formule

$$(22)\qquad x^2 = \frac{1}{4}p^\mu\left(2 + \frac{I}{J} + \frac{J}{I}\right).$$

Si d'ailleurs on pose, pour abréger,

$$(23)\qquad \begin{cases} P = R_{h,h}\, R_{h',h'} \ldots, \\ Q = R_{k,k}\, R_{k',k'} \ldots, \end{cases}$$

on trouvera : 1° en supposant n de la forme $8x + 7$,

$$(24)\qquad \frac{I}{J} = \frac{P}{Q};$$

2° en supposant n de la forme $8x + 3$,

$$(25)\qquad \frac{I^3}{J^3} = \frac{P}{Q};$$

3° en supposant n divisible par 4 ou par 8,

$$(26)\qquad \frac{I^2}{J^2} = \frac{P}{Q}.$$

Il est bon d'observer que les seconds membres des formules (21), (22) peuvent être réduits, en vertu de la formule (2), à des fonctions rationnelles de ρ. Cela posé, si, dans ces seconds membres, on remplace la lettre ρ qui représente une racine primitive de l'équation

$$x^n = 1$$

par une racine primitive r de l'équivalence

$$x^n \equiv 1 \quad (\text{mod. } p),$$

alors, en ayant égard à la formule (6) et aux principes établis dans l'article déjà cité dans le *Bulletin des Sciences*, on obtiendra facilement un nombre équivalent à x^2 suivant le module p; puis on en déduira immédiatement la valeur de x^2, si μ se réduit à l'unité. Mais si μ surpasse l'unité, alors, pour déterminer n, on pourra, ou recourir directement à l'équation (21) ou (22), ou bien remplacer dans le second membre de cette équation la lettre ρ par une racine primitive de l'équivalence

$$x^n \equiv 1 \pmod{p^\mu}.$$

Pour montrer une application des formules précédentes, supposons $n = 8$. On aura

$$h = 1, \qquad h' = 3, \qquad k = 5, \qquad k' = 7,$$

$$i = 2, \qquad j = 0, \qquad \mu = \frac{i-j}{2} = 1,$$

$$I = \Theta_1 \Theta_3 = R_{1,3} \Theta_4, \qquad J = \Theta_5 \Theta_7 = R_{5,7} \Theta_4,$$

$$\frac{I}{J} = \frac{R_{1,3}}{R_{7,5}} = \frac{p^2}{R_{5,7}},$$

et, par suite, les formules (19) et (22) donneront

$$p = x^2 + 2y^2,$$

$$x^2 = \frac{p}{4}\left(2 + \frac{R_{1,3}}{R_{5,7}} + \frac{R_{5,7}}{R_{1,3}}\right),$$

$$x = \frac{p}{4}\left(2 + \frac{p}{R_{5,7}^2} + \frac{R_{5,7}^2}{p}\right).$$

Si, dans la dernière formule, on remplace la racine primitive ρ de l'équation

$$x^8 = 1$$

par une racine primitive r de l'équivalence

$$x^8 \equiv 1 \pmod{p},$$

alors on devra remplacer aussi $R_{5,7}$ par le rapport

$$-\frac{1.2.3\ldots 4\varpi}{(1.2\ldots\varpi)(1.2\ldots 3\varpi)},$$

la valeur de ϖ étant $\frac{p-1}{8}$, et l'on pourra prendre en conséquence

$$x = \pm \frac{1}{2} \frac{1.2.3\ldots 4\varpi}{(1.2\ldots\varpi)(1.2\ldots 3\varpi)} \quad (\text{mod. } p).$$

Ces conclusions s'accordent avec une formule donnée par M. Jacobi.

Les seuls cas auxquels les formules (18) et (19) ne soient pas applicables sont : 1° le cas où l'on supposerait $n = 3$; 2° le cas où l'on supposerait $n = 4$. Dans le premier cas, où l'on a

$$h = 1, \qquad k = 2, \qquad i = 1, \qquad j = 0, \qquad i - j = 1,$$

on doit prendre $\mu = 1 = i - j$; et alors, en partant de l'équation

$$p = R_{1,1} R_{2,2},$$

on est conduit aux formules

$$4p = x^2 + 3y^2, \qquad x = \pm \frac{1.2\ldots 2\varpi}{(1.2.3\ldots\varpi)^2},$$

données par M. Jacobi (*Journal de M. Crelle*, 1827).

Dans le second cas, où l'on a

$$h = 1, \qquad k = 3, \qquad i = 1, \qquad j = 0, \qquad i - j = 1,$$

on doit encore prendre $\mu = 1 = i - j$; et alors, en partant de l'équation

$$p = R_{1,1} R_{3,3},$$

on est conduit aux formules

$$p = x^2 + y^2, \qquad x = \pm \frac{1}{2} \frac{1.2\ldots 2\varpi}{(1.2\ldots\varpi)^2},$$

qui ont été obtenues par M. Gauss, dans son beau Mémoire sur la *théorie des résidus biquadratiques* (avril 1825) (¹).

(¹) *Voir* les *Mémoires de Göttingue*, de 1827.

Nous indiquerons dans un autre article diverses conséquences remarquables qui peuvent encore se déduire des formules ci-dessus établies.

75.

THÉORIE DES NOMBRES. — *Observations nouvelles sur les formes quadratiques des nombres premiers et de leurs puissances.*

C. R., t. X, p. 85 (20 janvier 1840).

Les divers théorèmes énoncés dans le *Compte rendu* de la dernière séance, et relatifs aux formes quadratiques de certaines puissances des nombres premiers ou du quadruple de ces puissances, peuvent être aisément établis à l'aide des considérations suivantes.

§ I. — *Somme des racines primitives d'une équation binôme. Fonctions symétriques de ces racines.*

Soient

n un nombre entier quelconque,
$h, k, l, \ldots$ les entiers inférieurs à n, et premiers à n,
N le nombre des entiers $h, k, l, \ldots,$
ρ une racine primitive de l'équation

$$x^n = 1. \tag{1}$$

Les diverses racines primitives de la même équation seront

$$\rho^h, \quad \rho^k, \quad \rho^l, \quad \ldots.$$

Nommons s la somme de ces racines, en sorte qu'on ait

$$\mathrm{s} = \rho^h + \rho^k + \rho^l + \ldots. \tag{2}$$

Si n se réduit à un nombre premier impair ν, ou à une puissance d'un semblable nombre, alors, pour obtenir s, on devra former la somme totale des racines de l'équation (1), et de cette somme retrancher celle des racines de l'équation

$$x^{\frac{n}{\nu}} = 1.$$

Or comme, la première de ces deux sommes étant toujours nulle, la seconde offrira pour valeur l'unité ou zéro, suivant que l'on aura

$$n = \nu \quad \text{ou} \quad n > \nu,$$

il est clair qu'on trouvera

$$S = -1,$$

si n est un nombre premier impair, et

$$S = 0,$$

si n est le carré, le cube, ... d'un tel nombre. La supposition $n = 2$ donnerait évidemment

$$S = -1.$$

Si n représentait une puissance de 2 supérieure à la première, alors, en vertu des formules

$$(3) \qquad \rho^{\frac{n}{2}} = -1, \qquad \rho^{\frac{n}{2}-h} = -\rho^h,$$

les valeurs de

$$\rho^h, \quad \rho^k, \quad \rho^l, \quad \ldots$$

seraient deux à deux égales, au signe près, mais affectées de signes contraires, et par suite on trouverait encore

$$S = 0.$$

Enfin, si n était un nombre composé quelconque, en sorte qu'on eût

$$(4) \qquad n = \nu^a \nu'^b \nu''^c, \quad \ldots,$$

$a, b, c, \ldots$ désignant des exposants entiers, et $\nu, \nu', \nu'', \ldots$ des facteurs premiers dont l'un pourrait se réduire à 2; alors une racine primitive quelconque de l'équation (1) serait le produit de facteurs correspondants à

$$\nu, \quad \nu', \quad \nu'', \quad \ldots$$

et dont chacun représenterait une racine primitive de l'une des équations

$$(5) \qquad x^{\nu^a} = 1, \quad x^{\nu'^b} = 1, \quad x^{\nu''^c} = 1, \quad \ldots.$$

Donc alors la valeur de s, correspondante à l'équation (1), serait le produit des valeurs de s correspondantes aux équations (5). Il est aisé d'en conclure : 1° que, si n est un nombre pair (¹), ou impair, divisible par un carré, la somme s des racines primitives sera toujours nulle; 2° que si n est un nombre pair ou impair, dont les facteurs premiers ν, ν', ν'', ... soient inégaux entre eux, la somme s sera équivalente à -1, quand les facteurs premiers ν, ν', ν'', ... seront en nombre impair, et à $+1$ quand ces facteurs premiers seront en nombre pair.

Ainsi, en particulier, la somme des racines primitives sera -1 pour chacune des équations

$$x^2 = 1, \quad x^3 = 1, \quad x^5 = 1, \quad x^7 = 1, \quad x^{11} = 1, \quad \ldots,$$

zéro pour chacune des équations

$$x^4 = 1, \quad x^8 = 1, \quad x^9 = 1, \quad x^{12} = 1, \quad x^{16} = 1, \quad \ldots,$$

et $+1$ pour chacune des équations

$$x^6 = 1, \quad x^{10} = 1, \quad x^{14} = 1, \quad x^{15} = 1, \quad x^{21} = 1, \quad x^{22} = 1, \quad \ldots.$$

Quant au nombre N des racines primitives, correspondant à la valeur de n fournie par l'équation (4), il sera, dans tous les cas, donné par la formule

$$(6) \qquad N = \nu^{a-1}\nu'^{b-1}\nu''^{c-1}\ldots(\nu - 1)(\nu' - 1)(\nu'' - 1), \quad \ldots,$$

ou, ce qui revient au même, par la formule

$$(7) \qquad N = n\left(1 - \frac{1}{\nu}\right)\left(1 - \frac{1}{\nu'}\right)\left(1 - \frac{1}{\nu''}\right).$$

Ce nombre sera donc toujours pair, à moins que l'on n'ait $n = 2$, et par suite $N = 1$.

(¹) Cette partie de la conclusion peut encore se déduire généralement des formules (3).

n' étant un entier distinct de n, et ω le plus grand commun diviseur de n, n', on peut toujours trouver des nombres entiers u, v propres à vérifier la formule

$$nu - n'v = \omega.$$

Cela posé, toute racine commune aux deux équations

$$x^n = 1, \qquad x^{n'} = 1$$

devra évidemment vérifier encore l'équation plus simple $x^{nu-n'v} = 1$, ou

$$x^\omega = 1.$$

Réciproquement, toute racine de la dernière équation devra encore vérifier les deux autres. Or, comme le diviseur commun ω ne variera pas, si, n' étant un nombre composé, on efface dans n' un facteur premier à n, il est clair qu'après une telle suppression l'équation

$$x^{n'} = 1$$

continuera toujours de subsister. Ce principe étant admis, soit m un nombre premier à n. Si l'on a

$$\rho^{mh} = \rho^{mk}, \qquad \text{par conséquent} \qquad \rho^{m(k-h)} = 1,$$

h, k étant premiers à n, et inférieurs à n; alors ρ, devant vérifier simultanément l'équation (1) et la suivante

$$x^{m(k-h)} = 1,$$

sera, d'après ce qu'on vient de dire, une racine de l'équation

$$x^{k-h} = 1.$$

On aura donc

$$\rho^{k-h} = 1 \qquad \text{ou} \qquad \rho^h = \rho^k.$$

Donc, si ρ^k diffère de ρ^h, ρ^{mk} devra différer de ρ^{mh}. Donc, en supposant, comme nous le faisons, que

$$h, \quad k, \quad l, \quad \ldots$$

représentent des nombres distincts, inférieurs à n et premiers à n, on pourra représenter les N racines primitives de l'équation (1), non seulement par

$$\rho^h,\quad \rho^k,\quad \rho^l,\quad \ldots,$$

mais encore par

$$\rho^{mh},\quad \rho^{mk},\quad \rho^{ml},\quad \ldots,$$

m pouvant être lui-même un quelconque des nombres $h, k, l, \ldots$; et la seconde suite offrira les mêmes termes que la première, mais rangés dans un ordre différent. En multipliant de nouveau chaque exposant par m, une ou plusieurs fois, on obtiendra d'autres suites qui seront elles-mêmes propres à représenter les racines primitives, savoir

$$\begin{array}{cccc} \rho^{m^2h}, & \rho^{m^2k}, & \rho^{m^2l}, & \ldots, \\ \rho^{m^3h}, & \rho^{m^3k}, & \rho^{m^3l}, & \ldots, \\ \ldots & \ldots & \ldots & \ldots \end{array}$$

Donc les termes de la suite

$$\rho^h,\quad \rho^{mh},\quad \rho^{m^2h},\quad \ldots,$$

dont les exposants croissent en progression géométrique, représenteront autant de racines primitives distinctes qu'il y aura d'unités dans l'exposant ι de la plus petite puissance de m propre à vérifier l'équivalence

$$(8)\qquad m^\iota \equiv 1 \pmod{n}.$$

Si n est un nombre premier impair ou une puissance d'un tel nombre, alors, m étant premier à n, on trouvera

$$\iota = \mathrm{N},$$

et en conséquence les racines primitives de l'équation (1) seront égales aux différents termes de la suite

$$\rho^h,\quad \rho^{mh},\quad \rho^{m^2h},\quad \ldots,\quad \rho^{m^{\mathrm{N}-1}h},$$

qui se réduiront en particulier à

$$\rho,\quad \rho^m,\quad \rho^{m^2},\quad \ldots,\quad \rho^{m^{\mathrm{N}-1}},$$

lorsqu'on prendra, comme on peut le faire, $h = 1$. Si n est précisément un nombre premier impair, on aura

$$N = n - 1,$$

et dans ce cas les diverses racines primitives pourront être représentées par les divers termes de la suite

$$\rho, \quad \rho^m, \quad \rho^{m^2}, \quad \ldots, \quad \rho^{m^{n-2}},$$

ρ désignant l'une quelconque de ces racines, et m un nombre entier quelconque, premier à n. Donc alors les termes de la suite

$$\rho, \quad \rho^m, \quad \rho^{m^2}, \quad \ldots, \quad \rho^{m^{n-2}},$$

dans laquelle les exposants croissent en progression géométrique, seront les mêmes, à l'ordre près, que les termes de la suite

$$\rho, \quad \rho^2, \quad \rho^3, \quad \ldots, \quad \rho^{n-1},$$

dans laquelle les exposants croissent en progression arithmétique.

Soit maintenant

$$f(\rho)$$

une fonction entière de la racine primitive ρ de l'équation (1). On pourra toujours, dans cette fonction, réduire l'exposant de chaque puissance de ρ à un nombre entier plus petit que n, et poser en conséquence

$$(9) \qquad f(\rho) = a_0 + a_1\rho + a_2\rho^2 + \ldots + a_{n-1}\rho^{n-1},$$

$a_0, a_1, a_2, \ldots, a_{n-1}$ désignant des coefficients indépendants de ρ. Supposons d'ailleurs que les différents termes du polynôme représenté par $f(\rho)$ se transforment les uns dans les autres, quand on y remplace la racine primitive ρ par une autre racine primitive ρ^m; $f(\rho)$ sera ce qu'on peut nommer une *fonction symétrique* des racines primitives de l'équation (1). Or, en écrivant successivement à la place de ρ chacune des racines primitives

$$\rho^h, \quad \rho^k, \quad \rho^l, \quad \ldots,$$

on reconnaîtra que, dans $f(\rho)$, ceux des termes de chacune des suites

$$\begin{array}{llll} \rho^h, & \rho^k, & \rho^l, & \ldots, \\ \rho^{2h}, & \rho^{2k}, & \rho^{2l}, & \ldots, \\ \rho^{3h}, & \rho^{3k}, & \rho^{3l}, & \ldots, \\ \ldots & \ldots & \ldots & \ldots, \end{array}$$

qui sont distincts les uns des autres, doivent avoir les mêmes coefficients. D'ailleurs ces mêmes termes se réduisent toujours aux diverses racines primitives de l'équation (1), ou du moins d'une équation de la forme

$$x^\omega = 1, \tag{10}$$

ω étant un diviseur du nombre n qui peut devenir égal à ce même nombre. Donc, dans $f(\rho)$, les diverses racines primitives de l'équation (10) devront offrir les mêmes coefficients; et *une fonction symétrique des racines primitives de l'équation* (1) *se réduira toujours à une fonction linéaire des diverses valeurs que peut acquérir la somme des racines primitives de l'équation* (10), *quand on prend successivement pour* ω *chacun des diviseurs du nombre* n, *y compris ce nombre lui-même.* Si par exemple n se réduit à un nombre premier, alors la suite

$$\rho^h, \quad \rho^k, \quad \rho^l, \quad \ldots$$

renfermant les mêmes termes que la suite

$$\rho, \quad \rho^2, \quad \rho^3, \quad \ldots, \quad \rho^{n-1},$$

les termes de cette dernière devront offrir, dans $f(\rho)$, des coefficients égaux, et l'on aura en conséquence

$$a_1 = a_2 = \ldots = a_{n-1},$$

$$f(\rho) = a_0 + a_1(\rho + \rho^2 + \ldots + \rho^{n-1}). \tag{11}$$

§ II. — *Somme alternée et fonctions alternées des racines primitives d'une équation binôme.*

Supposons à présent que, dans le cas où l'on remplace la racine primitive ρ de l'équation (1) par une autre racine primitive ρ^m de la même équation, les différents termes contenus dans $f(\rho)$ se transforment, au signe près, les uns dans les autres, et que deux termes, qui se déduisent ainsi l'un de l'autre, se trouvent toujours affectés du même signe pour certaines valeurs

$$h, \quad h', \quad h'', \quad \ldots$$

du nombre m, mais affectés de signes contraires pour d'autres valeurs

$$k, \quad k', \quad k'', \quad \ldots$$

du même nombre; en sorte que, sous ce point de vue, les entiers inférieurs à n, et premiers à n, savoir,

$$h, \quad k, \quad l, \quad \ldots,$$

se partagent en deux groupes

$$h, \quad h', \quad h'', \quad \ldots \qquad \text{et} \qquad k, \quad k', \quad h'', \quad \ldots.$$

Alors dans $f(\rho)$ le coefficient a_0 s'évanouira nécessairement; et $f(\rho)$ sera une fonction linéaire, non plus de chacune des sommes

$$\begin{array}{l} \rho^h + \rho^k + \rho^l + \ldots, \\ \rho^{2h} + \rho^{2k} + \rho^{2l} + \ldots, \\ \rho^{3h} + \rho^{3k} + \rho^{3l} + \ldots, \\ \ldots\ldots\ldots\ldots\ldots\ldots, \end{array}$$

mais de chacune des sommes algébriques

$$(12) \qquad \left\{ \begin{array}{l} \rho^h + \rho^{h'} + \rho^{h''} + \ldots - \rho^k - \rho^{k'} - \rho^{k''} - \ldots, \\ \rho^{2h} + \rho^{2h'} + \rho^{2h''} + \ldots - \rho^{2k} - \rho^{2k'} - \rho^{2k''} - \ldots, \\ \rho^{3h} + \rho^{3h'} + \rho^{3h''} + \ldots - \rho^{3k} - \rho^{3k'} - \rho^{3k''} - \ldots, \\ \ldots\ldots\ldots\ldots\ldots\ldots\ldots\ldots\ldots\ldots\ldots\ldots, \end{array} \right.$$

où l'on ne doit admettre que des termes distincts les uns des autres, propres à représenter les diverses racines primitives de l'équation (10), pour une certaine valeur de ω, et pris en partie avec le signe $+$, en partie avec le signe $-$. D'ailleurs, les termes que précède le signe $+$ devant se changer en ceux que précède le signe $-$, quand on remplace ρ par ρ^m, les termes de l'une et l'autre espèce devront être en même nombre dans chacune des sommes algébriques dont il s'agit, aussi bien que dans la fonction $f(\rho)$; et si, dans ces sommes ou dans cette fonction, on fait succéder à un terme précédé du signe + un terme correspondant précédé du signe —, on pourra obtenir une suite de termes alternativement positifs et négatifs. Pour cette raison, nous désignerons sous le nom de *fonction alternée* et de *sommes alternées* la fonction $f(\rho)$ et les sommes (12), dont chacune peut acquérir seulement deux valeurs et deux formes distinctes, quand on y remplace une racine primitive par une autre. Cela posé, si l'on désigne par Δ la somme alternée des racines primitives de l'équation (1), Δ sera la première des sommes algébriques (12), en sorte qu'on aura

$$(13) \qquad \Delta = \rho^h + \rho^{h'} + \rho^{h''} + \ldots - \rho^k - \rho^{k'} - \rho^{k''} - \ldots.$$

Or comme, dans cette somme, les termes

$$\rho^h, \quad \rho^{h'}, \quad \rho^{h''}, \quad \ldots, \quad \rho^k, \quad \rho^{k'}, \quad \rho^{k''}, \quad \ldots$$

seront tous distincts les uns des autres, et en nombre égal à N, le nombre des termes positifs ou des entiers

$$h, \quad h', \quad h'', \quad \ldots$$

et le nombre des termes négatifs ou des entiers

$$k, \quad k', \quad k'', \quad \ldots$$

devront y être séparément égaux à $\frac{N}{2}$, ce qui suppose N pair.

Si n se réduit au nombre 2, l'équation

$$x^2 = 1$$

n'offrira qu'une seule racine primitive $\rho = -1$, avec laquelle on ne pourra composer une fonction alternée, ou une somme alternée, puisque N cessera d'être pair, en se réduisant à l'unité.

Si n est un nombre premier impair, les sommes (12) se réduiront toutes à la première, et par suite $f(\rho)$ sera de la forme

(14) $$f(\rho) = a\Delta,$$

c'est-à-dire que la fonction alternée $f(\rho)$ sera proportionnelle à la somme alternée Δ des racines primitives de l'équation (1).

Observons maintenant que si l'on prend pour m l'un des nombres

$$k, \quad h', \quad k'', \quad \ldots,$$

les termes ρ^h et ρ^{mh}, ou ρ^{mh} et ρ^{m^2h}, ou ρ^{m^2h} et ρ^{m^3h}, ..., comparés deux à deux, devront être généralement affectés de signes contraires dans le second membre de l'équation (13); et puisque ρ^h y est affecté du signe $+$, ρ^{mh} devra s'y trouver affecté du signe $-$, ρ^{m^2h} du signe $+$, ρ^{m^3h} du signe $-$, ... Donc la somme alternée Δ sera représentée en partie ou en totalité par la somme algébrique

$$\rho^h - \rho^{mh} + \rho^{m^2h} - \rho^{m^3h} + \ldots - \rho^{m^{\iota-1}h},$$

que l'on réduira simplement à

(15) $$\rho - \rho^m + \rho^{m^2} - \ldots - \rho^{m^{\iota-1}},$$

en prenant, comme on peut le faire, $h = 1$. Dans la somme (15), comme dans l'équation (8), m^ι désigne la plus petite des puissances de m qui soit équivalente à l'unité suivant le module n.

Si n est un nombre premier impair, ou une puissance d'un tel nombre, alors les entiers

$$h, \quad k, \quad l, \quad \ldots,$$

inférieurs à n et premiers à n, vérifieront l'équivalence

(16) $$x^N \equiv 1 \pmod{n},$$

les uns étant *résidus quadratiques*, et racines de l'équivalence

$$x^{\frac{N}{2}} = 1,$$

les autres *non-résidus quadratiques*, et racines de l'équivalence

$$x^{\frac{N}{2}} = -1.$$

D'ailleurs, m étant l'un quelconque des nombres $h, k, l, \ldots$, la substitution de ρ^m à ρ changera non seulement ρ en ρ^m, mais aussi ρ^m en ρ^{m^2}; et par suite, dans la somme alternée Δ, ρ^{m^2} devra être précédé du même signe que ρ. Donc, si ρ y est précédé du signe $+$, on pourra en dire autant de toutes les puissances de ρ qui offriront pour exposants des résidus quadratiques; et, comme le nombre de ces puissances sera précisément $\frac{N}{2}$, les autres puissances, qui auront pour exposants des non-résidus quadratiques, devront être toutes affectées du signe $-$. Donc alors les nombres $k, k', \ldots$, et par suite le nombre m, dans la somme (15), ne pourront être que des non-résidus. D'ailleurs, si l'on prend pour m un tel nombre, on aura $\iota = N$; par conséquent la somme (15), renfermant autant de termes que la somme Δ, représentera en totalité cette dernière somme; et la valeur de Δ, réduite à

(17) $$\Delta = \rho - \rho^m + \rho^{m^2} - \ldots + \rho^{m^{N-1}},$$

sera effectivement une fonction alternée des racines primitives de l'équation, attendu qu'elle acquerra seulement deux valeurs égales, au signe près, mais affectées de signes contraires, lorsqu'on y remplacera successivement la racine primitive ρ par l'une des autres racines primitives

$$\rho^m, \quad \rho^{m^2}, \quad \ldots, \quad \rho^{m^{N-1}}.$$

Si n se réduit à un nombre premier impair, on aura $N = n - 1$,

(18) $$\Delta = \rho - \rho^m + \rho^{m^2} - \ldots + \rho^{m^{n-2}},$$

et d'après un théorème de M. Gauss, rappelé dans une précédente séance,

(19) $$\Delta^2 = (-1)^{\frac{n-1}{2}} n.$$

Mais, si l'on a

$$n = \nu^a,$$

ν étant un nombre premier impair, et a un entier supérieur à l'unité, on trouvera

$$N = \nu^{a-1}(\nu - 1),$$

et, m étant un nombre quelconque premier à n, les divers termes de la progression arithmétique

$$m,\quad m+\nu,\quad m+2\nu,\quad \ldots,\quad m+(\nu^{a-1}-1)\nu$$

seront tous à la fois résidus quadratiques ou non-résidus quadratiques. Or, la somme des puissances de ρ, qui auront pour exposants ces mêmes termes, se réduisant à

$$\rho^m \frac{1-\rho^{\nu a}}{1-\rho^\nu} = 0,$$

et ces puissances étant les seules qui, dans la somme alternée Δ, offrent des exposants équivalents à m, suivant le module ν, il en résulte que, en supposant $n=\nu^a$, on obtiendra une valeur nulle de Δ. Alors aussi l'on obtiendra encore des valeurs nulles pour celles des sommes (12) qui ne se réduiront pas à la somme $\mathbb{O}$ des racines primitives de l'équation

$$x^\nu = 1.$$

Donc, lorsque n représentera une puissance quelconque d'un nombre premier impair, non seulement on aura

$$\Delta = 0, \tag{20}$$

mais de plus $f(\rho)$ sera de la forme

$$f(\rho) = a\,\mathbb{O}. \tag{21}$$

Nous avons déjà observé qu'il n'existe point de somme alternée des racines primitives de l'équation (1), dans le cas où l'on suppose $n=2$. Mais il n'en sera plus de même quand on prendra pour n une puissance de 2. Concevons qu'alors on réduise toujours l'un des nombres

$$h,\quad h',\quad h'',\quad \ldots$$

à l'unité. Si, pour fixer les idées, on suppose $n=4$, on trouvera

$$h=1,\qquad k=3,$$

et

$$\Delta = \rho - \rho^3 \tag{22}$$

sera une somme alternée des racines primitives de l'équation

$$x^4 = 1.$$

Cette même somme, égale à 2ρ, vérifiera d'ailleurs la formule

$$(23) \qquad \Delta^2 = -4.$$

Si l'on suppose $n = 8$, on pourra prendre

$$h = 1, \qquad h' = 3, \qquad k = 5, \qquad k' = 7,$$

ou bien

$$h = 1, \qquad h' = 5, \qquad k = 3, \qquad k' = 7,$$

ou enfin

$$h = 1, \qquad h' = 7, \qquad k = 3, \qquad k' = 5,$$

et obtenir ainsi trois sommes alternées des racines primitives de l'équation

$$x^8 = 1.$$

De ces trois sommes alternées, la première, savoir

$$(24) \qquad \Delta = \rho + \rho^3 - \rho^5 - \rho^7,$$

vérifiera la formule

$$(25) \qquad \Delta^2 = -8;$$

la seconde, savoir

$$(26) \qquad \Delta = \rho + \rho^5 - \rho^3 - \rho^7,$$

se réduira simplement à

$$(27) \qquad \Delta = 0,$$

et la troisième, savoir

$$(28) \qquad \Delta = \rho + \rho^7 - \rho^3 - \rho^5,$$

vérifiera la formule

$$(29) \qquad \Delta^2 = 8.$$

Enfin, si n est une puissance de 2 supérieure à la troisième, alors, en partant de la formule

$$\rho^{\left(1+\frac{n}{4}\right)^2 m} = -\rho^m,$$

on reconnaîtra que toute somme alternée des racines primitives vérifie la formule (20), ou

$$\Delta = 0.$$

En résumé, si n est un nombre premier ou une puissance d'un tel nombre, Δ sera nul, à moins que n ne se réduise à 4 ou à 8, ou à un nombre premier impair.

D'ailleurs, dans ce cas, on aura toujours $\Delta^2 = \pm n$, savoir

$$\Delta^2 = n,$$

si n est de la forme $4x + 1$;

$$\Delta^2 = -n,$$

si n est égal à 4, ou de la forme $4x + 3$; enfin

$$\Delta^2 = n, \qquad \text{ou} \qquad \Delta^2 = -n,$$

si n est égal à 8.

On peut encore s'assurer facilement que, dans le cas où, n étant 4 ou 8, Δ^2 se réduit à $+n$, ou à $-n$, les sommes (12) s'évanouissent toutes à l'exception de la première. Donc, alors, une fonction alternée des racines de l'équation (1) est encore proportionnelle à la somme alternée de ces racines.

Quand n est un nombre composé, alors, pour obtenir une somme alternée des racines primitives de l'équation (1), ou une valeur de Δ correspondante à cette équation, il suffit de multiplier les unes par les autres des valeurs de Δ correspondantes séparément à chacune des équations (5), en laissant toutefois de côté l'équation

$$x^2 = 1,$$

lorsque le facteur n est une seule fois divisible par le nombre 2. Le produit ainsi obtenu ne pourra différer de zéro, en offrant pour carré $\pm n$, que dans le cas où les facteurs premiers et impairs de n seront inégaux, le facteur pair étant 4 ou 8. Dans le même cas, une fonction alternée $f(\rho)$ des racines primitives de l'équation (1), étant nécessairement une fonction alternée des racines primitives de chacune des équations (5), sera tout à la fois proportionnelle aux diverses valeurs de Δ qui correspondent à ces diverses équations. Donc $f(\rho)$ sera proportionnelle au produit de ces valeurs; et comme le carré de ce produit sera $\pm n$, on aura

$$(30) \qquad [f(\rho)]^2 = \pm n a^2,$$

a désignant le coefficient de ρ dans $f(\rho)$.

§ III. — *Application des principes établis dans les paragraphes précédents.*

Concevons à présent que, p étant un nombre premier impair, n désigne un diviseur de $p-1$. Aux divers entiers

$$h, \quad k, \quad l, \quad \ldots$$

inférieurs à n, mais premiers à n, correspondront autant de facteurs primitifs du nombre p représentés, dans le *Compte rendu* de la dernière séance, par

$$\Theta_h, \quad \Theta_k, \quad \Theta_l, \quad \ldots.$$

Soient d'ailleurs N le nombre des entiers $h, k, l, \ldots$, ρ une des racines primitives de l'équation (1), et concevons qu'avec les diverses racines primitives

$$\rho^h, \quad \rho^k, \quad \rho^l, \quad \ldots$$

de la même équation on forme, s'il est possible, une somme alternée Δ, dont le carré Δ^2 soit égal à $\pm n$. Enfin partageons les exposants des diverses puissances de ρ dans ces racines primitives, c'est-à-dire les entiers

$$h, \quad k, \quad l, \quad \ldots,$$

en deux groupes

$$h, \quad h', \quad h'', \quad \ldots \qquad \text{et} \qquad k, \quad k', \quad k'', \quad \ldots,$$

en plaçant ces entiers dans le premier ou le second groupe, suivant que les puissances correspondantes de ρ se trouvent affectées du signe

+ ou du signe — dans la somme alternée Δ. Les facteurs primitifs

$$\Theta_h,\quad \Theta_k,\quad \Theta_l,\quad \ldots$$

se trouveront eux-mêmes partagés en deux groupes

$$\Theta_h,\quad \Theta_{h'},\quad \Theta_{h''},\quad \ldots \qquad \text{et} \qquad \Theta_k,\quad \Theta_{k'},\quad \Theta_{k''},\quad \ldots;$$

et, si l'on pose

$$I = \Theta_h\Theta_{h'}\Theta_{h''}\ldots; \qquad J = \Theta_k\Theta_{k'}\Theta_{k''}\ldots,$$

on reconnaîtra que

$$I + J$$

est une fonction symétrique des racines primitives de l'équation (1), et

$$I - J$$

une fonction alternée de ces mêmes racines. On aura par suite

$$(I + J)^2 = A^2,$$

et, en vertu de la formule (30),

$$(I - J)^2 = \pm nB^2,$$

A, B désignant deux nombres entiers; puis on en conclura

$$4IJ = A^2 \mp nB^2;$$

et comme on aura d'ailleurs

$$IJ = p^{\frac{N}{2}},$$

on trouvera encore

$$4p^{\frac{N}{2}} = A^2 \mp nB^2. \tag{31}$$

La formule (31) se rapporte au cas où l'on a $\Delta^2 = \pm n$, c'est-à-dire au cas où, les facteurs impairs de n étant inégaux, le facteur pair se réduit à l'un des nombres

$$2,\quad 4,\quad 8.$$

Si l'on a en particulier

$$\Delta^2 = n,$$

ce qui suppose n divisible par 8, ou de l'une des formes

$$4x + 1,\quad 4(4x + 3),$$

on trouvera

$$I = J = p^{\frac{N}{4}}, \qquad A = 2p^{\frac{N}{4}}, \qquad B = 0.$$

Mais si l'on a

$$\Delta^2 = -n,$$

ce qui suppose n divisible par 8, ou de l'une des formes

$$4x+3, \quad 4(4x+1),$$

B cessera de s'évanouir, et le double signe, dans la formule (31), se réduira au signe $+$. Soit alors p^λ la plus haute puissance de p qui divise simultanément A et B, et posons

$$A = p^\lambda x, \qquad B = p^\lambda y, \qquad \mu = \frac{N}{2} - 2\lambda.$$

La formule (31) donnera

$$(32) \qquad 4p^\mu = x^2 + ny^2,$$

x, y, μ désignant trois nombres entiers dont le dernier sera pair ou impair en même temps que $\frac{N}{2}$. Si d'ailleurs n, étant pair, est divisible par 4 ou par 8, x devra être pair, et, en posant $x = 2x'$, on tirera de la formule (32)

$$(33) \qquad p^\mu = x'^2 + \frac{n}{4}y^2.$$

Ainsi la formule (32) comprend toutes celles que nous avons établies dans la dernière séance. Observons encore que, si x, y sont impairs dans l'équation (31), x^2, y^2 seront équivalents à l'unité, suivant le module 8, et $x^2 + ny^2$ ou $4p^\mu$, non seulement à 4 (p^μ étant un nombre impair), mais aussi à $n+1$. Donc x, y ne pourront être impairs, dans l'équation (32), que dans le cas où $n+1$ sera de la forme $8x+4$ et n de la forme $8x+3$. Si au contraire n est de la forme $8x+7$, alors, dans l'équation (32), x, y seront nécessairement pairs, et, en posant

$$x = 2x', \qquad y = 2y',$$

on réduira cette équation à

$$(34) \qquad p^\mu = x^2 + ny^2,$$

Si l'on pose par exemple $n = 7$, on aura $\mu = 1$, et l'on retrouvera une formule donnée par M. Jacobi.

76.

Analyse mathématique. — *Sur les fonctions alternées et sur diverses formules d'Analyse.*

C. R., t. X, p. 178 (3 février 1840).

Après les fonctions symétriques de plusieurs variables, c'est-à-dire après les fonctions qui conservent les mêmes valeurs quand on échange ces variables entre elles, viennent naturellement se placer les fonctions que j'ai nommées *fonctions alternées*, et qui, étant composées de termes alternativement positifs et négatifs, peuvent seulement changer de signe, en conservant, au signe près, les mêmes valeurs quand on échange entre elles les variables ou les quantités qu'elles renferment. La considération de ces fonctions conduit à un grand nombre de formules remarquables, soit dans l'Algèbre, soit dans la théorie des nombres. Entrons à ce sujet dans quelques détails.

J'ai déjà fait voir, dans l'Analyse algébrique, que la considération des fonctions alternées offrait la méthode la plus facile pour l'établissement des formules générales relatives à la résolution des équations du premier degré, quel que soit d'ailleurs le nombre des inconnues. En appliquant cette méthode au développement du produit de plusieurs facteurs de la forme

$$1 + xz, \quad 1 + x^2 z, \quad 1 + x^3 z, \quad \ldots,$$

on trouve

$$(1)\quad \left\{ \begin{aligned} &(1 + xz)(1 + x^2 z)(1 + x^3 z)\ldots(1 + x^m z) \\ &= 1 + xz\,\frac{1 - x^m}{1 - x} + x^3 z^2\,\frac{(1 - x^m)(1 - x^{m-1})}{(1 - x)(1 - x^2)} + \ldots + x^{\frac{m(m+1)}{2}} z^m. \end{aligned} \right.$$

Lorsque la variable x, réelle ou imaginaire, offre un module inférieur à l'unité, il suffit de faire croître m indéfiniment pour déduire de l'équation (1) une formule donnée par Euler (*Introduct. in Analysin infinitorum*, Cap. XVI), savoir,

$$(1+xz)(1+x^2z)(1+x^3z)\ldots = 1 + \frac{x}{1-x}z + \frac{x^3}{(1-x)(1-x^2)}z^2 + \ldots.$$

Les théorèmes importants qu'Euler a déduits de cette dernière formule se trouvent évidemment renfermés, comme cas particuliers, dans les théorèmes analogues qui se déduisent immédiatement de la formule (1).

Si dans l'équation (1) on remplace d'abord x par x^2, puis z par $\frac{z}{x}$, on en tirera

$$(2)\quad \left\{\begin{aligned} &(1+xz)(1+x^3z)(1+x^5z)\ldots(1+x^{2m-1}z)\\ &= 1 + xz\frac{1-x^{2m}}{1-x^2} + x^4z^2\frac{(1-x^{2m})(1-x^{2m-2})}{(1-x^2)(1-x^4)} + \ldots + x^{m^2}z^m.\end{aligned}\right.$$

Si dans les formules (1) et (2) on remplace z par $-\frac{1}{z}$, on obtiendra des formules de même genre qui fourniront les développements des produits

$$(3)\quad (z-x)(z-x^2)\ldots(z-x^m),\quad (z-x)(z-x^3)(z-x^{2m-1}),$$

suivant les puissances descendantes de z.

Si, au lieu de développer les produits (3), on se proposait de décomposer en fractions simples des fractions rationnelles qui offriraient pour dénominateurs ces mêmes produits, on y parviendrait aisément à l'aide de la formule d'interpolation de Lagrange. Ainsi, par exemple, en désignant par $f(z)$ une fonction entière de z, d'un degré inférieur à m, on trouverait généralement

$$(4)\quad \left\{\begin{aligned} &\frac{(1-x)(1-x^2)\ldots(1-x^m)}{(z-x)(z-x^2)\ldots(z-x^m)}f(z)\\ &= \frac{f(x)}{x^{m-1}}\frac{1-x^m}{z-x} - x\frac{f(x^2)}{x^{2(m-1)}}\frac{(1-x^m)(1-x^{m-1})}{(1-x)(z-x^2)}\\ &\quad + x^3\frac{f(x^3)}{x^{3(m-1)}}\frac{(1-x^m)(1-x^{m-1})(1-x^{m-2})}{(1-x)(1-x^2)(z-x^3)} - \ldots \pm x^{\frac{m(m-1)}{2}}\frac{f(x^m)}{x^{m(m-1)}}\frac{1-x^m}{z-x^m}.\end{aligned}\right.$$

Dans les divers termes du développement que renferme la formule (1), les puissances entières de z se trouvent respectivement multipliées par les facteurs

$$x, \quad x^3, \quad x^6, \quad \ldots,$$

c'est-à-dire par les puissances de x dont les exposants se réduisent aux nombres triangulaires. Si l'on nomme S_m ce que devient le développement dont il s'agit quand on supprime ces facteurs, on aura

$$(5) \qquad S_m = 1 + z\,\frac{1-x^m}{1-x} + z^2\,\frac{(1-x^m)(1-x^{m-1})}{(1-x)(1-x^2)} + \ldots + z^m,$$

et l'on en conclura, non seulement

$$(6) \qquad \left\{ \begin{aligned} S_m - S_{m-1} = {} & x^{m-1} z + x^{m-2} z^2\,\frac{1-x^{m-1}}{1-x} \\ & + x^{m-3} z^3\,\frac{(1-x^{m-1})(1-x^{m-2})}{(1-x)(1-x^2)} + \ldots, \end{aligned} \right.$$

mais encore

$$(7) \qquad S_m - (1+z) S_{m-1} + (1-x^{m-1}) z S_{m-2} = 0.$$

Si, dans la formule (6), on pose $z = x^{\frac{1}{2}}$, elle donnera

$$(8) \qquad S_m = \left(1 + x^{\frac{m}{2}}\right) S_{m-1},$$

et l'on aura par suite

$$(9) \qquad \left\{ \begin{aligned} & \left(1 + x^{\frac{1}{2}}\right)(1+x)\ldots\left(1 + x^{\frac{m}{2}}\right) \\ & = 1 + \frac{1-x^m}{1-x}\,x^{\frac{1}{2}} + \frac{(1-x^m)(1-x^{m-1})}{(1-x)(1-x^2)}\,x + \ldots + x^{\frac{m}{2}}. \end{aligned} \right.$$

Si, dans la formule (7), on pose $z = -1$, elle donnera

$$(10) \qquad S_m = (1 - x^{m-1}) S_{m-2},$$

et l'on aura par suite

$$(11) \qquad \left\{ \begin{aligned} & (1-x)(1-x^3)\ldots(1-x^{2m-1}) \\ & = 1 - \frac{1-x^{2m}}{1-x} + \frac{(1-x^{2m})(1-x^{2m-2})}{(1-x)(1-x^2)} - \ldots + 1. \end{aligned} \right.$$

Ainsi la considération du développement désigné par S_m conduit immédiatement aux formules (9) et (11), que M. Gauss a données dans le Mémoire intitulé *Summatio serierum quarumdam singularium*.

Dans la théorie des nombres, la considération des fonctions alternées fournit, comme je l'ai fait voir précédemment, des théorèmes relatifs aux formes quadratiques des nombres premiers et de leurs puissances. Elle conduit aussi de la manière la plus directe au beau théorème de M. Gauss sur la forme quadratique que peut acquérir le premier membre d'une équation binôme, débarrassée de la racine 1; théorème qui peut être étendu, comme l'a remarqué M. Dirichlet, au cas même où l'exposant n'est pas un nombre premier. Voulant montrer comment cette extension peut être opérée, M. Dirichlet a choisi pour exemple le cas où l'exposant est le produit de deux facteurs premiers impairs. La formule qu'il a ainsi obtenue, et les formules analogues qui correspondraient au cas où l'exposant contiendrait plus de deux facteurs, se trouvent renfermées dans le théorème général qui comprend celui de M. Gauss, et qu'on peut énoncer comme il suit :

THÉORÈME. — *Supposons que, dans l'équation binôme*

$$x^n - 1 = 0,$$

les facteurs premiers impairs de l'exposant n *soient inégaux, le facteur pair, s'il existe, étant* 4 *ou* 8. *Lorsqu'on aura débarrassé l'équation de ses racines non primitives, le quadruple du premier membre pourra être présenté sous la forme quadratique*

$$X^2 \pm nY^2,$$

X, Y *désignant des fonctions entières de la variable* x, *dans lesquelles les diverses puissances de cette variable auront pour coefficients des nombres entiers.*

Nota. — Si, aux racines primitives de l'équation binôme

$$x^n - 1 = 0,$$

on substitue les racines correspondantes de l'équation binôme

$$x^n - y^n = 0,$$

le produit des facteurs linéaires correspondants aux racines dont il s'agit sera encore de la forme

$$X^2 \pm n Y^2.$$

Seulement X et Y représenteront deux fonctions entières, non plus d'une variable unique x, mais des deux variables x, y.

77.

Théorie des nombres. — *Suite des observations sur les formes quadratiques de certaines puissances des nombres premiers. Théorèmes relatifs aux exposants de ces puissances.*

C. R., t. X, p. 181 (3 février 1840).

Adoptons les notations dont nous avons fait usage dans les articles précédents, et soient en conséquence

p un nombre premier impair,

n un diviseur de $p-1$,

$h, k, l, \ldots$ les entiers inférieurs à n, mais premiers à n,

$\Theta_h, \Theta_k, \Theta_l, \ldots$ les facteurs primitifs correspondants du nombre p,

N le nombre des entiers $h, k, l, \ldots$,

ρ une racine primitive de l'équation

$$x^n = 1, \tag{1}$$

enfin Δ une somme alternée des racines primitives de cette même équation.

On pourra partager les entiers

$$h, \quad k, \quad l, \quad \ldots$$

en deux groupes

$$h, \quad h', \quad h'', \quad \ldots \qquad \text{et} \qquad k, \quad k', \quad k'', \quad \ldots$$

en plaçant ces entiers, ou dans le premier ou dans le second groupe, suivant que les puissances de ρ, dont ils seront les exposants, se trouveront affectées du signe + ou du signe — dans la somme alternée Δ; et alors les facteurs primitifs

$$\Theta_h, \quad \Theta_k, \quad \Theta_l, \quad \ldots$$

se trouveront eux-mêmes partagés en deux groupes

$$\Theta_h, \quad \Theta_{h'}, \quad \Theta_{h''}, \quad \ldots \quad \text{et} \quad \Theta_k, \quad \Theta_{k'}, \quad \Theta_{k''}, \quad \ldots .$$

Cela posé, soient

$$(2) \qquad \mathrm{I} = \Theta_h \Theta_{h'} \Theta_{h''} \ldots, \quad \mathrm{J} = \Theta_k \Theta_{k'} \Theta_{k''} \ldots;$$

on aura généralement

$$(3) \qquad \mathrm{IJ} = p^{\frac{\mathrm{N}}{2}}.$$

De plus, des deux binômes

$$\mathrm{I} + \mathrm{J}, \quad \mathrm{I} - \mathrm{J},$$

le premier sera une fonction symétrique, le second une fonction alternée des racines primitives de l'équation (1); et, si la somme alternée Δ est telle que l'on ait

$$(4) \qquad \Delta^2 = \pm n,$$

on trouvera, non seulement

$$(5) \qquad \mathrm{I} + \mathrm{J} = \mathrm{A},$$

mais encore

$$(6) \qquad \mathrm{I} - \mathrm{J} = \mathrm{B}\Delta,$$

A, B désignant deux quantités entières, dont la seconde pourra s'évanouir. Alors aussi l'on aura généralement

$$(7) \qquad h + h' + h'' + \ldots \equiv k + k' + k'' + \ldots \equiv 0 \pmod{n}.$$

Toutefois, ces diverses formules ne sont pas applicables aux cas particuliers où n se réduirait à l'un des nombres 3, 4, 8. Mais ces trois cas peuvent être traités séparément et fournissent des résultats déjà connus (*voir* les pages 62 et 63).

Si l'on suppose l'équation (4) réduite à

$$\Delta^2 = n,$$

on trouvera

$$I = p^{\frac{N}{4}}, \qquad J = p^{\frac{N}{4}},$$

et par suite

$$A = 2p^{\frac{N}{4}}, \qquad B = 0.$$

Mais, si l'équation (4) se réduit à

$$\Delta^2 = -n, \tag{8}$$

B offrira une valeur différente de zéro. Alors aussi des équations (5), (6), jointes aux formules (3) et (8), on tirera

$$4p^{\frac{N}{2}} = A^2 + B^2. \tag{9}$$

Si d'ailleurs on nomme p^λ la plus haute puissance de p qui divise simultanément A et B, on aura

$$A = p^\lambda x, \qquad B = p^\lambda y, \tag{10}$$

x, y désignant deux quantités entières, non divisibles par p; et, en posant

$$\mu = \frac{N}{2} - 2\lambda, \tag{11}$$

on verra la formule (9) se réduire à la suivante

$$4p^\mu = x^2 + ny^2. \tag{12}$$

La condition (8) se trouvera effectivement remplie et entraînera la formule (12), si le nombre n est de l'une des formes

$$4x + 3, \qquad 4(4x + 1),$$

ou bien encore de l'une des formes

$$8(4x + 1), \quad 8(4x + 3),$$

pourvu que dans la dernière hypothèse on choisisse convenablement ceux des entiers

$$h,\quad k,\quad l,\quad \ldots$$

qui devront composer le premier groupe $h, h', h'', \ldots$. Ajoutons que l'on pourra prendre pour

$$h,\quad h',\quad h'',\quad \ldots,$$

si n est de la forme $4x+3$, ceux des nombres entiers $h, k, l, \ldots$ qui vérifieront la condition

$$\left(\frac{h}{n}\right)=1;$$

si n est de la forme $4(4x+1)$, ceux qui vérifieront, ou les deux conditions

$$\left(\frac{h}{\frac{1}{4}n}\right)=1,\qquad h\equiv 1\quad (\mathrm{mod.}\,4),$$

ou les deux conditions

$$\left(\frac{h}{\frac{1}{4}n}\right)=-1,\qquad h\equiv -1\quad (\mathrm{mod.}\,4);$$

si n est de la forme $8(4x+1)$, ceux qui vérifieront les conditions

$$\left(\frac{h}{\frac{1}{8}n}\right)=1,\qquad h\equiv 1 \text{ ou } 3\quad (\mathrm{mod.}\,8),$$

ou les conditions

$$\left(\frac{h}{\frac{1}{8}n}\right)=-1,\qquad h\equiv 5 \text{ ou } 7\quad (\mathrm{mod.}\,8);$$

enfin, si n est de la forme $8(4x+3)$, ceux qui vérifieront les conditions

$$\left(\frac{h}{\frac{1}{8}n}\right)=1,\qquad h\equiv 1 \text{ ou } 7\quad (\mathrm{mod.}\,8),$$

ou les conditions

$$\left(\frac{h}{\frac{1}{8}n}\right)=-1,\qquad h\equiv 3 \text{ ou } 5\quad (\mathrm{mod.}\,8).$$

La valeur de l'exposant μ, qui correspond à une valeur donnée de n, peut être facilement déterminée à l'aide des considérations suivantes.

En ayant égard aux équations

$$(13)\qquad \Theta_0 = -1, \qquad \Theta_l\,\Theta_{l'} = R_{l,l'}\,\Theta_{l+l'},$$

et à la formule (7), on tirera des équations (2)

$$(14)\qquad \begin{cases} I = -\,R_{h,h'}\,R_{h+h',h''}\,R_{h+h'+h'',h'''}\ldots, \\ J = -\,R_{k,k'}\,R_{k+k',k''}\,R_{k+k'+k'',k'''}\ldots. \end{cases}$$

D'autre part,

$$l,\quad l'$$

étant deux nombres inférieurs à n et premiers à n, on aura généralement

$$R_{l,l'}\,R_{-l,-l'} = p,$$

par conséquent

$$(15)\qquad R_{l,l'}\,R_{n-l,n-l'} = p;$$

et, comme des deux sommes

$$l+l',\quad (n-l)+(n-l') = 2n-(l+l'),$$

renfermées entre les limites o, $2n$, il y en aura toujours une comprise entre les limites o, n, l'autre étant comprise entre les limites n, $2n$, il résulte des formules (14) et (15), jointes à l'équation (3), que l'on aura toujours

$$(16)\qquad I = -\,p^f\frac{F}{G}, \qquad J = -\,p^g\frac{G}{F},$$

f, g désignant deux nombres entiers propres à vérifier la condition

$$(17)\qquad f+g = \frac{N}{2},$$

et F, G des produits composés avec des facteurs de la forme

$$R_{l,l'},$$

dans chacun desquels on pourra supposer les indices l, l' tous deux inférieurs à n, et leur somme $l+l'$ renfermée entre les limites n, $2n$. Si, d'ailleurs, on substitue dans la formule (5) les valeurs I, J fournies par les équations (16), on trouvera, en ayant égard à la première des équations (10),

$$p^f F^2 + p^g G^2 + p^\lambda FGx = 0,$$

et par suite

$$(18) \qquad p^{f-m} F^2 + p^{g-m} G^2 + p^{\lambda-m} FGx = 0,$$

m étant un nombre entier quelconque que l'on pourra réduire au plus petit des trois nombres

$$f, \quad g, \quad \lambda,$$

afin que chacun des trois exposants

$$f - m, \quad g - m, \quad \lambda - m$$

soit nul ou positif.

Posons maintenant, pour abréger,

$$(19) \qquad p - 1 = n\varpi$$

et

$$(20) \qquad \Pi_{l,l'} = \frac{1.2.3\ldots(l+l')\varpi}{(1.2\ldots l\varpi)(1.2.3\ldots l'\varpi)}.$$

On reconnaîtra aisément que, si, dans l'expression

$$R_{l,l'},$$

on substitue à la racine primitive ρ de l'équation (1) une racine primitive r de l'équivalence

$$x^n \equiv 1 \quad (\text{mod.}\, p),$$

cette expression se transformera en une quantité équivalente, au signe près, à

$$-\Pi_{n-l,n-l'}.$$

Supposons qu'en vertu de cette même substitution les deux produits représentés par

$$F \text{ et } G$$

se transforment en des quantités équivalentes à certains entiers représentés par

$$\mathcal{F} \text{ et } \mathcal{G},$$

la formule (18) entraînera la suivante :

(21) $$p^{f-m}\mathfrak{F}^2 + p^{g-m}\mathfrak{G}^2 + p^{\lambda-m}\mathfrak{F}\mathfrak{G}x \equiv 0 \quad (\mathrm{mod.}\, p).$$

D'ailleurs, l, l' étant deux entiers inférieurs à m, la condition

$$\Pi_{n-l,n-l'} \equiv 0 \quad (\mathrm{mod.}\, p)$$

se vérifiera toutes les fois que la somme $l+l'$ restera comprise entre les limites 0, n, mais elle n'aura plus lieu lorsque la même somme sera comprise entre les limites n, $2n$. Donc les nombres entiers $\mathfrak{F}$, $\mathfrak{G}$ seront premiers à p, ainsi que x. D'ailleurs, pour que la somme de trois nombres entiers soit divisible par p, il faut que p les divise tous trois, ou que deux au moins soient premiers à p. Donc, lorsque, dans la formule (21), on prendra pour m le plus petit des trois nombres

$$f, \quad g, \quad \lambda,$$

alors, des trois exposants

$$f-m, \quad g-m, \quad \lambda-m,$$

deux, au moins, devront s'évanouir simultanément; et comme la supposition

$$f-m=g-m=0$$

entraînerait l'égalité des nombres f, g, il est clair que, si ces nombres sont inégaux, l'un des exposants nuls sera

$$\lambda-m,$$

l'autre étant

$$g-m \quad \text{ou} \quad f-m.$$

Supposons, pour fixer les idées, que les deux exposants nuls soient $g-m$ et $\lambda-m$, on aura

(22) $$\lambda=g,$$

et par suite on tirera de la formule (11), jointe à la formule (17),

(23) $$\mu=f-g.$$

Si l'on eût supposé nuls les deux exposants $f-m$ et $\lambda-m$, on aurait trouvé $\mu = g - f$. Enfin, de la formule (21) combinée avec une formule du même genre qui se déduirait, non plus de l'équation (5), mais de l'équation (6), on conclura aisément que, si f devenait égal à g, on aurait $\lambda = f = g$, et par suite $\mu = 0 = f - g$. On peut donc affirmer que, *dans l'équation* (12), *l'exposant* μ *sera toujours équivalent à la valeur numérique de la différence entre les deux nombres représentés par* f *et* g.

Au reste, dans les diverses applications que nous avons faites de nos formules, nous avons toujours obtenu pour la différence $f - g$ une quantité positive; et l'on peut d'ailleurs démontrer que cette différence, qui s'évanouit quand on a

$$\Delta^2 = n,$$

cesse toujours d'être nulle quand on a, au contraire, comme nous le supposons ici,

$$\Delta^2 = -n.$$

L'équation (21) fournit encore un moyen facile de trouver une quantité à laquelle x soit équivalent suivant le module p. On en tire, par exemple, en supposant $f > g$, et par conséquent $m = \lambda = g$,

$$x \equiv -\frac{\mathcal{G}}{\mathcal{F}} \quad (\text{mod.}\, p). \tag{24}$$

D'après ce qui a été dit dans un autre Mémoire (*voir* la séance du 28 octobre 1839)[1], on pourra facilement calculer les nombres entiers $\mathcal{F}$, $\mathcal{G}$ qui sont renfermés dans la formule (24), et dont chacun est le produit de plusieurs facteurs de la forme

$$\Pi_{l,l'},$$

l, l' désignant des entiers inférieurs à n.

On peut simplifier encore le calcul de l'exposant μ, en opérant comme il suit.

Posons, comme à la page 61,

$$P = R_{h,h} R_{h',h'} \ldots, \qquad Q = R_{k,k} R_{k',k'} \ldots, \tag{25}$$

(1) *Œuvres de Cauchy*, S. I, t. IV. — Extrait n° 64, p. 506.

ou, ce qui revient au même,

$$(26)\qquad P=\frac{\Theta_h^2\,\Theta_{h'}^2\ldots}{\Theta_{2h}\,\Theta_{2h'}\ldots},\qquad Q=\frac{\Theta_k^2\,\Theta_{k'}^2\ldots}{\Theta_{2k}\,\Theta_{2k'}\ldots},$$

on en conclura, eu égard aux formules (2),

$$(27)\qquad \frac{P}{Q}=\frac{I^2}{J^2}\,\frac{\Theta_{2k}\,\Theta_{2k'}\ldots}{\Theta_{2h}\,\Theta_{2h'}\ldots}.$$

On trouvera d'ailleurs : 1° en supposant n de la forme $8x+7$,

$$\left(\frac{2}{n}\right)=1,\qquad \left(\frac{2l}{n}\right)=\left(\frac{l}{n}\right),$$

et par suite

$$\Theta_{2h}\Theta_{2h'}\ldots=\Theta_h\Theta_{h'}\ldots=I,\qquad \Theta_{2k}\Theta_{2k'}\ldots=\Theta_k\Theta_{k'}\ldots=J,$$

$$(28)\qquad P=I,\qquad Q=J,\qquad \frac{P}{Q}=\frac{I}{J};$$

2° en supposant n de la forme $8x+3$,

$$\left(\frac{2}{n}\right)=-1,\qquad \left(\frac{2l}{n}\right)=-\left(\frac{l}{n}\right),$$

et par suite

$$\Theta_{2h}\Theta_{2h'}\ldots=\Theta_k\Theta_{k'}\ldots=J,\qquad \Theta_{2k}\Theta_{2k'}\ldots=\Theta_h\Theta_{h'}\ldots=I,$$

$$(29)\qquad P=\frac{I^2}{J},\qquad Q=\frac{J^2}{I},\qquad \frac{P}{Q}=\frac{I^3}{J^3};$$

3° en supposant n divisible par 4 ou par 8,

$$\Theta_{2h}\Theta_{2h'}\ldots=\Theta_{2k}\Theta_{2k'}\ldots,$$

et par suite

$$(30)\qquad \frac{P}{Q}=\frac{I^2}{J^2}.$$

Supposons maintenant que, parmi les entiers premiers à n, mais inférieurs à $\frac{1}{2}n$, on distingue ceux qui appartiennent au groupe

$$h,\quad h',\quad h'',\quad \ldots$$

et dont le nombre sera désigné par i; les autres, dont le nombre sera désigné par j, formant une partie du groupe

$$k,\quad k',\quad k'',\quad \ldots,$$

on aura évidemment

$$(31)\qquad i+j=\frac{N}{2},$$

et, en raisonnant comme ci-dessus, on trouvera

$$(32)\qquad P=p^i\frac{U}{V},\qquad Q=p^j\frac{V}{U},$$

U, V désignant des produits composés de facteurs de la forme

$$R_{l,l'},$$

dans chacun desquels on pourra supposer les indices l, l' tous deux inférieurs à n, et leur somme $l+l'$ renfermée entre les limites n, $2n$. Or les formules (16) et (32) donneront

$$(33)\qquad \frac{I}{J}=p^{f-g}\frac{F^2}{G^2},\qquad \frac{P}{Q}=p^{i-j}\frac{U^2}{V^2},$$

et de celles-ci, combinées avec les équations (28), (29), (30), on déduira trois formules analogues à l'équation (18); puis, en remplaçant encore ρ par r dans ces trois formules, on en conclura immédiatement

$$(34)\qquad f-g=i-j,$$

si n est de la forme $8x+7$;

$$(35)\qquad f-g=\frac{i-j}{3},$$

si n est de la forme $8x+3$; et

$$(36)\qquad f-g=\frac{i-j}{2},$$

si n est divisible par 4 ou par 8.

Puisque, des deux différences

$$f-g,\qquad i-j,$$

la seconde est le produit de la première par l'un des nombres entiers

1, 2, 3, si la première s'évanouit, la seconde s'évanouira pareillement, et l'on aura, en vertu de la formule (31),

$$i = j = \frac{N}{4}.$$

Or cette dernière condition ne peut être remplie que dans le cas où les divers facteurs de l'un quelconque des produits P, Q, facteurs dont le nombre est $\frac{N}{2}$, sont, deux à deux, de la forme

$$R_{l,l}, \quad R_{-l,-l};$$

par conséquent dans le cas où

$$l, \quad n - l$$

appartiennent au même groupe, ce qui suppose $\Delta^2 = n$. Donc, lorsque $\Delta^2 = -n$, la différence $i - j$, et par suite la différence $f - g$, ne peuvent s'évanouir.

78.

THÉORIE DES NOMBRES. — *Discussion des formes quadratiques sous lesquelles se présentent certaines puissances des nombres premiers. Réduction des exposants de ces puissances.*

C. R., t. X, p. 229 (10 février 1840).

Soient toujours

p un nombre premier impair,
n un diviseur de $p - 1$,
$h, k, l, \ldots$ les entiers inférieurs à n, mais premiers à n,
$\Theta_h, \Theta_k, \Theta_l, \ldots$ les facteurs primitifs correspondants du nombre p,
N le nombre des entiers $h, k, l, \ldots,$
ρ une racine primitive de l'équation

$$x^n = 1, \tag{1}$$

enfin

$$\Delta = \rho^h + \rho^{h'} + \rho^{h''} + \ldots - \rho^k - \rho^{k'} - \rho^{k''} - \ldots$$

une somme alternée des racines primitives de l'équation (1), les entiers

$$h, \quad k, \quad l, \quad \ldots$$

étant ainsi partagés en deux groupes

$$h, \; h', \; h'', \; \ldots \quad \text{et} \quad k, \; k', \; k'', \; \ldots.$$

Si le nombre n est tel que l'on ait

$$(2) \qquad \Delta^2 = -n,$$

sans toutefois se réduire à l'un des trois nombres

$$3, \quad 4, \quad 8,$$

on aura

$$h + h' + h'' + \ldots \equiv k + k' + k'' + \ldots \equiv 0 \quad (\text{mod. } n);$$

et alors, en posant

$$(3) \qquad I = \Theta_h \Theta_{h'} \Theta_{h''} \ldots, \qquad J = \Theta_k \Theta_{k'} \Theta_{k''} \ldots,$$

on trouvera, non seulement

$$(4) \qquad IJ = p^{\frac{N}{2}},$$

mais encore

$$(5) \qquad I + J = A, \qquad I - J = B\Delta,$$

et par suite

$$(6) \qquad 4p^{\frac{N}{2}} = A^2 + nB^2,$$

A, B désignant deux quantités entières.

Si d'ailleurs on nomme p^λ la plus haute puissance de p qui divise simultanément A et B, on aura

$$(7) \qquad A = p^\lambda x, \qquad B = p^\lambda y,$$

x, y désignant deux quantités entières non divisibles par p; et, en posant

$$(8) \qquad \mu = \frac{N}{2} - 2\lambda,$$

on verra la formule (6) se réduire à

$$(9) \qquad 4p^\mu = x^2 + ny^2.$$

Or, de ce qui a été dit précédemment (p. 92 et 94), il résulte que l'exposant μ, dans la formule (9), pourra être calculé directement à l'aide de la règle suivante :

Concevons que, parmi les entiers

$$h, \quad h', \quad h'', \quad \ldots$$

dont le nombre total est $\frac{1}{2}N$, *ceux qui restent inférieurs à* $\frac{1}{2}n$ *soient en nombre égal à* i, *et ceux qui surpassent* $\frac{1}{2}n$, *en nombre égal à* j. *L'exposant* μ *sera représenté par la valeur numérique de la différence*

$$i - j,$$

si n *est de la forme* $8x + 7$; *par le tiers de cette valeur numérique, si* n *est de la forme* $8x + 3$; *et par la moitié de la même valeur numérique, si* n *est divisible par* 4 *ou par* 8.

La valeur de μ étant ainsi déterminée, la valeur de λ se déduira de la formule (8) et sera

$$\lambda = \frac{1}{2}\left(\frac{N}{2} - \mu\right)$$

ou, ce qui revient au même,

$$(10) \qquad \lambda = \frac{i + j - \mu}{2}.$$

On pourra ensuite obtenir facilement la valeur de x ou la valeur de y, à l'aide des équations (5) et (7), desquelles on tirera

$$(11) \qquad x = p^{-\lambda}(I + J), \qquad y = p^{-\lambda}\frac{I - J}{\Delta}.$$

Enfin, en posant, pour abréger,

$$R_{l,l'} = \frac{\Theta_l \Theta_{l'}}{\Theta_{l+l'}},$$

et ayant égard aux formules

$$R_{l,n-l} = \pm p, \qquad R_{l,l'} R_{n-l,n-l'} = p,$$

qui subsistent quand l, l' représentent des entiers inférieurs n, on trouvera

$$(12) \qquad I = -p^f \frac{F}{G}, \qquad J = -p^g \frac{G}{F},$$

f, g désignant deux nombres dont le plus petit sera λ, et le plus grand $\lambda + \mu$, tandis que chacune des lettres

$$F, \quad G$$

désignera, au signe près, un produit composé avec des facteurs de la forme

$$R_{l,l'},$$

dans chacun desquels on pourra supposer les deux indices l, l' positifs, mais inférieurs à n, et leur somme $l + l'$ renfermée entre les limites n, $2n$.

Il est important de rappeler que des formules (11) et (12) on peut aisément déduire un nombre équivalent à x suivant le module p, et même suivant le module p^μ. Si, pour fixer les idées, on suppose $g = \lambda$, et si d'ailleurs on nomme $\mathcal{F}$, $\mathcal{G}$ ce que deviennent F, G quand, à la racine primitive ρ de l'équation (1), on substitue une racine primitive r de l'équivalence

$$x^n \equiv 1 \quad (\text{mod. } p),$$

on tirera des formules (11) et (12)

$$(13) \qquad x \equiv -\frac{\mathcal{G}}{\mathcal{F}} \quad (\text{mod. } p).$$

Cette dernière équation suffit seule à la détermination de la valeur numérique de x, toutes les fois que l'exposant μ se réduit à l'un des nombres

$$1, \quad 2.$$

Après avoir rappelé les formules fondamentales relatives aux formes quadratiques de certaines puissances d'un nombre premier, ou plutôt du quadruple de ces puissances, nous allons maintenant discuter ces mêmes formules.

Nous avons déjà observé que l'on peut réduire l'équation (9) : 1° lorsque n est un nombre impair de la forme $8x+7$, à la formule

$$p^{\mu} = x^2 + ny^2; \tag{14}$$

2° lorsque n est un nombre pair, divisible par 4 ou par 8, à la formule

$$p^{\mu} = x^2 + \frac{n}{4}y^2. \tag{15}$$

Nous ajouterons que l'exposant μ sera impair si n est un nombre premier, et deviendra pair dans le cas contraire. Effectivement, si nous prenons d'abord pour n un nombre impair, ce nombre sera, dans l'équation (9) ou (14), de la forme $4x+3$, et l'exposant μ, représenté par la valeur numérique de la différence

$$i-j,$$

ou par le tiers de cette valeur, sera pair ou impair avec cette différence, suivant que la somme

$$i+j = \frac{N}{2}$$

sera elle-même paire ou impaire. Comme on aura d'ailleurs, si n est un nombre premier impair,

$$N = n-1,$$

et, si n est le produit de plusieurs nombres premiers impairs ν, ν', ...,

$$N = (\nu-1)(\nu'-1)\ldots,$$

nous pouvons affirmer que μ sera impair, avec $\frac{N}{2}$, si n est un nombre premier de la forme $4x+3$, et pair, avec $\frac{N}{2}$, si n est un nombre composé de la même forme $4x+3$. Dans l'un et l'autre cas,

$$h, \quad h', \quad h'', \quad \ldots$$

seront ceux des entiers inférieurs à n, et premiers à n, qui vérifieront la condition

$$\left(\frac{h}{n}\right)=1.$$

Supposons maintenant que l'on prenne pour n, non plus un nombre impair de la forme $4x+3$, mais un nombre pair divisible par 4; ce nombre devra être, dans l'équation (15), de la forme

$$4\nu\nu'\nu''\ldots,$$

$\nu, \nu', \nu'', \ldots$ étant des facteurs premiers impairs, inégaux entre eux, et dont le produit soit de la forme $4x+1$. Alors aussi les nombres

$$h, \quad h', \quad h'', \quad \ldots$$

seront ceux des entiers inférieurs à n, et premiers à n, qui vérifieront les deux conditions

$$\left(\frac{h}{\frac{1}{4}n}\right)=1, \qquad h\equiv 1 \qquad (\text{mod. } 4),$$

ou les deux conditions

$$\left(\frac{h}{\frac{1}{4}n}\right)=-1, \qquad h\equiv -1 \qquad (\text{mod. } 4).$$

On peut en conclure que, dans le groupe

$$h, \quad h', \quad h'', \quad \ldots,$$

les nombres inférieurs à $\frac{n}{2}$ seront, deux à deux, de la forme

$$h, \quad \frac{n}{2}-h.$$

Donc, dans l'hypothèse admise, i sera pair; et, comme

$$i+j=\frac{N}{2}=(\nu-1)(\nu'-1)\ldots$$

sera, non seulement pair, mais divisible par 4, on peut affirmer encore : 1° que j sera pair, 2° que la somme

$$\frac{i}{2}+\frac{j}{2}$$

sera paire elle-même, avec la différence

$$\frac{i}{2}-\frac{j}{2}=\frac{i-j}{2},$$

et par conséquent avec le nombre μ précisément égal à la valeur numérique de $\frac{i-j}{2}$.

Supposons enfin que l'on prenne pour n un nombre pair, divisible par 8. Ce nombre devra être, dans l'équation (15), de la forme

$$8\nu\nu'\nu'', \quad \ldots,$$

$\nu, \nu', \nu'', \ldots$ étant des facteurs premiers, impairs et inégaux; et les entiers

$$h, \quad h', \quad h'', \quad \ldots$$

seront : 1° si $\frac{n}{8}$ est de la forme $4x+1$, ceux qui vérifieront les deux conditions

$$\left(\frac{h}{\frac{1}{8}n}\right)=1, \qquad h\equiv 1 \text{ ou } 3 \pmod{8};$$

ou les deux conditions

$$\left(\frac{h}{\frac{1}{8}n}\right)=-1, \qquad h\equiv 5 \text{ ou } 7 \pmod{8};$$

2° si $\frac{n}{8}$ est de la forme $4x+3$, ceux qui vérifieront les deux conditions

$$\left(\frac{h}{\frac{1}{8}n}\right)=1, \qquad h\equiv 1 \text{ ou } 7 \pmod{8}$$

ou les deux conditions

$$\left(\frac{h}{\frac{1}{8}n}\right)=-1, \qquad h\equiv 3 \text{ ou } 5 \pmod{8}.$$

On en conclut encore que, dans le groupe

$$h, \quad h', \quad h'', \quad \ldots,$$

les nombres inférieurs à $\frac{n}{2}$ seront, deux à deux, de la forme

$$h, \quad \frac{n}{2} - h.$$

Donc i sera pair; et comme

$$i + j = \frac{N}{2} = 2(\nu - 1)(\nu' - 1)\ldots$$

sera, non seulement pair, mais divisible par 4, on peut affirmer que

$$j, \quad \frac{i}{2} + \frac{j}{2} \quad \text{et par suite} \quad \frac{i}{2} - \frac{j}{2} = \frac{i-j}{2}$$

seront pairs avec le nombre μ précisément égal à la valeur numérique de $\frac{i-j}{2}$.

Ainsi, en résumé, l'exposant μ sera, dans l'équation (9), (14) ou (15), un nombre pair, suivant que n sera un nombre premier, ou un nombre composé. Il nous reste à montrer comment on peut, dans le dernier cas, réduire la valeur numérique de l'exposant μ.

Prenons d'abord pour n un nombre composé de la forme $8x + 7$. Alors l'équation (9) pourra être remplacée par la formule (14) dans laquelle μ sera un nombre pair; et, comme par suite p^μ sera un carré impair, c'est-à-dire de la forme $8x + 1$, x^2 devra être un carré de la même forme, et y^2 un carré pair. Cela posé, les deux facteurs

$$p^{\frac{\mu}{2}} - x, \quad p^{\frac{\mu}{2}} + x,$$

dont la somme sera $2p^{\frac{\mu}{2}}$ et le produit $p^\mu - x^2 = ny^2$, auront évidemment pour plus grand commun diviseur le nombre 2; et, pour satisfaire à l'équation (14), on devra supposer

$$p^{\frac{\mu}{2}} - x = 2\alpha u^2, \qquad p^{\frac{\mu}{2}} + x = 2\beta v^2,$$

par conséquent

$$(16)\qquad p^{\frac{\mu}{2}} = \alpha u^2 + 6v^2,$$

α, 6, u, v désignant des nombres entiers qui vérifieront les conditions

$$(17)\qquad \alpha 6 = n,$$

$$(18)\qquad 2uv = y.$$

Il y a plus : comme le produit $\alpha 6 = n$ sera diviseur de $p - 1$, on aura

$$\left(\frac{p}{\alpha}\right) = 1, \qquad \left(\frac{p}{6}\right) = 1,$$

et par suite la formule (16) entraînera les conditions

$$(19)\qquad \left(\frac{6}{\alpha}\right) = 1, \qquad \left(\frac{\alpha}{6}\right) = 1,$$

auxquelles les facteurs α, 6 devront encore satisfaire. Enfin, on prouve aisément que la loi de réciprocité, comprise dans la formule

$$(20)\qquad \left(\frac{6}{\alpha}\right) = (-1)^{\frac{\alpha-1}{2}\frac{6-1}{2}}\left(\frac{\alpha}{6}\right),$$

est applicable au cas où l'on représente par α, 6, non seulement deux nombres premiers supérieurs à 2, mais encore deux nombres impairs quelconques; et comme, n étant de la forme $4x + 3$, l'un des facteurs α, 6 doit être de la même forme $4x + 1$, il est clair que, dans l'hypothèse admise, la première des conditions (19) entraînera la seconde et réciproquement. Donc, *lorsque n sera un nombre composé de la forme $8x + 7$, l'équation (14) entraînera la formule (16), dans laquelle α, 6 devront vérifier les seules conditions*

$$(21)\qquad \alpha 6 = n, \qquad \left(\frac{6}{\alpha}\right) = 1.$$

Supposons, pour fixer les idées, $n = 15 = 3.5$. On trouvera pour h, h', ... les nombres

$$1,\quad 2,\quad 4,\quad 8,$$

dont trois sont inférieurs et un seul supérieur à $\frac{n}{2} = 7\frac{1}{2}$. On aura donc alors

$$i = 3, \quad j = 1, \quad \mu = i - j = 2;$$

et l'équation (14), réduite à

$$p^2 = x^2 + 15y^2,$$

entraînera la formule

$$p = \alpha u^2 + 6v^2,$$

α, 6 étant des entiers assujettis à vérifier les deux conditions

$$\alpha 6 = 15, \quad \left(\frac{6}{\alpha}\right) = 1.$$

Or, de ces deux conditions, la première sera vérifiée si l'on prend pour α, 6 les nombres 1 et 15, ou 3 et 5. Mais, comme on a $\left(\frac{5}{3}\right) = -1$, la seconde condition nous oblige à rejeter les nombres 3 et 5, en prenant pour α, 6 les nombres 1 et 15. Donc, p étant un nombre premier de la forme $15x + 1$, ou, ce qui revient au même, de la forme $30x + 1$, la considération des facteurs primitifs de p fournira la solution en nombres entiers de l'équation

$$p = u^2 + 15v^2.$$

Prenons maintenant pour n un nombre composé de la forme $4x + 3$. Alors on pourra vérifier en nombres entiers l'équation (9); et les deux facteurs

$$2p^{\frac{\mu}{2}} - x, \quad 2p^{\frac{\mu}{2}} + x,$$

dont la somme sera $4p^{\frac{\mu}{2}}$, et le produit $4p^{\mu} - x^2 = ny^2$, resteront premiers entre eux, si x^2, y^2 sont des carrés impairs. Donc alors, pour satisfaire à l'équation (9), on devra supposer

$$2p^{\frac{\mu}{2}} - x = \alpha u^2, \quad 2p^{\frac{\mu}{2}} + x = 6v^2,$$

et par suite

$$(22) \qquad 4p^{\frac{\mu}{2}} = \alpha u^2 + 6v^2,$$

α, 6, u, v étant des nombres entiers qui vérifieront les formules

$$\alpha 6 = x, \qquad uv = y,$$

avec les conditions (19). Si, dans le cas que nous considérons, x^2, y^2 étaient des carrés pairs, on pourrait, comme dans le cas précédent, réduire l'équation (9) à l'équation (14), et l'on arriverait à la formule (16) qui peut être censée comprise dans la formule (22), de laquelle on la déduit en remplaçant u par $2u$ et v par $2v$. On peut donc énoncer la proposition suivante :

Lorsque n est un nombre composé de la forme $8x+3$, *l'équation* (9) *entraîne la formule* (22), *dans laquelle* α, 6 *doivent vérifier les conditions* (21).

Prenons maintenant pour n un nombre composé, divisible par 4, mais non par 8. Alors on pourra satisfaire en nombres entiers à l'équation (15), si $\frac{n}{4}$ est de la forme $4x+1$; et, par des raisonnements semblables à ceux dont nous venons de faire usage, on prouvera que l'équation (15) entraîne l'une des deux formules

$$p^{\frac{\mu}{2}} = \alpha u^2 + 6 v^2, \tag{23}$$

$$2 p^{\frac{\mu}{2}} = \alpha u^2 + 6 v^2, \tag{24}$$

α, 6 désignant des nombres impairs assujettis à vérifier la condition

$$\alpha 6 = \frac{n}{4}, \tag{25}$$

et u, v des quantités entières qui vérifieront l'une des conditions

$$2uv = y, \qquad uv = y.$$

D'ailleurs, le produit $\alpha 6 = \frac{n}{4}$ étant de la forme $4x+1$, α, 6 seront tous deux de cette forme, ou tous deux de la forme $4x+3$; et, comme l'équation (23) entraînera les formules (19), en vertu desquelles l'équation (20) donnera

$$(-1)^{\frac{\alpha-1}{2}\frac{6-1}{2}} = 1, \tag{26}$$

il est clair que, dans l'équation (23), α, β ne pourront être tous deux de la forme $4x+3$. Ils y seront donc l'un et l'autre de la forme $4x+1$. Quant aux valeurs de α, β contenues dans l'équation (24), elles devront vérifier les formules

$$(27)\qquad \left(\frac{\beta}{\alpha}\right)=\left(\frac{2}{\alpha}\right),\qquad \left(\frac{\alpha}{\beta}\right)=\left(\frac{2}{\beta}\right),$$

desquelles on tirera, en les combinant avec les formules (20), (25),

$$(28)\qquad \left(\frac{2}{\frac{1}{4}n}\right)=(-1)^{\frac{\alpha-1}{2}\frac{\beta-1}{2}};$$

et, comme u^2, v^2 devront être impairs dans l'équation (24), cette équation donnera encore

$$(29)\qquad 2\equiv\alpha+\beta \pmod{8}.$$

Or, en vertu des formules (28), (29), les entiers α, β devront être tous deux de la forme $8x+1$, ou tous deux de la forme $8x+5$, si $\frac{n}{4}$ est de la forme $8x+1$; et l'un de la forme $8x+3$, l'autre de la forme $8x+7$, si $\frac{n}{4}$ est de la forme $8x+5$. On peut donc énoncer la proposition suivante :

Lorsque n est un nombre composé, divisible par 4 et non par 8, l'équation (15) entraîne, ou les formules (23) et (25), α, β étant deux entiers de la forme $4x+1$; ou les formules (24) et (25), α, β étant deux nombres impairs qui devront être tous deux de la forme $8x+1$ ou tous deux de la forme $8x+5$, si $\frac{n}{4}$ est de la forme $8x+1$, et l'un de la forme $8x+3$, l'autre de la forme $8x+7$, si $\frac{n}{4}$ est de la forme $8x+5$. Ajoutons que α, β devront encore satisfaire, si la formule (23) se vérifie, à l'une des équations (19), et, si la formule (24) se vérifie, à l'une des équations (27).

En appliquant au cas où n est divisible par 8 des raisonnements semblables à ceux dont nous venons de faire usage, on obtiendra la proposition suivante :

Lorsque n est un nombre composé, divisible par 8, l'équation (15) en-

traîne la formule

(30) $$p^{\frac{\mu}{2}} = \alpha u^2 + 2\beta v^2,$$

α, β étant deux nombres impairs assujettis à vérifier la condition

(31) $$\alpha\beta = \frac{n}{8}$$

avec les deux suivantes

(32) $$\left(\frac{\alpha}{\beta}\right) = 1, \qquad \left(\frac{\beta}{\alpha}\right) = \left(\frac{2}{\alpha}\right),$$

desquelles on tire, eu égard à la formule (20),

$$(-1)^{\frac{\alpha-1}{2}\frac{\beta-1}{2}} = \left(\frac{2}{\alpha}\right) = (-1)^{\frac{1}{2}\frac{\alpha-1}{2}\frac{\alpha+1}{2}},$$

et, par conséquent,

$$\frac{\alpha-1}{2}\,\frac{\beta-1}{2} \equiv \frac{1}{2}\,\frac{\alpha-1}{2}\,\frac{\alpha+1}{2} \pmod{2},$$

ou, ce qui revient au même,

(33) $$(\alpha-1)(\alpha-2\beta+3) \equiv 0 \pmod{16}.$$

En vertu des diverses propositions que nous venons d'établir, l'exposant μ de la puissance de p renfermée dans la formule (9), (14) ou (15) peut être réduit, lorsque n est un nombre composé, à l'exposant $\frac{\mu}{2}$. Ce dernier exposant, s'il est pair, pourra souvent lui-même être réduit à $\frac{\mu}{4}$; et cette nouvelle réduction sera particulièrement applicable aux formules (16), (22), (23), (30), si dans ces formules α se réduit à l'unité.

Pour vérifier cette observation sur un exemple, supposons $n = 68 = 4.17$. Alors, entre les limites 0 et 17, ceux des entiers, premiers à 68, qui feront partie du premier groupe, savoir

$$1, \quad 3, \quad 7, \quad 9, \quad 11, \quad 13,$$

seront au nombre de six, et ceux qui feront partie du second groupe, savoir

$$5, \quad 15,$$

seront au nombre de deux. On aura par suite

$$\frac{i}{2} = 6, \quad \frac{j}{2} = 2, \quad \mu = \frac{i-j}{2} = 6 - 2 = 4.$$

On pourra donc résoudre en nombres entiers l'équation

$$p^4 = x^2 + 17y^2.$$

Or celle-ci entraînera l'une des formules

$$p^2 = x^2 + 17y^2, \quad 2p^2 = u^2 + 17v^2,$$

dont la première à son tour entraînera l'une des suivantes

$$p = s^2 + 17t^2, \quad 2p = s^2 + 17t^2,$$

s, t désignant encore des nombres entiers. Effectivement, on sait que tout nombre premier de la forme $68x + 1$ peut être représenté par l'une des formules

$$y^2 + 2yz + 18z^2 = (y+z)^2 + 17z^2,$$

$$2y^2 + 2yz + 9z^2 = \frac{(2y+z)^2 + 17z^2}{2}.$$

Les Tables d'indices, publiées par M. Jacobi, fournissent le moyen d'obtenir facilement, dans tous les cas, non seulement les nombres qui composent chacun des groupes

$$h, \ h', \ h'', \ \ldots \quad \text{et} \quad k, \ k', \ k'', \ \ldots,$$

par conséquent les valeurs de i et j, et celle de l'exposant μ, dans chacune des formules (9), (14), (15), mais encore des nombres équivalents à x et à y suivant le module p. C'est ce que j'expliquerai plus en détail dans les *Exercices d'Analyse et de Physique mathématique*. Je me bornerai pour le moment à observer que, si n est un nombre premier de la forme $4x3 + i$, représentera le nombre des entiers qui, étant inférieurs à $\frac{n}{2}$, offriront un indice pair. Si au contraire n est un nombre premier de la forme $4x+1$, alors $\frac{i}{2}$ représentera le nombre des entiers impairs, et inférieurs à n, qui, étant de la forme $4x+1$, offriront un indice pair, ou qui, étant de la forme $4x+3$, offriront un indice impair. Comme on aura d'ailleurs, dans l'un et l'autre cas,

$$i+j=n-1, \qquad \frac{i}{2}+\frac{j}{2}=\frac{n-1}{2},$$

les Tables de M. Jacobi donneront :

1° Pour n	7,	23,	31,	47,	71,	79,	...,
i	2,	7,	9,	14,	21,	22,	...,
$j=\frac{n-1}{2}-i$	1,	4,	6,	9,	14,	17,	...,
$\mu=i-j$	1,	3,	3,	5,	7,	5,	...;
2° Pour n	11,	19,	43,	59,	67,	83,	...,
i	4,	6,	12,	19,	18,	25,	...,
$j=\frac{n-1}{2}-i$	1,	3,	9,	10,	15,	16,	...,
$\mu=\frac{i-j}{3}$	1,	1,	1,	3,	1,	3,	...;
3° Pour $\frac{n}{4}$	5,	13,	17,	29,	37,	41,	...,
$\frac{i}{2}$	2,	4,	6,	10,	10,	14,	...,
$\frac{j}{2}$	0,	2,	2,	4,	8,	6,	...,
$\mu=\frac{i-j}{2}$	2,	2,	4,	6,	2,	8,	....

Si d'ailleurs on pose généralement

$$\varpi=\frac{p-1}{n}, \qquad \Pi_{l,l'}=\frac{1.2.3\ldots(l+l')\varpi}{(1.2\ldots l\varpi)(1.2\ldots l'\varpi)},$$

la valeur entière de x qui vérifiera l'équation (9) sera équivalente, au signe près, suivant le module p :

Pour $n = 7$, à $\Pi_{1,2}$,

Pour $n = 11$, à $\dfrac{\Pi_{1,3}\Pi_{4,4}}{\Pi_{2,6}}$,

Pour $n = 19$, à $\dfrac{\Pi_{1,7}\Pi_{4,9}}{\Pi_{2,3}}$,

....

Pareillement la valeur de x qui vérifiera l'équation (15) sera équivalente, au signe près, suivant le module p :

Pour $n = 20 = 4.5$, à $\frac{1}{2}\Pi_{1,9}\Pi_{3,7} \equiv \pm \frac{1}{2}\Pi^2_{1,9}$,

Pour $n = 52 = 4.13$, à $\dfrac{1}{2}\dfrac{\Pi_{1,25}\Pi_{9,17}}{\Pi_{3,23}}\dfrac{\Pi_{11,15}\Pi_{7,19}}{\Pi_{5,21}} \equiv \pm \dfrac{1}{2}\left(\dfrac{\Pi_{1,25}\Pi_{9,17}}{\Pi_{3,23}}\right)^2$,

....

Les valeurs de x, y étant connues, on en déduira immédiatement celles de u, v, et l'on pourra même obtenir facilement un nombre équivalent à u^2 ou à v^2 suivant le module p. Ainsi, par exemple, si l'on prend $n = 20 = 4.5$, l'équation (15), réduite à

$$p^2 = x^2 + 5y^2,$$

entraînera la suivante

$$p = u^2 + 5v^2,$$

attendu que la condition $\left(\frac{2}{5}\right) = -1$ exclura dans ce cas la formule (24). Cela posé,

$$x + 5^{\frac{1}{2}} y\sqrt{-1}$$

devra être égal, au signe près, à

$$(u \pm 5^{\frac{1}{2}} v\sqrt{-1})^2$$

et par suite x à $u^2 - 5v^2 = 2u^2 - p$. On aura donc

$$2u^2 \equiv \pm x \quad (\text{mod. } p)$$

et

$$u^2 \equiv -5v^2 \equiv \pm \tfrac{1}{4}\Pi_{1,9}\Pi_{3,7} \quad (\text{mod. } p).$$

Si, pour fixer les idées, on prend $p = 101$, la dernière formule donnera

$$v^2 \equiv \pm 4, \qquad u^2 \equiv \pm 20 \equiv \pm 81, \qquad v^2 = 4 = 2^2, \qquad u^2 = 81 = 9^2.$$

Or effectivement

$$101 = 9^2 + 5.2^2.$$

79.

Physique mathématique. — *Considérations nouvelles sur les conditions relatives aux limites des corps. Méthode élémentaire propre à conduire aux lois générales de la réflexion et de la réfraction des mouvements simples qui rencontrent la surface de séparation de deux systèmes de molécules.*

C. R, t. X, p. 266 (17 février 1840).

Comme j'en ai déjà fait ailleurs la remarque, la solution des questions les plus importantes de la Physique mathématique dépend surtout des équations relatives aux limites des corps considérés comme des systèmes de molécules. Il devient nécessaire de rechercher ces équations aussitôt que l'on se propose de calculer les lois relatives à la réflexion et à la réfraction de la lumière, à la transmission du son d'un milieu dans un autre, aux vibrations des plaques élastiques et à une multitude d'autres phénomènes. Toutefois la difficulté de parvenir, à l'aide de méthodes exactes et sûres, aux équations dont il s'agit, avait paru telle aux plus habiles géomètres, que jusqu'à ces derniers temps ils s'étaient bornés à faire sur la forme de ces équations des hypothèses plus ou moins vraisemblables. Si, après de longues méditations sur cette matière, j'ai été assez heureux pour vaincre la difficulté que je viens de signaler, si, parmi les Mémoires que j'ai eu l'honneur de présenter à l'Académie, celui où je traite ce sujet est l'un de ceux auxquels les savants paraissent attacher le plus de prix, il est juste toutefois d'avouer que la théorie qui s'y trouve développée ne saurait être étudiée avec fruit que par des personnes déjà familiarisées avec les hautes Mathématiques et les applications de l'Analyse infinitésimale. Les physiciens apprendront sans doute avec quelque intérêt que les conclusions auxquelles je suis arrivé peuvent être énoncées en des termes fort simples et mises à la portée des amis de la Science qui n'auraient approfondi ni le Calcul intégral ni la théorie de la variation des constantes arbitraires. On verra même, dans ce Mémoire, qu'à l'aide de raisonnements qu'il est facile de saisir, on peut démontrer en quelque sorte, sans le secours d'aucune formule analytique, la plupart des résultats que j'ai obtenus. Entrons à ce sujet dans quelques détails.

Un mouvement vibratoire et infiniment petit, qui se propage dans un système de molécules, se réduit à l'un de ceux que j'ai nommés *mouvements simples*, ou du moins peut être censé résulter de la superposition d'un nombre fini ou infini de mouvements simples. Cela posé, ce qu'il importe surtout d'étudier, ce sont les caractères des mouvements simples, et les lois suivant lesquelles un mouvement simple se modifie en passant d'un système de molécules à un autre. Or, les positions des molécules d'un système étant rapportées à trois axes coordonnés rectangulaires, ce qui caractérise un mouvement simple, ce sont les deux quantités que j'ai nommées l'*argument* et le *module;* quantités qui varient avec le temps et la position d'une molécule, de telle sorte que l'argument et le logarithme népérien du module se réduisent toujours à deux fonctions linéaires des variables indépendantes, savoir des coordonnées et du temps, et s'évanouissent avec ces variables. Le mouvement simple correspondant à un module et à un argument donné n'est autre chose qu'un mouvement infiniment petit dans lequel le déplacement d'une molécule, mesuré parallèlement à un axe fixe, est toujours proportionnel au produit du module par le cosinus d'un certain angle appelé *phase;* et la phase elle-même est la somme qu'on obtient quand on ajoute à l'argument une certaine constante relative à l'axe dont il s'agit, et que j'ai nommée le *paramètre angulaire* relatif à cet axe. Ces définitions étant admises, on reconnaît aisément que, dans un mouvement simple, toutes les molécules décrivent des lignes droites ou courbes renfermées dans des plans parallèles à un *premier plan invariable*, mené par l'origine des coordonnées. Un *second* et un *troisième plan invariable*, qui passent encore par la même origine, sont ceux dont on obtient les équations en réduisant le temps à zéro dans l'argument et dans le logarithme népérien du module. D'ailleurs, pour faire évanouir le déplacement d'une molécule, mesuré parallèlement à un axe fixe, il suffira de réduire à zéro le cosinus de la phase, par conséquent il suffira d'attribuer à la phase une série de valeurs équidistantes, que l'on pourra déduire les unes des autres en faisant varier de quantités égales, ou le temps, ou la distance d'une molécule au second plan invariable. Les quantités égales dont il s'agit représentent chacune, dans le premier cas, la moitié de la *durée d'une vibration moléculaire*, et dans le second cas, l'épaisseur d'une tranche comprise entre deux plans parallèles qui renferment des molécules dont les déplacements projetés sur l'axe fixe s'évanouissent. La réunion de deux semblables tranches, contiguës l'une à l'autre, et respectivement composées de molécules dont les déplacements se mesurent en sens contraires, forme ce que nous appelons une *onde plane*. L'épaisseur de cette onde, ou la double épaisseur de deux tranches contiguës, est ce qu'on appelle la *longueur d'une ondulation*. Le temps venant à croître, les ondes planes et les plans qui les terminent, appelés *plans des ondes*, se déplacent, dans le système de molécules que l'on considère, avec une *vitesse de propagation* précisément égale au rapport entre la longueur d'une ondulation et la durée d'une vibration moléculaire.

Pour donner une idée des valeurs plus ou moins considérables que peuvent acquérir les diverses quantités que nous venons de passer en revue, nous rappellerons ici quelques résultats connus.

Dans l'acoustique, la durée des vibrations moléculaires sert à distinguer les uns des autres des sons plus ou moins graves, plus ou moins aigus. Cette durée, dans les sons que l'oreille apprécie, varie entre des limites fort étendues, le nombre des vibrations par seconde pouvant croître depuis 6 environ jusqu'à plus de 24000. D'ailleurs, la vitesse de propagation du son dans l'air étant d'environ 337^{m} par seconde, il résulte, de ce qui a été dit plus haut, que la longueur d'ondulation des sons appréciables pour l'oreille varie dans ce fluide depuis 56^{m} jusqu'à environ 14^{mm}.

Dans la théorie de la lumière, la durée des vibrations a une grande influence sur la nature de la couleur, et varie entre des limites assez resserrées, puisqu'elle n'est pas même doublée quand on passe d'une extrémité du spectre solaire à l'autre, c'est-à-dire du violet au rouge. D'ailleurs, pour le rayon moyen du spectre, la longueur d'ondulation, déduite de la mesure des anneaux colorés, est d'environ un demi-millième de millimètre. Cela posé, comme la vitesse de propagation de la lumière est d'environ 80000 lieues, de 2000 toises par seconde, il résulte encore de la loi précédemment énoncée que le nombre des vibrations exécutées par une molécule d'éther, placée dans le vide, s'élève moyennement à 640 millions de millions, pour une seconde sexagésimale.

Parlons maintenant du module d'un mouvement simple propagé dans un système de molécules. Ce module se réduira toujours à l'unité si le mouvement simple est durable et persistant, et si d'ailleurs il se propage sans s'affaiblir; c'est-à-dire, en d'autres termes, si le mouvement ne s'éteint, ni pour des valeurs croissantes du temps, ni en raison de sa propagation dans l'espace. Alors aussi la ligne décrite par chaque molécule sera toujours une petite portion de droite, ou un cercle, ou une ellipse; et le mouvement simple offrira ce qu'on nomme la *polarisation rectiligne*, ou *circulaire*, ou *elliptique*. Réciproquement, si le module d'un mouvement simple se réduit à l'unité, ce mouvement ne s'affaiblira, ni en raison de sa durée pour des valeurs croissantes du temps, ni en raison de sa propagation dans l'espace, pour des valeurs croissantes de la distance d'une molécule à un plan fixe. Mais, si au contraire le module d'un mouvement simple diffère de l'unité, le logarithme népérien de ce module se composera généralement de deux parties, l'une proportionnelle au temps, l'autre proportionnelle à la distance d'une molécule au troisième plan invariable. Alors, si le coefficient du temps n'est pas nul, il devra être négatif pour que le mouvement vibratoire ne cesse pas d'être infiniment petit, et représentera ce que nous appellerons le *coefficient d'extinction relatif au temps*. Alors aussi le coefficient de la distance au troisième plan invariable, dans le logarithme népérien du module, sera ce que nous appellerons le *coefficient d'extinction relatif à l'espace;* et ce coefficient, s'il n'est pas nul, pourra être positif ou négatif, savoir, positif si le mouvement devient plus faible quand la distance au plan invariable est moindre, et négatif si le mouvement s'affaiblit quand la distance au plan invariable devient plus grande. Dans l'un et l'autre cas, les dimensions des courbes décrites par les molécules décroîtront en progression géométrique, tandis que le temps ou la distance d'une molécule au troisième plan invariable croîtront en progression arithmétique.

Considérons maintenant un mouvement simple propagé à travers un système de molécules dans le voisinage d'une surface plane qui sépare ce premier système du second, le mouvement dont il s'agit pouvant d'ailleurs être dirigé de manière que les ondes planes s'approchent ou s'éloignent de la surface plane; et prenons cette surface pour l'un des plans coordonnés. On pourra considérer l'argument du mouvement simple, et le logarithme népérien de son module, comme composés chacun de trois termes différents, savoir, d'un terme proportionnel au temps, d'un terme proportionnel à la distance qui sépare une molécule de la surface plane, et d'un terme proportionnel à la distance qui, sur cette surface même, sépare la projection de la molécule de la trace du second plan invariable. La même remarque s'appliquerait à l'argument et au logarithme népérien du module d'un mouvement simple propagé dans le second système de molécules. Cela posé, nous appellerons *mouvements* conjugués ou *correspondants,* des mouvements simples, propagés dans les deux systèmes de molécules, ou dans l'un des deux seulement, mais caractérisés par des arguments et des modules qui ne différeront entre eux qu'en raison des coefficients par lesquels la distance d'une molécule à la surface de séparation se trouvera multipliée dans chaque argument, ou dans le logarithme népérien de chaque module. En partant de cette définition, on reconnaîtra facilement :

1° que deux mouvements simples correspondants sont toujours deux mouvements isochrones, c'est-à-dire dans lesquels les durées des vibrations moléculaires sont les mêmes; 2° que deux semblables mouvements offrent des ondes planes dont les traces sur la surface de séparation sont parallèles à une même droite; 3° qu'ils offrent des longueurs d'ondulation proportionnelles aux sinus des angles formés par les perpendiculaires aux plans des ondes avec la même surface.

Concevons à présent qu'un mouvement simple propagé dans le premier système de molécules rencontre la surface de séparation qui sépare ce premier système du second, et donne alors naissance à d'autres mouvements réfléchis ou réfractés. Il est naturel de croire que, dans le passage du mouvement incident à ces autres mouvements, un seul des trois termes qui peuvent être censés composer l'argument ou le logarithme népérien du module se trouvera modifié, savoir, le terme qui dépend de la distance d'une molécule à la surface réfléchissante, et que l'action de cette surface, dans le passage dont il s'agit, altérera seulement le coefficient de cette distance, sans faire varier en aucune manière ni la durée des vibrations moléculaires, ni la trace du premier plan invariable sur la surface, ni les épaisseurs des ondes mesurées parallèlement à la surface. On peut donc admettre, comme première loi de la réflexion ou de la réfraction, celle qui s'énonce dans les termes suivants :

Première loi. — *Étant donnés deux systèmes homogènes de molécules, séparés par une surface plane, si un mouvement simple, propagé dans le premier système, rencontre la surface de séparation, et donne alors naissance à des mouvements réfléchis et réfractés, les mouvements incident, réfléchis, réfractés, seront toujours des mouvements correspondants.*

De cette loi, que nous avons établie par le calcul dans les *Exercices d'Analyse et de Physique mathématique*, et à laquelle on se trouve ramené par les considérations précédentes, il résulte immédiatement : 1° que la durée des vibrations moléculaires reste la même dans les mouvements incident, réfléchis et réfractés; 2° que, dans ces divers mouvements, les traces du second ou du troisième plan invariable sur la surface de séparation, et par suite la direction des traces des plans des ondes sur cette surface, restent aussi les mêmes ; 3° que les sinus d'incidence, de réflexion et de réfraction sont proportionnels aux longueurs des ondes incidentes, réfléchies et réfractées. Au reste, ce sont là des conclusions auxquelles on se trouve conduit par l'observation aussi bien que par le calcul. L'invariabilité de la durée des vibrations moléculaires, et, par conséquent, dans un grand nombre de cas, l'invariabilité de la couleur, soit avant, soit après la réflexion ou la réfraction, est un fait admis dans la théorie de la lumière; et des expériences nombreuses, exécutées avec beaucoup de soin par un de nos illustres confrères, M. Savart, prouvent que les vibrations sonores, transmises d'un corps à un autre, sont toujours telles que les deux corps vibrent à l'unisson (¹). Quant à la proportionnalité qui doit exister généralement entre les sinus d'incidence, de réflexion ou de réfraction, et les épaisseurs des ondes incidentes, réfléchies ou réfractées, elle a déjà été constatée dans la théorie de la lumière. Il serait à désirer qu'on pût la constater de même dans l'acoustique, et c'est là, ce me semble, un sujet de recherches qui mérite une attention spéciale de la part des observateurs et des physiciens.

La première loi de réflexion ou de réfraction peut servir seulement à déterminer, dans les mouvements réfléchis ou réfractés, les directions des plans invariables, et par suite des plans des ondes. Cette loi étant admise, il nous reste à dire sous quelles conditions un mouvement simple peut être réfléchi ou réfracté, et à montrer comment un mouvement vibratoire peut se transformer, sans transition brusque, en passant d'un système de molécules à un autre. C'est ce que nous allons maintenant expliquer.

Dans le voisinage de la surface de séparation de deux systèmes de

(¹) Cet accord remarquable entre la loi donnée par le calcul et celle que M. Savart a tirée de l'observation a déjà été signalé dans plusieurs articles très remarquables que renferme le journal intitulé *l'Institut;* articles dont j'aimerais à faire ici l'éloge, si l'auteur, M. l'abbé Moigno, n'avait pas jugé mes théories avec tant de bienveillance.

molécules, la constitution de chacun de ces deux systèmes se trouve altérée et il serait difficile, pour ne pas dire impossible, d'arriver à connaître d'une manière précise toutes les circonstances de cette altération. Ce que nous pouvons affirmer, c'est que l'altération dont il s'agit, et par suite l'altération des actions auxquelles les molécules se trouvent soumises, ne sont généralement sensibles qu'à une très petite distance de la surface. Cela posé, pour que l'on soit assuré qu'un mouvement simple peut être transmis de l'un des systèmes de molécules à l'autre, la première condition indiquée par le calcul est que, si l'on mesure, à partir de la surface de séparation, la distance à laquelle la constitution de chaque système de molécules se trouve sensiblement altérée, cette distance soit petite relativement à la longueur d'ondulation du mouvement simple. Cette condition était jusqu'à un certain point facile à prévoir; car, si elle n'était pas remplie, et si au contraire les longueurs d'ondulation étaient très petites relativement à la distance à laquelle l'altération devient sensible, il serait tout naturel qu'en traversant la couche qui aurait la surface de séparation pour base et cette distance pour épaisseur, la régularité du mouvement simple se trouvât détruite, et que celui-ci, perdant sa nature et les caractères qui lui sont propres, se trouvât transformé en un mouvement d'une nature toute différente. Alors, à la vérité, chaque point de la surface de séparation pourrait bien encore être considéré, par rapport au second milieu, comme un centre d'ébranlement. Mais les mouvements propagés dans le second milieu, à partir de cette surface, ne se réduiraient plus à un seul mouvement simple, et seraient généralement, comme ceux que produisent des ébranlements arbitraires, en nombre infini. Au reste, sans insister davantage sur cette condition que le calcul m'a donnée, je vais, en la supposant remplie, montrer de quelle manière on peut obtenir les équations particulières qui doivent être vérifiées dans le voisinage de la surface de séparation de deux systèmes de molécules, et qui fournissent le moyen de déterminer toutes les circonstances des phénomènes que présente la réflexion ou la réfraction des mouvements simples.

La constitution d'un système de molécules étant donnée, on sait quels sont les mouvements simples qui peuvent se propager à travers ce système; et réciproquement, la nature de ces mouvements simples se trouve tellement liée à la constitution du système, que, si on les connaît, on pourra généralement tirer de cette connaissance celle des équations aux différences partielles qui représenteront les mouvements vibratoires et infiniment petits des molécules. Ce n'est pas tout; étant proposés deux systèmes homogènes de molécules, séparés par une surface plane, on pourra dire quels sont, pour chacun d'eux, les mouvements simples correspondants à un mouvement simple donné. Si celui-ci est du nombre de ceux qui sont durables et persistants, et qui se propagent sans s'affaiblir, l'un quelconque des mouvements correspondants sera lui-même un mouvement durable et persistant qui pourra, ou se propager sans s'affaiblir, ou être moins sensible à de plus grandes distances de la surface de séparation, ou être moins sensible à de plus petites distances de cette surface. Suivant que le premier, le second ou le troisième cas aura lieu, nous dirons que le mouvement correspondant dont il s'agit est un mouvement simple de *première*, de *seconde* ou de *troisième espèce*. D'ailleurs, le logarithme népérien du module relatif à chaque mouvement de seconde espèce renfermera un *coefficient d'extinction* par lequel se trouvera multipliée la distance d'une molécule à la surface donnée. Cela posé, la loi indiquée par le calcul, comme propre à faire connaître les diverses circonstances que présentent la réflexion et la réfraction des mouvements simples, peut s'énoncer de la manière suivante :

Deuxième loi. — *Lorsqu'un mouvement simple rencontre la surface de séparation de deux systèmes homogènes de molécules, alors, pour rendre compte de tous les phénomènes de réflexion et de réfraction, il suffit de joindre au mouvement incident les mouvements réfléchis et réfractés qui restent sensibles à une grande distance de la surface réfléchissante, et de leur superposer, dans le voisinage de la surface, des mouvements correspondants de seconde espèce, qui offrent dans chaque milieu des coefficients d'extinction plus considérables.*

Pour ne pas abuser de l'attention de l'Académie, je renvoie à un autre article la discussion de cette loi remarquable, à laquelle on peut arriver encore, d'une manière presque rigoureuse, par de simples raisonnements que tout le monde peut saisir, et l'application de cette même loi aux phénomènes que présente la réflexion ou la réfraction des rayons lumineux.

80.

Physique mathématique. — *Considérations nouvelles relatives à la réflexion et à la réfraction des mouvements simples.*

C. R., t. X, p. 347 (2 mars 1840).

Suivant la première des deux lois relatives à la réflexion et à la réfraction des mouvements simples, si l'on donne deux systèmes homogènes de molécules séparés par une surface plane, et un mouvement simple qui se propage dans le premier système jusqu'à la surface de séparation, ce mouvement, que nous appelons *mouvement incident*, et les mouvements réfléchis, réfractés, auxquels il pourra donner naissance, seront toujours des mouvements correspondants (séance du 17 février).

Cette loi étant admise, voyons comment on pourra obtenir les diverses équations propres à représenter toutes les circonstances de la réflexion et de la réfraction d'un mouvement simple.

La constitution des deux milieux ou systèmes de molécules étant connue, on pourra dire quels sont pour chacun d'eux les mouvements simples correspondants au mouvement incident. Or, en vertu de la première loi, c'est en superposant deux ou plusieurs de ces mouvements simples que l'on pourra représenter dans le premier milieu les mouvements incident et réfléchis, dans le second milieu, le mouvement ou les mouvements réfractés. D'ailleurs, pour chacun des mouvements simples correspondants au mouvement incident, la longueur d'ondulation se trouvera complètement déterminée ainsi que la direction des plans des ondes; mais on ne saurait en dire autant, par exemple, de l'amplitude des vibrations moléculaires qui sera inconnue *a priori*, et devra s'évanouir pour ceux de ces mouvements que l'on voudrait exclure de la superposition indiquée. On pourra donc représenter les déplacements moléculaires relatifs, dans le premier milieu, aux mouvements incident et réfléchis, ou, dans le second milieu, aux mouvements réfractés, par des sommes de termes qui renfermeront plusieurs indéterminées dont quelques-unes pourront s'évanouir. Mais il est clair que ces déplacements moléculaires, et celles de leurs dérivées que ne déterminent pas les équations aux différences partielles des mouvements infiniment petits, ne sauraient varier d'une manière brusque tandis que l'on passera d'un milieu à l'autre : donc ces déplacements et ces dérivées, calculés successivement pour l'un et l'autre milieu, devront satisfaire à la condition de reprendre toujours les mêmes valeurs en chaque point de la surface de séparation. Il y a plus : d'après ce qui a été dit dans la séance du 17 février, la conclusion précédente doit être étendue au cas même où l'on tient compte des altérations qu'éprouve la constitution de chaque système dans le voisinage de la surface réfléchissante, pourvu que la distance à laquelle ces altérations deviennent sensibles reste très petite par rapport aux longueurs d'ondulation. La condition que nous venons d'énoncer fournit d'ailleurs à elle seule les diverses équations qui doivent être vérifiées dans le voisinage de la surface.

Supposons maintenant que le mouvement incident soit un mouvement durable et persistant, qui se propage sans s'affaiblir. L'un quelconque des mouvements correspondants sera lui-même un mouvement durable et persistant, qui pourra, ou se propager sans s'affaiblir, ou être moins sensible à de plus grandes distances de la surface de séparation des deux milieux, ou être moins sensible à de plus petites distances de cette surface. D'ailleurs le troisième cas est exclu par la condition que le mouvement reste infiniment petit à de grandes distances de la surface : donc, pour obtenir les lois de la réflexion et de la réfraction, on ne devra, dans chaque milieu, superposer au mouvement incident que deux espèces de mouvements correspondants, savoir, ceux qui se propageront sans s'affaiblir, et ceux qui deviendront insensibles à de grandes distances de la surface réfléchissante. D'ailleurs, parmi ces derniers, ceux qui offriront dans leurs modules des coefficients d'extinction plus considérables sont précisément ceux qui deviendront plus promptement insensibles quand on fera croître la distance à la surface. Donc, lorsqu'un mouvement simple rencontre la surface de séparation de deux systèmes homogènes de molécules, alors, pour rendre compte de tous les phénomènes de réflexion et de réfraction, il suffit de joindre au mouvement incident les mouvements réfléchis et réfractés qui restent sensibles à une grande distance de la surface réfléchissante, et de leur superposer des mouvements correspondants qui n'altèrent les premiers d'une manière sensible que dans le voisinage de la surface dont il s'agit. Telle est, en effet, la seconde des lois de réflexion et de réfraction énoncées dans la dernière séance.

Considérons, pour fixer les idées, le cas particulier où, les deux systèmes de molécules étant isotropes, le mouvement incident donne naissance à un mouvement simple réfléchi et à un mouvement simple réfracté, qui, comme lui, se propagent sans s'affaiblir. Alors il arrivera de deux choses l'une : ou le système des mouvements incident et réfléchi, propagés dans le premier milieu, s'accordera, en chaque point de la surface réfléchissante, avec le mouvement réfracté qui se propage dans le second milieu, de sorte que, sur cette surface, les déplacements moléculaires et leurs dérivées, calculés dans le premier et le second milieu, reprennent toujours les mêmes valeurs ; ou cet accord n'existera point, et, pour le rétablir, on sera obligé de superposer aux trois mouvements incident, réfléchi, réfracté, qui, par hypothèse, se propagent sans s'affaiblir, d'autres mouvements correspondants, qui, étant insensibles à de grandes distances de la surface, deviennent sensibles dans son voisinage. Dans le premier cas, le système des mouvements incident et réfléchi se transformera de lui-même, et sans transition brusque, en traversant la surface réfléchissante, en mouvement réfracté. Mais, dans le second cas, cette transformation sans transition brusque ne deviendra possible que par la superposition indiquée. Le premier cas se présente, dans la théorie de la lumière réfractée par la surface de séparation de deux milieux isophanes, lorsqu'on suppose le rayon lumineux polarisé suivant le plan d'incidence, c'est-à-dire, en d'autres termes, lorsqu'on suppose les vibrations du fluide éthéré parallèles à la surface réfléchissante. Alors les lois de la réflexion et de la réfraction sont beaucoup plus faciles à établir que dans toute autre supposition, et il est permis de faire abstraction des mouvements simples qui pourraient se propager dans l'éther sans occasionner des phénomènes lumineux. Mais il n'en est plus ainsi dans la supposition contraire, et c'est ce qui explique pourquoi Fresnel a eu plus de peine à découvrir les formules relatives à la réflexion d'un rayon de lumière polarisé perpendiculairement au plan d'incidence.

Je présenterai ici une dernière observation. Quand on applique les principes que je viens d'exposer, ou, ce qui revient au même, la méthode exposée dans mes précédents Mémoires, à la réflexion et à la réfraction des mouvements simples, produites par la surface de séparation de deux milieux isotropes, on obtient des formules générales qui comprennent, comme cas particulier, les formules de Fresnel relatives à la réflexion de la lumière. Pour réduire les unes aux autres, il suffirait, comme je l'ai déjà remarqué, de supposer, dans chaque milieu, une certaine constante que désigne la lettre f ou f', réduite au signe près à l'unité, c'est-à-dire, en d'autres termes, de supposer nulle, dans chaque milieu, la vitesse de propagation des vibrations longitudinales. Mais cette supposition n'est pas la seule qui reproduise les formules de Fresnel. En examinant de nouveau la question, j'ai reconnu qu'on arrivera généralement à ces mêmes formules, si l'on suppose imaginaires, et de plus égales entre elles, les caractéristiques des deux mouvements simples qui, étant seulement sensibles à de très petites distances de la surface réfléchissante, servent à transformer, sans transition brusque, le système des mouvements incident et réfléchi en mouvement réfracté, ou bien encore, si l'on suppose ces caractéristiques réelles, mais infiniment petites. Dans ces deux cas, on verra disparaître les vibrations longitudinales, qui cesseront de se propager lors même que les caractéristiques deviendront infinies ou nulles, attendu qu'alors la vitesse de propagation de ces vibrations deviendra nulle ou infinie.

En rapprochant les formules obtenues comme on vient de le dire de celles que renferment les *Nouveaux Exercices de Mathématiques*, publiés en 1835 et 1836 (2e et 7e livraison), on est conduit à penser que l'on doit attribuer des valeurs réelles très petites aux caractéristiques des mouvements simples qui restent sensibles à de très petites distances de la surface réfléchissante. Cette supposition est effectivement celle que j'ai admise dans le Mémoire présenté à l'Académie des Sciences en octobre 1838 (1), et inséré par extrait dans les *Comptes rendus* des séances de cette même année. Ainsi, en définitive, nous sommes ramenés aux conclusions énoncées dans ce Mémoire, qui avait pour objet de montrer comment les équations de condition données à la page 203 des *Nouveaux Exercices de Mathématiques,* pour la surface de séparation de deux milieux, se déduisent de la méthode exposée dans la première Partie du Mémoire lithographié sous la date d'août 1836.

ANALYSE.

Analyse. — Pour montrer une application des principes que nous venons d'exposer, considérons deux milieux homogènes et isotropes séparés par une surface plane que nous prendrons pour plan des y, z. Soient d'ailleurs

$$\xi,\quad \eta,\quad \zeta$$

les déplacements effectifs d'une molécule mesurés au point (x, y, z), parallèlement aux axes coordonnés, dans le premier milieu situé du côté des x négatives, et

$$\bar{\xi},\quad \bar{\eta},\quad \bar{\zeta}$$

les déplacements symboliques correspondants. Les équations symbo-

(1) *Œuvres de Cauchy,* S. I, t. IV. — Extrait n° 19, p. 99.

liques des mouvements infiniment petits du premier milieu se réduiront aux formules (3) de la page 138 du Mémoire sur la réflexion d'un mouvement simple (*voir* les *Exercices d'Analyse,* etc.); et, par suite, les équations finies d'un mouvement simple, propagé dans ce premier milieu, seront de la forme

$$(1)\qquad \bar{\xi} = \mathrm{A}e^{ux+vy+wz-st}, \qquad \bar{\eta} = \mathrm{B}e^{ux+vy+wz-st}, \qquad \bar{\zeta} = \mathrm{C}e^{ux+vy+wz-st},$$

u, v, w, s, A, B, C étant des constantes réelles ou imaginaires, propres à vérifier l'un des deux systèmes d'équations

$$(2)\qquad s^2 = \mathcal{E}, \qquad u\mathrm{A} + v\mathrm{B} + w\mathrm{C} = 0,$$

$$(3)\qquad s^2 = \mathcal{E} + \mathcal{F}k^2, \qquad \frac{\mathrm{A}}{u} = \frac{\mathrm{B}}{v} = \frac{\mathrm{C}}{w} = 0,$$

dans lesquelles $\mathcal{E}$, $\mathcal{F}$ désignent deux fonctions de la somme

$$(4)\qquad u^2 + v^2 + w^2 = k^2.$$

Si d'ailleurs on suppose les équations aux différences partielles des mouvements infiniment petits réduites à des équations homogènes, on aura

$$\mathcal{E} = \iota\mathrm{k}^2, \qquad \mathcal{F} = \iota\mathrm{f},$$

ι, f désignant deux constantes réelles qui dépendront de la nature du premier milieu, et, par suite, la première des formules (2) ou (3) donnera

$$(5)\qquad s^2 = \iota\mathrm{k}^2$$

ou

$$(6)\qquad s^2 = \iota(1 + \mathrm{f})\mathrm{k}^2.$$

Si l'on considère un mouvement simple dans lequel le second et le troisième plan invariables soient parallèles à l'axe des z, les plans des ondes seront eux-mêmes parallèles à cet axe; et, comme on aura

$$(7)\qquad w = 0,$$

on tirera de la seconde des formules (2)

$$(8) \qquad uA + vB = 0,$$

ou, de la seconde des formules (3),

$$(9) \qquad \frac{A}{u} = \frac{B}{v}, \qquad C = 0.$$

Concevons maintenant que l'on fasse tomber sur la surface de séparation des deux milieux un mouvement simple, durable ou persistant, et qui se propage dans le premier milieu, sans s'affaiblir. On aura, pour ce mouvement simple,

$$(10) \qquad u = \mathrm{u}\sqrt{-1}, \qquad v = \mathrm{v}\sqrt{-1}, \qquad w = \mathrm{w}\sqrt{-1}, \qquad s = \mathrm{s}\sqrt{-1},$$

u, v, w, s désignant des quantités réelles, qui pourront être censées positives, si les ondes incidentes s'approchent de la surface de séparation des deux milieux; et l'on pourra prendre encore

$$(11) \qquad k = \mathrm{k}\sqrt{-1},$$

la valeur de k étant

$$(12) \qquad \mathrm{k} = \sqrt{\mathrm{u}^2 + \mathrm{v}^2 + \mathrm{w}^2}.$$

Si d'ailleurs le mouvement incident dont il s'agit donne naissance à des mouvements réfléchis et réfractés, en vertu de la première loi de réflexion ou de réfraction, ces mouvements incident, réfléchis et réfractés seront des *mouvements correspondants,* pour lesquels les coefficients des trois variables indépendantes

$$y, \quad z, \quad t,$$

dans l'argument et dans le logarithme népérien du module, resteront les mêmes, les valeurs de ces coefficients étant toujours

$$(13) \qquad v = \mathrm{v}\sqrt{-1}, \qquad w = \mathrm{w}\sqrt{-1}, \qquad s = \mathrm{s}\sqrt{-1}.$$

Quant au coefficient u de la variable x, il changera de valeur avec la constante k, tandis que l'on passera du mouvement incident aux mouvements réfléchis ou réfractés ; et comme, de l'équation (4), jointe aux formules (13), on tirera

$$(14) \qquad u^2 = \mathrm{v}^2 + \mathrm{w}^2 + k^2,$$

il est clair que les diverses valeurs de u relatives aux mouvements réfléchis et réfractés seront comprises parmi celles que fournit l'équation (14), quand on y substitue pour k^2 une valeur tirée de la première des formules (2) ou (3).

Supposons, pour fixer les idées, que, les équations aux différences partielles des mouvements infiniment petits de chaque milieu se réduisant à des équations homogènes, le mouvement incident soit du nombre des mouvements simples dans lesquels les vibrations moléculaires restent parallèles aux plans des ondes. Alors la première des formules (2) ou (3) se réduira simplement à l'équation (5) ou (6), et la valeur de k, relative au mouvement incident, sera donnée par l'équation (5), de laquelle on tirera, eu égard aux formules (11), (13),

$$s^2 = -\mathrm{s}^2 = \iota k^2 = -\iota \mathrm{k}^2$$

et, par suite,

$$(15) \qquad k^2 = -\mathrm{k}^2, \qquad u^2 = \mathrm{v}^2 + \mathrm{w}^2 - \mathrm{k}^2 = -\mathrm{u}^2,$$

la valeur de k^2 étant

$$(16) \qquad \mathrm{k}^2 = \frac{\mathrm{s}^2}{\iota}.$$

Alors aussi la formule (6) donnera

$$k^2 = \frac{s^2}{\iota(1+\mathrm{f})} = -\frac{\mathrm{s}^2}{\iota(1+\mathrm{f})} = -\frac{\mathrm{k}^2}{1+\mathrm{f}}$$

et, par suite,

$$(17) \qquad k^2 = -\frac{\mathrm{k}^2}{1+\mathrm{f}}, \qquad u^2 = \mathrm{v}^2 + \mathrm{w}^2 - \frac{\mathrm{k}^2}{1+\mathrm{f}}.$$

Les deux valeurs de u, fournies par la seconde des formules (15), savoir

$$(18) \qquad u = \mathrm{u}\sqrt{-1}, \qquad u = -\mathrm{u}\sqrt{-1},$$

se rapporteront, l'une au mouvement incident, l'autre au mouvement réfléchi, ou, plus généralement, à celui des mouvements réfléchis qui, se propageant sans s'affaiblir, demeurera sensible à de grandes distances de la surface réfléchissante. Quant à la seconde des formules (17), elle fournira deux valeurs réelles de u, l'une positive, l'autre négative, si l'on a

$$\mathrm{v}^2+\mathrm{w}^2>\frac{\mathrm{k}^2}{1+\mathrm{f}}; \tag{19}$$

et alors à la valeur positive

$$u=\sqrt{\mathrm{v}^2+\mathrm{w}^2-\frac{\mathrm{k}^2}{1+\mathrm{f}}} \tag{20}$$

correspondra un mouvement simple qui deviendra de plus en plus insensible à mesure que l'on s'éloignera de la surface réfléchissante dans le premier milieu situé du côté des x négatives. Supposons d'ailleurs que les équations aux différences partielles des mouvements infiniment petits ne soient sensiblement altérées dans leur forme qu'à de très petites distances de cette même surface. Alors, en vertu de la seconde loi de la réflexion, on pourra compter, parmi les mouvements incident et réfléchis, les mouvements simples correspondants, non seulement aux valeurs imaginaires de u, données par les formules (18), mais encore à la valeur positive de u déterminée par la formule (20).

Concevons à présent que, pour abréger, l'on désigne par

$$u,\quad u_{\prime},\quad u_{\prime\prime}$$

les trois valeurs de u, tirées des formules (18), (20), en sorte qu'on ait

$$u=\mathrm{U}\sqrt{-1},\qquad u_{\prime}=-\mathrm{U}\sqrt{-1},\qquad u_{\prime\prime}=\sqrt{\mathrm{v}^2+\mathrm{w}^2-\frac{\mathrm{k}^2}{1+\mathrm{f}}}; \tag{21}$$

et nommons

$$\mathrm{A}_{\prime},\quad \mathrm{B}_{\prime},\quad \mathrm{C}_{\prime},\qquad \mathrm{A}_{\prime\prime},\quad \mathrm{B}_{\prime\prime},\quad \mathrm{C}_{\prime\prime}$$

ce que deviennent

$$\mathrm{A},\quad \mathrm{B},\quad \mathrm{C}$$

quand on met $u_{\prime}$ ou $u_{\prime\prime}$ à la place de u. Lorsque, en supposant remplie la condition (19), on tiendra compte à la fois du mouvement incident et des mouvements réfléchis dans lesquels le coefficient u de x acquerra les valeurs $u_{\prime}$, $u_{\prime\prime}$, les déplacements symboliques des molécules du premier milieu seront déterminés par des équations de la forme

$$(22)\quad \begin{cases} \overline{\xi} = \mathrm{A}\, e^{ux+vy+wz-st} + \mathrm{A}_{\prime}\, e^{u_{\prime}x+vy+wz-st} + \mathrm{A}_{\prime\prime}\, e^{u_{\prime\prime}x+vy+wz-st}, \\ \overline{\eta} = \mathrm{B}\, e^{ux+vy+wz-st} + \mathrm{B}_{\prime}\, e^{u_{\prime}x+vy+wz-st} + \mathrm{B}_{\prime\prime}\, e^{u_{\prime\prime}x+vy+wz-st}, \\ \overline{\zeta} = \mathrm{C}\, e^{ux+vy+wz-st} + \mathrm{C}_{\prime}\, e^{u_{\prime}x+vy+wz-st} + \mathrm{C}_{\prime\prime}\, e^{u_{\prime\prime}x+vy+wz-st}, \end{cases}$$

dans lesquelles on aura

$$(23)\quad u\mathrm{A} + v\mathrm{B} + w\mathrm{C} = 0, \qquad u_{\prime}\mathrm{A}_{\prime} + v\mathrm{B}_{\prime} + w\mathrm{C}_{\prime} = 0$$

et

$$(24)\quad \frac{\mathrm{A}_{\prime\prime}}{u_{\prime\prime}} = \frac{\mathrm{B}_{\prime\prime}}{v} = \frac{\mathrm{C}_{\prime\prime}}{w}.$$

Soient d'autre part

$$\iota', \quad \mathrm{f}', \quad \mathrm{k}'$$

ce que deviennent les constantes

$$\iota, \quad \mathrm{f}, \quad \mathrm{k},$$

tandis que l'on passe du premier au second milieu. Outre la formule (16), on obtiendra la suivante

$$(25)\quad \mathrm{k}'^2 = \frac{s^2}{\iota'}.$$

Supposons d'ailleurs que les équations aux différences partielles des mouvements infiniment petits se réduisent encore, dans le second milieu situé du côté des x positives, à des équations homogènes dont les formes ne soient sensiblement altérées qu'à de très petites distances de la surface réfléchissante. En vertu des lois exposées dans l'avant-dernière séance, on ne pourra compter parmi les mouvements réfractés que des mouvements simples qui correspondront à des valeurs de u propres à vérifier l'une des équations

$$(26)\quad u^2 = \mathrm{v}^2 + \mathrm{w}^2 - \mathrm{k}'^2,$$

$$(27)\quad u^2 = \mathrm{v}^2 + \mathrm{w}^2 - \frac{\mathrm{k}'^2}{1+\mathrm{f}'},$$

et choisies de manière à offrir une partie réelle nulle ou négative. Cela posé, si la condition

$$\text{(28)} \qquad k'^2 > v^2 + w^2 > \frac{k'^2}{1+f'}$$

se vérifie, on pourra prendre pour mouvements réfractés les mouvements simples correspondants aux valeurs de u qui, étant représentées par

$$u', \quad u'',$$

seraient déterminées par les formules

$$\text{(29)} \qquad u' = (k'^2 - v^2 - w^2)^{\frac{1}{2}} \sqrt{-1},$$

$$\text{(30)} \qquad u'' = -\left(v^2 + w^2 - \frac{k'^2}{1+f'}\right)^{\frac{1}{2}}.$$

Donc, en nommant

$$\bar{\xi}', \quad \bar{\eta}', \quad \bar{\zeta}'$$

les déplacements symboliques des molécules dans le second milieu, on pourra prendre généralement

$$\text{(31)} \qquad \begin{cases} \bar{\xi}' = A' e^{u'x+vy+wz-st} + A'' e^{u''x+vy+wz-st}, \\ \bar{\eta} = B' e^{u'x+vy+wz-st} + B'' e^{u''x+vy+wz-st}, \\ \bar{\zeta}' = C' e^{u'x+vy+wz-st} + C'' e^{u''x+vy+wz-st}, \end{cases}$$

les constantes A', B', C', A'', B'', C'' étant liées aux constantes u', v, w, u'' par des équations analogues aux formules (23), (24), savoir,

$$\text{(32)} \qquad u'A' + vB' + wC' = 0,$$

$$\text{(33)} \qquad \frac{A''}{u''} = \frac{B''}{v} = \frac{C''}{w}.$$

C'est en égalant, pour chaque point de la surface réfléchissante, les valeurs de

$$\bar{\xi}', \quad \bar{\eta}', \quad \bar{\zeta}', \qquad D_x\bar{\xi}', \quad D_x\bar{\eta}', \quad D_x\bar{\zeta}'$$

tirées des équations (31), aux valeurs de

$$\bar{\xi}, \quad \bar{\eta}, \quad \bar{\zeta}, \qquad D_x\bar{\xi}, \quad D_x\bar{\eta}, \quad D_x\bar{\zeta}$$

tirées des équations (22), qu'on obtiendra les équations de condition relatives à la surface, et à l'aide desquelles on pourra déterminer toutes les circonstances de la réflexion et de la réfraction.

Lorsqu'on suppose, dans le mouvement incident, les plans des ondes parallèles à l'axe des z, on a, comme on l'a déjà remarqué, $w = 0$, et par suite, en vertu des formules (24), (33),

$$C_{\prime\prime} = 0, \qquad C'' = 0.$$

Donc alors la dernière des formules (22) se réduit à

$$\bar{\zeta} = Ce^{ux+vy-st} + C_{\prime}e^{-ux+vy-st}, \tag{34}$$

attendu que l'on a $u_{\prime} = -u$, et la dernière des formules (31) se réduit à

$$\bar{\zeta} = C'e^{u'x+vy-st}. \tag{35}$$

En combinant, avec les formules (34), (35), les deux équations de condition

$$\bar{\zeta} = \bar{\zeta}', \qquad D_x\bar{\zeta} = D_x\bar{\zeta}' \tag{36}$$

qui doivent être satisfaites pour chaque point de la surface réfléchissante, ou, en d'autres termes, pour une valeur nulle de x, on trouvera

$$C + C_{\prime} = C', \qquad u(C - C_{\prime}) = u'C',$$

et par suite

$$\frac{C_{\prime}}{C} = \frac{u - u'}{u + u'}, \qquad \frac{C'}{C} = \frac{2u}{u + u'}. \tag{37}$$

On sera donc ainsi ramené aux équations (65) du cinquième paragraphe du Mémoire sur la réflexion des mouvements simples. On déduira pareillement les formules (56) ou (66) [*ibidem*] des formules (22) et (31) combinées avec les équations de condition

$$\bar{\xi} = \bar{\xi}, \qquad \bar{\eta}' = \bar{\eta}; \qquad D_x\bar{\xi}' = D_x\bar{\xi}, \qquad D_x\bar{\eta}' = D_x\bar{\eta} \tag{38}$$

qui devront encore être satisfaites pour une valeur nulle de x. Observons seulement que les valeurs du coefficient u, représentées dans les équations (22), (31) par $u_{\prime\prime}$ et par u'', se trouvent représentées au contraire dans le Mémoire dont il s'agit par $-\mathfrak{v}$, $-\mathfrak{v}'$; et qu'il s'est glissé une erreur de signe dans le premier membre de la formule (15) [pag. 94 (¹)], où l'on doit remplacer $\mathfrak{v}$ par $-\mathfrak{v}$.

Les formules (37) se rapportent à la réflexion et à la réfraction d'un rayon polarisé suivant le plan d'incidence. Au contraire, les formules déduites des conditions (38) se rapportent à un rayon polarisé perpendiculairement au plan d'incidence. Pour que ce dernier rayon disparaisse après la réflexion sous une certaine incidence, il faut que l'on ait

$$\frac{1}{\mathfrak{v}} + \frac{1}{\mathfrak{v}'} = 0, \qquad \mathfrak{v} + \mathfrak{v}' = 0,$$

ou, ce qui revient au même,

$$u_{\prime\prime} + u'' = 0, \tag{39}$$

par conséquent, eu égard aux formules (21) et (30),

$$\frac{\mathrm{k}^2}{1+\mathrm{f}} = \frac{\mathrm{k}'^2}{1+\mathrm{f}'}. \tag{40}$$

Telle est la condition qui doit être vérifiée pour que la surface de séparation de deux milieux isotropes polarise toujours suivant le plan d'incidence un rayon réfléchi sous un certain angle. L'hypothèse que nous avons admise dans le Mémoire ci-dessus rappelé, et qui consistait à supposer

$$\mathrm{f} = \mathrm{f}' = -1,$$

offre seulement un des cas particuliers dans lesquels cette condition se vérifie.

D'autre part, pour que les valeurs de

$$u_{\prime\prime}, \qquad u'',$$

fournies par les équations (21) et (30), restent réelles dans le cas même où, les plans des ondes étant parallèles à la surface réfléchis-

(¹) *OEuvres de Cauchy*. — S. I, t. IV, p. 471.

sante, on a simultanément

$$v = 0, \qquad w = 0,$$

il est nécessaire que les binômes

$$1 + f, \quad 1 + f'$$

deviennent nuls, ou infinis, ou négatifs. Or chacun de ces binômes est positif lorsque, dans le milieu qui lui correspond, les vibrations transversales et longitudinales peuvent se propager sans s'affaiblir, et alors il représente précisément le carré du rapport entre les vitesses de propagation des vibrations longitudinales et des vibrations transversales. Donc, lorsque la surface de séparation de deux milieux isotropes polarise complètement suivant le plan d'incidence un rayon réfléchi sous un certain angle, chacun de ces milieux est du nombre de ceux dans lesquels les vibrations longitudinales se propagent avec une vitesse nulle, ou infinie, ou ne peuvent se propager sans s'affaiblir.

La méthode que je viens d'exposer est distincte de celle que renferme le Mémoire inséré par extrait dans le *Compte rendu* de la séance du 29 octobre 1838 (1). L'une et l'autre méthode fournissent les équations de condition que j'ai données, en 1836, à la page 203 des *Nouveaux Exercices de Mathématiques,* et qui, étant appliquées à la théorie de la lumière, reproduisent les formules de Fresnel. J'aurais voulu comparer ici ces deux méthodes, et montrer de plus avec quelle facilité les formules de Fresnel, relatives à un rayon polarisé perpendiculairement au plan d'incidence, se déduisent des équations (22), (31), jointes aux conditions (38). Mais le désir d'exposer clairement, et de manière à être compris des lecteurs, une théorie qui peut contribuer notablement aux progrès de la Physique mathématique, et qui permet de résoudre avec facilité des questions dont l'importance est généralement sentie, m'a forcé d'entrer dans quelques détails qui ont déjà fait dépasser à cet article les bornes que j'aurais voulu me prescrire. C'est pour la même raison que je me bornerai à dire un mot d'un Mémoire, sur les formules de Fresnel, lu à l'Université d'Édimbourg le 18 février 1839, et que

(1) *OEuvres de Cauchy,* S. I, t. IV. — Extrait n° 19, p. 99.

l'auteur, M. Kelland, a bien voulu m'adresser par l'intermédiaire de M. Forbes. En voyant, à la tête de la seconde Section de ce Mémoire, des formules qui ne diffèrent pas au fond des équations (22) et (31), j'ai été un instant porté à croire qu'il y avait identité entre la méthode de M. Kelland et l'une des miennes; d'autant plus que les considérations placées en tête de cette Section s'accordent, non seulement avec celles que j'ai développées dans les deux Mémoires d'août 1836 et d'octobre 1838, mais aussi avec celles qui se trouvent exposées dans le présent article. Je m'attendais donc à voir les formules (38) se présenter dans le Mémoire de M. Kelland, aussi bien que dans celui-ci, comme étant les véritables équations de condition relatives à la surface de séparation de deux milieux, pour le cas où les vibrations sont renfermées dans le plan d'incidence. Mais, à la suite des formules (22), (31), ou plutôt de celles qui les remplacent, dans le Mémoire de M. Kelland, page 407, je trouve, au lieu des équations (38), une série de formules qui se prolonge jusqu'à la page 416. Or, de ces dernières formules, plusieurs sont fondées sur des hypothèses qui semblent pouvoir être contestées; et je ne vois pas d'ailleurs comment elles pourraient servir, dans ces hypothèses, à déduire des équations (22) et (31), ou plutôt de celles qui les remplacent, les formules de Fresnel. Car cette déduction, loin de s'effectuer généralement, et en vertu de la seule forme des équations de condition relatives à la surface réfléchissante, ne peut réussir au contraire que dans un cas particulier, et pour des valeurs numériques égales des coefficients représentés dans mes calculs par $\mho$, $\mho'$; or cette égalité entre les valeurs numériques de $\mho$, $\mho'$, et par suite entre les valeurs des rapports

$$\frac{\mathrm{k}^2}{1+\mathrm{f}}, \quad \frac{\mathrm{k}'^2}{1+\mathrm{f}'},$$

ne s'accorde point avec l'hypothèse admise par M. Kelland, et suivant laquelle on aurait

$$1+\mathrm{f}=1+\mathrm{f}'=-2 \quad (^1),$$

la constante k′ étant d'ailleurs différente de la constante k.

(1) *Transactions of the Cambridge Philosophical Society*, vol. VI, p. 180.

Je développerai dans un autre article les conséquences que l'on peut déduire de la formule (40), combinée avec celle que renferme le Mémoire lithographié sous la date d'août 1836.

81.

THÉORIE DES NOMBRES. — *Théorèmes divers sur les résidus et les non-résidus quadratiques.*

C. R., t. X, p. 437 (16 mars 1840).

§ I. — *Sur les résidus inférieurs à un module donné.*

Les formules nouvelles que nous nous proposons d'établir, se trouvant liées avec celles que M. Gauss a données, dans le Mémoire intitulé *Summatio serierum quarumdam singularium,* nous allons d'abord rappeler ces dernières en peu de mots.

On a, pour une valeur entière du nombre m et pour une valeur quelconque de x (séance du 3 février, p. 180) [1],

$$(1-x)(1-x^3)\dots(1-x^{2m-1})=1-\frac{1-x^{2m}}{1-x}+\frac{(1-x^{2m})(1-x^{2m-2})}{(1-x)(1-x^2)}-\dots+1.$$

Si, dans cette formule, on pose $2m=n-1$ et

$$x=\rho,$$

ρ étant une racine primitive de l'équation

$$x^n=1, \tag{1}$$

on trouvera

$$(1-\rho)(1-\rho^3)\dots(1-\rho^{n-2})=1+\rho^{-1}+\rho^{-3}+\dots+\rho^{-\frac{1}{2}n(n-1)},$$

puis, en remplaçant ρ par ρ^{-2},

$$(1-\rho^{-2})(1-\rho^{-6})\dots(1-\rho^{-2(n-2)})=1+\rho^2+\rho^6+\dots+\rho^{n(n-1)}.$$

(1) *OEuvres de Cauchy*, S. I, t. V. — Extrait n° 76, p. 83.

Enfin, si l'on multiplie les deux membres de la dernière équation par

$$\rho^{\left(\frac{n-1}{2}\right)^2},$$

en ayant égard aux formules

$$\left(\frac{n-1}{2}\right)^2 = 1 + 3 + 5 + \ldots + (n-2),$$

$$m(m-1) + \left(\frac{n-1}{2}\right)^2 \equiv \left(\frac{2m-1\pm n}{2}\right)^2 \quad (\text{mod.}\, n),$$

on trouvera définitivement

$$(2)\quad (\rho-\rho^{-1})(\rho^3-\rho^{-3})\ldots(\rho^{n-2}-\rho^{-(n-2)}) = 1+\rho+\rho^4+\rho^9+\ldots+\rho^{(n-1)^2}.$$

Si, pour abréger, on désigne par Δ la valeur commune des deux membres de la formule (2), on aura non seulement

$$\Delta = (-1)^{\frac{n-1}{2}}\rho^{-\left(\frac{n-1}{2}\right)^2}(1-\rho^2)(1-\rho^6)\ldots(1-\rho^{2n-4}),$$

mais encore

$$\Delta = \rho^{\left(\frac{n-1}{2}\right)^2}(1-\rho^4)(1-\rho^8)\ldots(1-\rho^{2n-2}),$$

et par suite

$$\Delta^2 = (-1)^{\frac{n-1}{2}}(1-\rho^2)(1-\rho^4)(1-\rho^6)\ldots(1-\rho^{2n-4})(1-\rho^{2n-2}),$$

ou, ce qui revient au même,

$$(3)\quad \Delta^2 = (-1)^{\frac{n-1}{2}}(1-\rho)(1-\rho^2)(1-\rho^3)\ldots(1-\rho^{n-2})(1-\rho^{n-1}).$$

Or de l'équation identique

$$x^n - 1 = (x-1)(x-\rho)(x-\rho^2)\ldots(x-\rho^{n-1})$$

on tirera

$$1 + x + x^2 + \ldots + x^{n-1} = \frac{x^n-1}{x-1} = (x-\rho)(x-\rho^2)\ldots(x-\rho^{n-1}),$$

puis, en posant $x = 1$,

$$(4)\quad n = (1-\rho)(1-\rho^2)\ldots(1-\rho^{n-1}).$$

Donc la formule (3) donnera

$$(5)\quad \Delta^2 = (-1)^{\frac{n-1}{2}} n.$$

Les diverses racines ρ de l'équation (1) peuvent être présentées sous la forme

$$(6)\qquad \rho = e^{m\omega\sqrt{-1}} = \cos m\omega + \sqrt{-1}\sin m\omega,$$

la valeur de ω étant

$$(7)\qquad \omega = \frac{2\pi}{n},$$

et m désignant l'un des nombres

$$0,\quad 1,\quad 2,\quad 3,\quad \ldots,\quad n-1.$$

Ajoutons que la valeur de ρ, déterminée par l'équation (6), sera une racine primitive, si m est premier à n. Ainsi, par exemple, à la valeur 1 de m correspondra la racine primitive

$$(8)\qquad \rho = e^{\omega\sqrt{-1}} = \cos\omega + \sqrt{-1}\sin\omega.$$

En substituant cette dernière valeur de ρ dans les deux membres de l'équation (2), on trouve

$$(9)\qquad \begin{cases} \Delta = (2\sqrt{-1})^{\frac{n-1}{2}} \sin\omega\sin 3\omega\ldots\sin(n-2)\omega \\ \quad = 1 + \cos\omega + \cos 4\omega + \ldots + \cos(n-1)^2\omega \\ \quad\quad + [\sin\omega + \sin 4\omega + \ldots + \sin(n-1)^2\omega]\sqrt{-1}; \end{cases}$$

et, comme chacun des angles

$$\omega,\quad 2\omega\quad \ldots,\quad \frac{n-1}{2}\omega$$

sera compris entre les limites 0, π, il est clair que, si l'on prend

$$(10)\qquad \Omega = \sin\omega\sin 2\omega\ldots\sin\left(\frac{n-1}{2}\omega\right) = \pm\sin\omega\sin 3\omega\ldots\sin(n-2)\omega,$$

le produit Ω sera positif. Donc, puisqu'on tirera des formules (5), (9) et (10)

$$2^{n-1}\Omega^2 = n,$$

on aura nécessairement

$$(11)\qquad 2^{\frac{n-1}{2}}\Omega = \sqrt{n};$$

et, comme on trouvera encore

$$\sin\omega \sin 2\omega \ldots \sin(n-2)\omega = (-1)^{\frac{(n-1)(n-3)}{8}} \sin\omega \sin 2\omega \ldots \sin\left(\frac{n-1}{2}\omega\right),$$

la formule (9) donnera

$$(12) \qquad \Delta = n^{\frac{1}{2}}(\sqrt{-1})^{\left(\frac{n-1}{2}\right)^2}.$$

En d'autres termes, on aura

$$(13) \qquad \Delta = n^{\frac{1}{2}},$$

lorsque n sera de la forme $4x+1$, et

$$(14) \qquad \Delta = n^{\frac{1}{2}}\sqrt{-1},$$

lorsque n sera de la forme $4x+3$. Ainsi, par exemple, on trouvera, pour $n=3$,

$$\rho = \cos\frac{2\pi}{3} + \sqrt{-1}\sin\frac{2\pi}{3} = -\frac{1}{2} + \frac{3^{\frac{1}{2}}}{2}\sqrt{-1},$$

$$\Delta = 1 + \rho + \rho^4 = 1 + 2\rho = 3^{\frac{1}{2}}\sqrt{-1};$$

pour $n=5$,

$$\Delta = 1 + \rho + \rho^4 + \rho^9 + \rho^{16} = 1 + 2\rho + 2\rho^4 = 1 + 4\cos\frac{2\pi}{5} = 5^{\frac{1}{2}};$$

pour $n = 9 = 3^2$,

$$\Delta = 1 + \rho + \rho^4 + \ldots + \rho^{64} = 3 + 2(\rho + \rho^4 + \rho^7) = 3 + 2\rho\frac{\rho^9 - 1}{\rho^3 - 1} = 3;$$

pour $n = 27 = 3^3$,

$$\Delta = 1 + \rho + \rho^4 + \ldots + \rho^{26^2} = 3 + 6\rho^9 + 2\rho(1 + \rho^3 + \ldots + \rho^{24})$$

$$= 3 + 6\rho^9 + 2\rho\frac{\rho^{27} - 1}{\rho^3 - 1} = 3 + 6\rho^9 = 3(1 + 2\rho^9) = 3.3^{\frac{1}{2}}\sqrt{-1};$$

pour $n = 15 = 3.5$,

$$\Delta = 1 + \rho + \rho^4 + \ldots + \rho^{14^2} = 1 + 4\rho + 4\rho^4 + 2\rho^6 + 2\rho^9 + 2\rho^{10}$$

$$= (1 + 2\rho^{10})(1 + 2\rho^6 + 2\rho^9) = \left(-5^{\frac{1}{2}}\right)\left(-3^{\frac{1}{2}}\sqrt{-1}\right) = 15^{\frac{1}{2}}\sqrt{-1};$$

. . . .

Les formules (9) et (10) se rapportent au cas où la valeur de ρ est déterminée par l'équation (8). Supposons maintenant que, la valeur de ρ étant généralement déterminée par l'équation (6), on prenne encore

$$(15) \qquad \Delta = 1 + \rho + \rho^4 + \rho^9 + \ldots + \rho^{(n-1)^2}.$$

Si m est premier à n, alors, ρ étant une racine primitive de l'équation (1), on se trouvera de nouveau conduit aux formules (4), (5), et par suite la valeur de Δ sera, au signe près, celle que détermine la formule (12). D'autre part, si l désigne un nombre inférieur à $\frac{n}{2}$, on aura

$$(n-l)^2 \equiv l^2 \quad (\text{mod. } n),$$

et, en conséquence, la formule (15) pourra toujours être réduite à

$$(16) \qquad \Delta = 1 + 2\left[\rho + \rho^4 + \ldots + \rho^{\left(\frac{n-1}{2}\right)^2}\right].$$

Considérons en particulier le cas où n représente un nombre premier. Alors si, parmi les entiers positifs et inférieurs à n, on nomme

$$h, \quad h', \quad h'', \quad \ldots$$

ceux qui, étant résidus quadratiques, vérifient la condition

$$(17) \qquad \left(\frac{h}{n}\right) = 1,$$

et

$$k, \quad k', \quad k'', \quad \ldots$$

ceux qui, étant non résidus quadratiques, vérifient la condition

$$(18) \qquad \left(\frac{k}{n}\right) = -1,$$

on verra la formule (16) se réduire à

$$(19) \qquad \Delta = 1 + 2(\rho^h + \rho^{h'} + \rho^{h''} + \ldots).$$

Si d'ailleurs ρ ne se réduit pas à l'unité, on aura

$$1 + \rho + \rho^2 + \ldots + \rho^{n-1} = \frac{\rho^n - 1}{\rho - 1} = 0$$

ou, ce qui revient au même,

$$(20) \qquad 1 + \rho^h + \rho^{h'} + \rho^{h''} + \ldots + \rho^k + \rho^{k'} + \rho^{k''} + \ldots = 0.$$

Donc alors la formule (19) donnera

$$(21) \qquad \Delta = \rho^h + \rho^{h'} + \rho^{h''} + \ldots - \rho^k - \rho^{k'} - \rho^{k''} - \ldots.$$

Donc lorsque, n étant un nombre premier, ρ ne se réduit pas à l'unité, la valeur de Δ, fournie par l'équation (15) ou (16), est une fonction alternée des racines primitives de l'équation (1). Cette valeur sera même une somme alternée de ces racines si ρ désigne l'une d'entre elles, et par conséquent alors on aura

$$\Delta^2 = (-1)^{\frac{n-1}{2}} n,$$

conformément à l'équation (5). Il y a plus : puisqu'en supposant la valeur de ρ donnée par l'équation (8) on a trouvé

$$\Delta = n^{\frac{1}{2}} (\sqrt{-1})^{\left(\frac{n-1}{2}\right)^2},$$

on trouvera, au contraire, en supposant la valeur de ρ donnée par l'équation (6),

$$(22) \qquad \Delta = \left(\frac{m}{n}\right) n^{\frac{1}{2}} (\sqrt{-1})^{\left(\frac{n-1}{2}\right)^2}.$$

Si ρ se réduisait simplement à l'unité, la formule (15) donnerait évidemment

$$(23) \qquad \Delta = n.$$

Au reste, à l'aide des formules ci-dessus établies, on calculera facilement la valeur que peut acquérir l'expression Δ, déterminée par la formule (15), non seulement lorsque n représente un nombre premier ou une puissance d'un tel nombre, mais aussi lorsque n est le produit de certaines puissances

$$\nu^a, \quad \nu'^b, \quad \nu''^c, \quad \ldots$$

de divers nombres premiers

$$\nu, \quad \nu', \quad \nu'', \quad \ldots,$$

Dans ce dernier cas, on reconnaît sans peine que l'expression Δ, déterminée par la formule (15), est le produit d'expressions du même genre qui correspondent, non plus à la valeur

$$\nu^a \nu'^b \nu''^c \ldots,$$

mais aux valeurs

$$\nu^a, \quad \nu'^b, \quad \nu''^c, \quad \ldots$$

de l'exposant n; puis on en conclut immédiatement que la formule (22) peut être, aussi bien que la formule (12), étendue à des valeurs quelconques de n, par exemple à la valeur

$$n = \nu^a \nu'^b \nu''^c \ldots,$$

pourvu que, m étant premier à n, on pose avec M. Jacobi

$$(24) \qquad \left(\frac{m}{n}\right) = \left(\frac{m}{\nu}\right)^a \left(\frac{m}{\nu'}\right)^b \left(\frac{m}{\nu''}\right)^c \ldots.$$

Lorsque les exposants

$$a, \quad b, \quad c, \quad \ldots$$

se réduisent à l'unité, la formule (24) se réduit à

$$(25) \qquad \left(\frac{m}{n}\right) = \left(\frac{m}{\nu}\right) \left(\frac{m}{\nu'}\right) \left(\frac{m}{\nu''}\right) \ldots,$$

et la valeur de Δ peut être censée fournie par l'équation (21), pourvu que l'on nomme

$$h, \quad h', \quad h'', \quad \ldots \qquad \text{ou} \qquad k, \quad k', \quad k'', \quad \ldots$$

ceux des entiers inférieurs à n, mais premiers à n, qui vérifient la condition (17) ou la condition (18).

Si l'on substitue dans la formule (22) la valeur de Δ, tirée des équations (16) et (6), on trouvera

$$(26) \qquad \left\{ \begin{aligned} &\frac{1}{2} + \cos m\omega + \cos 4m\omega + \ldots + \cos\left(\frac{n-1}{2}\right)^2 m\omega \\ &\quad + \left[\sin m\omega + \sin 4m\omega + \ldots + \sin\left(\frac{n-1}{2}\right)^2 m\omega\right]\sqrt{-1} \\ &\quad = \frac{1}{2}\left(\frac{m}{n}\right) n^{\frac{1}{2}} \left(\sqrt{-1}\right)^{\left(\frac{n-1}{2}\right)^2}. \end{aligned} \right.$$

On aura donc, par suite, si n est de la forme $4x+1$,

$$(27)\qquad \frac{1}{2}+\cos m\omega+\cos 4m\omega+\ldots+\cos\left(\frac{n-1}{2}\right)^2 m\omega=\frac{1}{2}\left(\frac{m}{n}\right)\sqrt{n},$$

et, si n est de la forme $4x+3$,

$$(28)\qquad \sin m\omega+\sin 4m\omega+\ldots+\sin\left(\frac{n-1}{2}\right)^2 m\omega=\frac{1}{2}\left(\frac{m}{n}\right)\sqrt{n}.$$

Pareillement, on tirera des formules (6), (16) et (21), lorsque n sera de la forme $4x+1$,

$$(29)\qquad \mathrm{S}\cos mh\omega-\mathrm{S}\cos mk\omega=\left(\frac{m}{n}\right)\sqrt{n},$$

et, lorsque n sera de la forme $4x+3$,

$$(30)\qquad \mathrm{S}\sin mh\omega-\mathrm{S}\sin mk\omega=\left(\frac{m}{n}\right)\sqrt{n},$$

le signe S indiquant une somme de termes semblables entre eux, et relatifs aux diverses valeurs de h ou de k, qui vérifient la condition (17) ou (18). Si l'on suppose en particulier $m=1$, on aura simplement, lorsque n sera de la forme $4x+1$,

$$(31)\qquad \mathrm{S}\cos h\omega-\mathrm{S}\cos k\omega=\sqrt{n},$$

et, lorsque n sera de la forme $4x+3$,

$$(32)\qquad \mathrm{S}\sin h\omega-\mathrm{S}\sin k\omega=\sqrt{n}.$$

§ II. — *Sur les résidus et les non-résidus quadratiques inférieurs à la moitié d'un module donné.*

Parmi les entiers inférieurs à un nombre impair n, mais premiers à n, considérons en particulier ceux qui ne surpassent pas la moitié de ce même nombre, et soit l un de ces entiers. On aura généralement

$$(1)\qquad \left(\frac{-1}{n}\right)=(-1)^{\frac{n-1}{2}},\qquad \left(\frac{n-l}{n}\right)=(-1)^{\frac{n-1}{2}}\left(\frac{l}{n}\right),$$

puis on en conclura, si n est de la forme $4x+1$,

$$(2)\qquad \left(\frac{n-l}{n}\right)=\left(\frac{l}{n}\right),$$

et, si n est de la forme $4x+3$,

$$(3)\qquad \left(\frac{n-l}{n}\right)=-\left(\frac{l}{n}\right).$$

Cela posé, parmi les entiers inférieurs à $\frac{n}{2}$, mais premiers à n, nommons h un quelconque de ceux qui vérifient la condition

$$(4)\qquad \left(\frac{h}{n}\right)=1,$$

et k l'un quelconque de ceux qui vérifient la condition

$$(5)\qquad \left(\frac{k}{n}\right)=-1.$$

Les entiers inférieurs à n, mais premiers à n, seront, entre les limites 0, $\frac{n}{2}$, de l'une des formes

$$h,\quad k,$$

et, entre les limites $\frac{n}{2}$, n, de l'une des formes

$$n-h,\quad n-k.$$

De plus on aura, si n est de la forme $4x+1$,

$$(6)\qquad \left(\frac{h}{n}\right)=1,\qquad \left(\frac{n-h}{n}\right)=1,\qquad \left(\frac{k}{n}\right)=-1,\qquad \left(\frac{n-k}{n}\right)=-1,$$

et, si n est de la forme $4x+3$,

$$(7)\qquad \left(\frac{h}{n}\right)=1,\qquad \left(\frac{n-k}{n}\right)=1,\qquad \left(\frac{k}{n}\right)=-1,\qquad \left(\frac{n-h}{n}\right)=-1.$$

Cela posé, si, dans les formules (31), (32) du § Ier, on étend le signe S aux seules valeurs de h ou de k qui ne surpassent pas $\frac{n}{2}$, on verra évidemment ces formules se réduire aux suivantes :

(8) $$\mathrm{S}\cos h\omega - \mathrm{S}\cos k\omega = \frac{1}{2}\sqrt{n}, \quad \text{pour} \quad n \equiv 1 \quad (\text{mod. } 4),$$

(9) $$\mathrm{S}\sin h\omega - \mathrm{S}\sin k\omega = \frac{1}{2}\sqrt{n}, \quad \text{pour} \quad n \equiv 3 \quad (\text{mod. } 4),$$

la valeur de ω étant toujours

(10) $$\omega = \frac{\pi}{2n}.$$

Alors aussi, m étant premier à n, on aura, en vertu des formules (29), (30) du § Ier,

(11) $$\mathrm{S}\cos mh\omega - \mathrm{S}\cos mk\omega = \frac{1}{2}\left(\frac{m}{n}\right)\sqrt{n}, \quad \text{pour} \quad n \equiv 1 \quad (\text{mod. } 4),$$

(12) $$\mathrm{S}\sin mh\omega - \mathrm{S}\sin mk\omega = \frac{1}{2}\left(\frac{m}{n}\right)\sqrt{n}, \quad \text{pour} \quad n \equiv 3 \quad (\text{mod. } 4).$$

Observons maintenant que, n étant impair, ou premier à 2, les entiers inférieurs à n, mais premiers à n, pourront être représentés indifféremment, ou par les divers termes de l'une des formes

$$h, \quad k, \quad n-h, \quad n-k,$$

ou par les nombres qu'on obtiendrait en doublant ces termes et divisant les résultats par n. D'ailleurs ces derniers nombres seront de l'une des formes

$$2h, \quad 2k, \quad n-2h, \quad n-2k.$$

Enfin on trouvera généralement

(13) $$\left(\frac{2}{n}\right) = (-1)^{\frac{n^2-1}{8}},$$

c'est-à-dire que $\left(\frac{2}{n}\right)$ se réduira simplement à $+1$, si n est de l'une des formes $8x+1$, $8x+7$, et à -1, si n est de l'une des formes $8x+3$, $8x+5$; et l'on aura par suite, eu égard aux formules (6), (7) :

1° Si n est de la forme $8x+1$,

(14) $$\left(\frac{2h}{n}\right) = 1, \quad \left(\frac{n-2h}{n}\right) = 1, \quad \left(\frac{2k}{n}\right) = -1, \quad \left(\frac{n-2k}{n}\right) = -1;$$

2° Si n est de la forme $8x + 5$,

$$(15)\quad \left(\frac{2k}{n}\right) = 1, \quad \left(\frac{n-2k}{n}\right) = 1, \quad \left(\frac{2h}{n}\right) = -1, \quad \left(\frac{n-2h}{n}\right) = -1;$$

3° Si n est de la forme $8x + 3$,

$$(16)\quad \left(\frac{2k}{n}\right) = 1, \quad \left(\frac{n-2h}{n}\right) = 1, \quad \left(\frac{2h}{n}\right) = -1, \quad \left(\frac{n-2k}{n}\right) = -1;$$

4° Si n est de la forme $8x + 7$,

$$(17)\quad \left(\frac{2h}{n}\right) = 1, \quad \left(\frac{n-2k}{n}\right) = 1, \quad \left(\frac{2k}{n}\right) = -1, \quad \left(\frac{n-2h}{n}\right) = -1.$$

Cela posé, il est clair que, si l'on suppose le module n de la forme $8x + 1$, les mêmes nombres inférieurs à n, et premiers à n, pourront être représentés, à l'ordre près, soit par les termes de la forme

$$h, \quad n - h,$$

soit par les termes de la forme

$$2h, \quad n - 2h.$$

Donc, en étendant le signe S à toutes les valeurs de h, on aura, dans cette hypothèse,

$$S(h) + S(n-h) = S(2h) + S(n-2h),$$

et même, plus généralement,

$$S\,f(h) + S\,f(n-h) = S\,f(2h) + S\,f(n-2h),$$

$f(x)$ désignant une fonction quelconque de x. On trouvera, par exemple, en prenant pour m un nombre entier,

$$Sh^m + S(n-h)^m = S(2h)^m + S(n-2h)^m.$$

Par des raisonnements semblables, on tirera des formules (14), (15), (16), (17), comparées aux formules (6) et (7) :

1° Si n est de la forme $8x + 1$,

$$(18)\quad \begin{cases} Sh^m + S(n-h)^m = S(2h)^m + S(n-2h)^m, \\ Sk^m + S(n-k)^m = S(2k)^m + S(n-2k)^m; \end{cases}$$

2° Si n est de la forme $8x+5$,

$$(19)\quad \begin{cases} Sh^m + S(n-h)^m = S(2k)^m + S(n-2k)^m, \\ Sk^m + S(n-k)^m = S(2h)^m + S(n-2h)^m; \end{cases}$$

3° Si n est de la forme $8x+3$,

$$(20)\quad \begin{cases} Sh^m + S(n-k)^m = S(2k)^m + S(n-2h)^m, \\ Sk^m + S(n-h)^m = S(2h)^m + S(n-2k)^m; \end{cases}$$

4° Si n est de la forme $8x+7$,

$$(21)\quad \begin{cases} Sh^m + S(n-k)^m = S(2h)^m + S(n-2k)^m, \\ Sk^m + S(n-h)^m = S(2k)^m + S(n-2h)^m. \end{cases}$$

Posons maintenant

$$(22)\qquad Sh^m = s_m, \qquad Sk^m = t_m,$$

$$(23)\qquad i = s_0, \qquad j = t_0,$$

i sera le nombre des valeurs de h, et j le nombre des valeurs de k inférieures à $\frac{n}{2}$; tandis que

$$s_1 \quad \text{ou} \quad t_1$$

représentera la somme de ces valeurs de h ou de k,

$$s_2 \quad \text{ou} \quad t_2$$

la somme de leurs carrés,

$$s_3 \quad \text{ou} \quad t_3$$

la somme de leurs cubes, etc.; et, si dans les formules (18), (19), (20), (21), on pose successivement

$$m=0, \qquad m=1, \qquad m=2, \qquad m=3, \qquad \ldots,$$

on obtiendra des relations diverses entre les quantités

$$i, \quad s_1, \quad s_2, \quad s_3, \quad \ldots, \quad j, \quad t_1, \quad t_2, \quad t_3, \quad \ldots.$$

Si l'on combine, par voie d'addition, les deux formules (18), ou

(19), ou (20), ou (21), on obtiendra seulement des relations entre les sommes

$$i+j,\quad s_1+t_1,\quad s_2+t_2,\quad s_3+t_3,\quad \ldots$$

dont la valeur est connue, puisque le système entier des nombres des deux formes h et k ne diffère pas du système des entiers inférieurs à $\frac{1}{2}n$, et premiers à n. Mais, si la combinaison a lieu par voie de soustraction, on obtiendra des relations entre les différences

$$i-j,\quad s_1-t_1,\quad s_2-t_2,\quad s_3-t_3,\quad \ldots.$$

Alors, en posant

$$\left[2^m-\left(\frac{2}{n}\right)\right]\frac{s_m-t_m}{n^m}=v_m, \tag{24}$$

en sorte qu'on ait

$$\frac{2^m-1}{n^m}(s_m-t_m)=v_m,\qquad \text{pour } n\equiv 1 \text{ ou } 7 \quad (\text{mod.} 8), \tag{25}$$

et

$$\frac{2^m+1}{n^m}(s_m-t_m)=v_m,\qquad \text{pour } n\equiv 3 \text{ ou } 5 \quad (\text{mod.} 8), \tag{26}$$

on trouvera :

1° Si n est de la forme $4x+1$,

$$v_m+v_0-mv_1+\frac{m(m-1)}{1.2}v_2-\ldots\pm v_m=0; \tag{27}$$

2° Si n est de la forme $4x+3$,

$$-v_m+v_0-mv_1+\frac{m(m-1)}{1.2}v_2-\ldots\pm v_m=0. \tag{28}$$

On aura donc, si n est de la forme $4x+1$,

$$\left\{\begin{array}{l} v_0=0,\\ v_0-2v_1+2v_2=0,\\ v_0-3v_1+3v_2=0,\\ v_0-4v_1+6v_2-4v_3+2v_4=0,\\ \ldots\ldots\ldots\ldots\ldots\ldots, \end{array}\right. \tag{29}$$

par conséquent

$$(30)\qquad v_0 = 0,\qquad v_2 - v_1 = 0,\qquad v_1 - 2v_3 + v_2 = 0,\qquad \ldots;$$

et, si n est de la forme $4x + 3$,

$$(31)\qquad \left\{\begin{array}{l} v_0 - 2v_1 = 0,\\ v_0 - 2v_1 = 0,\\ v_0 - 3v_1 + 3v_2 - 2v_3 = 0,\\ v_0 - 4v_1 + 6v_2 - 4v_3 = 0,\\ \ldots\ldots\ldots\ldots\ldots\ldots; \end{array}\right.$$

par conséquent

$$(32)\qquad v_0 - 2v_1 = 0,\qquad v_1 - 3v_2 + 2v_3 = 0,\qquad \ldots.$$

On aura d'ailleurs, en vertu des formules (23), (25) et (26),

$$(33)\qquad v_0 = 0,\qquad \text{si } n \equiv 1 \text{ ou } 7 \pmod{8},$$

$$(34)\qquad v_0 = 2(i - j),\qquad \text{si } n \equiv 3 \text{ ou } 5 \pmod{8}.$$

Cela posé, les formules (30) et (32) donneront :

1° Si n est de la forme $8x + 1$,

$$(35)\qquad \left\{\begin{array}{l} 3(s_2 - t_2) = n(s_1 - t_1),\\ 15(s_4 - t_4) = n[14(s_3 - t_3) - 3n(s_2 - t_2)],\\ \ldots\ldots\ldots\ldots\ldots\ldots\ldots\ldots; \end{array}\right.$$

2° Si n est de la forme $8x + 5$,

$$(36)\qquad \left\{\begin{array}{l} i = j,\\ 5(s_2 - t_2) = 3n(s_1 - t_1),\\ 17(s_4 - t_4) = n[18(s_3 - t_3) - 5n(s_2 - t_2)],\\ \ldots\ldots\ldots\ldots\ldots\ldots\ldots\ldots; \end{array}\right.$$

3° Si n est de la forme $8x + 3$,

$$(37)\qquad \left\{\begin{array}{l} 3(s_1 - t_1) = n(i - j),\\ 6(s_3 - t_3) = n[5(s_2 - t_2) - n(s_1 - t_1)],\\ \ldots\ldots\ldots\ldots\ldots\ldots\ldots\ldots; \end{array}\right.$$

4° Si n est de la forme $8x + 7$,

$$(38)\qquad s_1 = t_1, \qquad 14(s_3 - t_3) = 9n(s_2 - t_2), \qquad \ldots.$$

Ajoutons que, si l'on désigne par

$$S_m \quad \text{ou} \quad T_m$$

la somme des $m^{\text{ièmes}}$ puissances des entiers inférieurs, non plus à $\frac{n}{2}$, mais à n, et qui, étant premiers à n, vérifient la condition (4) ou (5), les valeurs de S_m, T_m pourront être représentées par les premiers membres des formules (18) et (19), ou (20) et (21); et que l'on aura en conséquence :

1° Si n est de la forme $4x + 3$,

$$(39)\qquad \begin{cases} S_m - T_m = s_m - t_m + n^m(i-j) - mn^{m-1}(s_1 - t_1) \\ \qquad + \dfrac{m(m-1)}{2} n^{m-2}(s_2 - t_2) - \ldots; \end{cases}$$

2° Si n est de la forme $4x + 3$,

$$(40)\qquad \begin{cases} S_m - T_m = s_m - t_m - n^m(i-j) + mn^{m-1}(s_1 - t_1) \\ \qquad - \dfrac{m(m-1)}{2} n^{m-2}(s_2 - t_2) + \ldots. \end{cases}$$

D'autre part, les sommes

$$S_0 + T_0, \quad S_1 + T_1, \quad S_2 + T_2, \quad \ldots$$

seront des quantités connues; et, en nommant N le nombre des entiers inférieurs à n, mais premiers à n, on trouvera, si n n'est pas un carré,

$$(41)\qquad S_0 = T_0 = \tfrac{1}{2}N, \qquad S_0 + T_0 = N.$$

Cela posé, si, dans les formules (39), (40), on attribue simultanément à m les valeurs

$$0, \quad 1, \quad 2, \quad 3, \quad \ldots,$$

on tirera de ces formules :

1° En supposant que n soit un nombre, non carré, de la forme $4x + 1$,

$$(42)\quad i = j, \qquad S_1 = T_1, \qquad S_2 - T_2 = 2[s_2 - t_2 - n(s_1 - t_1)], \qquad \ldots;$$

2° En supposant n de la forme $4x + 3$,

$$(43)\quad \begin{cases} S_1 - T_1 = 2(s_1 - t_1) - n(i-j), \\ S_2 - T_2 = 2n(s_1 - t_1) - n^2(i-j), \\ \ldots\ldots\ldots\ldots\ldots\ldots\ldots, \end{cases}$$

et par conséquent

$$(44)\quad T_2 - S_2 = n(T_1 - S_1).$$

On trouvera en effet, pour $n = 3$,

$$T_1 - S_1 = 2 - 1 = 1, \qquad T_2 - S_2 = 4 - 1 = 3.1;$$

pour $n = 7$,

$$T_1 - S_1 = 3 + 5 + 6 - 1 - 2 - 4 = 7, \qquad T_2 - S_2 = 49 = 7.7;$$

pour $n = 11$,

$$T_1 - S_1 = 2 + 6 + 7 + 8 + 10 - 1 - 3 - 4 - 5 - 9 = 11,$$
$$T_2 - S_2 = 121 = 11.11;$$

pour $n = 15$,

$$T_1 - S_1 = 7 + 11 + 13 + 14 - 1 - 2 - 4 - 8 = 30,$$
$$T_2 - S_2 = 450 = 15.30,$$
$$\ldots\ldots\ldots\ldots\ldots\ldots$$

En combinant les formules (42), (43), (44), avec les formules (35), (36), (37), (38), on en conclura :

1° Si n est de la forme $8x + 1$, sans être un carré,

$$(45)\quad i = j, \qquad S_1 = T_1, \qquad S_2 - T_2 = 4(t_2 - s_2), \qquad \ldots;$$

2° Si n est de la forme $8x + 5$,

$$(46)\quad i = j, \qquad S_1 = T_1, \qquad 3(S_2 - T_2) = 4(t_2 - s_2), \qquad \ldots;$$

3° Si n est de la forme $8x + 3$,

$$(47)\quad T_1 - S_1 = n\frac{i-j}{3}, \qquad T_2 - S_2 = n^2\frac{i-j}{3}, \qquad \ldots;$$

4° Si n est de la forme $8x+7$,

$$(48)\qquad T_1 - S_1 = n(i-j), \qquad T_2 - S_2 = n^2\frac{i-j}{2}, \qquad \ldots$$

Si n était un carré impair, alors, la condition (4) se trouvant vérifiée pour tout nombre premier à n, t_m et T_m s'évanouiraient généralement, et l'on tirerait des formules (35), (39), jointes à la seconde des formules (41),

$$(49)\qquad 3s_2 = ns_1, \qquad 15s_4 = n(14s_3 - ns_2), \qquad \ldots,$$

$$(50)\qquad S_0 = 2i = N, \qquad S_1 = ni, \qquad S_2 = n^2 i - 4s_2, \qquad \ldots$$

Dans le cas particulier où n se réduit à un nombre premier impair, les entiers ci-dessus désignés par h ou k ne sont autres que les résidus ou les non-résidus quadratiques inférieurs à $\frac{n}{2}$. Donc alors i ou j représente le nombre de ces résidus, ou le nombre de ces non-résidus, et s_m ou t_m la somme de leurs puissances du degré m. Cette même somme devient S_m ou T_m, lorsqu'on y admet tous les résidus ou non-résidus inférieurs à m.

Parmi les formules qui précèdent, celles qui renferment seulement les trois différences

$$i-j, \quad s_1 - t_1, \quad S_1 - T_1$$

étaient déjà connues, au moins pour le cas où n se réduit à un nombre premier. Ainsi, en particulier, on connaissait les deux premières des formules (42); et M. Liouville m'a dit être parvenu à démontrer directement la première des équations (37) ou (38), ainsi que la première des équations (47) ou (48). J'ajouterai que la première des équations (47) et la première des équations (48) résultaient déjà de la comparaison de formules données par M. Dirichlet.

Dans un autre article je montrerai comment, des formules précédentes, combinées avec les équations connues qui fournissent les développements des fonctions en séries ordonnées suivant les sinus ou cosinus des multiples de ω, on peut déduire le signe de la différence $i-j$, quand n est de la forme $4x+3$, et des limites entre lesquelles cette différence se trouve comprise. J'examinerai aussi quelles sont les formules qui doivent remplacer les précédentes, lorsque la lettre n représente, non plus un nombre impair, mais un nombre pair.

82.

Théorie des nombres. — *Méthode simple et nouvelle pour la détermination complète des sommes alternées, formées avec les racines primitives des équations binômes.*

C. R., t. X, p. 560 (6 avril 1840).

Il est, dans la théorie des nombres, une question qui, depuis plus de trente ans, a beaucoup occupé les géomètres, et qui, tout récemment encore, a été mentionnée dans plusieurs Notes publiées par divers membres de cette Académie. Elle consiste à déterminer complètement la somme alternée des racines primitives d'une équation binôme, ou, ce qui revient au même, la somme de certaines puissances de ces racines, savoir, des puissances qui ont pour exposants les carrés des nombres inférieurs au module donné. Supposons, pour fixer les idées, que le module soit un nombre premier impair. Le carré de la somme dont il s'agit se réduira, au signe près, au module, et sera d'ailleurs positif ou négatif, suivant que le module, divisé par 4, donnera pour reste 1 ou 3. C'est ce que M. Gauss avait reconnu dans ses recherches arithmétiques imprimées au commencement de ce siècle. Mais lorsque du carré de la somme on veut revenir à la somme elle-même, on a un signe à déterminer, et cette détermination, comme l'ont observé MM. Gauss et Dirichlet, est un problème qui présente de grandes difficultés. Les méthodes à l'aide desquelles on est parvenu jusqu'ici à surmonter cet obstacle sont celles que M. Gauss a développées dans le beau Mémoire qui a pour titre : *Summatio serierum quarumdam singularium*, et celle que M. Dirichlet a déduite de la considération des intégrales définies [1]. En réfléchissant sur cette matière, j'ai été assez heureux pour trouver d'autres moyens de parvenir au même but; et d'abord il est assez remarquable que la formule de M. Gauss, qui détermine complètement les sommes alternées avec leurs signes, se trouve comprise comme cas particulier dans une autre formule que j'ai donnée en 1817 dans le *Bulletin de la Société philomathique*. Cette dernière formule, qui parut digne d'attention à l'auteur de la *Mécanique céleste*, sert à la transformation d'une somme d'exponentielles dont les exposants croissent comme les carrés des nombres naturels; et, lorsqu'on attribue à ces exposants des valeurs imaginaires, on retrouve, avec la formule de M. Gauss, la loi de réciprocité qui existe entre deux nombres premiers. Mais la formule de 1817 était déduite de la considération des fonctions réciproques, par conséquent de théorèmes relatifs au Calcul intégral; et ce que les géomètres apprendront sans doute avec plaisir, c'est que, sans recourir ni au Calcul intégral, ni aux séries singulières dont M. Gauss a fait usage, on peut directement, et par une méthode fort simple, transformer en produit une somme alternée, en déterminant le signe qui doit affecter ce même produit. Cette méthode a d'ailleurs l'avantage d'être applicable à d'autres questions du même genre. Ainsi, en particulier, on reconnaîtra sans peine que, si, n étant un nombre premier, $n-1$ est divisible par 3, ou par 5, etc., un facteur primitif de n, correspondant au diviseur 3, sera proportionnel au produit de $\frac{n-1}{3}$ facteurs trinômes, tandis qu'un facteur primitif de n, correspondant au diviseur 5, sera proportionnel au produit de $\frac{n-1}{5}$ facteurs pentanômes ou composés chacun de cinq termes; et le rapport du produit en question au facteur primitif de n

(1) *Voir* aussi un Mémoire de M. Lebesgue, qui vient de paraître dans le *Journal de Mathématiques* de M. Liouville (février 1840).

sera la somme de certaines racines de l'unité respectivement multipliées par des coefficients qui seront équivalents, suivant le module n, à des quantités connues. J'ajouterai que, des formules relatives à la détermination complète d'une somme alternée, dans le cas où n est un nombre premier, on déduit aisément les formules analogues qui se rapportent au cas où n est un nombre composé quelconque, et la démonstration du théorème suivant lequel, dans une semblable somme, ou la plupart des termes positifs, ou la moitié de ces termes, doivent offrir des exposants inférieurs à $\frac{1}{2}n$.

§ Ier. — *Valeurs exactes des sommes alternées des racines primitives d'une équation binôme.*

Nommons ρ l'une des racines primitives de l'équation binôme

(1) $$x^n = 1,$$

et Δ une somme alternée de ces racines, qui soit en même temps une fonction alternée des racines primitives de chacune des équations que l'on peut obtenir en remplaçant n par un diviseur de n. Si n est un nombre impair dont les facteurs premiers soient inégaux, la valeur de Δ sera égale, au signe près, à celle que donne la formule

(2) $$\Delta = 1 + \rho + \rho^4 + \rho^9 + \ldots + \rho^{(n-1)^2}.$$

Si d'ailleurs on pose, pour abréger,

(3) $$\omega = \frac{2\pi}{n},$$

on pourra prendre

(4) $$\rho = e^{\omega\sqrt{-1}},$$

et alors la formule (2) deviendra

(5) $$\Delta = 1 + e^{\omega\sqrt{-1}} + e^{4\omega\sqrt{-1}} + \ldots + e^{(n-1)^2\omega\sqrt{-1}}$$

Or la valeur de Δ, donnée par l'équation (5), est ce que devient la somme des n premiers termes de la série

$$(6)\qquad 1,\quad e^{-a^2},\quad e^{-4a^2},\quad e^{-9a^2},\quad \ldots$$

quand on y remplace a^2 par $-\omega\sqrt{-1}$; et j'ai remarqué dès l'année 1817, dans le *Bulletin de la Société philomathique*, comme dans mes Leçons au Collège de France, que la considération des fonctions réciproques fournit, entre les termes de la série (6) et ceux de la série semblable

$$(7)\qquad 1,\quad e^{-b^2},\quad e^{-4b^2},\quad e^{-9b^2},\quad \ldots,$$

une relation exprimée par la formule

$$(8)\qquad a^{\frac{1}{2}}\left(\tfrac{1}{2}+e^{-a^2}+e^{-4a^2}+\ldots\right)=b^{\frac{1}{2}}\left(\tfrac{1}{2}+e^{-b^2}+e^{-4b^2}+\ldots\right),$$

quand a et b représentent deux quantités positives, assujetties à vérifier la condition

$$(9)\qquad ab=\pi.$$

La formule (8) parut digne d'attention à l'auteur de la *Mécanique céleste*, qui me dit l'avoir vérifiée dans le cas où l'un des nombres a, b devient très petit. Effectivement la formule (8), qu'on peut encore écrire comme il suit :

$$a\left(\tfrac{1}{2}+e^{-a^2}+e^{-4a^2}+\ldots\right)=\pi^{\frac{1}{2}}\left(\tfrac{1}{2}+e^{-\frac{\pi^2}{a^2}}+e^{-4\frac{\pi^2}{a^2}}+\ldots\right),$$

donnera sensiblement, si a se réduit à un très petit nombre α,

$$\alpha\left(\tfrac{1}{2}+e^{-\alpha^2}+e^{-4\alpha^2}+\ldots\right)=\tfrac{1}{2}\pi^{\frac{1}{2}};$$

et, pour vérifier cette dernière équation, il suffit d'observer que, d'après la définition des intégrales définies, le produit

$$\alpha\left(1+e^{-\alpha^2}+e^{-4\alpha^2}+\ldots\right)$$

a pour limite l'intégrale

$$(10)\qquad \int_0^\infty e^{-x^2}\,dx=\tfrac{1}{2}\pi^{\frac{1}{2}}.$$

Il est d'ailleurs facile de s'assurer que la formule (8) peut subsister, comme l'a remarqué M. Poisson, lors même que la constante a devient imaginaire. Nous ajouterons seulement qu'alors la partie réelle de cette constante devra être positive, si elle ne se réduit pas à zéro.

Lorsque, dans la série (6), on pose $a^2 = -\omega\sqrt{-1}$, la valeur de ω étant fournie par l'équation (4), ou, ce qui revient au même,

$$a^2 = -\frac{2\pi}{n}\sqrt{-1}, \tag{11}$$

la formule (9), ou $a^2 b^2 = \pi^2$, donne

$$b^2 = \frac{n\pi}{2}\sqrt{-1}. \tag{12}$$

Alors les termes distincts de la série (6) se réduisent à une partie de ceux que renferme le second membre de la formule (5), et les termes distincts de la série (7), à ceux qui composent le binôme

$$1 + e^{-\frac{n\pi}{2}\sqrt{-1}}. \tag{13}$$

On doit donc s'attendre à voir l'équation (8) fournir la valeur du rapport qui existe entre la somme alternée Δ et le binôme dont il s'agit. Or, en effet, pour obtenir cette valeur, il suffira de supposer, dans l'équation (8),

$$a^2 = \alpha^2 - \frac{2\pi}{n}\sqrt{-1}, \tag{14}$$

α^2 désignant un nombre infiniment petit. Soit, dans cette hypothèse,

$$b^2 = \beta^2 + \frac{n\pi}{2}\sqrt{-1}; \tag{15}$$

β devra s'évanouir avec α, et, comme la condition (9) donnera

$$\alpha^2\beta^2 + \pi\left(\frac{n}{2}\alpha^2 - \frac{2}{n}\beta^2\right)\sqrt{-1} = 0,$$

on en tirera sensiblement

$$\frac{4\beta^2}{n^2\alpha^2} = 1,$$

de sorte qu'on pourra prendre

$$(16)\qquad \frac{2\delta}{n\alpha} = 1.$$

Cela posé, si l'on multiplie par $n\alpha$ les deux membres de la formule (8), les termes de la somme alternée Δ ou du binôme (13) s'y trouveront multipliés par des sommes qui se réduiront sensiblement, dans le premier membre, au produit

$$a^{\frac{1}{2}}\int_0^\infty e^{-x^2}\,dx = \tfrac{1}{2}\pi^{\frac{1}{2}}a^{\frac{1}{2}},$$

et, dans le second membre, au produit

$$b^{\frac{1}{2}}\int_0^\infty e^{-x^2}\,dx = \tfrac{1}{2}\pi^{\frac{1}{2}}b^{\frac{1}{2}}.$$

Donc, en laissant de côté le facteur

$$\int_0^\infty e^{-x^2}\,dx = \tfrac{1}{2}\pi^{\frac{1}{2}},$$

qui deviendra commun aux deux membres de la formule, on trouvera définitivement

$$(17)\qquad a^{\frac{1}{2}}\Delta = b^{\frac{1}{2}}\left(1 + e^{-\frac{n\pi}{2}\sqrt{-1}}\right),$$

ou, ce qui revient au même,

$$(18)\qquad \Delta = \frac{b^{\frac{1}{2}}}{a^{\frac{1}{2}}}\left(1 + e^{-\frac{n\pi}{2}\sqrt{-1}}\right) = \frac{\pi^{\frac{1}{2}}}{a}\left(1 + e^{-\frac{n\pi}{2}\sqrt{-1}}\right),$$

la valeur de a étant fournie par l'équation (11), ou

$$a^2 = \frac{2\pi}{n}e^{-\frac{\pi}{2}\sqrt{-1}},$$

de laquelle on tirera (*voir* l'*Analyse algébrique*, Chap. VII et IX)

$$a = \left(\frac{2\pi}{n}\right)^{\frac{1}{2}} e^{-\frac{\pi}{4}\sqrt{-1}},$$

et par suite

$$\frac{\pi^{\frac{1}{2}}}{a} = \left(\frac{n}{2}\right)^{\frac{1}{2}} e^{\frac{\pi}{4}\sqrt{-1}} = \frac{n^{\frac{1}{2}}}{2}(1+\sqrt{-1}). \tag{19}$$

Donc, en supposant Δ déterminé par la formule (15), on aura, non seulement pour des valeurs impaires du nombre n, mais généralement et quel que soit ce nombre,

$$\Delta = \frac{n^{\frac{1}{2}}}{2}(1+\sqrt{-1})\left(1+e^{-\frac{n\pi}{2}\sqrt{-1}}\right). \tag{20}$$

On trouvera, en particulier :

1° Si n est de la forme $4x$,

$$\Delta = n^{\frac{1}{2}}(1+\sqrt{-1}); \tag{21}$$

2° Si n est de la forme $4x+1$,

$$\Delta = n^{\frac{1}{2}}; \tag{22}$$

3° Si n est de la forme $4x+2$,

$$\Delta = 0; \tag{23}$$

4° Si n est de la forme $4x+3$,

$$\Delta = n^{\frac{1}{2}}\sqrt{-1}. \tag{24}$$

Ainsi les formules (20), (21), (22), (23), (24), que M. Gauss a établies dans un de ses plus beaux Mémoires, et dont M. Dirichlet a donné une démonstration nouvelle qui a été justement remarquée des géomètres, se trouvent comprises comme cas particuliers dans la formule (8), de laquelle on déduit immédiatement l'équation (20) en attribuant à l'exposant $-a^2$ une valeur infiniment rapprochée de la valeur imaginaire $\frac{2\pi}{n}\sqrt{-1}$, ou, ce qui revient au même, en réduisant l'exponentielle e^{-a^2} à l'une des racines primitives de l'équation (1), savoir, à celle que détermine la formule (4).

Si l'on supposait a^2 déterminé, non plus par la formule (11), mais par la suivante

$$(25)\qquad a^2 = -\frac{2m\pi}{n}\sqrt{-1},$$

m étant premier à n, alors, en opérant comme ci-dessus, on obtiendrait, au lieu de la formule (20), une équation qui, combinée avec cette formule, reproduirait immédiatement la loi de réciprocité entre deux nombres premiers, ou même cette loi étendue à deux nombres impairs quelconques.

§ II. — *Transformation des sommes alternées en produits.*

Soit

$$\rho$$

une racine primitive de l'équation

$$(1)\qquad x^n = 1,$$

n étant un nombre premier impair. Les diverses racines primitives de l'équation (1) pourront être représentées, ou par

$$\rho,\quad \rho^2,\quad \rho^3,\quad \ldots,\quad \rho^{n-1},$$

ou par

$$\rho^m,\quad \rho^{2m},\quad \rho^{3m},\quad \ldots,\quad \rho^{(n-1)m},$$

m étant premier à n. Soit d'ailleurs Δ une somme alternée de ces racines primitives. Cette somme sera de la forme

$$(2)\qquad \Delta = \rho^h + \rho^{h'} + \rho^{h''} + \ldots - \rho^k - \rho^{k'} - \rho^{k''} - \ldots,$$

les exposants

$$1,\quad 2,\quad 3,\quad \ldots,\quad n-1$$

étant ainsi partagés en deux groupes

$$h,\quad h',\quad h'',\quad \ldots \qquad \text{et} \qquad k,\quad k',\quad k'',\quad \ldots,$$

dont le premier pourra être censé renfermer les résidus quadratiques

$$1,\quad 4,\quad \ldots,$$

et le second les non-résidus suivant le module n. Si l'on suppose en particulier $n = 3$, on aura simplement

$$\Delta = \rho^1 - \rho^2 = \rho^1 - \rho^{-1},$$

en sorte qu'une somme alternée Δ pourra être représentée, au signe près, par le binôme

$$\rho^1 - \rho^{-1},$$

ou plus généralement par le binôme

$$\rho^m - \rho^{-m},$$

m étant non divisible par 3. Si n devient égal à 5, les binômes de cette forme se réduiront, au signe près, à l'un des suivants

$$\rho^1 - \rho^4 = \rho^1 - \rho^{-1}, \qquad \rho^2 - \rho^3 = \rho^2 - \rho^{-2},$$

et le produit de ces deux binômes

$$(\rho^1 - \rho^4)(\rho^2 - \rho^3) = \rho^2 + \rho^3 - \rho - \rho^4$$

représentera encore, au signe près, la somme alternée

$$\Delta = \rho + \rho^4 - \rho^2 - \rho^3,$$

qui pourra s'écrire comme il suit :

$$\Delta = (\rho^1 - \rho^{-1})(\rho^3 - \rho^{-3}).$$

J'ajoute qu'il en sera généralement de même, et que, pour une valeur quelconque du nombre premier n, la somme alternée Δ pourra être réduite au produit P déterminé par la formule

$$\text{(3)} \qquad \mathrm{P} = (\rho^1 - \rho^{-1})(\rho^3 - \rho^{-3})\ldots(\rho^{n-2} - \rho^{-(n-2)}).$$

Effectivement ce produit, égal, au signe près, au suivant

$$(\rho^1 - \rho^{n-1})(\rho^2 - \rho^{n-2})\ldots\left(\rho^{\frac{n-1}{2}} - \rho^{\frac{n+1}{2}}\right),$$

changera tout au plus de signe, quand on y remplacera ρ par ρ^m, attendu qu'alors les termes de la suite

$$\rho,\quad \rho^2,\quad \rho^3,\quad \ldots,\quad \rho^{n-1}$$

se trouveront remplacés par les termes de la suite

$$\rho^m,\quad \rho^{2m},\quad \rho^{3m},\quad \ldots,\quad \rho^{(n-1)m},$$

qui sont les mêmes, à l'ordre près, et un binôme de la forme

$$\rho^l - \rho^{-l}$$

par un binôme de la même forme

$$\rho^{ml} - \rho^{-ml}.$$

Donc le produit P ne pourra représenter qu'une fonction symétrique, ou une fonction alternée des racines primitives de l'équation (1). Donc il sera de l'une des formes

$$\mathrm{a},\quad \mathrm{a}\Delta,$$

a désignant une quantité entière positive ou négative, et son carré P^2 sera de l'une des formes

$$\mathrm{a}^2,\quad \mathrm{a}^2\Delta^2.$$

Comme on tirera d'ailleurs de l'équation (3), non seulement

$$\mathrm{P} = \rho^{1+3+5+\ldots+(n-2)}(1-\rho^{-2})(1-\rho^{-6})\ldots(1-\rho^{-2(n-2)})$$

ou, ce qui revient au même,

$$\mathrm{P} = \rho^{\left(\frac{n-1}{2}\right)^2}(1-\rho^{n-2})(1-\rho^{n-6})\ldots(1-\rho^4),$$

mais encore

$$\mathrm{P} = (-1)^{\frac{n-1}{2}}\rho^{-\left(\frac{n-1}{2}\right)^2}(1-\rho^2)(1-\rho^6)\ldots(1-\rho^{n-4}),$$

et par suite

$$\begin{aligned}\mathrm{P}^2 &= (-1)^{\frac{n-1}{2}}(1-\rho^2)(1-\rho^4)(1-\rho^6)\ldots(1-\rho^{n-6})(1-\rho^{n-4})(1-\rho^{n-2})\\ &= (-1)^{\frac{n-1}{2}}(1-\rho)(1-\rho^2)\ldots(1-\rho^{n-1}) = (-1)^{\frac{n-1}{2}}n,\end{aligned}$$

il est clair que P^2, n'étant pas de la forme a^2, devra être de la forme

$a^2\Delta^2$. On aura donc

(4) $$(-1)^{\frac{n-1}{2}} n = a^2\Delta^2, \qquad P = a\Delta.$$

Or, Δ^2 ne pouvant être qu'une fonction symétrique de ρ, ρ^2, ... et par conséquent un nombre entier, la seule manière de vérifier la première des équations (4) sera de poser

$$a^2 = 1, \qquad \Delta^2 = (-1)^{\frac{n-1}{2}} n.$$

On aura donc

$$a = \pm 1$$

et par conséquent

(5) $$P = \pm \Delta;$$

et toute la difficulté se réduit à déterminer le signe qui doit affecter le second membre de la formule (5). Or si, dans la somme alternée

$$\Delta = \rho^h + \rho^{h'} + \rho^{h''} + - \ldots \rho^k - \rho^{k'} - \rho^{k''} - \ldots,$$

on remplace généralement

$$\rho^l \text{ par } \left(\frac{l}{n}\right),$$

cette somme sera remplacée elle-même par la suivante

$$\left(\frac{h}{n}\right) + \left(\frac{h'}{n}\right) + \cdots - \left(\frac{k}{n}\right) - \left(\frac{k'}{n}\right) - \ldots = n - 1 \equiv -1 \pmod{n},$$

tandis que la somme alternée $-\Delta$ se changera en

$$-(n-1) \equiv 1 \pmod{n}.$$

Donc, pour décider si dans la formule (5) on doit réduire le double signe au signe + ou au signe —, il suffira de chercher la quantité en laquelle se transforme le développement de P quand on y remplace chaque terme de la forme ρ^l par $\left(\frac{l}{n}\right)$, et de voir si cette quantité, divisée par 4, donne pour reste -1 ou $+1$. Or, comme le développement de P se composera de termes de la forme

$$\pm \rho^{\pm 1 \pm 3 \pm 5 \pm \ldots},$$

le signe qui précède ρ étant le produit des signes qui précèdent les nombres 1, 3, 5, ..., la quantité dont il s'agit sera la somme des expressions de la forme

$$\pm\left(\frac{\pm 1 \pm 3 \pm 5 \pm \ldots}{n}\right),$$

le signe placé en dehors des parenthèses étant le produit des signes placés au dedans. Elle sera donc équivalente, suivant le module n, à la somme des expressions de la forme

$$(6) \qquad \pm[\pm 1 \pm 3 \pm 5 \pm \ldots \pm (n-2)]^{\frac{n-1}{2}}.$$

Ainsi, en particulier, elle sera équivalente, pour $n = 3$, à

$$1^l - (-1)^l = 2 \equiv -1 \pmod{3};$$

pour $n = 5$, à

$$(1+3)^2 + (-1-3)^2 - (-1+3)^2 - (1-3)^2 = 4 \equiv -1 \pmod{5}.$$

D'ailleurs, si l'on suppose le nombre de lettres $a, b, c, \ldots$ égal à m, la somme des expressions de la forme

$$(7) \qquad \pm(\pm a \pm b \pm c \pm \ldots)^m$$

étant développée suivant les puissances ascendantes de $a, b, c, \ldots$, ne pourra, si le signe extérieur est le produit des signes intérieurs, renfermer aucun terme dans lequel l'exposant de a, ou de b, ou de c, ... s'évanouisse, puisque le coefficient d'un semblable terme dans cette somme serait évidemment

$$2^{m-1} - 2^{m-1} = 0.$$

Donc la somme des expressions (7) se réduira au produit de leur nombre 2^m par le seul terme

$$1.2.3\ldots m.abc\ldots;$$

et, si l'on prend pour

$$a, \quad b, \quad c, \quad \ldots$$

les nombres

$$1, \quad 3 \quad 5, \quad \ldots, \quad 2m-1,$$

cette somme aura pour valeur le produit

$$2^m(1.2.3\ldots m)\,1.3.5\ldots(2m-1)=1.2.3.4\ldots 2m.$$

Donc la somme des expressions (6) aura elle-même pour valeur le produit

$$1.2.3\ldots(n-1)\equiv -1 \pmod{n};$$

et P se transformera en une somme équivalente à -1, si l'on y remplace généralement ρ^l par $\left(\frac{l}{n}\right)$, d'où il suit que l'équation (5) devra être réduite à

$$(8)\qquad P=\Delta.$$

En d'autres termes, on aura

$$(9)\quad (\rho^1-\rho^{-1})(\rho^3-\rho^{-3})\ldots(\rho^{n-2}-\rho^{-(n-2)})=\rho^h+\rho^{h'}+\rho^{h''}+\ldots-\rho^k-\rho^{k'}-\rho^{k''}-\ldots,$$

h, h', h'', ... étant les résidus, et k, k', k'', ... les non-résidus inférieurs au module n. Comme on aura d'ailleurs

$$(10)\qquad 0=1+\rho^h+\rho^{h'}+\rho^{h''}+\ldots+\rho^k+\rho^{k'}+\rho^{k''}+\ldots,$$

on tirera des formules (9) et (10), combinées entre elles par voie d'addition,

$$(11)\quad (\rho^1-\rho^{-1})(\rho^3-\rho^{-3})\ldots(\rho^{n-2}-\rho^{-(n-2)})=1+2\rho^h+2\rho^{h'}+2\rho^{h''}+\ldots;$$

par conséquent

$$(12)\quad (\rho^1-\rho^{-1})(\rho^3-\rho^{-3})\ldots(\rho^{n-2}-\rho^{-(n-2)})=1+\rho+\rho^4+\rho^9+\ldots+\rho^{(n-1)^2}.$$

Des formules (9) et (12), relatives au cas où n est un nombre premier impair, on déduit aisément celles qui sont relatives au cas où n est un nombre composé quelconque, comme je le montrerai plus en détail dans un autre article. J'observerai en finissant que, si n, étant un nombre premier de la forme $3x+1$, α désigne une racine primitive de l'équation

$$x^3=1,$$

et m une racine primitive de l'équivalence

$$x^{n-1}\equiv 1 \pmod{n},$$

on obtiendra un produit P proportionnel à un facteur primitif de n, non seulement lorsqu'on supposera la valeur de P donnée par la formule (3), mais aussi lorsqu'on prendra

$$\mathrm{P}=\left(\rho+\alpha\rho^{m^{\frac{n-1}{3}}}+\alpha^2\rho^{m^{2\frac{n-1}{3}}}\right)\left(\rho^m+\alpha\rho^{m^{1+\frac{n-1}{3}}}+\alpha^2\rho^{m^{1+2\frac{n-1}{3}}}\right)\cdots,$$

le nombre des facteurs trinômes étant $\frac{n-1}{3}$. Le facteur primitif de n, auquel cette dernière valeur de P deviendra proportionnelle, sera

$$\Theta=\rho+\alpha\rho^m+\alpha^2\rho^{m^2}+\rho^{m^3}+\ldots+\alpha^2\rho^{m^{n-2}}.$$

On trouvera par exemple, pour $n=7$, $m=3$;

$$(\rho+\alpha\rho^2+\alpha^2\rho^4)(\rho^3+\alpha\rho^6+\alpha^2\rho^5)=\alpha^2[\rho+\rho^6+\alpha(\rho^3+\rho^4)+\alpha^2(\rho^2+\rho^5)]$$

ou, ce qui revient au même,

$$\mathrm{P}=\alpha^2\Theta;$$

pour $n=13$, $m=6$,

$$\begin{aligned}(\rho+\alpha\rho^9+\alpha^2\rho^3)(\rho^6+\alpha\rho^2+\alpha^2\rho^5)(\rho^{10}+\alpha\rho^{12}+\alpha^2\rho^4)(\rho^8+\alpha\rho^7+\alpha^2\rho^{11})\\=(1+2\alpha)[\rho+\rho^8+\rho^{12}+\rho^5+\alpha(\rho^6+\rho^9+\rho^7+\rho^4)+\alpha^2(\rho^{10}+\rho^2+\rho^3+\rho^{11})]\end{aligned}$$

ou

$$\mathrm{P}=(1+2\alpha)\Theta, \quad \ldots.$$

D'ailleurs, pour établir la proportionnalité de P et de Θ, considérés comme fonction de ρ, il suffira d'observer que P se change en $\frac{\mathrm{P}}{\alpha}$ quand on y remplace ρ par ρ^m. Quant au rapport $\frac{\mathrm{P}}{\Theta}$, il ne pourra être qu'une fonction entière de α, que l'on pourra réduire à la forme

$$a+b\alpha;$$

et une méthode semblable à celle par laquelle nous avons déterminé le signe de Δ dans la formule (17) fera connaître les nombres entiers a, b, ou du moins des quantités équivalentes à ces mêmes nombres suivant le module n. Enfin on pourrait étendre les propositions que nous venons d'indiquer à des produits P composés de facteurs polynômes dont chacun offrirait plus de 3 termes; par exemple, 5 termes si $n-1$ était divisible par 5, 7 termes si $n-1$ était divisible par 7, etc.

83.

Théorie des nombres. — *Sur la sommation de certaines puissances d'une racine primitive d'une équation binôme, et en particulier, des puissances qui offrent pour exposants les résidus cubiques inférieurs au module donné.*

C. R., t. X, p. 594 (13 avril 1840).

Le module p étant un nombre premier, concevons qu'une racine primitive d'une équation binôme du degré p soit successivement élevée à des puissances qui offrent pour exposants les résidus quadratiques inférieurs au module p. La somme de ces puissances pourra seulement acquérir deux valeurs distinctes en vertu de la substitution d'une racine primitive à une autre; et la différence entre ces valeurs sera une fonction alternée que M. Gauss a le premier appris à déterminer. Or, après avoir exposé, dans la dernière séance, une méthode fort simple qui reproduit les résultats de M. Gauss, j'ai dit que la même méthode pouvait être étendue à d'autres déterminations analogues. C'est ce que l'on verra dans cette Note, où la méthode dont il s'agit se trouvera particulièrement appliquée à la solution du problème que je vais indiquer.

Supposons que, le module p étant du nombre de ceux qui, divisés par 3, donnent 1 pour reste, on élève une racine primitive aux diverses puissances qui offrent pour exposants les résidus cubiques. La somme de ces puissances, quand on y remplacera la racine primitive donnée par d'autres, pourra successivement acquérir trois valeurs distinctes, et ces trois valeurs seront les trois racines d'une équation connue, à laquelle on parvient à l'aide de la théorie de M. Gauss. D'ailleurs la fonction alternée la plus simple que l'on puisse former avec ces trois valeurs est le produit des trois différences que l'on obtient en les retranchant l'une de l'autre. Or la détermination complète de cette fonction alternée est évidemment un problème analogue à celui dont j'ai donné deux solutions nouvelles dans la dernière séance. Seulement ce nouveau problème est d'un ordre plus élevé, attendu que les résidus quadratiques se trouvent ici remplacés par des résidus cubiques. Mais quoique, en raison de cette circonstance, la difficulté semble s'accroître, toutefois je parviens à la surmonter en suivant une marche semblable à celle que j'ai adoptée dans mon dernier Mémoire.

J'indique aussi quelques-unes des conséquences auxquelles on se trouve immédiatement conduit par la solution du problème que je viens d'énoncer.

ANALYSE.

§ I. — *Théorèmes divers, relatifs aux modules qui, divisés par 3, donnent l'unité pour reste.*

Soient p un nombre premier impair, θ une racine primitive de l'équation

$$x^p = 1, \tag{1}$$

et t une racine primitive de l'équivalence

$$x^{p-1} \equiv 1 \pmod{p}. \tag{2}$$

Les divers entiers inférieurs au module p seront équivalents, suivant ce module, aux divers termes de la progression géométrique,

$$1, \quad t, \quad t^2, \quad t^3, \quad \ldots, \quad t^{p-2};$$

et en conséquence les diverses racines primitives de l'équation (1) pourront être représentées, ou par les termes de la suite

$$\theta, \quad \theta^2, \quad \theta^3, \quad \ldots, \quad \theta^{p-1},$$

ou par les termes de la suite

$$\theta,\quad \theta^t,\quad \theta^{t^2},\quad \ldots,\quad \theta^{t^{p-2}}.$$

Si d'ailleurs on nomme s la somme de ces racines primitives, c'est-à-dire, si l'on pose

$$(3)\qquad s = \theta + \theta^t + \theta^{t^2} + \ldots + \theta^{t^{p-2}},$$

on aura évidemment $1 + s = 0$, ou, ce qui revient au même,

$$(4)\qquad s = -1.$$

Concevons maintenant que le module p, divisé par 3, donne l'unité pour reste, et posons

$$(5)\qquad \varpi = \frac{p-1}{3}.$$

La progression géométrique

$$1,\quad t,\quad t^2,\quad t^3,\quad \ldots,\quad t^{p-2}$$

pourra être décomposée en trois autres, savoir

$$\begin{array}{lllll} 1, & t^3, & t^6, & \ldots, & t^{p-4}, \\ t, & t^4, & t^7, & \ldots, & t^{p-3}, \\ t^2, & t^5, & t^8, & \ldots, & t^{p-2}; \end{array}$$

et la somme s en trois parties correspondantes

$$s_0,\quad s_1,\quad s_2,$$

respectivement déterminées par les équations

$$(6)\qquad \begin{cases} s_0 = \theta + \theta^{t^3} + \theta^{t^6} + \ldots + \theta^{t^{p-4}}, \\ s_1 = \theta^t + \theta^{t^4} + \theta^{t^7} + \ldots + \theta^{t^{p-3}}, \\ s_2 = \theta^{t^2} + \theta^{t^5} + \theta^{t^8} + \ldots + \theta^{t^{p-2}}. \end{cases}$$

Cela posé, comme les divers résidus cubiques, inférieurs au module p, seront équivalents, suivant ce module, aux divers termes de la progression géométrique

$$1,\quad t^3,\quad t^6,\quad \ldots,\quad t^{p-4},$$

il est clair que s_0 représentera la somme des puissances de θ qui offriront pour exposants ces résidus cubiques. Quant aux sommes s_1, s_2, on les déduira évidemment de la somme s_0, en remplaçant la racine primitive θ de l'équation (1) par la racine primitive θ^t ou θ^{t^2}. Il y a plus, si à la racine primitive θ on substitue successivement toutes les autres, la somme des puissances de θ, qui offrent pour exposants les résidus cubiques inférieurs au module p, pourra seulement acquérir trois valeurs distinctes qui seront précisément

$$s_0, \quad s_1, \quad s_2.$$

Enfin, si l'on nomme S_0 la somme des puissances de θ qui ont pour exposants les cubes des nombres

$$0, \quad 1, \quad 2, \quad 3, \quad \ldots, \quad p-1,$$

et S_1, S_2 ce que devient S_0 quand on y remplace successivement θ par θ^t et par θ^{t^2}, on aura

$$(7) \qquad S_0 = 1 + 3s_0, \qquad S_1 = 1 + 3s_1, \qquad S_2 = 1 + 3s_2.$$

En effet, les nombres

$$1, \quad 2, \quad 3, \quad \ldots, \quad p-1$$

peuvent être censés représenter les diverses racines de l'équivalence

$$x^{p-1} \equiv 1 \quad \text{ou} \quad x^{3\varpi} \equiv 1 \quad (\text{mod.}\, p)$$

qui se décompose en plusieurs autres, savoir,

$$(8) \quad x^3 \equiv 1, \qquad x^3 \equiv t^3, \qquad x^3 \equiv t^6, \qquad \ldots, \qquad x^3 \equiv t^{p-4} \quad (\text{mod.}\, p);$$

et par conséquent trois d'entre eux vérifieront chacune des équivalences (8). Donc, si l'on pose

$$(9) \qquad S_0 = 1 + \theta^1 + \theta^{2^3} + \theta^{3^3} + \ldots + \theta^{(p-1)^3},$$

on aura encore

$$S_0 = 1 + 3(\theta + \theta^{t^3} + \theta^{t^6} + \ldots + \theta^{t^{p-4}}),$$

ou, ce qui revient au même,

$$S_0 = 1 + 3s_0.$$

On retrouve ainsi la première des formules (7), de laquelle on déduira la seconde et la troisième en remplaçant θ par θ^t et par θ^{t^2}.

Il est bon d'observer que, si t^{3m} désigne un terme quelconque de la suite

$$1, \quad t^3, \quad t^6, \quad \ldots, \quad t^{p-4},$$

un autre terme de la même suite sera équivalent à

$$-t^{3m} = (-t^m)^3;$$

et même, comme on aura

$$t^{\frac{p-1}{2}} = t^{3\frac{\varpi}{2}} \equiv -1 \quad (\text{mod. } p),$$

il est clair que le terme équivalent à $-t^{3m}$ sera

$$t^{\frac{p-1}{2}+3m} = t^{3\left(m+\frac{\varpi}{2}\right)}.$$

Cela posé, les différents termes de chacune des sommes

$$s_0, \quad s_1, \quad s_2$$

seront deux à deux de la forme

$$\theta^l, \quad \theta^{-l};$$

et comme, θ étant une racine primitive de l'équation (1), θ^l, θ^{-l} représenteront deux expressions imaginaires conjuguées, la somme partielle

$$\theta^l + \theta^{-l}$$

se réduira simplement à une quantité réelle. Donc les trois sommes s_0, s_1, s_2 seront trois quantités réelles, et l'on pourra en dire autant des trois sommes S_0, S_1, S_2, qui seront d'ailleurs les trois racines d'une équation connue du troisième degré. Cette équation, et celle qui aura pour racines les trois autres sommes, pourront d'ailleurs s'obtenir à l'aide des considérations suivantes.

Si l'on élève au carré la valeur de s_0 fournie par la première des équations (6), on trouvera

$$(10) \quad \left\{ \begin{aligned} s_2^1 = {} & \theta^{1+1} + \theta^{1+t^3} + \theta^{1+t^6} + \ldots + \theta^{1+t^{p-4}} \\ & + \theta^{t_3+t^3} + \theta^{t^3+t^6} + \theta^{t^3+t^9} + \ldots + \theta^{t^3+1} \\ & + \ldots\ldots\ldots\ldots\ldots\ldots\ldots\ldots\ldots\ldots \\ & + \theta^{t^{p-4}+t^{p-4}} + \theta^{t^{p-4}+1} + \theta^{t^{p-4}+t^3} + \ldots + \theta^{t^{p-4}+t^{p-7}}. \end{aligned} \right.$$

Dans le second membre de cette dernière formule, les termes que renferme une même colonne verticale se déduisent les uns des autres quand on remplace successivement dans le premier

$$\theta \quad \text{par} \quad \theta^{t^3}, \quad \text{ou par} \quad \theta^{t^6}, \quad \ldots \quad \text{ou par} \quad \theta^{t^{p-4}}.$$

Donc la somme de ces termes se réduit toujours, ou à l'une des sommes

$$\mathrm{s}_0, \quad \mathrm{s}_1, \quad \mathrm{s}_2,$$

ou bien au nombre de ces termes, c'est-à-dire à $\frac{p-1}{3}$, dans le cas particulier où l'exposant de θ dans le premier terme s'évanouit, ce qui a lieu lorsque le premier terme est

$$\theta^{1+t^{\frac{p-1}{2}}} = \theta^0 = 1.$$

Donc la formule (10) donnera

$$(11) \qquad \mathrm{s}_0^2 = \frac{p-1}{3} + \mathrm{a}\,\mathrm{s}_0 + \mathrm{b}\,\mathrm{s}_1 + \mathrm{c}\,\mathrm{s}_2,$$

a, b, c désignant trois nombres entiers dont la somme, inférieure d'une unité au nombre des termes

$$\theta^{1+1}, \quad \theta^{1+t^3}, \quad \theta^{1+t^6}, \quad \ldots, \quad \theta^{1+t^{p-4}},$$

sera

$$(12) \qquad \mathrm{a} + \mathrm{b} + \mathrm{c} = \frac{p-4}{3}.$$

Or, quoique, au premier abord, la détermination des entiers a, b, c semble exiger le calcul numérique des divers termes de la suite

$$1+1, \quad 1+t^3, \quad 1+t^6, \quad \ldots, \quad 1+t^{p-4},$$

néanmoins ce calcul n'est pas nécessaire, et la détermination dont il s'agit peut aisément s'effectuer, comme on va le voir, à l'aide d'une méthode analogue à celle que nous avons employée dans la précédente séance.

La valeur de s_0^2 donnée par la formule (11) peut s'écrire comme il suit

$$(13)\quad \begin{cases} S_0^2 = \dfrac{p-1}{3}\theta^0 + a(\theta \ \ + \theta^{t^3} + \ldots + \theta^{t^{p-4}}) \\ \qquad\qquad + b(\theta^t + \theta^{t^4} + \ldots + \theta^{t^{p-3}}) \\ \qquad\qquad + c(\theta^{t^2} + \theta^{t^5} + \ldots + \theta^{t^{p-2}}); \end{cases}$$

et, pour déduire celle-ci de la formule (10), il suffit d'y faire croître ou décroître d'un multiple de p l'exposant l de chaque terme de la forme

$$\theta^l.$$

Or concevons que, dans l'une ou l'autre formule, on remplace généralement

$$\theta^l \quad \text{par} \quad l^{\frac{p-1}{3}} = l^{\varpi}.$$

Comme l^{ϖ} croîtra ou décroîtra d'un multiple de p, en même temps que l, il est clair que, après le remplacement dont il s'agit, les seconds membres des formules (10) et (13) se transformeront en deux quantités qui seront équivalentes entre elles suivant le module p. D'ailleurs, m, l étant deux nombres entiers, on aura

$$\left.\begin{aligned} (t^{3m})^{\varpi} &= (t^m)^{p-1} \equiv 1, \\ (t^{3m+1})^{\varpi} &= (t^m)^{p-1} t^{\varpi} \equiv t^{\varpi}, \\ (t^{3m+2})^{\varpi} &= (t^m)^{p-1} t^{2\varpi} = t^{2\varpi}, \end{aligned}\right\} \pmod{p}$$

et

$$(t^{3m} l)^{\varpi} \equiv (t^m)^{p-1} l^{\varpi} \equiv l^{\varpi} \pmod{p}.$$

Donc les quantités dans lesquelles se transformeront les seconds membres des formules (10) et (13) seront équivalentes aux deux produits qu'on obtient en multipliant

$$\frac{p-1}{3} = \varpi,$$

d'un côté, par la somme

$$(1+t)^{\varpi} + (1+t^3)^{\varpi} + \ldots + (1+t^{p-4})^{\varpi},$$

d'un autre côté, par le trinôme

$$a + b\,t^{\varpi} + c\,t^{2\varpi}.$$

On aura donc

(14) $\mathrm{a} + \mathrm{b}\,t^{\varpi} + \mathrm{c}\,t^{2\varpi} \equiv (1+t)^{\varpi} + (1+t^{3})^{\varpi} + \ldots + (1+t^{p-4})^{\varpi} \pmod{p}.$

De même, si, dans les seconds membres des formules (10) et (13), on remplace généralement

$$\theta^{l} \text{ par } t^{2\varpi},$$

on trouvera

(15) $\mathrm{a} + \mathrm{b}\,t^{2\varpi} + \mathrm{c}\,t^{4\varpi} \equiv (1+t)^{2\varpi} + (1+t^{3})^{2\varpi} + \ldots + (1+t^{p-4})^{2\varpi} \pmod{p}.$

Concevons à présent que, dans les seconds membres des formules (14), (15), on développe chaque binôme de la forme

$$(1+t^{3m})^{\varpi} \quad \text{ou} \quad (1+t^{3m})^{2\varpi}.$$

La somme des valeurs que prendra un terme du développement, quand on attribuera successivement à m les diverses valeurs

$$0, \quad 1, \quad 2, \quad \ldots, \quad \frac{p-4}{3} = \varpi - 1,$$

sera de la forme

$$1 + t^{3l} + t^{6l} + \ldots + t^{3(\varpi-1)l} = \frac{1 - t^{(p-1)l}}{1 - t^{3l}}.$$

Donc cette somme sera nulle, à moins qu'il ne s'agisse d'un terme dans lequel l'exposant de t soit multiple de $3\varpi = p - 1$. Il est aisé d'en conclure que les formules (14), (15) donneront

(16) $\mathrm{a} + \mathrm{b}\,t^{\varpi} + \mathrm{c}\,t^{2\varpi} \equiv 2\varpi, \qquad \mathrm{a} + \mathrm{b}\,t^{2\varpi} + \mathrm{c}\,t^{\varpi} \equiv (2 + \Pi)\varpi \pmod{p},$

la valeur de Π étant

(17) $$\Pi = \frac{(\varpi+1)(\varpi+2)\ldots 2\varpi}{1.2.3\ldots\varpi}.$$

Soit d'ailleurs

(18) $$r = t^{\varpi};$$

r représentera une racine primitive de l'équation

(19) $$x^{3} \equiv 1 \pmod{p},$$

et, comme on aura

$$\varpi = \frac{p-1}{3} \equiv -\frac{1}{3} \pmod{p},$$

les formules (12) et (13) donneront

$$(20)\qquad \left.\begin{aligned} &a + b\ \ + c \equiv -\frac{1}{3},\\ &a + br\ + cr^2 \equiv -\frac{2}{3},\\ &a + br^2 + cr\ \equiv -\frac{2}{3} - \frac{\text{II}}{3} \end{aligned}\right\} \pmod{p}.$$

Enfin on tirera de ces dernières

$$(21)\qquad a \equiv -\frac{8}{9} - \frac{\text{II}}{9},\qquad b \equiv -\frac{2}{9} - \frac{\text{II}}{9}r,\qquad c \equiv -\frac{2}{9} - \frac{\text{II}}{9}r^2 \pmod{p}.$$

Les valeurs de a, b, c étant ainsi déterminées, on pourra les substituer dans la formule (11), et dans celles qu'on en déduit lorsqu'on y remplace θ par θ^t ou par θ^{t^2}, c'est-à-dire dans les trois équations

$$(22)\qquad \left\{\begin{aligned} &S_0^2 = \varpi + aS_0 + bS_1 + cS_2,\\ &S_1^2 = \varpi + aS_1 + bS_2 + cS_0,\\ &S_2^2 = \varpi + aS_2 + bS_0 + cS_1. \end{aligned}\right.$$

D'autre part, on aura, en vertu de l'équation (4),

$$(23)\qquad S_0 + S_1 + S_2 = -1,$$

et de cette dernière, combinée avec les formules (22), on tirera successivement

$$(24)\qquad S_0^2 + S_1^2 + S_2^2 = 2\varpi + 1,\qquad S_0S_1 + S_1S_2 + S_2S_0 = -\varpi;$$

$$(25)\qquad S_0^2S_1 + S_1^2S_2 + S_2^2S_0 = bp - \varpi^2,\qquad S_0S_1^2 + S_1S_2^2 + S_2S_0^2 = cp - \varpi^2;$$

$$(26)\qquad (S_0 - S_1)(S_1 - S_2)(S_2 - S_0) = (c - b)p;$$

$$(27)\qquad S_0S_1S_2 = \frac{\varpi(2\varpi + 1)}{3} - \frac{b + c}{3}p;$$

puis, en ayant égard à la formule (12),

(28) $$s_0 s_1 s_2 = \frac{1}{3} a p - \frac{\varpi^2 - 3\varpi - 1}{3}.$$

Il suit des formules (23), (24), (28) que s_0, s_1, s_2 sont les trois valeurs de s propres à vérifier l'équation

(29) $$s^3 + s^2 - \varpi s + \frac{\varpi^2 - 3\varpi - 1 - ap}{3} = 0.$$

Si, dans cette dernière, on pose

$$S = 1 + 3s \qquad \text{ou} \qquad s = \frac{S - 1}{3},$$

on obtiendra la suivante

(30) $$S^3 - 3pS - pA = 0,$$

la valeur de A étant

(31) $$A = 8 - p + 9a.$$

L'équation (30) étant précisément celle qui a pour racines les trois sommes réelles

$$S_0, \quad S_1, \quad S_2,$$

le produit des différences entre ces trois racines, savoir

$$(S_0 - S_1)(S_1 - S_2)(S_2 - S_0) = 3^3(s_0 - s_1)(s_1 - s_2)(s_2 - s_0),$$

aura pour carré, d'après une règle connue, le binôme

$$4(3p)^3 - 27(Ap)^2 = 27p^2(4p - A^2).$$

On aura donc

(32) $$27(s_0 - s_1)^2(s_1 - s_2)^2(s_2 - s_0)^2 = p^2(4p - A^2).$$

D'autre part, si l'on pose

(33) $$B = b - c,$$

l'équation (26) donnera

(34) $$(s_0 - s_1)(s_1 - s_2)(s_2 - s_0) = -Bp;$$

et l'on tirera des formules (32), (34)

$$(35) \qquad 4p = A^2 + 27B^2.$$

Enfin les équations (31), (33), jointes aux formules (21), donneront

$$(36) \qquad A \equiv -\Pi, \qquad B \equiv \frac{r^2 - r}{9}\Pi \quad (\text{mod. } p).$$

Donc : 1° l'équation (35) pourra être vérifiée, comme l'a dit M. Jacobi, par des nombres entiers $\pm A$, $\pm B$, et la quantité A dont la valeur numérique sera inférieure à

$$\sqrt{4p - 27} = \tfrac{1}{2}\sqrt{p^2 - (p-8)^2 - 44},$$

par conséquent à $\frac{1}{2}p$, pourra être complètement déterminée, ainsi que la quantité B, inférieure elle-même, abstraction faite du signe, à $\frac{1}{2}\sqrt{p}$, à plus forte raison, à $\frac{1}{2}p$, par le moyen des formules (36); 2° si, dans la formule (30), on substitue la valeur de A choisie de manière à vérifier, non seulement la formule (35), mais encore la condition (31), présentée sous la forme

$$A \equiv -(p+1) \quad (\text{mod. } 9),$$

l'équation (30) aura pour racines réelles les trois sommes

$$S_0, \quad S_1, \quad S_2.$$

Cette dernière conclusion s'accorde avec des remarques déjà faites par M. Libri et par M. Lebesgue (*voir* le *Journal de Mathématiques* de M. Liouville, février 1840). Nous ajouterons que, l'équation (28) pouvant être réduite à

$$(37) \qquad 27 s_0 s_1 s_2 = (A + 3)p - 1,$$

et le produit $s_0 s_1 s_2$ étant nécessairement une quantité entière, on aura par suite

$$(38) \qquad (A + 3)p \equiv 1 \quad (\text{mod. } 27).$$

Ainsi, en particulier, on trouve, pour $p = 7$,

$$A = 1, \qquad (1 + 3)7 = 28 \equiv 1 \quad (\text{mod. } 27);$$

pour $p = 13$,

$$A = -5, \qquad (-5+3)13 = -26 \equiv 1 \pmod{27},$$

etc.... De plus la fonction alternée la plus simple que l'on puisse former avec les trois quantités s_0, s_1, s_2, ou le produit

$$(s_0 - s_1)(s_1 - s_2)(s_2 - s_0),$$

dont le carré peut se déduire de la formule (29) ou (30), offrira une valeur qui sera complètement déterminée par la formule (34).

§ II. — *Conséquences diverses des principes établis dans le premier paragraphe.*

On peut, des formules établies dans le premier paragraphe, déduire diverses conséquences que nous nous bornerons à indiquer.

D'abord il résulte de la formule (34) que les trois sommes

$$s_0, \quad s_1, \quad s_2,$$

rangées d'après leur ordre de grandeur, seront trois termes consécutifs de la suite périodique

$$s_0, \quad s_1, \quad s_2, \quad s_0, \quad s_1, \quad s_2, \quad \ldots$$

si B est négatif, et trois termes consécutifs de la suite périodique

$$s_0, \quad s_2, \quad s_1, \quad s_0, \quad s_2, \quad s_1, \quad \ldots$$

si B est positif. Ajoutons que l'ordre de grandeur des sommes

$$S_0, \quad S_1, \quad S_2$$

sera, en vertu des formules (7), précisément le même que l'ordre de grandeur des sommes

$$s_0, \quad s_1, \quad s_2.$$

Observons encore qu'en vertu du théorème de Lagrange, les racines de l'équation (30), rangées dans leur ordre de grandeur, seront respectivement

$$S = -(3p)^{\frac{1}{2}}\mathfrak{G} + \tfrac{1}{6}\alpha A, \qquad S = -\tfrac{1}{3}\alpha A, \qquad S = (3p)^{\frac{1}{2}}\mathfrak{G} + \tfrac{1}{6}\alpha A,$$

les valeurs de α, 6 étant données par les formules

$$\alpha = 1 + \frac{A^2}{3^3 p} - \frac{6}{1.2}\frac{A^4}{3^6 p^2} + \frac{9.8}{1.2.3}\frac{A^6}{3^9 p^3} - \ldots,$$

$$6 = 1 - \frac{1}{2}\left(\frac{3}{4}\frac{A^2}{3^3 p} + \frac{5.7.9}{4.6.8}\frac{A^4}{3^6 p^2} + \ldots\right),$$

et que les séries, dont les sommes représentent les seconds membres de ces formules, seront toujours convergentes, eu égard à la condition

$$A^2 < 4p.$$

Pour obtenir l'ordre de grandeur tel que nous venons de l'indiquer, il suffit d'observer que cet ordre reste le même pour toutes les valeurs de A qui vérifient la condition $A^2 < 4p$, et que les trois racines de l'équation (30), rangées d'après cet ordre, seront évidemment

$$-\sqrt{3p}, \quad 0, \quad \sqrt{3p},$$

si l'on remplace A par zéro.

Enfin, si l'on cherche le nombre des solutions que peut admettre chacune des formules

$$x + y \equiv z, \qquad x + y + z \equiv 0 \quad (\text{mod. } p),$$

quand on prend pour x, y, z des résidus cubiques positifs et inférieurs à p, on conclura de la formule (11) que ce nombre est

$$a\varpi = \frac{p-1}{3}\frac{p+A-8}{9}.$$

Si l'on assujettissait x, y, z à vérifier la condition

$$x < y < z,$$

le nombre des solutions deviendrait

$$\frac{a\varpi}{1.2.3} = \frac{p-1}{2}\frac{p+A-8}{3^4}$$

dans le cas où 2 ne serait pas résidu cubique de p, et

$$\frac{2\varpi}{1.2.3} - \frac{1}{2}\varpi = \frac{p-1}{2}\,\frac{p+A-35}{3^4}$$

dans le cas contraire. D'ailleurs ce nombre de solutions sera pair, attendu que trois valeurs données de

$$x, \quad y, \quad z$$

pourront être remplacées par trois autres valeurs de la forme

$$p-z, \quad p-y, \quad p-x;$$

et, pour qu'il s'évanouisse, il faudra que l'on ait, dans le premier cas,

$$p+A-8=0,$$

dans le second cas,

$$p+A-35=0.$$

Or ces dernières formules, jointes à la condition

$$-A<\frac{p}{2},$$

donneront, dans le premier cas,

$$\frac{1}{2}p<8, \qquad p<16,$$

et dans le second,

$$\frac{1}{2}p<35, \qquad p<70.$$

D'ailleurs les seuls nombres premiers inférieurs à 16, et de la forme $3\varpi+1$, sont 7 et 13, pour lesquels la condition

$$p+A-8=0$$

est effectivement vérifiée ; et l'on reconnaîtra pareillement que la condition

$$p+A-35=0$$

se vérifie pour les nombres premiers 31, 43, qui, seuls au-dessus de 70, sont de la forme $3\varpi+1$, et offrent des résidus cubiques dont l'un est égal à 2.

Au reste, les formules obtenues dans le premier paragraphe peuvent encore être déduites, comme je le montrerai dans un autre article, de la considération des facteurs primitifs du nombre premier p; et l'on peut, à l'aide des mêmes méthodes, établir des formules analogues, qui soient relatives, non plus aux résidus cubiques, mais aux résidus des puissances supérieures à la troisième.

84.

ANALYSE MATHÉMATIQUE. — *Considérations nouvelles sur la théorie des suites et sur les lois de leur convergence.*

C. R., t. X, p. 640 (20 avril 1840).

Parmi les théorèmes nouveaux que j'ai publiés dans mon Mémoire de 1831, sur la Mécanique céleste, l'un des plus singuliers, et en même temps l'un de ceux auxquels les géomètres paraissent attacher le plus de prix, est celui qui donne immédiatement les règles de la convergence des séries fournies par le développement des fonctions explicites, et réduit simplement la loi de convergence à la loi de continuité, la définition des fonctions continues n'étant pas celle qui a été longtemps admise par les auteurs des Traités d'Algèbre, mais bien celle que j'ai adoptée dans mon *Analyse algébrique,* et suivant laquelle une fonction est continue, entre des limites données de la variable, lorsque entre ces limites elle conserve constamment une valeur finie et déterminée, et qu'à un accroissement infiniment petit de la variable correspond un accroissement infiniment petit de la fonction elle-même. Comme le remarquait dernièrement un ami des sciences, que je m'honore d'avoir vu autrefois assister à quelques-unes de mes leçons, le théorème que je viens de rappeler est si fécond en résultats utiles pour le progrès des Sciences mathématiques, et il est d'ailleurs d'une application si facile, qu'il y aurait de grands avantages à le faire passer dans le Calcul différentiel, et à débarrasser sa démonstration des signes d'intégration qui ne paraissent pas devoir y entrer nécessairement. Ayant cherché les moyens d'atteindre ce but, j'ai eu la satisfaction de reconnaître qu'on pouvait effectivement y parvenir, à l'aide des principes établis dans mon *Calcul différentiel,* et dans le Résumé des leçons que j'ai données, à l'École Polytechnique, sur le Calcul infinitésimal. En effet, à l'aide de ces principes, on démontre aisément, comme on le verra dans le premier paragraphe de ce Mémoire, diverses propositions parmi lesquelles se trouve le théorème que je viens de citer; et l'on peut alors, non seulement reconnaître dans quels cas les fonctions sont développables en séries convergentes, ordonnées suivant les puissances ascendantes des variables qu'elles renferment, mais encore assigner des limites aux erreurs que l'on commet en négligeant, dans ces mêmes séries, les termes dont le rang surpasse un nombre donné.

Le second paragraphe du Mémoire se rapporte plus spécialement au développement des fonctions implicites. Pour développer ces sortes de fonctions, on a souvent fait usage de la méthode des coefficients indéterminés. Mais cette méthode, qui suppose l'existence d'un développement et même sa forme déjà connues, ne peut servir à constater ni cette forme, ni cette existence, et détermine seulement les coefficients que les développements peuvent contenir, sans indiquer les valeurs entre lesquelles les variables doivent se renfermer pour que les fonctions restent développables. Il est clair, par ce motif, que beaucoup de démonstrations, admises autrefois sans contestation, doivent être regardées comme insuffisantes. Telle est, en particulier, la démonstration que M. Laplace a donnée de la formule de Lagrange, et que Lagrange a insérée dans la *Théorie des fonctions analytiques*. Des démonstrations plus rigoureuses de la même formule sont celles où l'on commence par faire voir que la multiplication de deux séries semblables à la série de Lagrange reproduit une série de même forme, et celle que j'ai donnée en 1831 dans un Mémoire sur la Mécanique céleste. Mais, de ces deux démonstrations, la première est assez longue, et la seconde exige l'emploi des intégrales définies. Or, comme la formule de Lagrange et d'autres formules analogues servent à la solution d'un grand nombre de problèmes, j'ai pensé qu'il serait utile d'en donner une démonstration très simple, et en quelque sorte élémentaire. Tel est l'objet que je me suis proposé dans le second paragraphe du Mémoire que j'ai l'honneur de présenter à l'Académie.

ANALYSE.

§ Ier. — *Développement des fonctions en séries convergentes. Règle sur la convergence de ces développements, et limites des restes.*

La théorie du développement des fonctions, en séries ordonnées suivant les puissances ascendantes des variables, est une conséquence immédiate de deux théorèmes, dont la démonstration se déduit, comme on va le voir, des principes établis dans mon *Calcul différentiel* et des propriétés connues des racines de l'unité.

THÉORÈME I. — *Soit*

$$x = re^{p\sqrt{-1}}$$

une variable imaginaire dont le module soit r et l'argument p. Soit encore

$$\varpi(x)$$

une fonction de la variable x qui reste finie et continue, ainsi que sa dérivée $\varpi'(x)$, pour des valeurs du module r comprises entre certaines limites

$$r = r_0, \qquad r = \mathrm{R}.$$

Enfin nommons n un nombre entier, susceptible de croître indéfiniment, et prenons

$$\theta = e^{\frac{2\pi}{n}\sqrt{-1}}.$$

θ représentera une racine primitive de l'équation

$$x^n = 1;$$

et si, en attribuant à r l'une quelconque des valeurs comprises entre les limites r_0, R, on pose

$$(1)\qquad \frac{\varpi'(r)+\theta\varpi'(\theta r)+\theta^2\varpi'(\theta^2 r)+\ldots+\theta^{n-1}\varpi'(\theta^{n-1}r)}{n}=\delta,$$

δ s'évanouira sensiblement pour de très grandes valeurs de n; par conséquent la moyenne arithmétique entre les diverses valeurs du produit

$$\theta^m\varpi'(\theta^m r),$$

correspondantes aux valeurs

$$0,\quad 1,\quad 2,\quad \ldots,\quad n-1$$

du nombre m, se réduira sensiblement à zéro, en même temps que $\frac{1}{n}$.

Démonstration. — En effet, si l'on nomme i un accroissement attribué à une valeur de x dans le voisinage de laquelle la fonction $\varpi(x)$ et sa dérivée $\varpi'(x)$ restent finies et continues, on aura, pour des valeurs de i peu différentes de zéro (*voir* le *Calcul différentiel*),

$$\varpi(x+i)-\varpi(x)=i[\varpi'(x)+j],$$

j devant s'évanouir avec i. On aura donc par suite

$$(2)\qquad \left\{\begin{array}{ll}\varpi(\theta r)-\varpi(r) & =(\theta-1)r[\varpi'(r)+\delta_0],\\ \varpi(\theta^2 r)-\varpi(\theta r) & =(\theta-1)r[\theta\varpi'(\theta r)+\delta_1],\\ \ldots\ldots\ldots\ldots\ldots\ldots & \ldots\ldots\ldots\ldots\ldots\ldots,\\ \varpi(\theta^n r)-\varpi(\theta^{n-1}r) & =(\theta-1)r[\theta^{n-1}\varpi'(\theta^{n-1}r)+\delta_{n-1}],\end{array}\right.$$

$\delta_0, \delta_1, \ldots, \delta_{n-1}$ devant s'évanouir avec $\theta-1$, ou, ce qui revient au même, avec $\frac{1}{n}$; puis, en posant, pour abréger,

$$\frac{\delta_0+\delta_1+\ldots+\delta_{n-1}}{n}=-\delta,$$

c'est-à-dire, en représentant par $-\delta$ la moyenne arithmétique entre les expressions imaginaires

$$\delta_0,\quad \delta_1,\quad \ldots,\quad \delta_{n-1},$$

on tirera des équations (2)

$$(3)\qquad \frac{\varpi(\theta^n r)-\varpi(r)}{(\theta-1)r}=\varpi'(r)+\theta\,\varpi'(\theta r)+\ldots+\theta^{n-1}\,\varpi'(\theta^{n-1} r)-n\delta.$$

Enfin, comme on aura précisément

$$\theta^n=1,\qquad \varpi(\theta^n r)=\varpi(r),$$

l'équation (3) se réduira simplement à l'équation (1). D'autre part, comme la somme de plusieurs expressions imaginaires offre un module inférieur à la somme de leurs modules, la moyenne $-\delta$ offrira un module inférieur au plus grand des modules de

$$\delta_0,\quad \delta_1,\quad \ldots,\quad \delta_{n-1}.$$

Donc δ s'évanouira en même temps que chacun d'eux, c'est-à-dire en même temps que $\frac{1}{n}$, ce qui démontre l'exactitude du théorème I.

THÉORÈME II. — *Les mêmes choses étant posées que dans le théorème I, si l'on fait, pour abréger,*

$$(4)\qquad \Pi(r)=\frac{\varpi(r)+\varpi(\theta r)+\ldots+\varpi(\theta^{n-1} r)}{n},$$

c'est-à-dire, si l'on représente par $\Pi(r)$ *la moyenne arithmétique entre les diverses valeurs de*

$$\varpi(\theta^m r)$$

correspondantes aux valeurs

$$0,\quad 1,\quad 2,\quad 3,\quad \ldots,\quad n-1$$

du nombre m; alors, pour de grandes valeurs de n, la fonction $\Pi(r)$ *restera sensiblement invariable entre les limites* $r=r_0$, $r=R$.

Démonstration. — Supposons qu'à une valeur de r, comprise entre les limites r_0, R, on attribue un accroissement ρ assez petit pour que $r+\rho$ soit encore compris entre ces limites. Les accroissements correspondants des divers termes de la suite

$$\varpi(r),\quad \varpi(\theta r),\quad \ldots,\quad \varpi(\theta^{n-1} r)$$

seront de la forme

$$(5)\quad \begin{cases} \varpi(r+\rho) \quad -\varpi(r) \quad =\rho[\varpi'(r)+\varepsilon_0], \\ \varpi[\theta(r+\rho)] \quad -\varpi(\theta r) \quad =\rho[\theta\,\varpi'(\theta r)+\varepsilon_1], \\ \dots\dots\dots\dots\dots\dots\dots\dots\dots\dots\dots\dots, \\ \varpi[\theta^{n-1}(r+\rho)]-\varpi(\theta^{n-1}r)=\rho[\theta^{n-1}\varpi'(\theta^{n-1}r)+\varepsilon_{n-1}], \end{cases}$$

$\varepsilon_0, \varepsilon_1, \ldots, \varepsilon_{n-1}$ désignant des expressions imaginaires qui s'évanouiront avec $\frac{1}{n}$; et par suite la moyenne arithmétique entre ces mêmes accroissements, ou la différence

$$\Pi(r+\rho)-\Pi(r),$$

se trouvera déterminée par la formule

$$(6)\quad \Pi(r+\rho)-\Pi(r)=\rho\left[\frac{\varpi'(r)+\theta\,\varpi'(\theta r)+\ldots+\theta^{n-1}\varpi'(\theta^{n-1}r)}{n}+\varepsilon\right],$$

la valeur de ε étant

$$(7)\quad \varepsilon=\frac{\varepsilon_0+\varepsilon_1+\ldots+\varepsilon_{n-1}}{n}.$$

On aura donc, eu égard à la formule (1),

$$\Pi(r+\rho)-\Pi(r)=\rho(\varepsilon-\delta),$$

ou, ce qui revient au même,

$$(8)\quad \Pi(r+\rho)-\Pi(r)=\iota\rho,$$

ι représentant la différence $\varepsilon-\delta$, et devant, comme ε et δ, s'évanouir avec $\frac{1}{n}$.

On conclura facilement de la formule (8) que, pour de grandes valeurs de n, la fonction $\Pi(r)$ reste sensiblement invariable entre les limites $r=r_0$, $r=\mathrm{R}$, en sorte qu'on a par exemple, sans erreur sensible,

$$(9)\quad \Pi(\mathrm{R})=\Pi(r_0).$$

Effectivement, pour établir cette dernière équation, il suffira de partager la différence

$$\mathrm{R}-r_0$$

en éléments très petits égaux entre eux, et la différence

$$\Pi(\mathrm{R}) - \Pi(r_0)$$

en éléments correspondants, puis d'observer que, si l'on prend pour ρ un des éléments de la première différence, la seconde différence sera, en vertu de la formule (8), le produit de ρ par la somme des valeurs de ι, ou, ce qui revient au même, le produit de $\mathrm{R} - r_0$ par une moyenne arithmétique entre les diverses valeurs de ι. Soit I cette moyenne arithmétique, on aura

$$\Pi(\mathrm{R}) - \Pi(r_0) = \mathrm{I}(\mathrm{R} - r_0);$$

et, comme le module de I ne pourra surpasser le plus grand des modules de ι, il est clair que I, tout comme ι, devra s'évanouir avec $\frac{1}{n}$. Donc le produit

$$\mathrm{I}(\mathrm{R} - r_0)$$

devra lui-même s'évanouir sensiblement pour de grandes valeurs de n, du moins tant que R conservera une valeur finie. On prouverait de la même manière que, si la valeur de r est comprise entre les limites r_0, R, on aura sensiblement, pour de grandes valeurs de n,

$$\Pi(r) = \Pi(r_0). \tag{10}$$

Nota. — Le second membre de la formule (4) n'est autre chose que la moyenne arithmétique entre les diverses valeurs de la fonction

$$\varpi(x)$$

qui correspondent à un même module r de la variable x, et à des valeurs de $\frac{x}{r}$ représentées par les diverses racines de l'unité du degré n. La limite vers laquelle converge cette moyenne arithmétique, tandis que le nombre n croît indéfiniment, est ce qu'on pourrait appeler la *valeur moyenne* de la fonction $\varpi(x)$, pour le module donné r de la variable x. Lorsqu'on admet cette définition, le théorème II peut s'énoncer de la manière suivante :

Si la fonction $\varpi(x)$ et sa dérivée $\varpi'(x)$ restent finies et continues pour un module r de x renfermé entre les limites r_0, R, *la valeur moyenne de*

$\varpi(x)$ correspondante au module r, supposé compris entre les limites r_0, R, *sera indépendante de ce module.*

Corollaire I. — Les mêmes choses étant posées que dans les théorèmes I et II, si la fonction $\varpi(x)$ et sa dérivée restent encore continues, pour un module r de x renfermé entre les limites o, R, on aura sensiblement, pour un semblable module et pour de grandes valeurs de n,

$$\Pi(r) = \Pi(0). \tag{11}$$

Corollaire II. — Les mêmes choses étant posées que dans le corollaire I, si la fonction $\varpi(x)$ s'évanouit avec x, on pourra en dire autant de la fonction $\Pi(x)$, et par suite on aura sensiblement, pour de grandes valeurs de n,

$$\Pi(r) = 0. \tag{12}$$

Corollaire III. — Concevons maintenant que l'on pose

$$\varpi(z) = \frac{f(z) - f(x)}{z - x} z, \tag{13}$$

$f(z)$ désignant une fonction de z qui reste finie et continue avec sa dérivée $f'(z)$, pour un module r de z compris entre les limites o, R. $\Pi(z)$, ainsi que $\varpi(z)$, s'évanouira pour une valeur nulle de z; et si, en posant, pour abréger,

$$\varphi(z) = \frac{z}{z - x} f(z), \qquad \psi(z) = \frac{z}{z - x} f(x), \tag{14}$$

on nomme

$$\Phi(z), \quad \Psi(z)$$

ce que devient $\Pi(z)$ quand on remplace $\varpi(z)$ par $\varphi(z)$ ou par $\psi(z)$, alors, en vertu de la formule (12), on aura sensiblement, pour grandes valeurs de n, et pour un module r de z inférieur à R,

$$\Phi(r) - \Psi(r) = 0. \tag{15}$$

D'autre part, si l'on suppose le module r de z supérieur au module de x, on aura

$$\frac{z}{z-x} = 1 + z^{-1}x + z^{-2}x^2 + \ldots,$$

et par suite, eu égard aux propriétés bien connues des racines de l'unité,

$$\Psi(r) = \mathrm{f}(x).$$

Donc alors la formule (15) donnera sensiblement, pour de grandes valeurs de n,

$$(16) \qquad \mathrm{f}(x) = \Phi(r),$$

ou, ce qui revient au même,

$$(17) \quad \mathrm{f}(x) = \frac{1}{n}\left[\frac{r}{r-x}\mathrm{f}(r) + \frac{\theta r}{\theta r - x}\mathrm{f}(\theta r) + \ldots + \frac{\theta^{n-1} r}{\theta^{n-1} r - x}\mathrm{f}(\theta^{n-1} r)\right].$$

En vertu de cette dernière équation, qui devient rigoureuse quand n devient infini, la fonction $\mathrm{f}(x)$ pourra être généralement représentée par la valeur moyenne du produit

$$(18) \qquad \frac{z}{z-x}\mathrm{f}(z)$$

correspondante au module r de la variable z, si la fonction $\mathrm{f}(z)$ et sa dérivée $\mathrm{f}'(z)$ restent finies et continues pour ce module de z ou pour un module plus petit. D'ailleurs la fraction

$$\frac{z}{z-x},$$

et par suite le produit (18), seront, pour un module de x inférieur au module r de z, développables en séries convergentes ordonnées suivant les puissances ascendantes de x. On pourra donc en dire autant du second membre de la formule (17) et de la fonction $\mathrm{f}(x)$, quand le module de x sera inférieur au plus petit des modules de z pour lesquels la fonction $\mathrm{f}(z)$ cesse d'être finie et continue. On peut donc énoncer la proposition suivante :

Théorème III. — *Si l'on attribue à la variable x un module inférieur au* *plus petit de ceux pour lesquels une des deux fonctions* $\mathrm{f}(x)$, $\mathrm{f}'(x)$ *cesse d'être finie et continue, la fonction* $\mathrm{f}(x)$ *pourra être représentée par la valeur moyenne du produit*

$$\frac{z}{z-x}\,\mathrm{f}(z)$$

correspondante à un module r de z qui surpasse le module donné de x, et sera par conséquent développable en série convergente, ordonnée suivant les puissances ascendantes de la variable x.

Nota. — Comme, en supposant la fonction $\mathrm{f}(x)$ développable suivant les puissances ascendantes de x, et de la forme

$$(19) \qquad \mathrm{f}(x) = a_0 + a_1 x + a_2 x^2 + \ldots,$$

on tirera de l'équation (19) et de ses dérivées relatives à x

$$a_0 = \mathrm{f}(0), \qquad a_1 = \frac{\mathrm{f}'(0)}{1}, \qquad a_2 = \frac{\mathrm{f}''(0)}{1.2}, \qquad \ldots,$$

il est clair que le développement de $\mathrm{f}(x)$, déduit du théorème III, ne différera pas de celui que fournirait la formule de Taylor. On arrive encore aux mêmes conclusions en observant que le produit

$$\frac{z}{z-x}\,\mathrm{f}(z),$$

développé suivant les puissances ascendantes de x, donne pour développement la série

$$\mathrm{f}(z) + x\,\frac{\mathrm{f}(z)}{z} + x^2\,\frac{\mathrm{f}(z)}{z^2} + \ldots.$$

Donc, dans le développement de $\mathrm{f}(x)$, le terme constant devra se réduire à la valeur moyenne de $\mathrm{f}(z)$, laquelle, en vertu du théorème II, est précisément $\mathrm{f}(0)$, le coefficient de x à la valeur moyenne du rapport $\frac{\mathrm{f}(z)}{z}$, ou, ce qui revient au même, du rapport

$$\frac{\mathrm{f}(z)-\mathrm{f}(0)}{z},$$

et par conséquent à la valeur commune $\mathrm{f}'(0)$, que prennent ce rapport et la fonction $\mathrm{f}'(z)$, pour $z = 0$, etc.

Quant au reste qui devra compléter la série de Taylor, réduite à ses n premiers termes, il se déduira encore facilement des principes que nous venons d'établir.

En effet, puisqu'on aura

$$\frac{z}{z-x} = 1 + \frac{x}{z} + \frac{x^2}{z^2} + \ldots + \frac{x^{n-1}}{z^{n-1}} + \frac{x^n}{z^{n-1}(z-x)},$$

et, par suite,

$$\frac{z}{z-x}\,\mathrm{f}(z) = \mathrm{f}(z) + \frac{x}{z}\,\mathrm{f}(z) + \frac{x^2}{z^2}\,\mathrm{f}(z) + \ldots + \frac{x^{n-1}}{z^{n-1}}\,\mathrm{f}(z) + \frac{x^n}{z^{n-1}(z-x)}\,\mathrm{f}(z),$$

il est clair que le reste dont il s'agit sera la valeur moyenne du produit

$$\frac{x^n}{z^{n-1}(z-x)}\,\mathrm{f}(z),$$

considéré comme fonction de z, pour un module r de z supérieur au module donné de x. Donc, si l'on nomme $\mathfrak{R}$ le plus grand des modules de $\mathrm{f}(z)$ correspondants au module r de z, et X le module attribué à la variable x, le reste de la série de Taylor aura pour module un nombre inférieur au produit

$$\frac{X^n}{r^{n-1}(r-X)}\,\mathfrak{R},$$

par conséquent inférieur au reste de la progression géométrique que l'on obtient en développant, suivant les puissances ascendantes de x, le rapport

$$\frac{r\mathfrak{R}}{r-X}.$$

On peut donc énoncer encore la proposition suivante :

Théorème IV. — *Les mêmes choses étant posées que dans le théorème III, si l'on arrête le développement de la fonction* $\mathrm{f}(x)$ *après le* $n^{\text{ième}}$ *terme, le reste qui devra compléter le développement sera la valeur moyenne du produit*

$$\left(\frac{x}{z}\right)^{n-1} \frac{x\,\mathrm{f}(z)}{z-x},$$

pour un module r de z supérieur au module donné de x. Si d'ailleurs on nomme $\mathcal{R}$ le plus grand des modules de f(z) *correspondants au module r de z, et* X *le module attribué à x, le module du reste ne surpassera pas le produit*

$$\left(\frac{X}{r}\right)^{n-1}\frac{X\mathcal{R}}{r-X}.$$

Les principes ci-dessus exposés, particulièrement les notions des valeurs moyennes des fonctions pour des modules donnés des variables, et les divers théorèmes que nous venons d'établir, peuvent être immédiatement étendus et appliqués à des fonctions de plusieurs variables. On obtiendra de cette manière de nouveaux énoncés des propositions que renferme le Mémoire lithographié sur la *Mécanique céleste,* présenté à l'Académie de Turin, dans la séance du 11 octobre 1831; et l'on arrivera, par exemple, au théorème suivant :

Théorème V. — *Soient $x, y, z, \ldots$ plusieurs variables réelles ou imaginaires. La fonction* f($x, y, z, \ldots$) *sera développable par la formule de Maclaurin, étendue au cas de plusieurs variables, en une série convergente ordonnée suivant les puissances ascendantes de $x, y, z, \ldots$ si les modules de $x, y, z, \ldots$ conservent des valeurs inférieures à celles pour lesquelles la fonction reste finie et continue. Soient $r, r', r'', \ldots$ ces dernières valeurs, ou des valeurs plus petites, et $\mathcal{R}$ le plus grand des modules de* f($x, y, z, \ldots$) *correspondants au module r de x, au module r' de y, au module r'' de z, ... Les modules du terme général et du reste de la série en question seront respectivement inférieurs aux modules du terme général et du reste de la série qui a pour somme le produit*

$$\frac{r}{r-x}\,\frac{r'}{r'-y}\,\frac{r''}{r''-z}\cdots\mathcal{R}.$$

§ II. — *Développement des fonctions implicites. Formule de Lagrange.*

Les principes établis dans le paragraphe précédent peuvent être appliqués, non seulement au développement des fonctions explicites, mais encore au développement des fonctions implicites, par exemple, de celles qui représentent les racines des équations algébriques et transcendantes. Alors la loi de convergence se réduit encore à la loi de continuité. Concevons, pour fixer les idées, que la variable x soit déterminée en fonction de la variable ε par une équation algébrique ou transcendante de la forme

$$x = \varepsilon\,\varpi(x), \tag{1}$$

$\varpi(x)$ étant une fonction explicite et donnée de x qui ne renferme point ε, et ne devienne point nulle ni infinie pour $x = 0$. Parmi les racines de l'équation (1), il en existera une qui s'évanouira en même temps que ε. Or cette racine, si l'on fait croître le module de ε par degrés insensibles, variera elle-même insensiblement, ainsi que sa dérivée relative à ε, en restant fonction continue de la variable ε, jusqu'à ce que cette variable acquière une valeur pour laquelle deux racines de l'équation (1) deviennent égales, pourvu toutefois que dans l'intervalle la valeur de $\varpi(x)$, correspondante à la racine dont il s'agit, ne cesse pas d'être continue. Donc, si la fonction $\varpi(x)$ reste continue pour des valeurs quelconques de x, celle des racines de l'équation (1) qui s'évanouit avec ε sera développable en série convergente ordonnée suivant les puissances ascendantes de ε, pour tout module de la variable ε inférieur au plus petit de ceux qui introduisent des racines égales dans l'équation (1), et rendent ces racines communes à l'équation (1) et à sa dérivée

$$1 = \varepsilon\,\varpi'(x),$$

par conséquent, pour tout module de ε inférieur au plus petit de ceux qui répondent aux équations simultanées

$$\varepsilon = \frac{x}{\varpi(x)}, \qquad \frac{\varpi(x)}{x} = \varpi'(x). \tag{2}$$

Ainsi, par exemple, la plus petite racine x de l'équation

$$x = \varepsilon \cos x$$

sera développable en série convergente ordonnée suivant les puissances ascendantes de ε, pour tout module de ε inférieur au plus petit de ceux qui répondent aux équations simultanées

$$\varepsilon = \frac{x}{\cos x}, \qquad \text{et} \qquad \frac{\cos x}{x} = -\sin x \qquad \text{ou} \qquad \operatorname{tang} x = -x.$$

Or ce plus petit module, qui correspond à la racine imaginaire

$$x = 1,199678\ldots\sqrt{-1}$$

de l'équation $\operatorname{tang} x = -x$, sera

$$0,662742\ldots;$$

et par conséquent la plus petite racine de l'équation

$$x = \varepsilon \cos x$$

sera développable en série convergente ordonnée suivant les puissances ascendantes de ε, pour tout module de ε inférieur au nombre 0,662742.... On se trouve ainsi ramené immédiatement à un résultat auquel M. Laplace est parvenu par des calculs assez longs dans son Mémoire sur la convergence de la série que fournit le développement du rayon vecteur d'une planète suivant les puissances ascendantes de l'excentricité.

Il nous reste à indiquer une méthode très simple, à l'aide de laquelle on peut souvent construire avec une grande facilité les développements des fonctions implicites. Pour ne pas trop allonger ce Mémoire, nous nous contenterons ici d'appliquer cette méthode au développement de la plus petite racine x de l'équation (1), ou d'une fonction de cette racine.

Nommons α celle des racines de l'équation (1) qui s'évanouit avec ε, et que nous supposons être une racine simple. On aura identiquement

$$(3) \qquad x - \varepsilon\,\varpi(x) = (x - \alpha)\,\Pi(x),$$

$\Pi(x)$ désignant une fonction de x qui ne deviendra point nulle ni infinie pour $x = 0$. Or de l'équation (3), jointe à sa dérivée, on déduira la suivante

$$(4) \qquad \frac{1 - \varepsilon\,\varpi'(x)}{x - \varepsilon\,\varpi(x)} = \frac{1}{x - \alpha} + \frac{\Pi'(x)}{\Pi(x)},$$

que l'on obtiendrait immédiatement en prenant les dérivées logarithmiques des deux membres de l'équation (3). On aura donc par suite

$$(5)\qquad \frac{\Pi'(x)}{\Pi(x)} = \frac{1 - \varepsilon\varpi'(x)}{x - \varepsilon\varpi(x)} - \frac{1}{x - \alpha}.$$

D'ailleurs, pour des valeurs de x suffisamment rapprochées de zéro, la fonction

$$\frac{\Pi'(x)}{\Pi(x)}$$

sera généralement développable en une série convergente ordonnée suivant les puissances ascendantes, entières et positives de x. Ainsi, en particulier, si $\Pi(x)$ est une fonction entière de x et si l'on nomme β, γ, ... les racines de l'équation

$$(6)\qquad \Pi(x) = 0,$$

on aura identiquement

$$(7)\qquad \Pi(x) = k(x - \beta)(x - \gamma)\ldots,$$

k désignant un coefficient indépendant de x; et par suite

$$(8)\qquad \frac{\Pi'(x)}{\Pi(x)} = \frac{1}{x - \beta} + \frac{1}{x - \gamma} + \ldots.$$

Donc alors on aura, pour tout module de x inférieur aux modules des racines β, γ, ...,

$$(9)\qquad \frac{\Pi'(x)}{\Pi(x)} = -\left(\frac{1}{\beta} + \frac{1}{\gamma} + \ldots\right) - \left(\frac{1}{\beta^2} + \frac{1}{\gamma^2} + \ldots\right)x - \ldots$$

Donc aussi le second membre de l'équation (5) devra être développable, pour des modules de x qui ne dépassent pas certaines limites, en une série convergente ordonnée suivant les puissances ascendantes, entières et positives de x. Or il semble au premier abord que, pour de très petits modules de ε, ou, ce qui revient au même, pour de très petits modules de α, ce développement ne puisse s'effectuer. Car, si le module de α devient inférieur à celui de x, et le module de ε à celui de $\frac{x}{\varpi(x)}$, alors, en posant, pour abréger,

$$\varpi(x) = \mathfrak{X},$$

on trouvera

$$(10)\qquad \frac{1}{x-\alpha}=\frac{1}{x}+\frac{\alpha}{x^2}+\frac{\alpha^2}{x^3}+\ldots,$$

$$(11)\qquad \frac{1-\varepsilon\varpi'(x)}{x-\varepsilon\varpi(x)}=\frac{1}{x}-\varepsilon\mathrm{D}_x\left(\frac{\mathcal{X}}{x}\right)-\frac{\varepsilon^2}{2}\mathrm{D}_x\left(\frac{\mathcal{X}^2}{x^2}\right)-\frac{\varepsilon^3}{3}\mathrm{D}_x\left(\frac{\mathcal{X}^3}{x^3}\right)-\ldots.$$

De plus, en désignant par ι un nombre infiniment petit que l'on devra réduire à zéro, après les différentiations effectuées, et par $\mathfrak{I}$ ce que devient $\mathcal{X}$ quand on remplace x par ι, on aura encore, en vertu de la formule de Maclaurin,

$$(12)\qquad \begin{cases} \mathcal{X}=\mathfrak{I}+\frac{x}{1}\mathrm{D}_\iota\mathfrak{I}+\frac{x^2}{1.2}\mathrm{D}_\iota^2\mathfrak{I}+\ldots,\\ \mathcal{X}^2=\mathfrak{I}^2+\frac{x}{1}\mathrm{D}_\iota\mathfrak{I}^2+\frac{x^2}{1.2}\mathrm{D}_\iota^2\mathfrak{I}^2+\ldots,\end{cases}$$

et

$$(13)\qquad \begin{cases} \mathrm{D}_x\frac{\mathcal{X}}{x}=-\frac{\mathfrak{I}}{x^2}+\frac{1}{1.2}\mathrm{D}_\iota^2\mathfrak{I}+\ldots,\\ \mathrm{D}_x\frac{\mathcal{X}^2}{x^2}=-2\frac{\mathfrak{I}^2}{x^3}-\frac{1}{1}\frac{\mathrm{D}_\iota\mathfrak{I}^2}{x^2}+\frac{1}{1.2.3}\mathrm{D}_\iota^3\mathfrak{I}^2+\ldots,\end{cases}$$

et par suite le second membre de la formule (5), développé suivant les puissances ascendantes de x, renfermera en apparence non seulement des puissances positives, mais encore des puissances négatives de x; ces dernières même étant, à ce qu'il semble, en nombre infini. Toutefois il importe d'observer qu'en supposant le module de α très petit, on pourra développer ε, ε^2, ..., et par suite les seconds membres des formules (11) et (5), suivant les puissances ascendantes de α. Alors le second membre de la formule (5), développé suivant les puissances ascendantes de x et de α, offrira, il est vrai, des puissances positives et des puissances négatives de x, mais seulement des puissances positives de α; et le coefficient d'une puissance quelconque de α, par exemple de α^m, dans ce second membre, sera la somme u_m d'une série qui renfermera un nombre infini de puissances positives de x, avec les seules puissances négatives

$$\frac{1}{x^m},\quad \frac{1}{x^{m-1}},\quad \ldots,\quad \frac{1}{x}.$$

D'autre part, en vertu des principes établis dans le paragraphe précédent (théorème V), le facteur $\frac{\Pi'(x)}{\Pi(x)}$ sera développable en une série convergente ordonnée suivant les puissances ascendantes, entières et positives de x et de α, tant que les modules de x et de α ne dépasseront pas les limites au delà desquelles cette fonction cesse d'être continue; et le coefficient de α^m, dans le développement, sera la somme v_m d'une série qui renfermera seulement les puissances entières et positives de x. Donc, puisque deux développements, ordonnés suivant les puissances ascendantes, entières et positives de α, ne peuvent devenir égaux sans qu'il y ait égalité entre les coefficients des mêmes puissances, les deux coefficients de α^m que nous avons désignés par u_m, v_m, et qui représentent les sommes de deux séries ordonnées suivant les puissances ascendantes de x, seront égaux; d'où il résulte que, dans la première de ces deux séries, chacun des m premiers termes, proportionnels à des puissances négatives de x, devra s'évanouir. Donc le terme proportionnel à $\frac{1}{x^2}$, en particulier, s'évanouira dans la série dont la somme u_m sert de coefficient à α^m, quel que soit d'ailleurs le nombre m; d'où il résulte que la somme des termes proportionnels à $\frac{1}{x^2}$ s'évanouira elle-même, dans le développement du second membre de la formule (5) suivant les puissances ascendantes de x et de α. Or cette somme, en vertu des formules (9), (10), (13), sera évidemment

$$\varepsilon\mathfrak{J} + \frac{\varepsilon^2}{1.2} D_\iota \mathfrak{J}^2 + \frac{\varepsilon^3}{1.2.3} D_\iota^2 \mathfrak{J}^3 + \ldots - \alpha.$$

On aura donc

$$(14)\qquad \alpha = \varepsilon\mathfrak{J} + \frac{\varepsilon^2}{1.2} D_\iota \mathfrak{J}^2 + \frac{\varepsilon^3}{1.2.3} D_\iota^2 \mathfrak{J}^3 + \ldots,$$

la valeur de ι devant être réduite à zéro, après les différentiations effectuées. La formule (14), qui subsiste tant que α et sa dérivée relative à ε restent fonctions continues de ε, est précisément la formule donnée par Lagrange pour le développement de α suivant les puissances ascendantes de ε. Si l'on égalait à zéro, dans le développement du second membre de la formule (5), non plus le coefficient de $\frac{1}{x^2}$, mais ceux de $\frac{1}{x^3}$, de $\frac{1}{x^4}$, $\ldots$, on obtiendrait immédiatement les formules données par Lagrange pour le développement de α^2, α^3, $\ldots$, suivant les puissances ascendantes de ε. Enfin, si l'on égalait les coefficients des puissances positives

$$x, \quad x^2, \quad \ldots$$

à ceux qui affectent les mêmes puissances dans le second membre de la formule (9), on obtiendrait les valeurs des sommes

$$\frac{1}{6} + \frac{1}{\gamma} + \ldots, \quad \frac{1}{6^2} + \frac{1}{\gamma^2} + \ldots,$$

développées encore suivant les puissances ascendantes, entières et positives de ε.

Soit maintenant $f(x)$ une fonction qui ne devienne pas infinie pour $x = 0$. Après avoir multiplié par le rapport

$$\frac{f(x) - f(0)}{x}$$

les deux membres de la formule (5), on pourra, tant que la fonction $f(x)$ ne deviendra pas discontinue, développer le second membre suivant les puissances ascendantes de x; et, comme, dans ce développement effectué à l'aide des équations (10), (11), (13), ou de formules analogues, le coefficient de $\frac{1}{x^2}$ devra disparaître, on en conclura facilement

$$(15) \quad f(\alpha) - f(0) = \varepsilon \mathfrak{I} f'(\iota) + \frac{\varepsilon^2}{1.2} D_\iota[\mathfrak{I}^2 f'(\iota)] + \frac{\varepsilon^3}{1.2.3} D_\iota^2[\mathfrak{I}^3 f'(\iota)] + \ldots,$$

la valeur de ι devant être réduite à zéro après les différentiations effectuées. On retrouve encore ici la formule donnée par Lagrange pour le développement de $f(\alpha)$. Il est bon d'observer que, dans cette formule, le coefficient de $\frac{\varepsilon^n}{n}$, déterminé par la méthode qu'on vient d'exposer, sera le coefficient de $\frac{1}{x^2}$ dans le développement du produit

$$\frac{f(x) - f(0)}{x} D_x\left(\frac{\mathfrak{X}^n}{x^n}\right),$$

ou, ce qui revient au même, le coefficient $\frac{1}{x^2}$ dans le développement de la fonction

$$(16) \qquad -\mathrm{D}_x\left\{[f(x)-f(0)]\,\mathrm{D}_x\left(\frac{\mathfrak{X}}{x}\right)_n\right\}.$$

Mais, comme la dérivée du second ordre d'un développement ordonné suivant les puissances ascendantes et entières de x ne peut renfermer la puissance négative $\frac{1}{x^2}$, cette puissance disparaîtra dans le développement de

$$\mathrm{D}_x^2\left[\frac{f(x)-f(0)}{x^n}\mathfrak{X}^n\right]=\mathrm{D}_x\left\{[f(x)-f(0)]\,\mathrm{D}_x\left(\frac{\mathfrak{X}}{x}\right)^n\right\}+\mathrm{D}_x\frac{\mathfrak{X}^n f'(x)}{x^n},$$

d'où il suit qu'elle sera multipliée par un même coefficient dans les développements de l'expression (16) et de la suivante

$$\mathrm{D}_x\frac{\mathfrak{X}^n f'(x)}{x^n}.$$

Donc, dans le second membre de la formule (15), le coefficient de $\frac{\varepsilon^n}{n}$ devra se réduire, comme nous l'avons admis, à

$$\frac{1}{1.2\ldots(n-1)}\mathrm{D}_\iota^{n-1}[\mathfrak{I}^n f'(\iota)],$$

ι devant être réduit à zéro après les différentiations.

La même méthode, comme je l'expliquerai plus en détail dans un autre article, peut servir à développer, suivant les puissances ascendantes d'un paramètre contenu dans une équation algébrique ou transcendante, la somme des racines qui ne deviennent pas infinies quand le paramètre s'évanouit, ou plus généralement la somme des fonctions semblables de ces racines. On retrouve alors les résultats obtenus dans le Mémoire de 1831.

On pourrait, au reste, démontrer rigoureusement la formule de Lagrange, en combinant la méthode que M. Laplace a suivie avec la théorie que nous avons exposée dans le premier paragraphe.

85.

THÉORIE DES NOMBRES. — *Sur quelques séries dignes de remarque, qui se présentent dans la théorie des nombres.*

C. R., t. X, p. 719 (11 mai 1840).

Soient

n un nombre entier donné;
$h, k, l, \ldots$ les entiers inférieurs à n, mais premiers à n;
ρ l'une des racines primitives de l'équation

$$x^n = 1 \tag{1}$$

et

$$\Delta = \rho^h + \rho^{h'} + \rho^{h''} + \ldots - \rho^k - \rho^{k'} - \rho^{k''} - \ldots \tag{2}$$

une somme alternée, formée avec ces racines, les entiers

$$h, \quad k, \quad l, \quad \ldots$$

étant ainsi partagés en deux groupes

$$h, \quad h', \quad h'', \quad \ldots \qquad \text{et} \qquad k, \quad k', \quad k'', \quad \ldots$$

dont le premier sera censé renfermer l'unité. Enfin supposons que la somme Δ vérifie la formule

$$\Delta^2 = \pm n, \tag{3}$$

par conséquent l'une des suivantes

$$\Delta^2 = + n, \tag{4}$$

$$\Delta^2 = - n, \tag{5}$$

et posons, pour abréger,

$$\omega = \frac{2\pi}{n}. \tag{6}$$

On peut démontrer, soit à l'aide des méthodes employées par MM. Gauss et Dirichlet, soit à l'aide de celles que j'ai données moi-même dans la séance du 6 avril dernier, que, si l'on prend

$$\rho = e^{\omega\sqrt{-1}},$$

on tirera d'une part de la formule (4), d'autre part de la formule (5),

$$(7) \qquad \Delta = n^{\frac{1}{2}},$$

$$(8) \qquad \Delta = n^{\frac{1}{2}}\sqrt{-1}.$$

Si l'on prend au contraire

$$\rho = e^{m\omega\sqrt{-1}},$$

m étant un nombre entier quelconque, les formules (7) et (8) devront être remplacées par les suivantes :

$$(9) \qquad \Delta = \iota_m n^{\frac{1}{2}},$$

$$(10) \qquad \Delta = \iota_m n^{\frac{1}{2}}\sqrt{-1},$$

le coefficient ι_m devant être réduit à l'une des trois quantités

$$0, \quad 1, \quad -1,$$

savoir, à zéro, lorsque la fraction $\frac{m}{n}$ sera réductible à une expression plus simple, et dans le cas contraire, c'est-à-dire lorsque m sera premier à n, tantôt à $+1$, tantôt à -1, suivant que m, augmenté ou diminué, s'il est nécessaire, d'un multiple de n, fera partie du groupe h, h', h'', ... ou du groupe k, k', k'', ...

Des formules (9) et (10), combinées avec les équations connues qui servent à développer les fonctions en séries ordonnées suivant les sinus ou les cosinus des multiples d'un arc, on peut déduire divers résultats dignes de remarque, et en particulier ceux que M. Dirichlet a obtenus, à l'aide de semblables combinaisons, dans plusieurs Mémoires qui ont attiré l'attention des géomètres. Concevons, par exemple, que l'on combine les formules (9), (10) avec l'équation

$$\begin{aligned} n\,\mathrm{f}(x) &= \int_0^a \mathrm{f}(u)\,du + 2\int_0^a \cos\omega(x-u)\,\mathrm{f}(u)\,du + 2\int_0^a \cos 2\omega(x-u)\,\mathrm{f}(u)\,du + \ldots \\ &= \int_0^a \mathrm{f}(u)\,du + 2\cos\omega x\int_0^a \cos\omega u\,\mathrm{f}(u)\,du + 2\cos 2\omega x\int_0^a \cos 2\omega u\,\mathrm{f}(u)\,du + \ldots \\ &\qquad + 2\sin\omega x\int_0^a \sin\omega u\,\mathrm{f}(u)\,du + 2\sin 2\omega x\int_0^a \sin 2\omega u\,\mathrm{f}(u)\,du + \ldots, \end{aligned}$$

qui subsiste, pour la valeur de ω fournie par l'équation (6), et pour des valeurs de a positives, mais inférieures à x, entre les limites $x = 0$, $x = a$ de la variable x, pourvu que la fonction $\mathrm{f}(x)$ reste continue entre ces limites; ou bien encore avec les deux équations

$$\frac{1}{2}n\,\mathrm{f}(x) = \int_0^a \mathrm{f}(u)\,du + 2\cos\omega x\int_0^a \cos\omega u\,\mathrm{f}(u)\,du + 2\cos 2\omega x\int_0^a \cos 2\omega u\,\mathrm{f}(u)\,du + \ldots,$$

$$\frac{1}{2}n\,\mathrm{f}(x) = \qquad 2\sin\omega x\int_0^a \sin\omega u\,\mathrm{f}(u)\,du + 2\sin 2\omega x\int_0^a \sin 2\omega u\,\mathrm{f}(u)\,du + \ldots,$$

que l'on peut substituer à la précédente, dans le cas où la constante a reste inférieure à $\frac{n}{2}$, x étant toujours plus petit que a. On trouvera, en supposant $\Delta^2 = n$,

$$(11)\quad \left\{ \begin{aligned} &\frac{1}{2}n^{\frac{1}{2}}[\mathrm{f}(h) + \mathrm{f}(h') + \ldots - \mathrm{f}(k) - \mathrm{f}(k') - \ldots] \\ &\quad = \iota_1\int_0^a \cos\omega u\,\mathrm{f}(u)\,du + \iota_2\int_0^a \cos 2\omega u\,\mathrm{f}(u)\,du \\ &\qquad\qquad + \iota_3\int_0^a \cos 3\omega u\,\mathrm{f}(u)\,du + \ldots, \end{aligned} \right.$$

et, en supposant $\Delta^2 = -n$,

$$(12)\quad \left\{ \begin{aligned} &\frac{1}{2}n^{\frac{1}{2}}[\mathrm{f}(h) + \mathrm{f}(h') + \ldots - \mathrm{f}(k) - \mathrm{f}(k') - \ldots] \\ &\quad = \iota_1\int_0^a \sin\omega u\,\mathrm{f}(u)\,du + \iota_2\int_0^a \sin 2\omega u\,\mathrm{f}(u)\,du \\ &\qquad\qquad + \iota_3\int_0^a \sin 3\omega u\,\mathrm{f}(u)\,du + \ldots, \end{aligned} \right.$$

non seulement lorsqu'on admettra, dans les premiers membres des formules (11), (12), les valeurs de $f(x)$ correspondantes à toutes les valeurs de h ou de k représentées par

$$h,\ h',\ h'',\ \ldots \quad \text{ou} \quad k,\ k',\ k'',\ \ldots,$$

mais aussi lorsqu'on aura seulement égard à celles des valeurs de h ou de k qui sont renfermées entre les limites 0, $\frac{n}{2}$, pourvu que l'on suppose, dans le premier cas, a inférieur ou tout au plus égal à n, mais supérieur à $n-1$; et dans le second cas, a inférieur ou tout au plus égal à $\frac{n}{2}$, mais supérieur au nombre entier qui précède immédiatement $\frac{n}{2}$, c'est-à-dire à $\frac{n}{2}-1$ si n est pair, et à $\frac{n-1}{2}$ si n est impair.

Observons maintenant que, m étant un nombre entier quelconque, on aura généralement

$$\cos m\omega u = \frac{1}{2}\left(e^{m\omega u\sqrt{-1}} + e^{-m\omega u\sqrt{-1}}\right),$$

$$\sin m\omega u = \frac{1}{2\sqrt{-1}}\left(e^{m\omega u\sqrt{-1}} - e^{-m\omega u\sqrt{-1}}\right),$$

et

$$\int_0^a e^{m\omega u\sqrt{-1}}\,du = \frac{e^{m\omega a\sqrt{-1}} - 1}{m\omega\sqrt{-1}}, \qquad \int_0^a e^{-m\omega u\sqrt{-1}} = \frac{1 - e^{-m\omega a\sqrt{-1}}}{m\omega\sqrt{-1}}.$$

De plus, si l'on différentie l fois, par rapport à ω, les deux équations précédentes, on en tirera, en indiquant par le moyen de la caractéristique D_ω chaque différentiation relative à ω,

$$\int_0^a u^l e^{m\omega u\sqrt{-1}}\,du = \left(\frac{-\sqrt{-1}}{m}D_\omega\right)^l \frac{e^{m\omega a\sqrt{-1}} - 1}{m\omega\sqrt{-1}},$$

$$\int_0^a u^l e^{-m\omega u\sqrt{-1}}\,du = \left(\frac{\sqrt{-1}}{m}D_\omega\right)^l \frac{1 - e^{-m\omega a\sqrt{-1}}}{m\omega\sqrt{-1}}.$$

Cela posé, en désignant par $f(x)$ une fonction entière de x composée d'un nombre fini ou même infini de termes, on tirera évidemment des formules (11) et (12) :

1° En supposant $\Delta^2 = n$,

$$(13)\quad \left\{\begin{aligned} & n^{\frac{1}{2}}[f(h)+f(h')+\ldots-f(k)-f(k')-\ldots] \\ & = \iota_1 f(\sqrt{-1}\,D_\omega)\frac{1-e^{-\omega a\sqrt{-1}}}{\omega\sqrt{-1}} + \iota_2 f\left(\frac{\sqrt{-1}}{2}D_\omega\right)\frac{1-e^{-2\omega a\sqrt{-1}}}{2\omega\sqrt{-1}} + \ldots \\ & + \iota_1 f(-\sqrt{-1}\,D_\omega)\frac{e^{\omega a\sqrt{-1}}-1}{\omega\sqrt{-1}} + \iota_2 f\left(-\frac{\sqrt{-1}}{2}D_\omega\right)\frac{e^{2\omega a\sqrt{-1}}-1}{2\omega\sqrt{-1}} + \ldots; \end{aligned}\right.$$

2° En supposant $\Delta^2 = -n$,

$$(14)\quad \left\{\begin{aligned} & n^{\frac{1}{2}}[f(h)+f(h')+\ldots-f(k)-f(k')-\ldots] \\ & = \iota_1 f(\sqrt{-1}\,D_\omega)\frac{1-e^{-\omega a\sqrt{-1}}}{\omega} + \iota_2 f\left(\frac{\sqrt{-1}}{2}D_\omega\right)\frac{1-e^{-2\omega a\sqrt{-1}}}{2\omega} + \ldots \\ & + \iota_1 f(-\sqrt{-1}\,D_\omega)\frac{1-e^{\omega a\sqrt{-1}}}{\omega} + \iota_2 f\left(-\frac{\sqrt{-1}}{2}D_\omega\right)\frac{1-e^{2\omega a\sqrt{-1}}}{2\omega} + \ldots. \end{aligned}\right.$$

Pour montrer une application des formules (13) et (14), concevons que, m étant un nombre entier quelconque, on prenne

$$f(x) = x^m,$$

et représentons par

$$\mathcal{D}_m,\quad \delta_m$$

les deux valeurs qu'on peut obtenir pour l'expression

$$h^m + h'^m + \ldots - k^m - k'^m - \ldots$$

lorsqu'on y admet toutes les valeurs de h et de k, ou seulement celles qui sont inférieures à $\frac{1}{2}n$. Si, comme dans un précédent Mémoire (pages 146 et 149), on désigne par S_m, T_m ou par s_m, t_m les valeurs qu'acquerront dans ces deux hypothèses les sommes

$$h^m + h'^m + \ldots,\quad k^m + k'^m + \ldots,$$

on aura évidemment

$$(15)\qquad \mathcal{D}_m = S_m - T_m,\qquad \delta_m = s_m - t_m;$$

et, en supposant $\Delta^2 = n$, on tirera de la formule (13) :

1° Pour des valeurs paires de m,

$$(16)\quad (-1)^{\frac{m}{2}}\frac{1}{2}n^{\frac{1}{2}}\varpi_m = D_\omega^m\left(\iota_1\frac{\sin\omega a}{\omega} + \frac{\iota_2}{2^m}\frac{\sin 2\omega a}{2\omega} + \frac{\iota_3}{3^m}\frac{\sin 3\omega a}{3\omega} + \ldots\right);$$

2° Pour des valeurs impaires de m,

$$(17)\quad (-1)^{\frac{m-1}{2}}\frac{1}{2}n^{\frac{1}{2}}\varpi_m = D_\omega^m\left(\iota_1\frac{1-\cos\omega a}{\omega} + \frac{\iota_2}{2^m}\frac{1-\cos 2\omega a}{2\omega} + \frac{\iota_3}{3^m}\frac{1-\cos 3\omega a}{3\omega} + \ldots\right).$$

Au contraire, en supposant $\Delta^2 = -n$, on tirera de la formule (14) :

1° Pour des valeurs paires de m,

$$(18)\quad (-1)^{\frac{m}{2}}\frac{1}{2}n^{\frac{1}{2}}\varpi_m = D_\omega^m\left(\iota_1\frac{1-\cos\omega a}{\omega} + \frac{\iota_2}{2^m}\frac{1-\cos 2\omega a}{2\omega} + \frac{\iota_3}{3^m}\frac{1-\cos 3\omega a}{3\omega} + \ldots\right);$$

2° Pour des valeurs impaires de m,

$$(19)\quad (-1)^{\frac{m+1}{2}}\frac{1}{2}n^{\frac{1}{2}}\varpi_m = D_\omega^m\left(\iota_1\frac{\sin\omega a}{\omega} + \frac{\iota_2}{2^m}\frac{\sin 2\omega a}{2\omega} + \frac{\iota_3}{3^m}\frac{\sin 3\omega a}{3\omega} + \ldots\right).$$

Les formules (16), (17), (18), (19) supposent la quantité a supérieure à $n-1$, mais inférieure ou tout au plus égale à n. Elles subsistent en particulier quand on y suppose $a = n$. Si l'on posait, au contraire, dans les seconds membres de ces formules, $a = \frac{n}{2}$, on devrait dans les premiers membres remplacer ϖ_m par δ_m.

Il est important d'observer que les différentiations indiquées par la caractéristique D_ω^m, dans les seconds membres des équations (16), (17), (18), (19), peuvent être aisément effectuées à l'aide de la formule

$$D_\omega^m(\omega^{-1}\Omega) = (-1)^m\frac{1.2.3\ldots m}{\omega^{m+1}}\left(\Omega - \frac{\omega}{1}D_\omega\Omega + \frac{\omega^2}{1.2}D_\omega^2\Omega - \ldots\right),$$

qui subsiste pour des valeurs quelconques de Ω considéré comme fonction de ω.

Faisons maintenant, pour abréger,

$$\mathfrak{I}_1 = \iota_1 + \frac{\iota_2}{2} + \frac{\iota_3}{3} + \ldots,\qquad \mathfrak{I}_2 = \iota_1 + \frac{\iota_2}{2^2} + \frac{\iota_3}{3^2} + \ldots,$$

et généralement

$$\mathfrak{I}_m = \iota_1 + \frac{\iota_2}{2^m} + \frac{\iota_3}{3^m} + \ldots,$$

ou, ce qui revient au même, puisque $\iota_1 = 1$,

$$(20) \qquad \mathfrak{I}_m = 1 + \frac{\iota_2}{2^m} + \frac{\iota_3}{3^m} + \ldots.$$

Si, dans les seconds membres des formules (16), (17), (18), (19), on pose, après les différentiations, $a = n$, par conséquent

$$a\omega = 2\varpi,$$

alors, en supposant $\Delta^2 = n$, on trouvera :

1° Pour des valeurs paires de m,

$$\mathfrak{O}_m = 2n^{m+\frac{1}{2}}\left[\frac{m}{(2\pi)^2}\mathfrak{I}_2 - \frac{(m-2)(m-1)m}{(2\pi)^4}\mathfrak{I}_4 + \ldots \pm \frac{2.3.4\ldots m}{(2\pi)^m}\mathfrak{I}_m\right];$$

2° Pour des valeurs impaires de m,

$$\mathfrak{O}_m = 2n^{m+\frac{1}{2}}\left[\frac{m}{(2\pi)^2}\mathfrak{I}_2 - \frac{(m-2)(m-1)m}{(2\pi)^4}\mathfrak{I}_4 + \ldots \pm \frac{3.4\ldots m}{(2\pi)^{m-1}}\mathfrak{I}_{m-1}\right];$$

mais, en supposant $\Delta^2 = -n$, on trouvera :

1° Pour des valeurs paires de m,

$$\mathfrak{O}_m = -2n^{m+\frac{1}{2}}\left[\frac{1}{2\pi}\mathfrak{I}_1 - \frac{(m-1)m}{(2\pi)^3}\mathfrak{I}_3 + \ldots \pm \frac{3.4\ldots m}{(2\pi)^{m-1}}\mathfrak{I}_{m-1}\right];$$

2° Pour des valeurs impaires de m,

$$\mathfrak{O}_m = -2n^{m+\frac{1}{2}}\left[\frac{1}{2\pi}\mathfrak{I}_1 - \frac{(m-1)m}{(2\pi)^3}\mathfrak{I}_3 + \ldots \pm \frac{2.3.4\ldots m}{(2\pi)^m}\mathfrak{I}_m\right].$$

Ainsi, en supposant $\Delta^2 = n$, on trouvera successivement

$$(21) \qquad \mathfrak{O}_1 = 0, \qquad \mathfrak{O}_2 = \frac{\mathfrak{I}_2}{\pi^2}n^{\frac{5}{2}}, \qquad \mathfrak{O}_3 = \frac{3}{2}\frac{\mathfrak{I}_2}{\pi^2}n^{\frac{7}{2}}, \qquad \ldots,$$

tandis qu'en supposant $\Delta^2 = -n$ on trouvera

$$(22)\quad \mathfrak{D}_1 = -\frac{\mathfrak{I}_1}{\pi}n, \qquad \mathfrak{D}_2 = -\frac{\mathfrak{I}_1}{\pi}n^{\frac{5}{2}}, \qquad \mathfrak{D}_3 = \left(\frac{3}{2}\frac{\mathfrak{I}_3}{\pi^3} - \frac{\mathfrak{I}_1}{\pi}\right)n^{\frac{7}{2}}, \qquad \ldots.$$

Pareillement, si l'on pose, pour abréger,

$$\mathrm{I}_1 = \iota_1 - \frac{\iota_2}{2} + \frac{\iota_3}{3} - \ldots, \qquad \mathrm{I}_2 = \iota_1 - \frac{\iota_2}{2^2} + \frac{\iota_3}{3^2} - \ldots,$$

et généralement

$$\mathrm{I}_m = \iota_1 - \frac{\iota_2}{2^m} + \frac{\iota_3}{3^m} - \ldots,$$

ou, ce qui revient au même,

$$(23)\qquad \mathrm{I}_m = 1 - \frac{\iota_2}{2^m} + \frac{\iota_3}{3^m} - \ldots,$$

et si, dans les seconds membres des formules (16), (17), (18), (19), on pose, après les différentiations, $a = \frac{1}{2}n$, par conséquent

$$a\omega = \pi,$$

ces formules, dans lesquelles on devra remplacer $\mathfrak{D}_m$ par δ_m, fourniront des résultats dignes de remarque. On en tirera effectivement, en supposant $\Delta^2 = n$:

1° Pour des valeurs paires de m,

$$\delta_m = -\left(\frac{n}{2}\right)^m n^{\frac{1}{2}}\left[\frac{m}{\pi^2}\mathrm{I}_2 - \frac{(m-2)(m-1)m}{\pi^4}\mathrm{I}_4 + \ldots \pm \frac{2.3.4\ldots m}{\pi^m}\mathrm{I}_m\right];$$

2° Pour des valeurs impaires de m,

$$\delta_m = -\left(\frac{n}{2}\right)^m n^{\frac{1}{2}}\left[\frac{m}{\pi^2}\mathrm{I}_1 - \frac{(m-2)(m-1)m}{\pi^4}\mathrm{I}_3 + \ldots \pm \frac{1.2.3.4\ldots m}{\pi^{m+1}}(\mathrm{I}_{m+1} + \mathfrak{I}_{m+1})\right];$$

et en supposant $\Delta^2 = -n$:

1° Pour des valeurs paires de m,

$$\delta_m = \left(\frac{n}{2}\right)^m n^{\frac{1}{2}}\left[\frac{1}{\pi}\mathrm{I}_1 - \frac{(m-1)m}{\pi^3}\mathrm{I}_3 + \ldots \pm \frac{1.2.3\,4\ldots m}{\pi^{m+1}}(\mathrm{I}_{m+1} + \mathfrak{I}_{m+1})\right];$$

2° Pour des valeurs impaires de m,

$$\delta_m = \left(\frac{n}{2}\right)^m n^{\frac{1}{2}} \left[\frac{1}{\pi} \mathrm{I}_1 - \frac{(m-1)m}{\pi^3} \mathrm{I}_3 + \ldots \pm \frac{2.3.4\ldots m}{\pi^m} \mathrm{I}_m\right].$$

Ainsi, en supposant $\Delta^2 = n$, on trouvera successivement

$$(24) \qquad \delta_0 = 0, \qquad \delta_1 = -\frac{1}{2} \frac{\mathrm{I}_2 + \mathfrak{I}_2}{\pi^2} n^{\frac{3}{2}}, \qquad \delta_2 = -\frac{1}{2} \frac{\mathrm{I}_2}{\pi^2} n^{\frac{5}{2}}, \qquad \ldots;$$

tandis qu'en supposant $\Delta^2 = -n$ on trouvera

$$(25) \quad \delta_0 = \frac{\mathrm{I}_1 + \mathfrak{I}_1}{\pi} n^{\frac{1}{2}}, \qquad \delta_1 = \frac{1}{2} \frac{\mathrm{I}_1}{\pi} n^{\frac{3}{2}}, \qquad \delta_2 = \left(\frac{1}{4} \frac{\mathrm{I}_1}{\pi} - \frac{1}{2} \frac{\mathrm{I}_3 + \mathfrak{I}_3}{\pi^3}\right) n^{\frac{5}{2}}, \qquad \ldots.$$

Avant d'aller plus loin, il est bon d'observer que les quantités

$$\mathrm{I}_1, \quad \mathrm{I}_2, \quad \mathrm{I}_3, \quad \ldots,$$

ou les diverses valeurs de I_m, sont liées aux quantités

$$\mathfrak{I}_1, \quad \mathfrak{I}_2, \quad \mathfrak{I}_3, \quad \ldots,$$

ou aux diverses valeurs de $\mathfrak{I}_m$ par des équations qu'il est facile d'obtenir. En effet, comme on a généralement

$$(26) \qquad \iota_{mm'} = \iota_m \iota_{m'}, \qquad \iota_{mm'm''} = \iota_m \iota_{m'} \iota_{m''}, \qquad \ldots$$

et par suite

$$\iota_{2m} = \iota_2 \iota_m,$$

on en conclura

$$\frac{2^m}{\iota_2} \mathfrak{I}_m = \frac{\iota_2}{2^m} + \frac{\iota_4}{4^m} + \ldots = \tfrac{1}{2}(\mathfrak{I}_m - \mathrm{I}_m),$$

par conséquent

$$(27) \qquad \mathrm{I}_m = \left(1 - \frac{\iota_2}{2^{m-1}}\right) \mathfrak{I}_m.$$

Cela posé, les formules (24) et (25) donneront, pour $\Delta^2 = n$,

$$(28) \quad \delta_0 = 0, \qquad \delta_1 = -\left(1 - \frac{\iota_2}{4}\right) \frac{\mathfrak{I}_2}{\pi^2} n^{\frac{3}{2}}, \qquad \delta_2 = -\frac{1}{2}\left(1 - \frac{\iota_2}{2}\right) \frac{\mathfrak{I}_2}{\pi^2} n^{\frac{5}{2}}, \qquad \ldots;$$

et pour $\Delta^2 = -n$,

$$(29)\qquad \begin{cases} \delta_0 = (2 - \iota_2)\dfrac{\mathfrak{z}_1}{2\pi} n^{\frac{1}{2}}, \\ \delta_1 = (1 - \iota_2)\dfrac{\mathfrak{z}_1}{2\pi} n^{\frac{3}{2}}, \\ \delta_2 = \left[\dfrac{1}{4}\left(1 - \dfrac{\iota_2}{2}\right)\dfrac{\mathfrak{z}_1}{\pi} - \left(1 - \dfrac{\iota_2}{8}\right)\dfrac{\mathfrak{z}_3}{\pi^3}\right] n^{\frac{5}{2}}, \quad \dots \end{cases}$$

Observons encore que, si l'on désigne par

$$\alpha, \quad 6, \quad \gamma, \quad \dots$$

les facteurs premiers qui ne divisent pas m, on aura, en vertu des formules (26),

$$1 + \frac{\iota_2}{2^m} + \frac{\iota_3}{3^m} + \dots = \left(1 + \frac{\iota\alpha}{\alpha^m} + \frac{\iota\alpha^2}{\alpha^{2m}} + \dots\right)\left(1 + \frac{\iota 6}{6^m} + \frac{\iota 6^2}{6^{2m}} + \dots\right)\dots$$
$$= \left(1 - \frac{\iota\alpha}{\alpha^m}\right)^{-1}\left(1 - \frac{\iota 6}{6^m}\right)^{-1}\dots,$$

par conséquent

$$(30)\qquad \mathfrak{z}_m = \left(1 - \frac{\iota\alpha}{\alpha^m}\right)^{-1}\left(1 - \frac{\iota 6}{6^m}\right)^{-1}\dots$$

Or, comme les facteurs que renferme en nombre infini le second membre de la formule (30) sont tous positifs, il en résulte que la valeur de $\mathfrak{z}_m$ donnée par cette formule ne sera jamais négative. Donc $\mathfrak{z}_m$ et par suite I_m ne pourront jamais être que nuls ou positifs. Ajoutons que la valeur de $\mathfrak{z}_m$ sera toujours comprise entre les deux limites

$$1 + \frac{1}{2^m} + \frac{1}{3^m} + \dots, \qquad 2 - \left(1 + \frac{1}{2^m} + \frac{1}{3^m} + \dots\right),$$

qui sont toutes deux positives dès que m surpasse 2, et se réduisent, pour $m = 2$, aux deux quantités

$$1 + \frac{1}{4} + \frac{1}{9} + \dots = \frac{\pi^2}{6} = 1,6499\dots. \qquad \text{et} \qquad 2 - \frac{\pi^2}{6} = 0,3551\dots$$

Si, parmi les entiers premiers à n et inférieurs à $\frac{n}{2}$, on distingue ceux qui font partie du groupe $h, h', h'', \dots$ d'avec ceux qui font partie du groupe $k, k', k'', \dots$, alors, en nommant i le nombre des premiers et j le nombre des seconds, on aura évidemment

$$\delta_0 = i - j. \tag{31}$$

Donc la première des formules (28) ou (29) fournira la valeur de la différence $i - j$, et cette différence sera toujours ou nulle ou positive avec la quantité $\mathfrak{z}_1$, et toujours nulle en particulier lorsqu'on aura $\Delta^2 = n$.

Il est assez remarquable que, parmi les valeurs de $\mathfrak{z}_m$, les seules quantités

$$\mathfrak{z}_2, \quad \mathfrak{z}_4, \quad \mathfrak{z}_6, \quad \ldots$$

entrent dans les seconds membres des formules (21), (28), et les seules quantités

$$\mathfrak{z}_1, \quad \mathfrak{z}_3, \quad \mathfrak{z}_5, \quad \ldots$$

dans les seconds membres des formules (22), (29). Il en résulte que les divers termes des deux suites

$$\mathfrak{D}_1, \quad \mathfrak{D}_2, \quad \mathfrak{D}_3, \quad \mathfrak{D}_4, \quad \mathfrak{D}_5, \quad \mathfrak{D}_6, \quad \ldots$$
$$\delta_0, \quad \delta_1, \quad \delta_2, \quad \delta_3, \quad \delta_4, \quad \delta_5, \quad \delta_6, \quad \ldots$$

sont liés entre eux par des équations de condition qu'on obtiendra sans peine, en éliminant les quantités

$$\mathfrak{z}_2, \quad \mathfrak{z}_4, \quad \mathfrak{z}_6, \quad \ldots$$

entre les formules (21) et (28), ou les quantités

$$\mathfrak{z}_1, \quad \mathfrak{z}_3, \quad \mathfrak{z}_5, \quad \ldots$$

entre les formules (22) et (29). En opérant de cette manière, on tirera par exemple des formules (21), (28)

$$\mathfrak{D}_2 = \frac{\mathfrak{D}_3}{\frac{3}{2}n} = \frac{-4n\delta_1}{4 - \iota_2} = \frac{-4\delta_2}{2 - \iota_2},$$

ou, ce qui revient au même,

$$\delta_2 = \frac{2 - \iota_2}{4 - \iota_2} n\delta_1, \qquad \mathfrak{D}_2 = -\frac{4}{2 - \iota_2}\delta_2, \qquad \mathfrak{D}_3 = \frac{3}{2} n \mathfrak{D}_2; \tag{32}$$

et des formules (22), (29),

$$\frac{2\partial_1}{1-\iota_2} = \frac{n\partial_0}{2-\iota_2} = -\mathcal{D}_1 = -\frac{\mathcal{D}_2}{n},$$

ou, ce qui revient au même,

$$(33)\qquad \partial_1 = \frac{1-\iota_2}{2-\iota_2}\,\frac{n}{2}(i-j),\qquad \mathcal{D}_1 = -n\,\frac{i-j}{2-\iota_2},\qquad \mathcal{D}_2 = -n^2\,\frac{i-j}{2-\iota_2}.$$

Dans l'application de chacune des formules (32), (33), on doit distinguer trois cas correspondants aux trois valeurs

$$-1,\quad 0,\quad 1$$

que peut acquérir la quantité ι_2. Ainsi, en prenant pour n un nombre impair, on tirera de ces formules :

1° Lorsque n sera de la forme $8x+1$,

$$(34)\qquad \partial_2 = \frac{n}{3}\partial_1,\qquad \mathcal{D}_1 = -\frac{4n}{3}\partial_1,\qquad \mathcal{D}_2 = -2n^2\partial_1;$$

2° Lorsque n sera de la forme $8x+3$,

$$(35)\qquad \partial_1 = n\,\frac{i-j}{3},\qquad \mathcal{D}_1 = -n\,\frac{i-j}{3},\qquad \mathcal{D}_2 = -n^2\,\frac{i-j}{3};$$

3° Lorsque n sera de la forme $8x+5$,

$$(36)\qquad \partial_2 = \frac{3}{5}n\partial_1,\qquad \mathcal{D}_2 = -\frac{4}{5}n\partial_1,\qquad \mathcal{D}_3 = -\frac{6}{5}n^2\partial_1;$$

4° Lorsque n sera de la forme $8x+7$,

$$(37)\qquad \partial_1 = 0,\qquad \mathcal{D}_1 = -n(i-j),\qquad \mathcal{D}_2 = -n^2(i-j).$$

Au contraire, en prenant pour n un nombre pair divisible par 4 ou par 8, on tirera des formules (32) et (33) :

1° Lorsqu'on aura $\Delta^2 = n$,

$$(38)\qquad \partial_2 = \frac{n}{2}\partial_1,\qquad \mathcal{D}_2 = -n\partial_1,\qquad \mathcal{D}_3 = -\frac{3}{2}n^2\partial_1;$$

2° Lorsqu'on aura $\Delta^2 = -n$,

$$(39) \qquad \delta_1 = n\frac{i-j}{4}, \qquad \mathfrak{D}_1 = -n\frac{i-j}{2}, \qquad \mathfrak{D}_2 = -n^2\frac{i-j}{2}.$$

On vérifiera aisément ces diverses formules, non seulement lorsque n sera un nombre premier impair, mais encore lorsque n cessera d'être un nombre premier; et l'on trouvera, par exemple :

Pour $n = 4$, $\Delta^2 = -4$, $\Delta = \rho - \rho^3$,

$$i = 1, \qquad j = 0, \qquad i - j = 1,$$

$$\delta_1 = 1 = n\frac{i-j}{4}, \qquad \mathfrak{D}_1 = -2 = -n\frac{i-j}{2}, \qquad \mathfrak{D}_2 = -8 = -n^2\frac{i-j}{2};$$

Pour $n = 8$, $\Delta^2 = 8$, $\Delta = \rho + \rho^7 - \rho^3 - \rho^5$,

$$\delta_1 = -2, \qquad \delta_2 = -8 = \frac{n}{2}\delta_1, \qquad \Delta_2 = 16 = -n\delta_1, \qquad \Delta_3 = 192 = -\frac{3}{2}n^2\delta_1;$$

Pour $n = 8$, $\Delta^2 = -8$, $\Delta = \rho + \rho^3 - \rho^5 - \rho^7$,

$$i = 2, \qquad j = 0, \qquad i - j = 2,$$

$$\delta_1 = 4 = n\frac{i-j}{4}, \qquad \mathfrak{D}_1 = -8 = -n\frac{i-j}{2}, \qquad \mathfrak{D}_2 = -64 = -n^2\frac{i-j}{2};$$

Pour $n = 12$, $\Delta^2 = 12$, $\Delta = \rho + \rho^{11} - \rho^5 - \rho^7$,

$$\delta_1 = -4, \qquad \delta_2 = -24 = \frac{n}{2}\delta_1, \qquad \mathfrak{D}_2 = 48 = -n\delta_1, \qquad \mathfrak{D}_3 = 864 = -\frac{3}{2}n^2\delta_1;$$

Pour $n = 15$, $\Delta^2 = -15$, $\Delta = \rho^1 + \rho^2 + \rho^4 + \rho^8 - \rho^7 - \rho^{11} - \rho^{13} - \rho^{14}$,

$$i = 3, \qquad j = 1, \qquad i - j = 2,$$

$$\delta_1 = 0, \qquad \mathfrak{D}_1 = -30 = -n(i-j), \qquad \mathfrak{D}_2 = -450 = -n^2(i-j);$$

Pour $n = 20$, $\Delta^2 = -20$, $\Delta = \rho + \rho^3 + \rho^7 + \rho^9 - \rho^{11} - \rho^{13} - \rho^{17} - \rho^{19}$,

$$i = 4, \qquad j = 0, \qquad i - j = 4,$$

$$\delta_1 = 20 = n\frac{i-j}{4}, \qquad \mathfrak{D}_1 = -40 = -n\frac{i-j}{2}, \qquad \mathfrak{D}_2 = -800 = -n^2\frac{i-j}{2};$$

Pour $n=21$, $\Delta^2=\rho+\rho^4+\rho^5+\rho^{16}+\rho^{17}+\rho^{20}-\rho^2-\rho^8-\rho^{10}-\rho^{11}-\rho^{13}-\rho^{19}$,

$$\delta_1=-10,\qquad \delta_2=-126=\frac{3}{5}n\delta_1,$$

$$\mathcal{D}_2=168=-\frac{4}{5}n\delta_1\qquad \mathcal{D}_3=5292=-\frac{6}{5}n^2\delta_1.$$

Les diverses formules établies dans cette Note comprennent, comme cas particuliers, les formules du même genre, trouvées par M. Dirichlet, et sans doute aussi celles que M. Liouville nous a dit avoir obtenues en généralisant les conclusions de ce jeune géomètre. J'ajouterai que les équations de condition par lesquelles se trouvent liés les uns aux autres les termes des deux suites

$$\mathcal{D}_1,\quad \mathcal{D}_2,\quad \mathcal{D}_3,\quad \ldots$$
$$\delta_0,\quad \delta_1,\quad \delta_2,\quad \delta_3,\quad \ldots$$

s'accordent avec celles que nous avons obtenues dans le *Compte rendu* de la séance du 10 mars.

86.

PHYSIQUE MATHÉMATIQUE. — *Rapport sur un Mémoire présenté à l'Académie par* M. Duhamel, *et relatif à l'action de l'archet sur les cordes.*

C. R., t. X, p. 855 (1er juin 1840).

L'Académie nous a chargés, MM. Savart, Coriolis et moi, de lui rendre compte d'un Mémoire de M. Duhamel. Ce Mémoire a pour objet principal une question de Physique qui n'avait pas encore été traitée d'une manière satisfaisante, la question de savoir en quoi consiste précisément l'action de l'archet sur les cordes. L'auteur, déjà connu avantageusement par des recherches sur divers points de Physique mathématique, observe qu'en glissant sur une corde, l'archet produit un frottement représenté par une force qui, en vertu des expériences de

Coulomb et de M. Morin, est proportionnelle à la pression exercée par l'archet sur la corde, dirigée dans le même sens que la vitesse avec laquelle l'archet s'éloigne de la corde, et indépendante de la grandeur de cette vitesse. Le Mémoire de M. Duhamel est divisé en deux Parties. Dans la première, l'auteur résout par l'analyse plusieurs questions relatives à l'équilibre et au mouvement des cordes vibrantes. La seconde Partie renferme diverses applications des principes établis dans la première, et l'indication des expériences à l'aide desquelles l'auteur a confirmé les résultats du calcul.

Parlons d'abord de la première Partie. L'auteur commence par reproduire, en les extrayant de la *Mécanique* de M. Poisson, les équations aux différences partielles qui expriment les mouvements infiniment petits d'une corde attachée par ses extrémités à deux points fixes. Ces équations renferment deux variables indépendantes, savoir, le temps, et une abscisse mesurée sur la corde tendue en ligne droite, avec trois variables principales qui représentent trois déplacements parallèles à trois axes rectangulaires. D'ailleurs les trois variables principales se trouvent séparées dans ces mêmes équations. Lorsque la corde se meut en vertu d'un déplacement initial, et sans qu'aucune force extérieure soit appliquée à chacun de ses points, les trois équations du mouvement sont, non seulement linéaires, mais à coefficients constants, et chacune d'elles exprime que l'une des trois variables principales, différentiée deux fois de suite, par rapport au temps ou à l'abscisse, fournit deux dérivées du second ordre proportionnelles l'une à l'autre. Pour passer de ce cas particulier au cas plus général où une force accélératrice extérieure est appliquée à chaque point de la corde, il suffit d'ajouter aux seconds membres des trois équations les projections algébriques de cette force accélératrice sur les trois axes coordonnés. Enfin, si dans les trois équations du mouvement on efface les dérivées relatives au temps, on obtiendra précisément les équations d'équilibre de la corde que l'on considère.

L'intégration des équations d'équilibre, comme l'observe l'auteur lui-même, ne présente aucune difficulté; mais elle conduit à quelques résultats curieux. Ainsi, par exemple, tandis qu'une force appliquée au milieu de la corde, et perpendiculaire à la droite qui joint ses extrémités, donne pour figure d'équilibre le système de deux droites, la même force, distribuée uniformément dans toute l'étendue de la corde, donnera pour figure d'équilibre une parabole, et l'ordonnée maximum de cette parabole ne sera que la moitié du déplacement du point milieu de la corde dans la première hypothèse.

Quant aux équations du mouvement, on peut encore les intégrer à l'aide de méthodes déjà connues, et même leurs intégrales générales se trouvent comprises parmi celles que l'un de nous a données dans un *Mémoire sur l'application du calcul des résidus aux questions de Physique mathématique*. Mais il est juste d'observer que ces intégrales peuvent être obtenues par divers procédés et sous des formes diverses. Or la méthode que M. Duhamel a suivie l'ayant conduit à quelques théorèmes dignes de remarque, il nous paraît convenable d'en signaler les avantages, et d'entrer à ce sujet dans quelques détails.

Lorsque la corde, n'étant sollicitée par aucune force extérieure, se meut en vertu d'un déplacement initial, et de vitesses primitivement imprimées à ses divers points, l'intégrale de chacune des équations du mouvement se présente sous une forme bien connue depuis longtemps, et chaque déplacement se trouve exprimé par une fonction périodique de l'abscisse et du temps, la durée de la période étant ce qui détermine la nature du *son fondamental* que la corde peut rendre dans les vibrations transversales, ou dans les vibrations longitudinales. Concevons maintenant que de ce cas particulier on veuille passer au cas général, dans lequel le second membre de chaque équation se trouve augmenté d'une fonction des variables indépendantes propre à représenter la projection algébrique d'une force extérieure appliquée à un point quelconque de la corde. Il suffira d'ajouter au déplacement, calculé dans la précédente hypothèse, une intégrale particulière de la nouvelle équation, savoir le déplacement qu'on obtiendrait, dans la seconde hypothèse, au bout d'un temps quelconque, si le déplacement initial et la vitesse initiale se réduisaient à zéro en chaque point. Or cette intégrale particulière peut être facilement obtenue, comme on peut le voir dans le Mémoire déjà cité et dans le XIXe Cahier du *Journal de l'École Polytechnique*. Mais ce n'est point ainsi qu'opère M. Duhamel. Il commence par rechercher, non pas les déplacements variables des divers points de la corde mise en mouvement, partant avec une vitesse nulle de sa position naturelle, et sollicitée d'ailleurs par des forces quelconques, mais les déplacements constants des divers points de la corde parvenue à l'état d'équilibre sous l'action de forces constantes. C'est par ce moyen que, dans le cas où les forces extérieures ne dépendent pas du temps, M. Duhamel obtient de chaque équation une intégrale particulière de laquelle on peut immédiatement déduire l'intégrale générale. On se trouve alors conduit à une proposition que l'auteur énonce dans les termes suivants :

Lorsque les différents points d'une corde sont sollicités par des forces quelconques qui ne dépendent pas du temps, les déplacements de ces points, estimés par rapport aux positions d'équilibre qu'ils prendraient sous l'influence de ces forces, sont à chaque instant les mêmes que s'il n'existait aucune force extérieure et que l'état initial fût par rapport à l'état naturel ce qu'il est réellement par rapport à l'état d'équilibre.

Au reste, lorsque les forces extérieures restent indépendantes du temps, il existe un moyen fort simple d'obtenir les intégrales des équations du mouvement. Ce moyen, déjà employé par M. Liouville, dans une occasion semblable, consiste à faire d'abord disparaître les forces en différentiant chaque équation par rapport au temps. En intégrant les équations ainsi différentiées, on arrive au même résultat qu'aurait fourni la méthode d'intégration précédemment rappelée, et l'on obtient le théorème suivant :

Si trois cordes semblables se meuvent, la première en vertu d'un déplacement initial, la seconde en vertu de vitesses primitivement imprimées à ses différents points, la troisième en vertu de forces extérieures appliquées à la corde partant avec une vitesse nulle de sa position naturelle, et si d'ailleurs on mesure ces déplacements, ces forces et ces vitesses parallèlement à un axe fixe, la relation qui existera, pour la première corde, entre le déplacement initial d'un point quelconque et son déplacement au bout du temps t, existera pour la seconde corde entre la vitesse initiale et la vitesse au bout du temps t, et pour la troisième corde entre la force appliquée et la force qui serait capable de produire le mouvement observé.

Ajoutons que, si les trois causes du mouvement se réunissent pour une seule corde, les trois mouvements correspondants à ces trois causes se superposeront, en vertu du principe de la coexistence des mouvements infiniment petits que des causes diverses peuvent produire.

Ce dernier principe fournit aussi, comme l'a remarqué M. Duhamel, un moyen facile pour passer du cas où les forces sont constantes au cas où elles deviennent variables avec le temps. Au reste, la règle générale qu'il a établie à ce sujet pourrait se déduire des méthodes d'intégration déjà connues, et particulièrement de celle que renferme le Mémoire sur l'application du calcul des résidus aux questions de Physique mathématique.

Dans les derniers paragraphes de la première Partie, l'auteur détermine ce qu'il appelle *la tension moyenne de la corde vibrante en un point donné;* et la considération de cette tension moyenne le conduit à la conclusion suivante : *Un point libre d'une corde ne peut rester en repos pendant qu'elle vibre, s'il n'appartient pas à la ligne suivant laquelle la corde serait en équilibre sous l'action des forces qui lui sont appliquées.*

Enfin, en admettant seulement dans la corde les vibrations transversales, l'auteur prouve qu'*un point où il y aurait constamment inflexion serait nécessairement un point immobile, par conséquent un point situé sur la courbe que formerait la corde en équilibre sous l'action des forces données.*

La théorie exposée par M. Duhamel, dans la première Partie de son Mémoire, se trouve appliquée dans la seconde Partie à la question de Physique qu'il avait principalement en vue, je veux dire, à l'action de l'archet sur les cordes. Après quelques observations sur l'impossibilité d'admettre une explication hasardée par Daniel Bernoulli, M. Duhamel considère d'abord le cas où la vitesse absolue de l'archet reste toujours plus grande que celle de la partie de la corde avec laquelle il est en contact. Il observe avec raison que, si la pression exercée par l'archet sur une corde varie le plus ordinairement avec le temps, cette pression peut du moins, sans erreur appréciable, être regardée comme constante pendant la durée très courte d'une vibration entière. Il en résulte que le frottement produit par l'action de l'archet peut être regardée comme une force dont l'intensité demeure constante, la direction de cette force étant elle-même constante dans le cas dont il s'agit.

Cela posé, un théorème établi par M. Duhamel, dans la première Partie de son Mémoire, et précédemment rappelé, entraîne évidemment la proposition que l'auteur énonce dans les termes suivants :

Si l'on conçoit la figure d'équilibre de la corde sous l'action d'une force égale à celle du frottement auquel elle est soumise, et que cette corde partant d'un état initial arbitraire soit soumise à l'action de l'archet, son mouvement par rapport à la figure d'équilibre sera le même qu'il serait par rapport à la droite qui joint ses extrémités, si l'action de l'archet n'existait pas. La durée des vibrations étant la même dans les deux cas, le son rendu sera aussi le même.

Il y a donc identité entre le son que rend une corde par le moyen de l'archet et celui qu'on obtient en la pinçant.

Au reste, cette identité est une conséquence immédiate de la forme sous laquelle se présentent les intégrales des équations du mouvement de la corde sollicitée par des forces constantes, quelle que soit d'ailleurs la méthode d'intégration que l'on ait suivie. En effet, dans ces intégrales, la durée de la période de temps, au bout de laquelle les variables principales reprennent nécessairement les mêmes valeurs, dépend seulement du coefficient constant que renferme chaque équation, dans le cas où les forces extérieures disparaissent, et, par conséquent, cette durée est indépendante de ces mêmes forces. Mais la méthode d'intégration employée par M. Duhamel met ce résultat en évidence, avant même que l'intégration soit effectuée ; et, lorsqu'on suit cette méthode, l'identité observée entre les deux sons dont nous venons de parler est une simple conséquence du principe de la superposition des mouvements infiniment petits. Concevons maintenant que l'archet continue indéfiniment à se mouvoir, la vitesse de l'archet étant toujours supérieure à celle de la corde. Pour déterminer exactement le mouvement de la corde, on devra tenir compte non seulement de la force constante qui représentera la pression exercée par l'archet, mais encore des forces variables propres à représenter les résistances qui proviendraient de l'air ou des supports ; et la valeur générale de chaque déplacement pourra être censée composée de deux parties, la première, indépendante du temps, et correspondante à la force produite par le frottement de l'archet, la seconde, variable avec le temps, et dépendante des autres causes qui influent sur le mouvement, savoir : le déplacement initial de la corde, les vitesses primitives de ses divers points, et les résistances dont nous venons de parler. Or cette seconde partie, en vertu des diminutions successives que les résistances font subir à la vitesse, finit par disparaître, comme le prouvent la théorie et l'expérience, dans le cas où la corde est seulement pincée, et doit, par la même raison, disparaître au bout d'un temps plus ou moins considérable, dans le cas contraire. Donc si l'archet, animé d'une vitesse toujours supérieure à celle de la corde, continue à se mouvoir indéfiniment, la corde finira par s'arrêter dans la position d'équilibre autour de laquelle elle oscillait, et le son finira par s'éteindre. Pour vérifier par l'expérience cette nouvelle conséquence de la théorie, M. Duhamel a remplacé l'archet rectiligne par une sorte d'archet circulaire, c'est-à-dire par une roue polie et frottée de colophane. Il a pu de cette manière non seulement produire une pression constante, mais encore prolonger indéfiniment l'expérience qui a donné le résultat prévu. La corde a commencé par faire entendre fortement le son fondamental, qui peu à peu a diminué d'intensité avec le mouvement de la corde, et, au bout de quelques instants, la corde s'est trouvée sensiblement immobile et sans résonance, tandis que la roue continuait à tourner avec vitesse. Seulement on entendait une sorte de grincement qui n'avait aucun rapport avec les sons qui peuvent résulter des vibrations transversales de la corde.

Nous ne suivrons pas M. Duhamel dans l'analyse des phénomènes qui se produisent lorsque l'archet n'a pas toujours une vitesse supérieure à celle de la corde. Cette analyse, l'auteur en convient lui-même, est incomplète; et, comme elle repose, non sur des calculs précis, mais sur des aperçus qui n'offrent point une rigueur mathématique, nous nous contenterons d'énoncer, sans la considérer comme suffisamment démontrée par la théorie, une proposition à laquelle il est parvenu, et qui d'ailleurs se trouve conforme à l'expérience, ainsi que vos Commissaires ont pu s'en convaincre. Cette proposition consiste en ce qu'une corde dont la vitesse devient égale ou supérieure à celle de l'archet peut faire entendre un son plus grave que le son fondamental. Le son peut être ainsi abaissé même d'une quarte, c'est-à-dire dans le rapport de 4 à 3.

Au reste, vos Commissaires pensent que, dans le Mémoire soumis à leur examen, M. Duhamel a donné de nouvelles preuves de la sagacité avec laquelle il avait déjà traité diverses questions de Physique mathématique. Ils croient ce Mémoire digne d'être approuvé par l'Académie et inséré dans le *Recueil des savants étrangers*.

87.

Physique mathématique. — *Mémoire sur les deux espèces d'ondes planes qui peuvent se propager dans un système isotrope de points matériels.*

C. R., t. X, p. 905 (15 juin 1840).

J'ai donné le premier, dans les *Exercices de Mathématiques*, les équations générales aux différences partielles qui représentent les mouvements infiniment petits d'un système de points matériels sollicités par des forces d'attraction et de répulsion mutuelles. De plus, dans divers Mémoires, que j'ai publiés, les uns par extraits, les autres en totalité, dans les années 1829 et 1830, j'ai donné des intégrales particulières ou générales de ces mêmes équations, et j'ai conclu de mes calculs que les équations du mouvement de la lumière sont renfermées dans celles dont je viens de parler. D'ailleurs, parmi les mouvements infiniment petits que peut acquérir un système de molécules, ceux qu'il importait surtout de connaître étaient les mouvements simples et par ondes planes, qui peuvent être considérés comme les éléments de tous les autres. Or, ayant recherché directement, dans les *Exercices de Mathématiques,* les lois des mouvements simples propagés dans un système de molécules, j'ai trouvé, pour chaque système, trois mouvements de cette espèce, et j'ai remarqué que, dans le cas où le système devient isotrope, ces trois mouvements se réduisent à deux, les vibrations des molécules étant transversales pour l'un, c'est-à-dire, comprises dans les plans des ondes, et longitudinales pour l'autre, c'est-à-dire, perpendiculaires aux plans des ondes. Enfin, comme les vibrations transversales correspondent à deux systèmes d'ondes planes, qui se confondent en un seul, ou se séparent, suivant que le système de points matériels est isotrope ou non isotrope, je suis arrivé, dans les Mémoires publiés en 1829 et 1830, à cette conclusion définitive que, dans la propagation de la lumière à l'intérieur des corps isophanes, les vitesses des molécules éthérées sont transversales, c'est-à-dire perpendiculaires aux directions des rayons lumineux. Je me crus dès lors autorisé à soutenir et à considérer comme seule admissible l'hypothèse proposée par Fresnel, mais si vivement combattue, dans les *Annales de Chimie et de Physique,* par l'illustre géomètre dont l'Académie déplore la perte récente. Il est vrai que, sur ce point, comme sur plusieurs autres, j'ai eu la satisfaction de voir les idées que j'avais émises finalement adoptées par notre honorable Confrère. On sait en particulier que l'existence de pressions généralement obliques aux plans qui les supportent dans l'intérieur d'un corps solide, les théorèmes relatifs à ces pressions, la formation des équations qui subsistent entre les pressions ou tensions et les forces accélératrices, enfin les théorèmes sur les corps solides dans lesquels la pression ou tension reste la même en tous sens autour de chaque point, ont, comme la propriété que possèdent les milieux isotropes de propager des vibrations transversales, reçu l'assentiment de notre Confrère, et lui ont paru assez dignes d'attention pour qu'il ait cru devoir les exposer de nouveau, ou les confirmer par de nouveaux calculs. L'accueil favorable qu'il a fait, dans ses Ouvrages, aux théories et aux propositions que je viens de citer, me permet de croire que j'ai pu, sans être trop téméraire, y attacher quelque prix. Cette même circonstance m'encourage à poursuivre l'exposition de ces théories, et me donne lieu d'espérer que leurs développements sembleront, aux yeux des amis de la Science, mériter quelque intérêt.

Le Mémoire que j'ai l'honneur d'offrir en ce moment à l'Académie est relatif aux deux espèces d'ondes planes qui peuvent se propager dans un système isotrope de points matériels, et aux vitesses de propagation de ces mêmes ondes. Ce qu'il importe surtout de remarquer, c'est qu'à l'aide des méthodes exposées dans les *Nouveaux Exercices de Mathématiques*, et dans le Mémoire lithographié sous la date d'août 1836, on peut, sans réduire au second ordre les équations des mouvements infiniment petits, et en laissant au contraire à ces équations toute leur généralité, parvenir à déterminer complètement les vitesses dont il s'agit, et à les exprimer, non par des sommes ou intégrales triples, mais par des sommes ou intégrales simples aux différences finies. Si l'on transforme ces mêmes sommes en intégrales aux différences infiniment petites, la première, celle qui représente la vitesse de propagation des vibrations transversales, s'évanouira, lorsqu'on supposera l'action mutuelle de deux molécules proportionnelle au cube de leur distance r, ou plus généralement à une puissance de r intermédiaire entre la seconde et la quatrième puissance. Mais cette vitesse cessera de s'évanouir, en offrant une valeur réelle, si l'action moléculaire est une force attractive réciproquement proportionnelle au carré de la distance r, ou une force répulsive réciproquement proportionnelle, au moins dans le voisinage du contact, au bicarré de r; et alors la propagation de vibrations excitées en un point donné du système que l'on considère sera due principalement, dans la première hypothèse, aux molécules très éloignées, dans la seconde hypothèse, aux molécules très voisines de ce même point. Ajoutons que, pour un mouvement simple, la vitesse de propagation de vibrations transversales sera, dans la première hypothèse, proportionnelle à l'épaisseur des ondes planes, et, dans la seconde hypothèse, indépendante de cette épaisseur. Quant aux vibrations longitudinales, elles ne pourront, dans la première hypothèse, se propager sans s'affaiblir. Enfin, dans la seconde hypothèse, le rapport entre les vitesses de propagation des vibrations longitudinales et des vibrations transversales se présentera sous la forme infinie $\frac{1}{0}$, à moins que l'on ne prenne pour origine de l'intégrale relative à r, non une valeur nulle, mais la distance entre deux molécules voisines.

Observons encore que, supposer la vitesse de propagation des ondes planes indépendante de leur épaisseur, c'est, dans la théorie de la lumière, supposer que la dispersion des couleurs devient insensible, comme elle paraît l'être, quand les rayons lumineux traversent le vide. Donc la nullité de la dispersion dans le vide semble indiquer que, dans le voisinage du contact, l'action mutuelle de deux molécules d'éther est répulsive et réciproquement proportionnelle au bicarré de la distance. Au reste, cette indication se trouve confirmée par les considérations suivantes.

Supposons que, l'action mutuelle de deux molécules étant répulsive et réciproquement proportionnelle, au moins dans le voisinage du contact, au bicarré de la distance, les vitesses de propagation des vibrations transversales et des vibrations longitudinales puissent être, sans erreur sensible, exprimées par des intégrales aux différences infiniment petites. Alors, d'après ce qui a été dit ci-dessus, la seconde de ces deux vitesses deviendra infinie, ou du moins très considérable par rapport à la première; et c'est même en ayant égard à cette circonstance, que, d'une méthode exposée dans la première Partie du Mémoire lithographié de 1836, j'avais déduit les conditions relatives à la surface de séparation de deux milieux, telles qu'on les trouve dans la 7ᵉ livraison des *Nouveaux Exercices de Mathématiques*, publiée vers la même époque. M. Airy a donc eu raison de dire que mes formules donnent pour la vitesse de propagation des vibrations longitudinales une valeur infinie; et cette conséquence est conforme aux remarques que j'ai consignées, non seulement dans une lettre adressée à M. l'abbé Moigno, le 6 octobre 1837, mais même dans une lettre antérieure adressée de Prague à M. Ampère, le 12 février 1836, et insérée dans les *Comptes rendus* de cette même année. Or, lorsque la vitesse de propagation des vibrations longitudinales devient infinie pour deux milieux séparés l'un de l'autre par une surface plane, les vibrations transversales peuvent être réfléchies sous un angle tel que le rayon résultant de la réflexion soit complètement polarisé dans le plan d'incidence, et l'angle dont il s'agit a pour tangente le rapport du sinus d'incidence au sinus de réfraction. D'ailleurs, la polarisation des rayons lumineux sous ce même angle est précisément un fait constaté par l'expérience, et c'est en cela que consiste, comme l'on sait, la belle loi découverte par M. Brewster. Par conséquent, notre théorie établit un rapport intime entre les deux propriétés que possèdent les rayons lumineux de se propager, sans dispersion des couleurs, dans le vide, c'est-à-dire dans l'éther considéré isolément, et de se polariser complètement sous l'angle indiqué par M. Brewster, quand ils sont réfléchis par la surface de certains corps; en sorte que, le premier phénomène étant donné, l'autre s'en déduit immédiatement par le calcul.

Au reste, comme je l'ai dit, c'est en supposant les sommes aux différences finies transformées en intégrales aux différences infiniment petites que j'ai pu déduire de la théorie la propriété que l'éther isolé paraît offrir de transmettre avec la même vitesse de propagation les rayons diversement colorés. La possibilité d'une semblable transformation résulte de la loi de répulsion que j'ai indiquée, et du rapprochement considérable qui existe entre deux molécules voisines dans le fluide éthéré. Mais, quelque grand que soit ce rapprochement, comme on ne peut supposer la distance de deux molécules voisines réduites absolument à zéro, il est naturel de penser que, dans le vide, la dispersion n'est pas non plus rigoureusement nulle, qu'elle est seulement assez petite pour avoir, jusqu'à ce jour, échappé aux observateurs. S'il y avait possibilité de la mesurer, ce serait, par exemple, à l'aide d'observations faites sur les étoiles périodiques, particulièrement sur celles qui paraissent et disparaissent, et sur les étoiles temporaires. En effet, dans l'hypothèse de la dispersion, les rayons colorés qui, en partant d'une étoile, suivent la même route, se propageraient avec des vitesses inégales, et par suite des vibrations, excitées au même instant dans le voisinage de l'étoile, pourraient parvenir à notre œil à des époques séparées entre elles par des intervalles de temps d'autant plus considérables que l'étoile serait plus éloignée. Ainsi, dans l'hypothèse dont il s'agit, la clarté d'une étoile venant à varier dans un temps peu considérable, cette variation devrait, à des distances suffisamment grandes, occasionner un changement de couleur qui aurait lieu dans un sens ou dans un autre, suivant que l'étoile deviendrait plus ou moins brillante, une même partie du spectre devant s'ajouter, dans le premier cas, à la lumière propre de l'étoile dont elle devrait être soustraite, au contraire, dans le second cas. Il était donc important d'examiner sous ce point de vue les étoiles périodiques, et en particulier Algol, qui passe dans un temps assez court de la seconde grandeur à la quatrième : c'est ce qu'a fait M. Arago dans le but que nous venons d'indiquer. Mais les observations qu'il a entreprises sur Algol, comme celles qui avaient pour objet l'ombre portée sur Jupiter par ses satellites, n'ont laissé apercevoir aucune trace de la dispersion des couleurs.

Aux considérations qui précèdent je joindrai une remarque assez curieuse. Si l'on parvenait à mesurer la dispersion des couleurs dans le vide, et si l'on admettait comme rigoureuse la loi du bicarré de la distance, la théorie que nous exposons dans ce Mémoire fournirait le moyen de calculer approximativement la distance qui sépare deux molécules voisines dans le fluide éthéré. Déjà même, en partant de la loi dont il s'agit, nous pouvons calculer une limite supérieure à cette distance. En effet, admettons que la lumière d'Algol perde en moins de quatre heures plus de la moitié de son intensité, et nous pourrons supposer que les observations faites sur cette étoile parviendraient à rendre sensible la dispersion des couleurs dans le vide, si l'intervalle de temps, renfermé entre les deux instants qui nous laissent apercevoir des rayons rouges et violets partis simultanément de l'étoile, s'élevait seulement à un quart d'heure. D'ailleurs, vu la distance considérable qui sépare de la Terre les étoiles les plus voisines, distance que la lumière ne peut franchir en moins de trois ou quatre années, le quart d'heure dont il s'agit n'équivaut pas assurément à la $\frac{1}{100000}$ partie du temps que la lumière emploie pour venir d'Algol jusqu'à nous, et par conséquent il indiquerait, entre les vitesses de propagation des rayons violets et rouges, un rapport qui surpasserait l'unité au plus de $\frac{1}{100000}$. D'ailleurs, en admettant ce rapport, on trouve par le calcul que la distance entre deux molécules voisines du fluide éthéré doit se réduire à environ $\frac{3}{1000000}$ de millimètre, ou, ce qui revient au même, à environ $\frac{1}{200}$ de la longueur moyenne d'une ondulation lumineuse. Si l'on supposait cette même distance dix fois plus petite, c'est-à-dire réduite à $\frac{1}{2000}$ d'une longueur d'ondulation, la différence d'un quart d'heure entre l'arrivée des rayons rouges et des rayons violets, partis au même instant d'une étoile, ne pourrait avoir lieu que dans le cas où la lumière de cette étoile emploierait, non plus trois années, mais environ trois siècles pour arriver jusqu'à nous. Or, comme nous l'avons remarqué dans un autre Mémoire, la longueur d'une ondulation lumineuse doit être considérable à l'égard de la distance à laquelle l'action mutuelle des molécules éthérées demeure sensible, et, à plus forte raison, à l'égard de la distance qui sépare deux molécules voisines. Il est donc vraisemblable que le rapport de cette distance à la longueur d'une ondulation est inférieur à $\frac{1}{200}$, ou même à $\frac{1}{2000}$. Donc, on ne peut guère espérer de parvenir jamais à mesurer la dispersion de la lumière dans le vide, vu qu'il serait très difficile de constater les changements de couleur dans les étoiles périodiques dont la lumière ne pourrait qu'au bout de plusieurs siècles arriver jusqu'à nous.

ANALYSE.

Considérons un système isotrope de points matériels, et soient, dans l'état d'équilibre,

x, y, z les coordonnées rectangulaires d'une première molécule $\mathfrak{m}$;
$x + \mathrm{x}, y + \mathrm{y}, z + \mathrm{z}$ les coordonnées d'une seconde molécule m;
$r = \sqrt{\mathrm{x}^2 + \mathrm{y}^2 + \mathrm{z}^2}$ la distance qui sépare les deux molécules $\mathfrak{m}$, m;
$\mathfrak{m} m r f(r)$ l'action mutuelle des deux molécules $\mathfrak{m}$, m, prise avec le signe + ou avec le signe −, suivant que ces deux molécules s'attirent ou se repoussent;

enfin, 8 étant une fonction quelconque des coordonnées x, y, z, désignons par

$$\Delta 8$$

l'accroissement que prend cette fonction quand on passe de la molécule $\mathfrak{m}$ à la molécule m, c'est-à-dire, en d'autres termes, quand on attribue aux coordonnées

$$x,\quad y,\quad z$$

les accroissements

$$\Delta x = \mathrm{x},\qquad \Delta y = \mathrm{y},\qquad \Delta z = \mathrm{z}.$$

On aura généralement

$$\Delta 8 = \left(e^{\mathrm{x} \mathrm{D}_x + \mathrm{y} \mathrm{D}_y + \mathrm{z} \mathrm{D}_z} - 1\right) 8,$$

par conséquent

$$\Delta = e^{\mathrm{x} \mathrm{D}_x + \mathrm{y} \mathrm{D}_y + \mathrm{z} \mathrm{D}_z} - 1.$$

Donc, en représentant, comme on l'a fait quelquefois, chacune des caractéristiques

$$\mathrm{D}_x,\quad \mathrm{D}_y,\quad \mathrm{D}_z$$

par une seule lettre, et posant en conséquence

$$u = \mathrm{D}_x,\qquad v = \mathrm{D}_y,\qquad w = \mathrm{D}_z,$$

on aura simplement

(1) $$\Delta = e^{u\mathrm{x}+v\mathrm{y}+w\mathrm{z}} - 1.$$

Concevons maintenant que le système des molécules $\mathfrak{m}$, m, m', ... vienne à se mouvoir, et soient, au bout du temps t,

$$\xi,\quad \eta,\quad \zeta$$

les déplacements de la molécule $\mathfrak{m}$ mesurés parallèlement aux axes coordonnés. D'après ce qui a été dit dans les *Exercices d'Analyse et de Physique mathématique* (tome I, page 119), les équations des mouvements infiniment petits du système supposé isotrope seront de la forme

(2) $$\begin{cases} (\mathrm{E} - \mathrm{D}_t^2)\xi + \mathrm{F}\mathrm{D}_x(\mathrm{D}_x\xi + \mathrm{D}_y\eta + \mathrm{D}_z\zeta) = 0, \\ (\mathrm{E} - \mathrm{D}_t^2)\eta + \mathrm{F}\mathrm{D}_y(\mathrm{D}_x\xi + \mathrm{D}_y\eta + \mathrm{D}_z\zeta) = 0, \\ (\mathrm{E} - \mathrm{D}_t^2)\zeta + \mathrm{F}\mathrm{D}_z(\mathrm{D}_x\xi + \mathrm{D}_y\eta + \mathrm{D}_z\zeta) = 0, \end{cases}$$

E, F étant deux fonctions déterminées du trinôme

$$\mathrm{D}_x^2 + \mathrm{D}_y^2 + \mathrm{D}_z^2$$

que nous désignerons pour abréger par k^2, en sorte qu'on aura

(3) $$k^2 = u^2 + v^2 + w^2.$$

Ajoutons que, si, en indiquant par le signe S une sommation relative aux molécules m, m', ..., on pose

(4) $$\begin{cases} \mathrm{G} = \mathrm{S}[m f(r)\Delta], \\ \mathrm{H} = \mathrm{S}\left\{\dfrac{m}{r}\dfrac{df(r)}{dr}\left[\Delta - (\mathrm{x}u + \mathrm{y}v + \mathrm{z}w) - \dfrac{(\mathrm{x}u + \mathrm{y}v + \mathrm{z}w)^2}{2}\right]\right\}, \end{cases}$$

G, H se réduiront, dans l'hypothèse admise, à deux fonctions de k^2, desquelles on déduira E, F à l'aide des formules

(5) $$\mathrm{E} = \mathrm{G} + \frac{1}{k}\frac{d\mathrm{H}}{dk}, \qquad \mathrm{F} = \frac{1}{k}\frac{d\left(\dfrac{1}{k}\dfrac{d\mathrm{H}}{dk}\right)}{dk}.$$

Soient maintenant

$$\alpha,\quad 6,\quad \gamma$$

les angles que forme le rayon vecteur r avec les demi-axes des coordonnées positives. On aura

$$x = r\cos\alpha,\qquad y = r\cos 6,\qquad z = r\cos\gamma;$$

par conséquent le trinôme

$$xu + yv + zw,$$

dont G, H représentent des fonctions, en vertu des formules (1) et (4), sera équivalent au produit

$$r(u\cos\alpha + v\cos 6 + w\cos\gamma).$$

D'ailleurs, G, H devant se réduire identiquement à des fonctions de

$$u^2 + v^2 + w^2,$$

on pourra opérer généralement cette réduction, et dans cette opération il importe peu que l'on considère u, v, w comme des caractéristiques ou comme des quantités véritables. Seulement, dans le dernier cas, on devra laisser les valeurs de u, v, w entièrement arbitraires. Or, lorsque l'on considère

$$u,\quad v,\quad w$$

comme des quantités véritables, alors, en supposant

$$k = \sqrt{u^2 + v^2 + w^2}$$

et nommant δ un certain angle formé par le rayon vecteur r avec une droite OA menée par l'origine O des coordonnées, perpendiculairement au plan que représente l'équation

$$ux + vy + wz = 0,$$

on a

(6) $$u\cos\alpha + v\cos 6 + w\cos\gamma = k\cos\delta;$$

par conséquent,

$$ux + vy + wz = kr\cos\delta.$$

Donc alors, en vertu des formules (1), (4), les sommes G, H, réduites à

$$(7)\quad \begin{cases} G = S[m f(r)(e^{kr\cos\delta} - 1)], \\ H = S\left[\frac{m}{r}\frac{df(r)}{dr}\left(e^{kr\cos\delta} - 1 - kr\cos\delta - \frac{k^2 r^2 \cos^2\delta}{2}\right)\right], \end{cases}$$

sont l'une et l'autre de la forme

$$\mathfrak{F}(k\cos\delta),$$

et dire qu'elles doivent se réduire à des fonctions de k^2, c'est dire qu'elles demeurent constantes, tandis que l'on fait varier dans chaque terme l'angle δ, en faisant tourner d'une manière quelconque l'axe OA autour du point O. D'ailleurs, lorsqu'une somme de la forme

$$(8)\quad \mathcal{K} = S\,\mathfrak{F}(k\cos\delta)$$

remplit la condition que nous venons d'énoncer, on a, en vertu d'un théorème démontré dans le Mémoire lithographié d'août 1836, et dans les *Exercices d'Analyse* (tome I, page 25),

$$\mathcal{K} = \tfrac{1}{2} S \int_0^\pi \mathfrak{F}(k\cos\delta)\sin\delta\, d\delta;$$

ou, ce qui revient au même,

$$(9)\quad \mathcal{K} = \tfrac{1}{2} S \int_{-1}^{1} \mathfrak{F}(k\theta)\, d\theta,$$

la valeur de θ etant

$$\theta = \cos\delta.$$

Donc, en remplaçant successivement la fonction $\mathfrak{F}(k\theta)$ par les deux suivantes

$$e^{kr\theta} - 1, \quad e^{kr\theta} - 1 - kr\theta - \frac{k^2 r^2 \theta^2}{2},$$

on tirera des formules (7)

$$(10)\quad \begin{cases} G = S\left[m f(r)\left(\frac{e^{kr} - e^{-kr}}{2kr} - 1\right)\right], \\ H = S\left[\frac{m}{r}\frac{df(r)}{dr}\left(\frac{e^{kr} - e^{-kr}}{2kr} - 1 - \frac{1}{6}k^2 r^2\right)\right]. \end{cases}$$

Les équations (10), jointes aux formules (5) et à la suivante,

$$(11)\qquad \frac{e^{kr}-e^{-kr}}{2kr}=1+\frac{k^2r^2}{1.2.3}+\frac{k^4r^4}{1.2.3.4.5}+\ldots,$$

suffisent pour déterminer complètement les valeurs des caractéristiques E, F que renferment les formules (2), en fonction de la caractéristique

$$k^2=D_x^2+D_y^2+D_z^2.$$

En effectuant les différentiations relatives à k, on trouve

$$(12)\qquad \begin{cases} E= \quad S\left[mf(r)\left(\frac{k^2r^2}{1.2.3}+\frac{k^4r^4}{1.2.3.4.5}+\ldots\right)\right] \\ \qquad +S\left[mr\frac{df(r)}{dr}\left(\frac{1}{5}\frac{k^2r^2}{1.2.3}+\frac{1}{7}\frac{k^4r^4}{1\ 2.3.4.5}+\ldots\right)\right], \\ F=\frac{1}{k^2}S\left[mr\frac{df(r)}{dr}\left(\frac{1}{3.5}\frac{k^2r^2}{1}+\frac{1}{5.7}\frac{k^4r^4}{1.2.3}+\ldots\right)\right]. \end{cases}$$

Si d'ailleurs on pose, pour abréger,

$$rf(r)=\mathfrak{f}(r),$$

en sorte que l'action mutuelle de deux molécules $\mathfrak{m}$, m soit représentée simplement par

$$\mathfrak{m}m\,\mathfrak{f}(r),$$

la première des équations (10) pourra encore être présentée sous la forme

$$(13)\quad E=\frac{1}{5}\frac{k^2}{1.2.3}S\left\{\frac{m}{r^2}D_r[r^4\,\mathfrak{f}(r)]\right\}+\frac{1}{7}\frac{k^4}{1.2.3.4.5}S\left\{\frac{m}{r^2}D_r[r^6\,\mathfrak{f}(r)]\right\}+\ldots.$$

Si, au lieu de développer E, F en séries, on se borne à substituer dans les formules (5) les valeurs de G, H formées par les équations (10), on trouvera

$$(14)\qquad \begin{cases} E=S\left\{\frac{m}{k^2r^2}D_r\left[\left(\frac{e^{kr}+e^{-kr}}{2}-\frac{e^{kr}-e^{-kr}}{2kr}-\frac{1}{3}k^2r^2\right)\mathfrak{f}(r)\right]\right\}, \\ F=\frac{1}{k^2}S\left[mr\frac{df(r)}{dr}\left(\frac{e^{kr}-e^{-kr}}{2kr}-3\frac{e^{kr}+e^{-kr}}{2k^2r^2}+3\frac{e^{kr}-e^{-kr}}{2k^3r^3}\right)\right]. \end{cases}$$

Ces dernières formules, comme on devait s'y attendre, s'accordent avec les équations (12) et (13).

Soient maintenant

$$\bar{\xi}, \quad \bar{\eta}, \quad \bar{\zeta}$$

les déplacements symboliques des molécules dans un mouvement simple ou par ondes planes. Ces déplacements symboliques seront de la forme

$$(15) \quad \bar{\xi} = \mathrm{A} e^{ux+vy+wz-st}, \qquad \bar{\eta} = \mathrm{B} e^{ux+vy+wz-st}, \qquad \bar{\zeta} = \mathrm{C} e^{ux+vy+wz-st},$$

pourvu que les lettres

$$u, \quad v, \quad w,$$

cessant de représenter les caractéristiques

$$\mathrm{D}_x, \quad \mathrm{D}_y, \quad \mathrm{D}_z,$$

désignent avec les lettres

$$\mathrm{A}, \quad \mathrm{B}, \quad \mathrm{C}, \quad s$$

des constantes réelles ou imaginaires; et les équations (2), qui devront encore être vérifiées quand on y remplacera

$$\xi, \quad \eta, \quad \zeta$$

par

$$\bar{\xi}, \quad \bar{\eta}, \quad \bar{\zeta},$$

donneront, ou

$$(16) \qquad s^2 = \mathrm{E}, \qquad u\mathrm{A} + v\mathrm{B} + w\mathrm{C} = 0,$$

ou

$$(17) \qquad s^2 = \mathrm{E} + k^2 \mathrm{F}, \qquad \frac{\mathrm{A}}{u} = \frac{\mathrm{B}}{v} = \frac{\mathrm{C}}{w},$$

E, F désignant encore des fonctions de u, v, w déterminées par les formules (14), et la valeur de k dans ces formules étant toujours choisie de manière que l'on ait

$$k^2 = u^2 + v^2 + w^2.$$

Si le mouvement simple que l'on considère est du nombre de ceux qui se propagent sans s'affaiblir, on aura

$$u = \text{u}\sqrt{-1}, \qquad v = \text{v}\sqrt{-1}, \qquad w = \text{w}\sqrt{-1}, \qquad s = \text{s}\sqrt{-1},$$

u, v, w, s désignant des quantités réelles; et, si l'on pose encore

$$k = \text{k}\sqrt{-1},$$

k sera lui-même une quantité réelle liée à u, v, w par la formule

$$(18) \qquad \text{k}^2 = \text{u}^2 + \text{v}^2 + \text{w}^2.$$

Ajoutons que, dans le cas dont il s'agit, la durée T d'une vibration, la longueur l d'une ondulation, et la vitesse de propagation Ω des ondes planes, seront respectivement

$$(19) \qquad \text{T} = \frac{2\pi}{\text{s}}, \qquad l = \frac{2\pi}{\text{k}}, \qquad \Omega = \frac{\text{s}}{\text{k}} = \frac{l}{\text{T}},$$

et que le plan invariable parallèle aux plans des ondes sera représenté par la formule

$$\text{u}x + \text{v}y + \text{w}z = 0.$$

Comme d'ailleurs la seconde des formules (16) ou (17), jointe aux équations (15) et (18), donnera, ou

$$\text{u}\bar{\xi} + \text{v}\bar{\eta} + \text{w}\bar{\zeta} = 0, \qquad \text{u}\xi + \text{v}\eta + \text{w}\zeta = 0,$$

ou

$$\frac{\bar{\xi}}{\text{u}} = \frac{\bar{\eta}}{\text{v}} = \frac{\bar{\zeta}}{\text{w}}, \qquad \frac{\xi}{\text{u}} = \frac{\eta}{\text{v}} = \frac{\zeta}{\text{w}},$$

il est clair que les vibrations moléculaires seront, ou transversales, c'est-à-dire comprises dans les plans des ondes, ou longitudinales, c'est-à-dire perpendiculaires à ces mêmes plans. Enfin, de la première des formules (16) ou (17), jointe aux équations (14) et aux formules

$$s = \text{s}\sqrt{-1}, \qquad k = \text{k}\sqrt{-1}, \qquad \Omega = \frac{\text{s}}{\text{k}} = \frac{s}{k},$$

on conclura que le carré de la vitesse de propagation Ω est, pour les vibrations transversales,

$$(20)\qquad \Omega^2 = \frac{1}{k^4}\,S\left\{\frac{m}{r^2}\,D_r\left[\left(\cos kr - \frac{\sin kr}{kr} + \frac{1}{3}k^2r^2\right)f(r)\right]\right\}$$

et, pour les vibrations longitudinales,

$$(21)\qquad \begin{cases} \Omega^2 = \dfrac{1}{k^4}\,S\left\{\dfrac{m}{r^2}\,D_r\left[\left(2\dfrac{\sin kr}{kr} - 2\cos kr - kr\sin kr + \dfrac{1}{3}k^2r^2\right)f(r)\right]\right\} \\ \qquad + \dfrac{1}{k^2}\,S\left[m\left(\cos kr - \dfrac{\sin kr}{kr}\right)\dfrac{f(r)}{r}\right]. \end{cases}$$

Les valeurs de Ω fournies par les équations (20), (21) sont précisément les deux vitesses relatives aux deux espèces d'ondes planes qui peuvent être propagées par un milieu isotrope. Si l'on développe en séries les seconds membres de ces équations, on trouvera, pour les vibrations transversales,

$$(22)\quad \Omega^2 = \frac{1}{5}\,\frac{1}{1.2.3}\,S\left\{\frac{m}{r^2}\,D_r[r^4 f(r)]\right\} - \frac{1}{7}\,\frac{k^2}{1.2.3.4.5}\,S\left\{\frac{m}{r^2}\,D_r[r^6 f(r)]\right\} + \ldots,$$

et, pour les vibrations longitudinales,

$$(23)\quad \Omega^2 = \frac{1}{1.2.3}\,S\left[mr\,\frac{2f(r) + 3rf'(r)}{5}\right] - \frac{k^2}{1.2.3.4.5}\,S\left[mr^3\,\frac{2f(r)+5rf'(r)}{7}\right] + \ldots,$$

ce que l'on pourrait aussi conclure des formules (12), et ce qui s'accorde avec les équations données dans les nouveaux *Exercices de Mathématiques*. Enfin, si l'on discute les valeurs précédentes de Ω^2, en examinant spécialement le cas où les sommes indiquées par le signe S peuvent être, sans erreur sensible, transformées en intégrales définies, on obtiendra précisément les résultats ci-dessus énoncés. C'est au reste ce que nous expliquerons avec plus de détails dans les *Exercices d'Analyse et de Physique mathématique*.

88.

Analyse mathématique. — *Règles sur la convergence des séries qui représentent les intégrales d'un système d'équations différentielles. Application à la Mécanique céleste.*

C. R., t. X, p. 939 (22 juin 1840).

Dans un Mémoire lithographié qui porte la date de 1835, j'ai fait voir que l'intégration d'un système quelconque d'équations différentielles pouvait toujours être réduite à l'intégration d'une seule équation caractéristique aux différences partielles et du premier ordre; puis, après avoir indiqué les moyens d'intégrer par séries l'équation caractéristique, et par suite les équations différentielles proposées, j'ai donné des règles sur la convergence de ces séries. D'ailleurs, comme on devait s'y attendre, les résultats auxquels on est conduit par l'application de ces règles s'accordent avec ceux que l'on déduit directement du principe fondamental dont j'ai donné il y a peu de temps une démonstration élémentaire. Suivant ce principe, une fonction d'une ou de plusieurs variables est développable en série convergente ordonnée suivant les *puissances ascendantes* de ces variables, tant que les modules de ces variables conservent des valeurs inférieures à celles pour lesquelles la fonction, ou ses dérivées du premier ordre, pourraient devenir infinies ou discontinues. Supposons, pour fixer les idées, que les équations différentielles données se trouvent, comme on peut toujours l'admettre, réduites au premier ordre. On pourra supposer encore qu'elles offrent pour seconds membres des fonctions connues des diverses variables, et pour premiers membres les dérivées du premier ordre des variables principales prises par rapport à la variable indépendante, par exemple, dans les questions de Mécanique, les dérivées du premier ordre, des coordonnées et des vitesses des points mobiles, différentiées par rapport au temps. Or, dans ce cas, en considérant les intégrales des équations différentielles données comme les limites vers lesquelles convergent les intégrales d'un système d'équations aux différences finies, tandis que la différence finie du temps devient de plus en plus petite, on prouvera, par des raisonnements semblables à ceux que j'ai développés dans le cours de seconde année de l'École Polytechnique, que les coordonnées et les vitesses des points matériels, au bout d'un temps quelconque, ou leurs dérivées du premier ordre, restent généralement fonctions continues du temps et des constantes arbitraires introduites par l'intégration, par exemple, des coordonnées et des vitesses initiales, tant que les modules du temps et des constantes arbitraires conservent des valeurs inférieures à celles pour lesquelles les seconds membres des équations différentielles données, ou les dérivées du premier ordre de ces seconds membres, prises par rapport aux droites variables, deviendraient infinies ou discontinues. Donc les intégrales des équations différentielles que l'on considère seront généralement développables en séries ordonnées suivant les puissances ascendantes du temps et des constantes arbitraires introduites par l'intégration, tant que les modules du temps et de ces constantes resteront inférieurs aux limites pour lesquelles se vérifierait l'une des conditions que nous venons d'énoncer. Ainsi, en particulier, comme dans la *Mécanique céleste,* les seconds membres des équations différentielles données ne deviennent infinis, pour des valeurs finies des coordonnées, que dans le cas où les distances mutuelles de deux ou de plusieurs astres se réduisent à zéro, les inconnues déterminées par ces équations seront généralement développables en séries ordonnées suivant les puissances ascendantes des excentricités et des autres constantes arbitraires, tant que les modules de ces constantes ne dépasseront pas les valeurs qui permettent de vérifier l'une des équations de condition qu'on obtiendrait en égalant à zéro les distances des planètes au Soleil ou leurs distances mutuelles. C'est par cette raison que, dans le mouvement elliptique d'une planète autour du Soleil, les coordonnées et le rayon vecteur mené de la planète au Soleil sont développables en séries convergentes ordonnées suivant les puissances ascendantes de l'excentricité, tant que le module de cette excentricité ne dépasse pas le plus petit de ceux auxquels correspondent des valeurs nulles du rayon vecteur.

89.

Analyse mathématique. — *Sur l'intégration des systèmes d'équations différentielles.*

C. R., t. X, p. 957 (29 juin 1840).

Une méthode générale, que j'ai exposée dans un Mémoire de 1835, ramène l'intégration d'un système quelconque d'équations différentielles à l'intégration d'une seule équation aux différences partielles, que je nommerai, pour abréger, l'*équation caractéristique*. Il suffit en effet d'intégrer cette équation caractéristique pour obtenir immédiatement la valeur de chacune des variables principales, ou même la valeur d'une fonction quelconque de ces variables, exprimée en fonction de la variable indépendante. On sait d'ailleurs que parmi les fonctions des variables il en existe une que M. Hamilton a nommée la *fonction caractéristique*, et qui, d'après les savantes recherches de cet auteur, publiées en 1834 et 1835, vérifie deux équations aux différences partielles. M. Hamilton a fait voir que de la fonction caractéristique supposée connue on pouvait déduire très simplement les intégrales du système d'équations différentielles proposé; et M. Jacobi a prouvé dans une suite de Mémoires qu'on pouvait se borner à intégrer une seule des deux équations aux différences partielles données par M. Hamilton. Toutefois, malgré cette importante remarque ajoutée aux théorèmes de M. Hamilton, et tout le parti que M. Jacobi a su en tirer, je persiste à croire que, pour l'intégration d'un système d'équations différentielles, une des méthodes les plus générales et les plus simples est celle qui se trouve exposée dans le Mémoire de 1835 déjà cité. Les avantages qu'elle me paraît offrir sont ceux que je vais indiquer en peu de mots.

L'équation aux différences partielles, que je nomme l'*équation caractéristique,* n'est pas seulement vérifiée par une fonction particulière des variables, par exemple, par celle que M. Hamilton nomme la *fonction caractéristique;* mais, comme je l'ai déjà dit, elle peut servir à déterminer en fonction de la variable indépendante une fonction quelconque des variables principales. De plus, l'équation caractéristique a sur les équations aux différences partielles de M. Hamilton le grand avantage d'être linéaire, ce qui permet, non seulement de développer immédiatement son intégrale en une série qui reste convergente tant que le module de l'accroissement attribué à la variable indépendante ne dépasse pas certaines limites, mais encore de rendre utiles pour l'intégration d'un système quelconque d'équations différentielles tous les théorèmes relatifs à l'intégration des équations linéaires.

Parmi ces théorèmes, il en est un surtout qui se prête à de nombreuses applications, et qu'il me paraît utile d'énoncer ici dans toute sa généralité. On sait qu'une équation différentielle ou aux différences partielles à coefficients constants étant intégrée, l'intégration peut être étendue au cas même où l'on introduit dans l'équation un second membre qui soit fonction des variables indépendantes; et j'ai prouvé, dans le XIXe Cahier du *Journal de l'École Polytechnique* et dans les *Exercices de Mathématiques,* qu'alors le terme ajouté à l'intégrale diffère des autres par la forme en ce seul point qu'il renferme une intégration de plus, cette nouvelle intégration étant, dans les questions de Mécanique, effectuée par rapport au temps. D'ailleurs, si l'on compare la valeur que prend ce nouveau terme dans le cas général à celle qu'il obtiendrait si dans le second membre de l'équation proposée le temps était remplacé par une constante arbitraire, on obtiendra une règle donnée par M. Duhamel. On peut aussi comparer directement l'intégrale générale, relative au cas où il existe un second membre, à l'intégrale générale relative au cas où ce second membre disparaît, et alors on obtient encore une règle fort simple suivant laquelle la seconde intégrale se déduit de la première à l'aide d'une seule intégration relative à une variable qui remplace le temps. Or ce qu'il importe de remarquer, c'est que ces règles s'étendent au cas même où il s'agit d'une équation linéaire, non à coefficients constants, mais à coefficients quelconques, et fournissent en conséquence un moyen très simple de développer en séries les intégrales générales d'un système d'équations différentielles, quand on connaît des valeurs approchées de ces intégrales.

Concevons, pour fixer les idées, que les équations différentielles données soient celles de la *Mécanique céleste*. Alors la variable principale de l'équation caractéristique pourra être exprimée en termes finis, quand on conservera seulement, dans les équations différentielles, les termes desquels dépendent les mouvements elliptiques des planètes et de leurs satellites. C'est en cela que consiste la première approximation. Or, d'après ce qu'on a dit tout à l'heure, si, en cessant de négliger ces mêmes termes, on veut obtenir successivement une seconde, une troisième approximation, etc., la seconde partie de chaque variable principale, ou celle qui dépend de la seconde approximation, pourra être déduite immédiatement de la première à l'aide d'une seule intégration effectuée par rapport à une variable auxiliaire qui remplacera le temps; et par conséquent cette seconde partie pourra être représentée par une intégrale définie simple et unique. Pareillement la troisième partie de la variable principale, c'est-à-dire, la partie qui dépendra de la troisième approximation, pourra être représentée par une seule intégrale définie double, etc....

Ainsi, dans la *Mécanique céleste,* chacune des variables principales, ou même une fonction quelconque de ces variables, se composera de plusieurs parties correspondantes aux approximations du premier, du second, du troisième ordre, ..., et la première partie s'exprimera toujours en termes finis, la seconde à l'aide d'une intégrale définie simple....

Il y a plus, lorsque le temps n'est pas explicitement contenu dans les équations différentielles données, comme il arrive dans la *Mécanique céleste*, les intégrales définies qu'on obtient sont susceptibles de transformations remarquables qui peuvent devenir très utiles, comme nous le montrerons par des exemples, et peuvent même très souvent dispenser d'effectuer les intégrations relatives au temps.

Enfin, au lieu de prendre pour valeurs approchées des variables principales celles qui correspondent au mouvement elliptique, on peut prendre pour valeurs approchées celles qui correspondent au mouvement circulaire, et alors on obtient immédiatement de la manière la plus directe les valeurs des variables principales exprimées sous des formes qui se prêtent assez facilement au calcul. C'est au reste ce que l'on verra plus en détail dans de nouveaux Mémoires que j'aurai l'honneur d'offrir à l'Académie.

§ Ier. — *Réduction d'un système d'équations différentielles à une seule équation aux différences partielles.*

Des variables principales $x, y, z, \ldots$, que l'on considère comme fonctions d'une variable indépendante t, peuvent être censées complètement déterminées par un système d'équations différentielles dont le nombre est celui des variables principales, quand on connaît d'ailleurs les valeurs particulières de ces dernières variables, pour une valeur particulière de t. On peut d'ailleurs, quand les équations données sont du premier ordre, les résoudre par rapport aux dérivées de $x, y, z, \ldots$, par conséquent les réduire à la forme

$$\text{(1)} \qquad D_t x = P, \qquad D_t y = Q, \qquad \ldots,$$

P, Q, ... étant des fonctions connues de $x, y, z, \ldots, t$; et nous ajouterons qu'on peut ramener le cas général à celui-ci, attendu que l'on réduit immédiatement au premier ordre des équations différentielles d'un ordre plus élevé, en augmentant le nombre des variables principales, et considérant comme telles une ou plusieurs des dérivées de $x, y, \ldots$. Il suffira donc de s'occuper de l'intégration des équations (1).

Pour établir l'existence des intégrales générales des équations (1), il suffit de recourir à la méthode que j'ai développée dans le cours de la deuxième année de l'École Polytechnique, et par laquelle on ramène l'intégration approximative de ces équations à l'intégration d équations aux différences finies, de manière à pouvoir augmenter indéfiniment le degré d'approximation, et à fixer les limites des erreurs commises.

Cela posé, soient

$$x,\ y,\ z,\ \ldots,\ t,$$

et

$$\mathrm{x},\ \mathrm{y},\ \mathrm{z},\ \ldots,\ \tau$$

deux systèmes de valeurs des variables qui se trouvent liées entre elles par les équations (1). Les intégrales générales de ces équations fourniront, en fonction de τ et de $x, y, z, \ldots, t$, les valeurs de

$$\mathrm{x},\ \mathrm{y},\ \mathrm{z},\ \ldots$$

ou même une fonction quelconque $\mathrm{f}(\mathrm{x}, \mathrm{y}, \mathrm{z}, \ldots)$ de $\mathrm{x}, \mathrm{y}, \mathrm{z}, \ldots$; par conséquent elles pourront être présentées sous la forme

$$(2)\qquad \mathrm{x} = \varphi(x, y, z, \ldots, t, \tau), \qquad \mathrm{y} = \chi(x, y, z, \ldots, t, \tau), \qquad \ldots,$$

ou plus généralement sous la forme

$$(3)\qquad \mathrm{f}(\mathrm{x}, \mathrm{y}, \mathrm{z}, \ldots) = \mathrm{f}[\varphi(x, y, z, \ldots, t, \tau), \chi(x, y, z, \ldots, t, \tau), \ldots];$$

les seconds membres des équations (2), (3) devant se réduire identiquement à

$$x,\ y,\ \ldots,\ \mathrm{f}(x, y, z, \ldots),$$

quand on pose $\tau = t$, en sorte qu'on aura identiquement

$$\varphi(x, y, z, \ldots, t, t) = x, \qquad \chi(x, y, z, \ldots, t, t) = y,$$

et par suite

$$\mathrm{f}[\varphi(x, y, z, \ldots, t, t), \chi(x, y, z, \ldots, t, t)\ldots] = \mathrm{f}(x, y, z, \ldots).$$

Ajoutons que l'on peut évidemment échanger entre eux les deux systèmes de valeurs des variables, savoir

$$x,\ y,\ z,\ \ldots,\ t,$$

$$\mathrm{x},\ \mathrm{y},\ \mathrm{z},\ \ldots,\ \tau,$$

et remplacer en conséquence les formules (2), (3) par les suivantes :

$$(4)\qquad x=\varphi(\mathrm{x},\mathrm{y},\mathrm{z},\ldots,\tau,t),\qquad y=\chi(\mathrm{x},\mathrm{y},\mathrm{z},\ldots,\tau,t),\ \ldots,$$

$$(5)\qquad \mathrm{f}(x,y,z,\ldots)=\mathrm{f}[\varphi(\mathrm{x},\mathrm{y},\mathrm{z},\ldots,\tau,t),\ \chi(\mathrm{x},\mathrm{y},\mathrm{z},\ldots,\tau,t),\ \ldots].$$

On peut d'ailleurs, dans ces deux espèces de formules, faire varier une seule des deux valeurs t, τ de la variable indépendante, et par suite avec t, ou τ, un seul des deux systèmes de quantités

$$x,\quad y,\quad z,\quad \ldots,\qquad \text{ou}\qquad \mathrm{x},\quad \mathrm{y},\quad \mathrm{z},\quad \ldots;$$

et alors les quantités dont se compose celui des deux systèmes qui ne varie pas peuvent être censées représenter les constantes arbitraires que doivent renfermer les intégrales générales des équations différentielles données.

Chacune des formules (2) ou (4), ou plus généralement la formule (3) ou (5), dont le second membre renferme, avec les deux valeurs de la variable indépendante, un seul des deux systèmes de valeurs de la variable principale, est ce que nous nommons une *intégrale principale* du système des équations (1).

Désignons maintenant, pour abréger, par

$$\mathrm{X},\quad \mathrm{Y},\quad \ldots$$

les seconds membres des formules (2), et posons encore

$$\varsigma=\mathrm{f}(\mathrm{x},\mathrm{y},\mathrm{z},\ldots),\qquad s=\mathrm{f}(x,y,z,\ldots),\qquad \mathrm{S}=\mathrm{f}(\mathrm{X},\mathrm{Y},\mathrm{Z},\ldots);$$

les intégrales générales (2) des équations (1) se réduiront aux intégrales principales

$$(6)\qquad x=\mathrm{X},\qquad y=\mathrm{Y},\qquad \ldots,$$

dont chacune se trouvera comprise dans la formule

$$(7)\qquad \varsigma=\mathrm{S},$$

S désignant, aussi bien que X ou Y, ..., une fonction des seules quantités

$$x,\quad y,\quad z,\quad \ldots,\quad t,\quad \tau.$$

Or, si dans l'équation (7) on fait varier les seules quantité s

$$x,\ y,\ z,\ \ldots,\ t,$$

on en tirera, eu égard aux formules (1),

$$(8)\qquad 0 = D_t S + P D_x S + Q D_y S + \ldots.$$

D'ailleurs, lorsque, S étant supposé connu, on aura effectué, dans le second membre de l'équation (8), les différentiations indiquées par les caractéristiques

$$D_x,\ D_y,\ D_z,\ \ldots,$$

cette équation devra nécessairement, ou devenir identique, ou établir une relation entre les seules quantités

$$x,\ y,\ z,\ \ldots,\ t,\ \tau.$$

Mais puisqu'on peut choisir arbitrairement toutes ces quantités, sans établir entre elles aucune relation, aucune dépendance, la dernière des deux hypothèses que nous venons d'indiquer est évidemment inadmissible. Donc S, considéré comme fonction x, y, z, ..., t, devra satisfaire identiquement à l'équation (8), c'est-à-dire à une équation linéaire aux différences partielles du premier ordre, qui se trouvera ainsi substituée aux équations (1).

En résumé, la formule (7), propre à représenter une intégrale principale quelconque des équations (1), aura pour second membre une intégrale S de l'équation (8). On pourra d'ailleurs choisir arbitrairement

$$\mathrm{f}(x, y, z, \ldots),$$

c'est-à-dire la fonction de x, y, z, ... à laquelle S devra se réduire, quand on y supposera $\tau = t$, ou, ce qui revient au même, $t = \tau$. A chaque forme donnée de la fonction $\mathrm{f}(x, y, \ldots)$ correspondra une seule intégrale S de l'équation (8), et une seule intégrale principale

$$\varsigma = S$$

de l'équation (1).

Si, pour abréger, on pose

$$\square = \mathrm{P}\mathrm{D}_x + \mathrm{Q}\mathrm{D}_y + \ldots,$$

l'équation (8) deviendra

$$(9)\qquad \mathrm{D}_t\mathrm{S} + \square\mathrm{S} = 0.$$

La méthode de réduction que je viens d'appliquer à un système d'équations différentielles ne diffère pas de celle que j'ai donnée dans le Mémoire de 1835, et à laquelle j'avais pensé depuis longtemps, comme je l'ai dit dans ce Mémoire. Je viens en effet de la retrouver dans une Note qui porte la date du 31 août 1824, à la suite de Mémoires divers présentés à l'Académie en l'année 1823.

§ II. — *Intégration des équations linéaires aux différences partielles.*

Considérons une équation linéaire aux différences partielles du premier ordre entre la variable principale S et les variables indépendantes

$$x,\quad y,\quad z,\quad \ldots,\quad t,$$

dont la dernière, dans les questions de Mécanique, représentera le temps. Cette équation, si elle ne renferme point de termes indépendants de S, pourra être présentée sous la forme

$$(1)\qquad \mathrm{D}_t\mathrm{S} + \square\mathrm{S} = 0 \qquad \text{ou} \qquad \mathrm{D}_t\mathrm{S} = -\square\mathrm{S},$$

la caractéristique $\square$ étant elle-même de la forme

$$\square = \mathrm{P}\mathrm{D}_x + \mathrm{Q}\mathrm{D}_y + \ldots + \mathrm{K},$$

et P, Q, ..., K désignant des fonctions de $x, y, z, \ldots, t$. Cela posé, représentons par

$$s = \mathrm{f}(x, y, z, \ldots)$$

la fonction de $x, y, z, \ldots, \tau$, à laquelle S devra se réduire quand on prendra $t = \tau$. En intégrant les deux membres de l'équation (1) par rapport à t, et à partir de l'origine $t = \tau$, on trouvera

$$\mathrm{S} - s = -\int_\tau^t \square\mathrm{S}\,dt.$$

Donc, si l'on pose, pour abréger, et quelle que soit la fonction de $x, y, z, \ldots, t$ désignée par 8,

$$\nabla 8 = -\int_\tau^t \boxdot 8 \, dt,$$

on aura

$$(2) \qquad S - s = \nabla S \quad \text{ou} \quad (1 - \nabla) S = s.$$

Cette dernière formule comprend à elle seule les deux conditions auxquelles la fonction S doit satisfaire, savoir, de vérifier l'équation (1), et de se réduire à s pour $t = \tau$.

Si l'on écrit, pour plus de simplicité,

$$\nabla^2, \quad \nabla^3, \quad \ldots$$

au lieu de

$$\nabla\nabla, \quad \nabla\nabla\nabla, \quad \ldots,$$

on tirera successivement de la formule (2)

$$\begin{aligned} S &= s + \nabla S \\ &= s + \nabla s + \nabla^2 S \\ &= s + \nabla s + \nabla^2 s + \nabla^3 S \\ &= \ldots\ldots\ldots\ldots\ldots\ldots \end{aligned}$$

Donc, si $\nabla^n S$ décroît indéfiniment, tandis que n augmente, on aura

$$(3) \qquad S = s + \nabla s + \nabla^2 s + \ldots.$$

D'ailleurs, toutes les fois que la série

$$s, \quad \nabla s, \quad \nabla^2 s, \quad \ldots$$

sera convergente, la valeur de S, déterminée par l'équation (3), vérifiera évidemment la formule (2). Donc alors l'équation (3) sera l'intégrale générale de l'équation (1).

Si l'on écrit, pour abréger,

$$\frac{1}{1 - \nabla} \quad \text{et} \quad \frac{s}{1 - \nabla},$$

au lieu de

$$1 + \nabla + \nabla^2 + \ldots, \quad \text{et de} \quad (1 + \nabla + \nabla^2 + \ldots) s = s + \nabla s + \nabla^2 s + \ldots,$$

l'équation (3) pourra être présentée sous la forme

$$S = \frac{s}{1 - \nabla}. \tag{4}$$

Enfin, si les fonctions P, Q, ..., K ne renferment pas le temps t, la formule

$$\nabla 8 = -\int_\tau^t \square 8\, dt = -\square \int_\tau^t 8\, dt$$

donnera successivement

$$\nabla 8 = (\tau - t)\square 8, \qquad \nabla^2 8 = \frac{(\tau - t)^2}{1.2}\square^2 8, \qquad \ldots;$$

et par suite la formule (3) deviendra

$$S = s + \frac{\tau - t}{1}\square s + \frac{(\tau - t)^2}{1.2}\square^2 s + \ldots. \tag{5}$$

Donc alors, en posant, pour abréger,

$$1 + \frac{\tau - t}{1}\square + \frac{(\tau - t)^2}{1.2}\square^2 + \ldots = e^{(\tau - t)\square},$$

on verra l'intégrale de l'équation (1) se réduire à

$$S = e^{(\tau - t)\square} s. \tag{6}$$

Si l'on considère en particulier le cas où les coefficients P, Q, ..., K deviennent constants, alors, en remplaçant s par $f(x, y, \ldots)$, et ayant égard à l'équation symbolique

$$e^{h D_x} f(x) = f(x + h),$$

on verra la formule (6), ou

$$S = e^{(\tau - t)(P D_x + Q D_y + \ldots + K)} f(x, y, \ldots),$$

se réduire à

$$S = e^{K(\tau - t)} f[x + P(\tau - t), y + Q(\tau - t), \ldots].$$

Telle est effectivement, pour des valeurs constantes de P, Q, ..., K, l'intégrale générale de l'équation

$$D_t S + P D_x S + Q D_y S + \ldots + K S = 0,$$

quand on représente par $f(x, y, \ldots)$ la valeur particulière de S qui correspond à $t = \tau$.

Pour que la formule (1) devienne l'équation caractéristique d'un système d'équations différentielles, il suffit (*voir* le § I) que la fonction désignée par K s'évanouisse.

Concevons maintenant qu'au lieu de l'équation (1) on considère la suivante

$$(7) \qquad (D_t + \square) S = \varpi(x, y, \ldots, t),$$

$\varpi(x, y, \ldots, t)$ désignant une fonction des variables indépendantes; et soit toujours $f(x, y, \ldots)$ la valeur de s correspondante à $t = \tau$. Alors, en intégrant, à partir de $t = \tau$, les deux membres de la formule (7), on obtiendra, non plus l'équation (2), mais la suivante

$$(8) \qquad (1 - \nabla) S = s + \int_\tau^t \varpi(x, y, \ldots, t)\, dt,$$

et, par suite, le second membre de l'équation (3) se trouvera augmenté de la quantité

$$(1 + \nabla + \nabla^2 + \ldots) \int_\tau^t \varpi(x, y, \ldots, t)\, dt,$$

qu'on pourrait écrire, pour plus de simplicité, sous la forme

$$\frac{\int_\tau^t \varpi(x, y, \ldots, t)\, dt}{1 - \nabla}.$$

D'ailleurs, n étant un nombre entier quelconque, si les coefficients P, Q, ..., K, contenus dans $\square$, ne renferment pas la variable t, on aura

$$\nabla^n \int_\tau^t \varpi(x, y, \ldots, t)\, dt = (-1)^n \square^n \int_\tau^t \int_\tau^t \ldots \varpi(x, y, \ldots, t)\, dt^{n+1}.$$

Il y a plus, comme une fonction T de t, assujettie à vérifier, quel que soit t, une équation de la forme

$$D_t^{n+1} T = \varpi(t),$$

et, pour $t=\tau$, les conditions

$$\mathrm{T}=0,\qquad \mathrm{D}_t\mathrm{T}=0,\qquad \ldots,\qquad \mathrm{D}_t^n\mathrm{T}=0,$$

peut être évidemment présentée sous l'une ou l'autre des deux formes suivantes

$$\mathrm{T}=\int_\tau^t\int_\tau^t\ldots\varpi(t)\,dt^{n+1},\qquad \mathrm{T}=\int_\tau^t\frac{(t-\theta)^n}{1.2\ldots n}\varpi(\theta)\,d\theta,$$

on aura identiquement

$$\int_\tau^t\int_\tau^t\ldots\varpi(t)\,dt^{n+1}=\int_\tau^t\frac{(t-\theta)^n}{1.2\ldots n}\varpi(\theta)\,d\theta.$$

On trouvera donc par suite

$$\nabla^n\int_\tau^t\varpi(x,y,\ldots,t)\,dt=\int_\tau^t\frac{(\theta-t)^n}{1.2\ldots n}\Box^n\varpi(x,y,\ldots,\theta)\,d\theta,$$

et l'intégrale générale de l'équation (7) sera

$$\mathrm{S}=e^{(\tau-t)\Box}s+\int_\tau^t e^{(\theta-t)\Box}\varpi(x,y,\ldots,\theta)\,d\theta. \tag{9}$$

Au reste, pour s'assurer de l'exactitude de cette intégrale, il suffit de la substituer directement dans la formule (7).

En vertu des formules (6) et (9), la différence entre les intégrales des équations (1) et (7), ou, ce qui revient au même, la valeur que prend l'intégrale de l'équation (7), quand $\mathrm{f}(x,y,\ldots)$ vient à s'évanouir, se trouve représentée par l'intégrale définie

$$\int_\tau^t\Theta\,d\theta,$$

la valeur de Θ ou la fonction sous le signe $\int$ étant

$$\Theta=e^{(\theta-t)\Box}\,\varpi(x,y,\ldots,\theta).$$

Or cette fonction est précisément ce que devient l'intégrale

$$e^{(\tau-t)\Box}\,\mathrm{f}(x,y,\ldots)$$

de l'équation (1), quand on y remplace $f(x, y, \ldots)$ par $\varpi(x, y, \ldots, \theta)$ et τ par θ. On peut donc énoncer la proposition suivante :

Théorème. — *Soit* Θ *ce que devient l'intégrale générale de l'équation*

$$(D_t + \square) S = 0,$$

quand on représente par $\varpi(x, y, \ldots, \theta)$ *la valeur de* S *correspondante à* $t = \theta$. *La différence entre les intégrales générales des deux équations* (7) *et* (1), *ou, ce qui revient au même, la valeur que prend l'intégrale générale de l'équation*

$$(D_t + \square) S = \varpi(x, y, \ldots, t),$$

quand on assujettit cette intégrale à s'évanouir pour $t = \tau$, *sera*

$$S = \int_\tau^t \Theta\, dt. \tag{10}$$

Pour plus de commodité, dans les calculs qui nous ont conduit à ce théorème, nous avons supposé les coefficients P, Q, ..., K, que renferme la caractéristique $\square$, indépendants de la variable t. Mais cette supposition n'est pas nécessaire, et l'on peut donner du même théorème une démonstration très simple, qui subsiste dans tous les cas. En effet, Θ étant choisi de manière à vérifier, quel que soit t, l'équation

$$(D_t + \square) \Theta = 0,$$

et, pour $t = \theta$, la condition

$$\Theta = \varpi(x, y, \ldots, \theta) = \varpi(x, y, \ldots, t),$$

la substitution de la valeur de S, que fournit la formule (10), dans l'équation

$$(D_t + \square) S = \varpi(x, y, \ldots, t),$$

rendra évidemment le premier membre égal au second.

Le théorème précédent peut être étendu à un système quelconque d'équations linéaires, ou différentielles, ou aux différences partielles; et, dans le premier cas, il remplace avec avantage les théorèmes connus de Lagrange sur les équations différentielles linéaires, auxquelles on ajouté des seconds membres qui soient fonctions de la variable indépendante.

Dans plusieurs questions, et en particulier dans la *Mécanique céleste*, la formule (5) ou (6) ne pourrait être employée que pour de petites valeurs de t; et alors il convient de substituer généralement à cette formule celles que l'on peut déduire du précédent théorème, comme on le verra dans un prochain article.

90.

ANALYSE MATHÉMATIQUE. — *Sur l'intégration des équations différentielles ou aux différences partielles.*

C. R., t. XI, p. 1 (6 juillet 1840).

En suivant la méthode que j'ai publiée en 1835, et que j'ai rappelée dans le Mémoire présenté lundi dernier à l'Académie, on ramène l'intégration d'un système d'équations différentielles d'un ordre quelconque à l'intégration d'une seule équation linéaire du premier ordre aux différences partielles. Par conséquent cette méthode a l'avantage de rendre utiles, pour l'intégration des systèmes d'équations différentielles, les théorèmes relatifs à l'intégration des équations linéaires. Or, parmi ces théorèmes, il en existe un qui mérite surtout d'être remarqué. Ce théorème, appliqué à une équation aux différences partielles qui ne renferme que des termes proportionnels à la variable principale et à ses dérivées du premier ordre, sert à passer immédiatement de l'intégrale générale d'une semblable équation à l'intégrale d'une équation qui renfermerait, de plus, un terme représenté par une fonction des variables indépendantes. J'ai fait voir que la seconde intégrale se déduit toujours de la première à l'aide d'une seule intégration définie qui, dans les problèmes de Mécanique, est relative au temps. J'ai ajouté que le même théorème pouvait être étendu à un système quelconque d'équations linéaires aux différences partielles, et que d'ailleurs il se prêtait aisément à de nombreuses et importantes applications. La preuve de ces deux assertions résulte des calculs qui seront développés dans les deux paragraphes du présent Mémoire. On verra, en particulier, dans le second paragraphe, avec quelle facilité, à l'aide du théorème dont il s'agit, on peut développer en séries les variables principales d'un système d'équations différentielles, ou même une fonction quelconque de ces variables principales, lorsqu'on suppose déjà connues des intégrales approchées de ces mêmes équations. On a ainsi, dans l'Astronomie, un moyen très simple de passer des mouvements elliptiques des planètes et de leurs satellites aux perturbations de ces mouvements produites par leurs actions mutuelles.

§ I. — *Théorème général relatif à l'intégration d'un système quelconque d'équations linéaires aux différences partielles.*

Soient

$$t, \quad x, \quad y, \quad z, \quad \ldots$$

plusieurs variables indépendantes, dont la première, dans les questions de Mécanique, pourra représenter le temps. Soient encore

$$\mathrm{S}, \quad \mathrm{T}, \quad \ldots$$

plusieurs variables principales, considérées comme fonctions de t, x, y, z, ... et liées entre elles par des équations linéaires aux différences partielles, qui renferment seulement des termes proportionnels à ces variables principales et à leurs dérivées partielles des divers ordres. Supposons d'ailleurs que, dans ces équations, les dérivées de S, T, ... des ordres les plus élevés relativement à t soient respectivement

$$\mathrm{D}_t^l \mathrm{S}, \quad \mathrm{D}_t^m \mathrm{T}, \quad \ldots$$

et ne se trouvent soumises à aucune différentiation relative aux variables x, y, z, ...; les équations dont il s'agit pourront être présentées sous les formes

$$(1)\quad \begin{cases} D_t^l S \ + \square_{1,1} S + \square_{1,2} T + \ldots = 0, \\ D_t^m T + \square_{2,1} S + \square_{2,2} T + \ldots = 0, \\ \ldots\ldots\ldots\ldots\ldots\ldots\ldots\ldots, \end{cases}$$

chacune des caractéristiques

$$\square_{1,1}, \quad \square_{1,2}, \quad \ldots, \quad \square_{2,1}, \quad \ldots$$

étant à la fois une fonction quelconque des variables indépendantes t, x, y, z, ..., et une fonction entière des caractéristiques

$$D_t, \quad D_x, \quad D_y, \quad \ldots,$$

en sorte que l'on aura, par exemple,

$$\square_{1,1} = A + BD_t + CD_x + \ldots + ED_t^2 + FD_x^2 + \ldots + GD_t D_x + \ldots,$$

A, B, C, ..., E, F, G, ... désignant des fonctions données de $t, x, y, \ldots$, et l'exposant de D_t ne pouvant surpasser le nombre $l - 1$ dans les valeurs de $\square_{1,1}$, $\square_{1,2}$, ..., le nombre $m - 1$ dans les valeurs de $\square_{2,1}$, $\square_{2,2}$, ... Enfin soient

$$L, \quad M, \quad \ldots$$

d'autres fonctions données de t, x, y, z, ... Des intégrales supposées connues des équations (1) on pourra immédiatement déduire les intégrales générales des suivantes

$$(2)\quad \begin{cases} D_t^l S \ + \square_{1,1} S + \square_{1,2} T + \ldots = L, \\ D_t^m T + \square_{2,1} S + \square_{2,2} T + \ldots = M, \\ \ldots\ldots\ldots\ldots\ldots\ldots\ldots\ldots, \end{cases}$$

et, pour obtenir les différences de ces dernières intégrales aux premières, ou, ce qui revient au même, pour obtenir des valeurs de S, T, ... qui aient la double propriété de vérifier, quel que soit t, les équations (2), et de vérifier les conditions

$$(3)\quad \begin{cases} S = 0, & D_t S = 0, & \ldots, & D_t^{l-2} S = 0, & D_t^{l-1} S = 0, \\ T = 0, & D_t T = 0, & \ldots, & D_t^{m-2} T = 0, & D_t^{m-1} T = 0, \\ \ldots\ldots, & \ldots\ldots, & \ldots, & \ldots\ldots, & \ldots\ldots, \end{cases}$$

pour une valeur donnée τ de la variable t, il suffira de recourir à la règle que nous allons énoncer.

Soient

$$\mathfrak{L},\quad \mathfrak{M},\quad \ldots$$

ce que deviennent

$$\mathrm{L},\quad \mathrm{M},\quad \ldots$$

quand on remplace la variable t *par une nouvelle variable* θ. *Soient encore*

$$\mathfrak{S},\quad \mathfrak{T},\quad \ldots$$

des valeurs de S, T, ... *propres à vérifier, quel que soit* t, *les équations* (1), *par conséquent, les formules*

$$(4)\qquad \begin{cases} D_t^l \mathfrak{S} + \square_{1,1}\mathfrak{S} + \square_{1,2}\mathfrak{T} + \ldots = 0, \\ D_t^m \mathfrak{T} + \square_{2,1}\mathfrak{S} + \square_{2,2}\mathfrak{T} + \ldots = 0, \\ \ldots\ldots\ldots\ldots\ldots\ldots\ldots\ldots, \end{cases}$$

et, pour $t = \theta$, *les conditions*

$$(5)\qquad \begin{cases} \mathfrak{S} = 0, & D_t\mathfrak{S} = 0, & \ldots, & D_t^{l-2}\mathfrak{S} = 0, & D_t^{l-1}\mathfrak{S} = \mathfrak{L}, \\ \mathfrak{T} = 0, & D_t\mathfrak{T} = 0, & \ldots, & D_t^{m-2}\mathfrak{T} = 0, & D_t^{m-1}\mathfrak{T} = \mathfrak{M}, \\ \ldots\ldots, & \ldots\ldots\ldots, & \ldots, & \ldots\ldots\ldots\ldots, & \ldots\ldots\ldots\ldots \end{cases}$$

Les valeurs cherchées de S, T, ..., *savoir, celles qui auront la double propriété de vérifier, quel que soit* t, *les équations* (2), *et pour* $t = \tau$, *les conditions* (3), *seront respectivement*

$$(6)\qquad \mathrm{S} = \int_\tau^t \mathfrak{S}\,d\theta;\qquad \mathrm{T} = \int_\tau^t \mathfrak{T}\,d\theta,\qquad \ldots.$$

Démonstration. — En effet, en vertu des conditions (5) qui se vérifient quand on pose $t = \theta$, ou, ce qui revient au même, quand on pose $\theta = t$, on tirera des formules (6), différentiées plusieurs fois de suite, par rapport à t,

$$\begin{matrix} \mathrm{S} = \int_\tau^t \mathfrak{S}\,d\theta, & D_t\mathrm{S} = \int_\tau^t D_t\mathfrak{S}\,d\theta, & \ldots, & D_t^{l-1}\mathrm{S} = \int_\tau^t D_t^{l-1}\mathfrak{S}\,d\theta, & D_t^l\mathrm{S} = \mathrm{L} + \int_\tau^t D_t^l\mathfrak{S}\,d\theta, \\ \mathrm{T} = \int_\tau^t \mathfrak{T}\,d\theta, & D_t\mathrm{T} = \int_\tau^t D_t\mathfrak{T}\,d\theta, & \ldots, & D_t^{m-1}\mathrm{T} = \int_\tau^t D_t^{m-1}\mathfrak{T}\,d\theta, & D_t^m\mathrm{T} = \mathrm{M} + \int_\tau^t D_t^m\mathfrak{T}\,d\theta, \\ \ldots\ldots\ldots, & \ldots\ldots\ldots\ldots, & \ldots, & \ldots\ldots\ldots\ldots\ldots, & \ldots\ldots\ldots\ldots\ldots \end{matrix}$$

Or ces dernières valeurs de

$$S,\quad D_t S,\quad \ldots,\quad D_t^{l-1} S,\quad D_t^l S;\qquad T,\quad D_t T,\quad \ldots,\quad D_t^{m-1} T,\quad D_t^m T,\quad \ldots$$

remplissent évidemment les conditions (3), quand on pose $t = \tau$; et de plus leur substitution, dans les équations (2), réduit ces dernières, en vertu des formules (4), aux équations identiques

$$L = L,\qquad M = M,\qquad \ldots.$$

Corollaire. — Lorsque les équations (1) se réduisent à une seule équation du premier ordre et de la forme

$$(D_t + \Box) S = 0,$$

les formules (2) se réduisent elles-mêmes à une seule équation de la forme

$$(D_t + \Box) S = \varpi(x, y, \ldots, t),$$

et, pour obtenir la différence entre les intégrales de ces deux équations, ou, ce qui revient au même, pour obtenir l'intégrale de la dernière en l'assujettissant à s'évanouir pour $t = \theta$, il suffit, en vertu de la règle énoncée, de recourir à la formule

$$S = \int_\tau^t \mathcal{S}\, d\theta,$$

$\mathcal{S}$ étant une fonction de $x, y, \ldots, t$ assujettie à vérifier, quel que soit t, l'équation

$$(D_t + \Box)\mathcal{S} = 0$$

et, pour $t = \theta$, la condition

$$\mathcal{S} = \varpi(x, y, \ldots, \theta).$$

On se trouve ainsi ramené au théorème que nous avons établi dans le dernier *Compte rendu*.

§ II. — *Intégration par séries d'un système d'équations différentielles.*

Supposons les variables principales

$$x, \quad y, \quad z, \quad \ldots$$

exprimées en fonction de la variable indépendante t par un système d'équations différentielles du premier ordre. Concevons d'ailleurs qu'en négligeant certains termes on puisse facilement intégrer ces équations différentielles réduites à la forme

$$(1) \qquad D_t x = P, \qquad D_t y = Q, \qquad \ldots,$$

l'équation *caractéristique* correspondante aux équations (1) sera

$$(2) \qquad (D_t + \square) S = 0,$$

la valeur de $\square$ étant

$$\square = P D_x + Q D_y + \ldots;$$

et l'intégration des équations (1) entraînera celle de l'équation (2).

Admettons, pour fixer les idées, que

$$\mathrm{x}, \quad \mathrm{y}, \quad \ldots, \quad \tau$$

représente un nouveau système de valeurs des variables

$$x, \quad y, \quad \ldots, \quad t;$$

les intégrales générales des équations (1) pourront être censées renfermer seulement les quantités $x, y, \ldots, t, \mathrm{x}, \mathrm{y}, \ldots, \tau$; et ces intégrales, résolues par rapport à $\mathrm{x}, \mathrm{y}, \ldots$, se présenteront sous la forme

$$(3) \qquad \mathrm{x} = X, \qquad \mathrm{y} = Y, \qquad \ldots,$$

$X, Y, \ldots$ désignant des fonctions des seules quantités $x, y, z, \ldots, t, \tau$. Cela posé, la forme générale des intégrales principales des équations (1) étant

$$(4) \qquad \mathfrak{f}(\mathrm{x}, \mathrm{y}, \ldots) = \mathfrak{f}(X, Y, \ldots),$$

l'intégrale générale de la formule (2) sera

$$S = f(X, Y, \ldots), \tag{5}$$

si l'on désigne par $f(x, y, z, \ldots)$ la valeur de S correspondant à $t = \tau$.

Concevons maintenant que, dans le cas où l'on ne néglige aucun terme, les équations différentielles données deviennent

$$D_t x = P + \mathfrak{P}, \qquad D_t y = Q + \mathfrak{Q}, \qquad \ldots, \tag{6}$$

$\mathfrak{P}$, $\mathfrak{Q}$, ... désignant, ainsi que P, Q, ..., des fonctions connues de x, y, ..., t; et posons

$$\square' = \mathfrak{P} D_x + \mathfrak{Q} D_y + \ldots$$

L'équation caractéristique relative au système des équations (6) sera de la forme

$$(D_t + \square + \square')T = 0, \tag{7}$$

T désignant la nouvelle variable principale. Or on vérifiera évidemment l'équation (7) en posant

$$T = S + S_{,} + S_{,,} + \ldots, \tag{8}$$

pourvu que l'on assujettisse S, $S_{,}$, $S_{,,}$, ... à vérifier les formules

$$\left\{\begin{array}{l} (D_t + \square)S \;\;= 0, \\ (D_t + \square)S_{,} \;= -\square' S, \\ (D_t + \square)S_{,,} = -\square' S_{,}, \\ \ldots\ldots\ldots\ldots\ldots\ldots\ldots, \end{array}\right. \tag{9}$$

et que la série

$$S, \quad S_{,}, \quad S_{,,}, \quad \ldots$$

soit convergente. Or la première des formules (9) sera précisément l'équation (2), dont l'intégrale S pourra être prise pour premier terme de la série. Quant aux autres termes

$$S_{,}, \quad S_{,,}, \quad \ldots,$$

il suffira, pour les obtenir, d'intégrer successivement la seconde, la troisième des équations (9), ..., en assujettissant les mêmes intégrales à s'évanouir pour $t=\tau$. D'ailleurs, à l'aide des principes établis dans le précédent Mémoire, ou dans le premier paragraphe de celui-ci, on déduira sans peine de la valeur de S supposée connue la valeur de $S_{,}$, puis de la valeur de $S_{,}$ celle de $S_{,,}$, ...; et par suite l'intégration en termes finis des équations (1), ou, ce qui revient au même, de l'équation (2), entraînera l'intégration par séries des équations (6), ou, ce qui revient au même, de l'équation (7).

On arriverait encore aux mêmes conclusions de la manière suivante.

Concevons que, 8 désignant une fonction quelconque de $x, y, \ldots, t$, on pose, pour abréger,

$$\nabla 8 = -\int_{\tau}^{t} \Box 8\, dt \quad \text{et} \quad \nabla' 8 = -\int_{\tau}^{t} \Box' 8\, dt;$$

et désignons par

$$s = \mathrm{f}(x, y, \ldots)$$

la fonction de $x, y, \ldots$ à laquelle doit se réduire, pour $t=\tau$, l'intégrale générale S ou T de l'équation (2) ou (7). On tirera de l'équation (2), intégrée par rapport à t et à partir de $t=\tau$,

$$S - s = \nabla S, \qquad (1-\nabla)S = s,$$

et, par suite,

$$S = (1 + \nabla + \nabla^2 + \ldots)s = \frac{1}{1-\nabla}s. \tag{10}$$

On tirera pareillement de l'équation (7)

$$T - s = \nabla T + \nabla' T, \qquad (1-\nabla)T = s + \nabla' T,$$

et, par suite,

$$\begin{aligned} T &= \frac{1}{1-\nabla}s + \frac{1}{1-\nabla}\nabla' T \\ &= \frac{1}{1-\nabla}s + \frac{1}{1-\nabla}\nabla'\frac{1}{1-\nabla}s + \frac{1}{1-\nabla}\nabla'\frac{1}{1-\nabla}\nabla' T, \\ &\ldots\ldots\ldots\ldots\ldots\ldots\ldots\ldots\ldots\ldots \end{aligned}$$

Donc, en supposant convergente la série

$$\frac{1}{1-\nabla}s, \quad \frac{1}{1-\nabla}\nabla'\frac{1}{1-\nabla}s, \quad \frac{1}{1-\nabla}\nabla'\frac{1}{1-\nabla}\nabla'\frac{1}{1-\nabla}s, \quad \ldots,$$

on trouvera définitivement

$$(11) \qquad T = \frac{1}{1-\nabla}s + \frac{1}{1-\nabla}\nabla'\frac{1}{1-\nabla}s + \frac{1}{1-\nabla}\nabla'\frac{1}{1-\nabla}\nabla'\frac{1}{1-\nabla}s + \ldots.$$

Il est d'ailleurs facile de s'assurer que, dans la supposition dont il s'agit, la valeur de T, déterminée par la formule (11), vérifie en effet l'équation

$$(1-\nabla)T = s + \nabla T,$$

et par conséquent l'équation (7), dont elle représente l'intégrale générale. Ajoutons que, pour déduire de la formule (11) une intégrale principale des équations (6), il suffit d'y remplacer le premier membre T par la constante

$$\varsigma = f(x, y, \ldots).$$

Il est bon d'observer que, en vertu de la formule (10), l'équation (11) peut être réduite à

$$(12) \qquad T = S + \frac{1}{1-\nabla}\nabla' S + \frac{1}{1-\nabla}\nabla'\frac{1}{1-\nabla}\nabla' S + \ldots.$$

On aura donc généralement

$$T = S + S_{,} + S_{,,} + \ldots,$$

pourvu que l'on pose

$$(13) \qquad S_{,} = \frac{1}{1-\nabla}\nabla' S, \qquad S_{,,} = \frac{1}{1-\nabla}\nabla' S_{,}, \qquad \ldots.$$

Or, comme $\nabla 8$ et $\nabla' 8$ s'évanouissent généralement pour $t = \tau$, il est clair qu'en vertu des formules (13) on pourra en dire autant de $S_{,}$, $S_{,,}$, ... D'ailleurs on tire de ces mêmes formules

$$(1-\nabla)S_{,} = \nabla' S, \qquad (1-\nabla)S_{,,} = \nabla' S_{,}, \qquad \ldots,$$

puis, en différentiant par rapport à t,

$$(D_t + \square)S_{,} = -\square' S, \qquad (D_t + \square)S_{,,} = -\square' S_{,}, \qquad \ldots$$

Donc les valeurs de $S_{,}$, $S_{,,}$, ..., déterminées par les formules (13), sont précisément celles qui ont la double propriété de vérifier les équations (9) et de s'évanouir pour $t=\tau$.

Considérons en particulier le cas où les fonctions

$$P,\quad Q,\quad \ldots,\quad \mathfrak{P},\quad \mathfrak{Q},\quad \ldots$$

sont indépendantes de la variable t. Alors on aura

$$S = \frac{s}{1-\nabla} = e^{(\tau-t)\Box} s$$

et, par suite,

$$\Box' S = \Box' e^{(\tau-t)\Box} s.$$

Cela posé, la seconde des équations (9) deviendra

$$(14)\qquad (D_t + \Box) S_{,} = -\Box' e^{(\tau-t)\Box} s;$$

et, d'après ce qui a été dit dans le § I, on aura

$$(15)\qquad S_{,} = \int_{\tau}^{t} \Theta\, d\theta,$$

Θ étant assujetti à la double condition de vérifier, quel que soit t, l'équation

$$(D_t + \Box)\Theta = 0$$

et de se réduire à

$$-\Box' e^{(\tau-\theta)\Box} s$$

pour $t=\theta$. On aura d'ailleurs, sous ces conditions,

$$\Theta = -e^{(\theta-t)\Box}\, \Box' e^{(\tau-\theta)\Box} s,$$

et, par suite, on trouvera

$$(16)\qquad S_{,} = -\int_{\tau}^{t} e^{(\theta-t)\Box}\Box' e^{(\tau-\theta)\Box} s\, d\theta.$$

Si l'on nommait s ce que devient

$$S = e^{(\tau-t)\Box} s,$$

quand on y remplace t par θ, on aurait

$$(17)\qquad \mathcal{S} = e^{(\tau-\theta)\square} s,$$

et, par suite, la formule (16) se réduirait à

$$(18)\qquad S_{,} = -\int_{\tau}^{t} e^{(\theta-t)\square}\,\square' \mathcal{S}\,d\theta.$$

De même, si l'on nomme $\mathcal{S}_{,}$ ce que devient $S_{,}$ quand on y remplace t par θ, on aura

$$(19)\qquad \mathcal{S}_{,,} = -\int_{\tau}^{t} e^{(\theta-t)\square}\,\square' \mathcal{S}_{,}\,d\theta,$$

et ainsi de suite.

Si la fonction s est telle que l'on ait

$$(20)\qquad \square s = 0,$$

on en conclura

$$e^{(\theta-t)\square} s = s,$$

et par suite la valeur de $S_{,}$, que détermine l'équation (16), se trouvera réduite à

$$(21)\qquad S_{,} = -\int_{\tau}^{t} e^{(\theta-t)\square}\,\square' s\,d\theta.$$

Nous donnerons dans d'autres articles les applications de ces diverses formules à la *Mécanique céleste*.

Post-scriptum. — Le théorème énoncé dans le § Ier subsiste dans le cas même où les équations (1) et (2) de ce paragraphe, cessant de renfermer les variables x, y, ..., se réduiraient à des équations différentielles, auxquelles devraient satisfaire les variables principales S, T, ... considérées comme fonctions de la seule variable indépendante t.

Concevons, pour fixer les idées, les équations (2) du § Ier réduites à la suivante :

$$D_t^2 S - \frac{2}{t^2} S = \varpi(t).$$

Si l'on veut intégrer celle-ci, de manière que l'intégrale et sa dérivée s'évanouissent pour $t = \tau$, il suffira, en vertu du théorème établi, de chercher une valeur de s qui ait la double propriété de vérifier, quel que soit t, la formule

$$D_t^2 s - \frac{2}{t^2} s = 0,$$

et pour $t = \theta$, les conditions

$$s = 0, \qquad D_t s = \varpi(\theta);$$

puis de substituer cette valeur de s, savoir

$$s = \left(t^2 - \frac{\theta^3}{t}\right) \frac{\varpi(\theta)}{3\theta},$$

dans la formule

$$S = \int_\tau^t s \, d\theta.$$

Effectivement, on tirera de ces dernières

$$S = \int_\tau^t \left(t^2 - \frac{\theta^3}{t}\right) \frac{\varpi(\theta)}{3\theta} \, d\theta,$$

$$D_t S = \int_\tau^t \left(2t + \frac{\theta^3}{t^2}\right) \frac{\varpi(\theta)}{3\theta} \, d\theta,$$

$$D_t^2 S = \int_\tau^t 2\left(1 - \frac{\theta^3}{t^3}\right) \frac{\varpi(\theta)}{3\theta} \, d\theta + \varpi(t)$$

et par suite

$$D^t S - \frac{2}{t^2} S = \varpi(t).$$

91.

Mécanique céleste. — *Méthodes générales pour la détermination des mouvements des planètes et de leurs satellites.*

C. R., t. XI, p. 179 (3 août 1840).

La détermination des mouvements des planètes et de leurs satellites est, comme l'on sait, un grand problème que l'on parvient à résoudre, plus ou moins rigoureusement, à l'aide d'approximations successives.

La première approximation, celle qui réduit chaque orbite à une ellipse, peut s'effectuer assez simplement à l'aide des méthodes connues. Parmi ces méthodes, l'une des plus remarquables est, sans contredit, celle qui se trouve exposée dans le deuxième Chapitre du second Livre de la *Mécanique céleste,* et qui ramène l'intégration des équations différentielles du mouvement elliptique à l'intégration d'une seule équation linéaire aux dérivées partielles. On peut voir, dans le Chapitre cité, avec quelle facilité cette équation aux dérivées partielles fournit les équations finies du mouvement elliptique; et l'on a ainsi, dans l'Astronomie, un premier exemple des avantages que présente la considération de l'équation linéaire que je nomme *caractéristique,* c'est-à-dire la considération d'une seule équation aux dérivées partielles substituée à un système donné d'équations différentielles. Les équations finies du mouvement elliptique étant connues, on en déduit, par la formule de Lagrange, les valeurs de l'anomalie et du rayon vecteur développées en séries dont tous les termes, si l'on excepte le premier dans le développement de l'anomalie, sont périodiques et renferment le temps t sous les signes sinus et cosinus. Les règles de la convergence de ces séries, et les limites des erreurs que l'on commet lorsqu'on néglige les termes dont l'ordre surpasse un nombre donné, se déduisent immédiatement de la théorie générale que j'ai présentée dans un Mémoire de 1831, et dans plusieurs articles que renferment les *Comptes rendus des séances de l'Académie.*

La théorie du mouvement elliptique étant établie, comme on vient de le dire, il reste à examiner comment on passera de cette théorie à celle des mouvements troublés par les actions réciproques des planètes et de leurs satellites. Alors se présentent à résoudre deux problèmes importants d'Analyse, dont M. Laplace s'est occupé dans le cinquième Chapitre du second Livre de la *Mécanique céleste,* et dont je vais rappeler l'objet en peu de mots.

Le premier problème est l'intégration complète d'un système d'équations différentielles, lorsqu'on suppose connues les intégrales approchées relatives au cas où l'on néglige certains termes. M. Laplace applique à la solution de ce problème deux méthodes distinctes, savoir : 1° la méthode des facteurs, qui ne réussit que dans le cas où les équations données sont linéaires, et reproduit alors les résultats obtenus par Lagrange; 2° la méthode des approximations successives, dont l'idée première pourrait être attribuée à Newton. L'application directe de cette dernière méthode à un système d'équations différentielles ne donne leurs intégrales complètes que dans des cas particuliers, par exemple, dans celui qu'indique M. Laplace, et où la suppression des termes, que l'on néglige d'abord, transforme ces équations différentielles en équations linéaires à coefficients constants. Mais fort heureusement l'application de la même méthode à l'équation caractéristique résoudra le problème dans tous les cas; alors le théorème très simple, que j'ai donné dans une précédente séance, fournira toujours immédiatement l'intégrale en série de cette équation caractéristique, et par conséquent les intégrales générales des équations différentielles données. Ainsi la considération de l'équation caractéristique, correspondante à un système d'équations différentielles, fournit, non seulement d'élégantes méthodes d'intégration, lorsque les intégrales rigoureuses peuvent s'obtenir en termes finis, mais encore le développement des intégrales complètes en séries régulières, lorsqu'on ne peut obtenir en termes finis que des intégrales approchées. J'ajouterai que les développements ainsi trouvés se présentent sous une forme telle qu'il devient facile d'y effectuer ce qu'on appelle un changement des variables indépendantes, dans le cas surtout où les premières valeurs approchées des variables principales deviennent constantes. Ce cas se présente dans l'Astronomie quand, aux équations différentielles du second ordre qui déterminent les coordonnées des planètes et des satellites, on substitue les équations différentielles du premier ordre qui déterminent les éléments elliptiques des orbites considérés comme variables avec le temps.

Au reste, au théorème général que je rappelais tout à l'heure, et auquel les géomètres ont bien voulu faire un accueil si favorable, je vais joindre, dans ce Mémoire, d'autres propositions plus importantes, ce me semble, qui me paraissent devoir plus particulièrement intéresser les astronomes, et contribuer aux progrès de la Mécanique céleste. Entrons à ce sujet dans quelques détails.

Les équations différentielles qui déterminent les variations des éléments elliptiques renferment, avec ces éléments et leurs dérivées du premier ordre relatives au temps t, les dérivées partielles d'une certaine fonction désignée par R dans la *Mécanique céleste;* et quand on se propose d'intégrer par séries ces équations différentielles, il est utile de commencer par développer la fonction R en une série périodique dont chaque terme soit, ou constant, ou proportionnel au sinus ou au cosinus d'un arc représenté par une fonction linéaire du temps. Effectivement, on peut substituer à R un développement de cette forme qui représentera R au bout d'un temps quelconque. La fonction R étant développée comme on vient de le dire, les intégrations simples ou multiples, et relatives au temps, qui se trouvent successivement amenées par la seconde approximation et par les suivantes, produiront, dans les équations intégrales, le temps t hors des signes sinus et cosinus. On ne doit pas, pour cette raison, rejeter absolument les intégrales dont il s'agit, ni s'imaginer qu'au bout d'un temps considérable elles cessent de fournir le développement des inconnues en séries convergentes; car la même circonstance se présente déjà dans l'intégration d'une seule équation linéaire à coefficients constants, et alors le développement de la variable principale offre une série ordonnée, il est vrai, suivant les puissances ascendantes de t, mais néanmoins toujours convergente, puisque cette série a pour somme une exponentielle népérienne dont l'exposant est proportionnel au temps. Toutefois, il est juste d'observer que des séries de cette espèce, sans cesser même d'être convergentes, peuvent, au bout d'un temps considérable, se prêter difficilement au calcul, attendu que les termes proportionnels au temps ou à ses puissances finissent par croître très rapidement, et que le nombre des termes dont on doit tenir compte, pour que l'erreur commise soit insensible, devient alors de plus en plus considérable. Pour remédier à cet inconvénient, on a cherché à faire disparaître dans les développements obtenus les termes non périodiques. Euler, Clairaut, d'Alembert et Lagrange ont imaginé, dans ce but, divers artifices de calcul applicables à des cas plus ou moins étendus; et dans le Chapitre déjà cité, l'auteur de la *Mécanique céleste* fait sentir combien il importe d'avoir pour cet objet une méthode simple et générale. Lui-même en propose une qui lui semble offrir ce double caractère. Mais elle repose sur un principe qui paraît sujet à de graves objections ([1]).

Quelques méditations approfondies sur ce sujet délicat m'ont conduit à découvrir un autre principe, qui peut sans difficulté servir de base à l'élimination des termes non périodiques et à la théorie des inégalités séculaires des mouvements des planètes. Il repose sur une propriété remarquable et très générale des séries qui représentent les intégrales d'un système d'équations différentielles. Disons ici quelques mots de cette propriété.

Supposons que l'on soit parvenu à intégrer un système d'équations différentielles, en négligeant certains termes, et qu'après avoir ainsi trouvé des intégrales approchées, on veuille déduire de celles-ci les intégrales rigoureuses, à l'aide des méthodes précédemment exposées. Il suffira de développer en séries par ces méthodes l'intégrale générale de l'équation caractéristique. Les divers termes du développement que l'on obtiendra pourront être calculés successivement, et le calcul de chaque nouveau terme exigera une intégration nouvelle relative au temps t. Or, ce qu'il importe de remarquer, c'est que chaque intégration nouvelle étant indépendante de celles qui la précèdent pourra être effectuée à partir d'une limite entièrement arbitraire. On peut donc ainsi introduire dans l'intégrale générale de l'équation caractéristique, et par conséquent dans les intégrales générales des équations différentielles, une infinité de constantes arbitraires. Mais, comme cette introduction ne saurait changer la nature même de ces intégrales, il est nécessaire que l'effet qui en résulte puisse également résulter d'un changement opéré dans les valeurs des constantes arbitraires que les

([1]) *Voir* les Remarques faites à ce sujet, par Lagrange, dans les *Mémoires de Berlin* pour l'année 1783, page 227.

intégrales renferment, quand on effectue chaque intégration relative à t, à partir d'une limite non arbitraire, par exemple à partir de $t = 0$. Cette propriété des intégrales développées en séries ne saurait être révoquée en doute et se vérifie aisément, dans divers cas particuliers, c'est-à-dire pour certaines formes particulières des équations différentielles.

A l'aide de cette propriété, on reconnaît sans peine que, dans un grand nombre de cas, surtout dans celui où les premières valeurs approchées des variables principales se réduisent à des constantes, et où les seconds membres des équations différentielles données sont des séries de termes proportionnels à des sinus ou cosinus d'angles représentés par des fonctions linéaires de t, le temps t, introduit par les intégrations successives hors des signes sinus et cosinus, peut être, dans les intégrales générales, diminué d'une constante arbitraire θ. Seulement, en admettant cette nouvelle constante, on doit modifier les autres qui changeront de valeur avec elle. C'est ainsi que l'une des conséquences déduites par M. Laplace du principe dont nous avons parlé se trouve directement et rigoureusement établie. D'ailleurs, les variables étant considérées comme fonctions du temps, et les constantes arbitraires comme fonctions de θ, les équations intégrales et leurs dérivées devront subsister, quelles que soient les valeurs attribuées à θ et à t. Elles devront donc subsister, dans le cas même où l'on établirait entre θ et t une relation quelconque, par exemple dans le cas où l'on supposerait $t = \theta$. De cette seule considération je conclus immédiatement que l'on peut, dans les équations intégrales, supprimer tous les termes qui renferment le temps t hors des signes sinus et cosinus, pourvu que l'on regarde les constantes arbitraires comme des fonctions du temps, et je déduis sans peine les équations différentielles qui déterminent ces dernières fonctions, en abandonnant ici de nouveau la marche suivie par l'auteur de la *Mécanique céleste* qui, pour la seconde fois, a recours au principe dont nous avons parlé ci-dessus et parvient de cette manière à des équations dont l'exactitude n'est peut-être pas suffisamment démontrée.

Dans un prochain Mémoire, j'aurai l'honneur d'offrir à l'Académie le développement des principes généraux que je viens d'établir, et leur application au calcul des inégalités séculaires des mouvements des planètes. Par ce moyen on pourra juger de l'utilité toute spéciale de ce nouveau travail dans les recherches astronomiques. Je ferai tous mes efforts pour le rendre digne de l'intérêt accordé par mes illustres confrères à mes précédents Mémoires sur la Mécanique céleste. La marque si éclatante que plusieurs d'entre eux m'en ont donnée, il y a quelques mois, était l'encouragement le plus flatteur que je pusse recevoir après trente-quatre années de travaux assidus dans une carrière où l'illustre Lagrange avait bien voulu guider mes premiers pas. Je saisis avec plaisir cette occasion de leur exprimer ici ma reconnaissance pour ce témoignage de considération auquel j'attache d'autant plus de prix, que je l'avais moins recherché, et me tenais plus à l'écart, pour me livrer, dans le silence du cabinet, à mes études favorites. Jusqu'à ce jour ceux qui avaient reçu ce témoignage se regardaient comme ayant, pour cette raison même, un devoir impérieux à remplir. Lorsqu'ils croyaient avoir fait quelque découverte utile à l'Astronomie, ils s'empressaient de communiquer leur Mémoire à la réunion des savants spécialement chargés de favoriser les progrès de la Mécanique céleste, et de le leur offrir pour être inséré dans la *Connaissance des Temps*. Si je me borne pour le moment à communiquer mon travail à l'Académie, mes honorables confrères ne m'en feront point un reproche. La fidélité avec laquelle j'ai toujours cherché à remplir mes devoirs leur répond assez de l'empressement que je mettrais à m'acquitter encore de celui que je viens de rappeler, si tout le monde était parfaitement convaincu qu'il ne peut y avoir nul inconvénient à ces communications scientifiques. Mais je dois attendre que cette conviction soit formée dans tous les esprits. La seule chose qui soit en mon pouvoir, c'est de redoubler de zèle pour répondre à l'indulgence avec laquelle les amis des sciences ont accueilli mes Ouvrages, et prouver, s'il est possible, que le titre de géomètre n'était pas tout à fait en désaccord avec les occupations habituelles du vieux professeur auquel, dans la précédente année, les maîtres de la Science avaient bien voulu le conférer.

92.

MÉCANIQUE CÉLESTE. — *Sur les fonctions alternées qui se présentent dans la théorie des mouvements planétaires.*

C. R., t. XI, p. 297 (24 août 1840).

On sait que, dans la théorie des planètes, les variations des constantes arbitraires renferment trente coefficients, égaux deux à deux au signe près, mais dont chacun change de signe, quand on échange, l'une contre l'autre, les deux quantités dont il contient les dérivées partielles. Ces coefficients sont donc des espèces de fonctions différentielles alternées de ces mêmes quantités. Les fonctions de cette forme jouissent de diverses propriétés, dont la plus importante, découverte par Lagrange, se rapporte à un système d'équations différentielles du genre de celles qu'on obtient dans la Mécanique, ou bien encore à des équations différentielles plus générales, dont j'ai donné la forme dans un Mémoire de 1831. Mais, lorsqu'on veut déterminer exactement ces fonctions, dans la théorie des mouvements planétaires, le calcul direct est assez long. Pour remédier à cet inconvénient, M. Poisson a fait servir à la détermination des fonctions dont il s'agit les intégrales premières des équations du mouvement, en examinant ce que deviennent ces intégrales dans le mouvement troublé. Je me suis demandé s'il n'y avait pas quelque moyen simple d'arriver aux valeurs de ces mêmes fonctions, sans recourir à la considération des forces perturbatrices. Ayant réfléchi quelque temps sur ce sujet, j'ai été assez heureux pour obtenir une méthode qui, non seulement, conduit très facilement au but que je m'étais proposé, mais qui de plus a l'avantage d'ajouter au beau théorème de Lagrange d'autres propositions assez dignes de remarque, par exemple celle que je vais indiquer.

Si l'on combine deux à deux les quatre quantités qui, dans le mouvement d'une planète, représentent les coordonnées polaires, mesurées dans le plan de l'orbite, l'inclinaison de cette orbite, et l'angle formé par un axe fixe avec la ligne des nœuds, les douze fonctions alternées que l'on pourra former avec ces quatre quantités, et qui, deux à deux, seront égales au signe près, resteront indépendantes du temps, comme celles que l'on forme avec les valeurs des constantes arbitraires tirées des intégrales du mouvement elliptique. De plus, des six valeurs numériques de ces douze fonctions, quatre s'évanouiront, et le rapport entre les deux autres valeurs numériques sera le cosinus de l'inclinaison de l'orbite.

93.

Mécanique céleste. — *Sur les fonctions alternées qui se présentent dans la théorie des mouvements planétaires.*

C. R., t. XI, p. 377 (31 août 1840). — Suite.

§ Ier. — *Considérations générales.*

Concevons qu'à des variables représentées par

$$x,\quad y,\quad z,\quad \ldots$$

on fasse respectivement correspondre d'autres variables représentées par

$$u,\quad v,\quad w,\quad \ldots.$$

Soient de plus

$$\mathrm{S},\quad \mathrm{T},\quad \ldots$$

des fonctions de ces deux espèces de variables, et posons généralement

$$(1)\qquad \left\{\begin{aligned}[\mathrm{S},\mathrm{T}] = {} & \mathrm{D}_x \mathrm{S} \mathrm{D}_u \mathrm{T} - \mathrm{D}_u \mathrm{S} \mathrm{D}_x \mathrm{T} \\ & + \mathrm{D}_y \mathrm{S} \mathrm{D}_v \mathrm{T} - \mathrm{D}_v \mathrm{S} \mathrm{D}_y \mathrm{T} \\ & + \mathrm{D}_z \mathrm{S} \mathrm{D}_w \mathrm{T} - \mathrm{D}_w \mathrm{S} \mathrm{D}_z \mathrm{T} \\ & + \ldots\ldots\ldots\ldots\ldots\ldots\end{aligned}\right.$$

La fonction [S, T], qui changera de signe quand on échangera entre elles les deux quantités S, T, sera ce qu'on peut appeler une fonction différentielle alternée de ces deux quantités. Cette fonction alternée jouira d'ailleurs de propriétés diverses dont plusieurs peuvent être établies avec la plus grande facilité. Ainsi, en particulier, on tirera immédiatement de l'équation (1)

$$[T, S] = -[S, T], \tag{2}$$

et par suite, en posant $T = S$,

$$[S, S] = 0. \tag{3}$$

Ainsi encore, on déduira de l'équation (1) les propositions suivantes :

Théorème I. — *Si deux variables correspondantes*

$$x \text{ et } u, \quad \text{ou } y \text{ et } v, \quad \text{ou } z \text{ et } w, \quad \ldots$$

ne se rencontrent pas simultanément, l'une dans S, *l'autre dans* T, *l'on aura*

$$[S, T] = 0. \tag{4}$$

Corollaire. — On trouvera, par exemple,

$$[y, z] = 0, \quad [z, x] = 0, \quad [x, y] = 0,$$
$$[v, w] = 0, \quad [w, u] = 0, \quad [u, v] = 0$$

et

$$[x, v] = 0, \quad [x, w] = 0,$$
$$[y, w] = 0, \quad [y, u] = 0,$$
$$[z, u] = 0, \quad [z, v] = 0.$$

De même encore, si l'on pose

$$r = \sqrt{x^2 + y^2 + z^2}, \qquad \omega = \sqrt{u^2 + v^2 + w^2},$$

on trouvera

$$[x, r] = 0, \quad [y, r] = 0, \quad [z, r] = 0$$

et

$$[u, \omega] = 0, \quad [v, \omega] = 0, \quad [w, \omega] = 0.$$

Enfin, si l'on pose

$$U = wy - vz, \qquad V = uz - wx, \qquad W = vx - uy,$$

on trouvera

$$[x, U] = 0, \qquad [y, V] = 0, \qquad [z, W] = 0,$$

et

$$[u, U] = 0, \qquad [v, V] = 0, \qquad [w, W] = 0.$$

THÉORÈME II. — *Si* S, T *sont des fonctions de fonctions des variables*

$$x, \quad y, \quad z, \quad \ldots, \quad u, \quad v, \quad w, \quad \ldots,$$

si, par exemple, on suppose S, T *exprimés en fonction de*

$$L, \quad M, \quad \ldots,$$

L, M, ... *étant des fonctions de*

$$x, \quad y, \quad z, \quad \ldots, \quad u, \quad v, \quad w, \quad \ldots,$$

on aura non seulement

$$(5) \qquad [S, T] = [L, T] D_L S + [M, T] D_M S + \ldots,$$

mais encore

$$(6) \qquad [S, T] = [L, M][D_L S D_M T - D_M S D_L T] + \ldots.$$

Démonstration. — Pour établir le deuxième théorème, il suffit évidemment de combiner l'équation (1) avec les formules connues

$$D_x S = D_L S D_x L + D_M S D_x M + \ldots, \quad \ldots,$$
$$D_x T = D_L T D_x L + D_M T D_x M + \ldots, \quad \ldots,$$

qui supposent S, T fonctions des quantités variables L, M, ..., ces quantités elles-mêmes étant des fonctions de

$$x, \quad y, \quad z, \quad \ldots, \quad u, \quad v, \quad w, \quad \ldots.$$

Corollaire I. — Si, pour fixer les idées, on remplace L par

$$aL + bM + \ldots,$$

a, b, ... étant des quantités constantes, on trouvera

$$(7) \qquad [aL + bM + \ldots, T] = a[L, T] + b[M, T] + \ldots .$$

On trouvera en particulier

$$[aL, T] = a[L, T],$$

par conséquent

$$(8) \qquad [aS, T] = a[S, T];$$

puis, en posant $a = -1$,

$$(9) \qquad [-S, T] = -[S, T].$$

Enfin, si l'on suppose

$$T = gP + hQ + \ldots,$$

P, Q, ... étant des fonctions de

$$x, \quad y, \quad z, \quad \ldots, \quad u, \quad v, \quad w, \quad \ldots$$

et g, h, ... des quantités constantes, on tirera de la formule (7), ou bien encore de l'équation (6),

$$(10) \qquad \left\{ \begin{array}{l} [aL + bM + \ldots, gP + hQ + \ldots] \\ \quad = ag[L, P] + ah[L, Q] + \ldots + bg[M, P] + bh[M, Q] + \ldots \\ \qquad\qquad + \ldots\ldots\ldots\ldots\ldots\ldots\ldots\ldots \end{array} \right.$$

On trouvera par exemple

$$(11) \qquad [aL, gP] = ag[L, P]$$

et

$$[-L, -P] = [L, P],$$

par conséquent

$$(12) \qquad [-S, -T] = [S, T].$$

Corollaire II. — Si l'on suppose

$$S = AL + BM + \ldots, \qquad T = GP + HQ + \ldots,$$

A, B, ..., G, H, ... étant, ainsi que L, M, ..., P, Q, ... des fonctions de

$$x,\quad y,\quad z,\quad \ldots,\quad u,\quad v,\quad w,\quad \ldots,$$

on tirera de la formule (5)

$$(13)\quad \begin{cases} [AL + BM + \ldots, T] \\ \quad = A[L, T] + B[M, T] + \ldots + L[A, T] + M[B, T] + \ldots, \end{cases}$$

et de la formule (6)

$$(14)\quad \begin{cases} [AL + BM + \ldots, GP + HQ + \ldots] \\ \quad = AG[L, P] + \ldots + AP[L, G] + \ldots \\ \quad + LG[A, P] + \ldots + LP[A, G] + \ldots. \end{cases}$$

Par exemple, en posant, comme ci-dessus,

$$U = wy - vz, \qquad V = uz - wx, \qquad W = vx - uy,$$

on trouvera

$$[S, U] = y[S, w] - z[S, v] + w[S, y] - v[S, z],$$

puis, en substituant successivement à S les six variables

$$x,\quad y,\quad z,\quad u,\quad v,\quad w,$$

et ayant égard aux formules

$$\begin{array}{ccc} & [x, v] = 0, & [x, w] = 0, \\ & [y, w] = 0, & [y, u] = 0, \\ & [z, u] = 0, & [z, v] = 0, \\ [x, u] = 1, & [y, v] = 1, & [z, w] = 1, \end{array}$$

on obtiendra les équations

$$\begin{array}{lll} [x, U] = 0, & [y, U] = -z, & [z, U] = y, \\ [u, U] = 0, & [v, U] = w, & [w, U] = -v. \end{array}$$

On trouvera de même

$$\begin{array}{lll} [x, V] = z, & [y, V] = 0, & [z, V] = -x, \\ [u, V] = -w, & [v, V] = 0, & [w, V] = u; \end{array}$$

et

$$[x, W] = -y, \qquad [y, W] = x, \qquad [z, W] = 0,$$
$$[u, W] = v, \qquad [v, W] = -u, \qquad [w, W] = 0.$$

Enfin, si dans la formule

$$[U, S] = y[w, S] - z[v, S] + w[y, S] - v[z, S]$$

on remplace S par V, on trouvera

$$[U, V] = vx - uy = W,$$

et l'on établira de la même manière chacune des trois équations

$$[V, W] = U, \qquad [W, U] = V, \qquad [U, V] = W.$$

Corollaire III. — Si l'on suppose

$$S = \sqrt{L^2 + M^2 + \ldots}, \qquad T = \sqrt{P^2 + Q^2 + \ldots},$$

on tirera de la formule (5)

$$(15) \qquad [S, T] = \frac{L}{S}[L, T] + \frac{M}{S}[M, T] + \ldots,$$

et de la formule (6)

$$(16) \qquad [S, T] = \frac{LP}{ST}[L, P] + \ldots.$$

Par exemple, en posant comme ci-dessus

$$r = \sqrt{x^2 + y^2 + z^2}, \qquad \omega = \sqrt{u^2 + v^2 + w^2},$$

on trouvera

$$(17) \qquad [r, S] = \frac{x}{r}[x, S] + \frac{y}{r}[y, S] + \frac{z}{r}[z, S]$$

et

$$(18) \qquad [\omega, S] = \frac{u}{\omega}[u, S] + \frac{v}{\omega}[v, S] + \frac{w}{\omega}[w, S]$$

ou, ce qui revient au même,

$$(19) \qquad [\tfrac{1}{2}r^2, S] = x[x, S] + y[y, S] + z[z, S],$$

et

$$(20)\qquad [\tfrac{1}{2}\omega^2, S] = u[u, S] + v[v, S] + w[w, S]$$

De même encore, si l'on pose

$$K = \sqrt{U^2 + V^2 + W^2},$$

on trouvera

$$(21)\qquad [K, S] = \frac{U}{K}[U, S] + \frac{V}{K}[V, S] + \frac{W}{K}[W, S].$$

De ces diverses équations, jointes à celles que nous avons précédemment obtenues, on déduira immédiatement les suivantes :

$$[x, \omega] = \frac{u}{\omega}, \qquad [y, \omega] = \frac{v}{\omega}, \qquad [z, \omega] = \frac{w}{\omega},$$

$$[r, u] = \frac{x}{r}, \qquad [r, v] = \frac{y}{r}, \qquad [r, w] = \frac{z}{r},$$

$$[r, U] = 0, \qquad [r, V] = 0, \qquad [r, W] = 0,$$

$$[\omega, U] = 0, \qquad [\omega, V] = 0, \qquad [\omega, W] = 0,$$

$$[r, \omega] = \frac{ux + vy + wz}{\omega r},$$

$$[r, K] = 0,$$

$$[\omega, K] = 0,$$

$$[x, K] = \frac{Vz - Wy}{K}, \qquad [y, K] = \frac{Wx - Uz}{K}, \qquad [z, K] = \frac{Uy - Vx}{K},$$

$$[u, K] = \frac{Wv - Vw}{K}, \qquad [v, K] = \frac{Uw - Wu}{K}, \qquad [w, K] = \frac{Vu - Uv}{K},$$

$$[U, K] = 0, \qquad [V, K] = 0, \qquad [W, K] = 0.$$

§ II. — *Des fonctions différentielles alternées, dans lesquelles les variables dépendent de la position et de la vitesse d'un point mobile.*

Concevons que

$$x, \quad y, \quad z$$

représentent les coordonnées rectangulaires d'un point mobile, situé à la distance r de l'origine des coordonnées, et

$$u, \quad v, \quad w$$

les projections algébriques de la vitesse ω du même point sur les axes des x, y, z. On aura

$$(1) \qquad r = \sqrt{x^2 + y^2 + z^2}, \qquad \omega = \sqrt{u^2 + v^2 + w^2}.$$

Si d'ailleurs on nomme

$$\delta$$

l'angle formé par la direction du rayon vecteur r avec celle de la vitesse ω, on aura encore

$$ux + vy + wz = \omega r \cos\delta,$$

par conséquent

$$(2) \qquad \frac{ux + vy + wz}{\omega r} = \cos\delta.$$

Cela posé, soit

$$(3) \qquad K = \omega r \sin\delta$$

le moment de la vitesse ω. Le moment linéaire de cette vitesse sera une longueur représentée par le même nombre que le moment K, mais comptée à partir de l'origine, sur une droite perpendiculaire au plan qui renferme avec l'origine la direction de la vitesse; et, si l'on nomme

$$U, \quad V, \quad W$$

les projections algébriques du moment linéaire K sur les axes rectangulaires des

$$x, \quad y, \quad z,$$

on aura

$$(4) \qquad U = wy - vz, \qquad V = uz - wx, \qquad W = vx - uy,$$

$$(5) \qquad K = \sqrt{U^2 + V^2 + W^2}.$$

Or, si, dans la fonction alternée représentée par

$$[S, T],$$

on prend pour chacune des quantités S, T, soit l'une des quantités

$$r, \quad \omega, \quad K,$$

soit l'une de leurs projections algébriques

$$x, \; y, \; z; \quad u, \; v, \; w; \quad U, \; V, \; W,$$

on pourra obtenir en tout

$$12.11 = 132$$

valeurs de [S, T], qui, prises deux à deux, seront égales, au signe près; par conséquent 66 valeurs numériques de [S, T] ou [T, S] qui seront immédiatement fournies par les formules du § Ier. Parmi ces formules, les quinze suivantes :

$$(6) \qquad [V, W] = U, \quad [W, U] = V, \quad [U, V] = W,$$

$$(7) \qquad [r, U] = 0, \quad [r, V] = 0, \quad [r, W] = 0,$$

$$(8) \qquad [\omega, U] = 0, \quad [\omega, V] = 0, \quad [\omega, W] = 0,$$

$$(9) \qquad [z, U] = y, \quad [z, V] = -x, \quad [z, W] = 0,$$

$$(10) \qquad [z, r] = 0,$$

$$(11) \qquad [z, \omega] = \frac{w}{\omega},$$

$$(12) \qquad [r, \omega] = \frac{ux + vy + wz}{\omega r}$$

suffisent à la détermination complète des fonctions alternées qui se présentent dans la théorie des mouvements planétaires. D'ailleurs, eu égard à l'équation (2), la formule (12) peut encore s'écrire comme il suit :

$$(13) \qquad [r, \omega] = \cos\delta.$$

94.

Mécanique céleste. — *Sur les fonctions alternées qui se présentent dans la théorie des mouvements planétaires.*

C. R., t. XI, p. 432 (7 septembre 1840). — Suite.

§ III. — *Transformation des coordonnées rectangulaires en coordonnées polaires.*

Adoptons les mêmes notations que dans les deux premiers paragraphes. Soient, en conséquence,

r le rayon vecteur mené de l'origine à un point mobile;
ω la vitesse de ce point;
K le moment linéaire de cette vitesse;
δ l'angle compris entre les directions du rayon vecteur et de la vitesse;

et désignons par

$$x, \quad y, \quad z; \qquad u, \quad v, \quad w; \qquad \mathrm{U}, \quad \mathrm{V}, \quad \mathrm{W}$$

les projections algébriques des trois quantités

$$r, \quad \omega, \quad \mathrm{K}$$

sur les axes rectangulaires de x, y, z. Soient de plus

ι l'angle formé par la direction du moment linéaire R avec le demi-axe des z positives;
χ l'angle formé avec le demi-axe des x positives par la projection $\mathrm{K}\sin\iota$ du moment linéaire K sur le plan des x, y;
$\varphi = \chi + \frac{\pi}{2}$ l'angle polaire formé avec le demi-axe des x positives par la trace du plan du moment de la vitesse sur le plan des x, y;
et p l'angle renfermé, dans le plan du moment de la vitesse, entre la trace dont il s'agit et le rayon vecteur r.

En supposant cet angle compté positivement dans un sens tel que z et $\sin p$ soient des quantités de même signe, on trouvera non seulement

$$U = K \sin\iota \cos\chi, \qquad V = K \sin\iota \sin\chi, \qquad W = K \cos\iota,$$

ou, ce qui revient au même,

$$(1) \qquad U = K \sin\iota \sin\varphi, \qquad V = -K \sin\iota \cos\varphi, \qquad W = K \cos\iota,$$

mais encore

$$(2) \qquad x \cos\varphi + y \sin\varphi = r \cos p, \qquad z = r \sin p \sin\iota.$$

D'ailleurs les équations

$$(3) \qquad U = wy - vz, \qquad V = uz - wx, \qquad W = vx - uy$$

entraîneront la suivante

$$Ux + Vy + Wz = 0,$$

qui, en vertu des formules (1), jointes à la seconde des équations (2), deviendra

$$(4) \qquad y \cos\varphi - x \sin\varphi = r \sin p \cos\iota,$$

et les formules (2) et (4) donneront

$$(5) \qquad \begin{cases} x = r(\cos p \cos\varphi - \sin p \sin\varphi \cos\iota), \\ y = r(\cos p \sin\varphi + \sin p \cos\varphi \cos\iota), \\ z = r \sin p \sin\iota. \end{cases}$$

Enfin, si l'on nomme υ la projection de la vitesse ω sur le rayon vecteur r, cette projection étant prise avec le signe + ou le signe −, suivant que le point mobile s'éloigne ou se rapproche de l'origine, on aura

$$\upsilon = \omega \cos\delta = \frac{ux + vy + wz}{r},$$

par conséquent

$$(6) \qquad ux + vy + wz = \upsilon r,$$

et, à l'aide des équations (3), on pourra facilement éliminer de la formule (6) deux des quantités u, v, w. On reconnaîtra ainsi que ces trois quantités se trouvent séparément liées à la vitesse υ par les trois formules

$$u = \frac{x}{r}\upsilon + \frac{Vz - Wy}{r^2}, \qquad v = \frac{y}{r}\upsilon + \frac{Wx - Uz}{r^2}, \qquad w = \frac{z}{r}\upsilon + \frac{Uy - Vx}{r^2},$$

dont la dernière, eu égard aux formules (1) et (2), peut s'écrire comme il suit :

$$(7) \qquad w = \left(\upsilon \sin p + \frac{K}{r}\cos p\right)\sin\iota.$$

Les équations (6), (7), (8), (9), (10), (11), (12) du second paragraphe fournissent les valeurs numériques des quinze expressions de la forme

$$[S, T] \quad \text{ou} \quad [T, S],$$

que l'on peut obtenir en prenant, pour S et T, deux des six quantités

$$U, \quad V, \quad W, \quad r, \quad \omega, \quad z.$$

Or concevons qu'à ces mêmes quantités on substitue les suivantes

$$K, \quad \iota, \quad \varphi, \quad r, \quad \omega, \quad p,$$

qui sont liées aux premières par les formules (1) et par la dernière des équations (2). Les quinze valeurs numériques des fonctions alternées que l'on pourra composer avec les six dernières quantités se déduiront encore aisément, eu égard à la formule (5) du § I, des équations (6), (7), (8), (9), (10), (11), (12) du § II. Ces équations donneront effectivement

$$(8) \quad \begin{cases} [\iota, \varphi] = \dfrac{\operatorname{coséc}\iota}{K}, & [\iota, K] = 0, & [\varphi, K] = 0; \\ [r, K] = 0, & [r, \iota] = 0, & [r, \varphi] = 0; \\ [\omega, K] = 0, & [\omega, \iota] = 0, & [\omega, \varphi] = 0; \\ [p, K] = 1, & [p, \iota] = \dfrac{\cot\iota}{K}, & [p, \varphi] = 0; \\ & [p, r] = 0; & \\ & [p, \omega] = \dfrac{K}{\omega r^2}; & \\ & [r, \omega] = \cos\delta. & \end{cases}$$

§ IV. — *Des fonctions alternées qui se présentent dans la théorie du mouvement d'un point libre, sollicité par une force qui émane d'un centre fixe.*

Considérons un point mobile qui se meuve librement autour d'un centre fixe, duquel émane une force attractive ou répulsive, variable avec la distance. Soient, au bout du temps t,

x, y, z les coordonnées du point mobile rapportées à trois axes rectangulaires qui passent par le centre fixe;

r le rayon vecteur mené du centre fixe, c'est-à-dire, de l'origine au point mobile;

$\mathrm{f}(r)$ la force accélératrice qui émane du centre fixe, prise avec le signe $+$ ou le signe $-$, suivant que le centre fixe attire ou repousse le point mobile;

enfin u, v, w les projections algébriques de la vitesse ω du point mobile sur les axes des x, y, z.

Le mouvement pourra être représenté par le système des six équations différentielles

$$D_t x = u, \qquad D_t y = v, \qquad D_t z = w,$$
$$D_t u = -\frac{x}{r}\mathrm{f}(r), \qquad D_t v = -\frac{y}{r}\mathrm{f}(r), \qquad D_t w = -\frac{z}{r}\mathrm{f}(r),$$

desquelles on tirera

$$\omega D_t \omega = \mathrm{f}(r) D_t r,$$
$$D_t(wy - vz) = 0, \qquad D_t(uz - wx) = 0, \qquad D_t(vx - uy) = 0;$$

par conséquent

$$\frac{1}{2}\omega^2 = f(r) + \mathrm{H}, \tag{1}$$

$$wy - vz = \mathrm{U}, \qquad uz - wx = \mathrm{V}, \qquad vx - uy = \mathrm{W}, \tag{2}$$

H, U, V, W désignant quatre constantes arbitraires, et $f(r)$ une nouvelle fonction de r dont la dérivée $f'(r)$ sera égale à $-\mathrm{f}(r)$. Or, comme les équations (2) donneront

$$\mathrm{U}x + \mathrm{V}y + \mathrm{W}z = 0,$$

il est clair que la courbe décrite par le point mobile sera une courbe plane dont le plan renfermera le centre fixe. D'ailleurs les *nœuds* de cette courbe n'étant autre chose que ceux de ces points qui se trouvent situés dans le plan des x, y, l'intersection de ce dernier plan avec le plan de la courbe sera ce qu'on nomme la *ligne des nœuds*. Cela posé, si, en adoptant les notations du troisième paragraphe, on suppose les constantes arbitraires

$$\mathrm{K}, \quad \iota, \quad \varphi$$

liées aux constantes arbitraires

$$\mathrm{U}, \quad \mathrm{V}, \quad \mathrm{W}$$

par les formules

$$(3) \qquad \mathrm{U} = \mathrm{K}\sin\iota\sin\varphi, \qquad \mathrm{V} = -\mathrm{K}\sin\iota\cos\varphi, \qquad \mathrm{W} = \mathrm{K}\cos\iota,$$

et les variables p, r liées aux variables x, y, z par les formules

$$(4) \quad x\cos\varphi + y\sin\varphi = r\cos p, \quad y\cos\varphi - x\sin\varphi = r\sin p\cos\iota, \quad z = r\sin p\sin\iota,$$

la quantité K représentera le moment linéaire de la vitesse, U, V, W étant les projections algébriques de ce moment linéaire sur les axes des x, y, z; ι désignera l'inclinaison du plan de la courbe sur le plan des x, y, ou le supplément de cette inclinaison, et φ l'angle polaire, formé par la ligne des nœuds avec l'axe des x; enfin r, p représenteront deux coordonnées polaires, mesurées dans le plan de la courbe que décrit le point mobile, r étant le rayon vecteur mené de l'origine à ce point, et p l'angle polaire que forme le rayon vecteur avec la ligne des nœuds.

Soient d'ailleurs δ l'angle formé par la direction du rayon vecteur avec celle de la vitesse ω, et

$$\upsilon = \omega\cos\delta = \frac{ux + vy + wz}{r}$$

la projection de cette vitesse sur le rayon vecteur r, prise avec le signe $+$ ou le signe $-$, suivant que le point mobile s'éloigne ou s'approche du centre fixe. En différentiant par rapport à t le rayon vecteur r et l'ordonnée

$$z = r\sin p\sin\iota,$$

on trouvera successivement

$$\text{(5)} \qquad D_t r = \upsilon$$

et

$$w = D_t z = (\upsilon \sin p + r \cos p \, D_t p) \sin \iota;$$

par conséquent

$$D_t p = \frac{w - \upsilon \sin p \sin \iota}{r \cos p \sin \iota},$$

puis, eu égard à la formule (7) du § III,

$$\text{(6)} \qquad D_t p = \frac{K}{r^2}.$$

Ajoutons que, des formules (4), différentiées par rapport à t, on tirera

$$u \cos\varphi + v \sin\varphi = D_t(r \cos p), \qquad v \cos\varphi - u \sin\varphi = \cos\iota \, D_t(r \sin p),$$
$$w = \sin\iota \, D_t(r \sin p),$$

et par suite

$$\omega^2 = u^2 + v^2 + w^2 = (u \cos\varphi + v \sin\varphi)^2 + (v \cos\varphi - u \sin\varphi)^2 + w^2$$
$$= [D_t(r \cos p)]^2 + [D_t(r \sin p)]^2,$$

ou, ce qui revient au même,

$$\text{(7)} \qquad \omega^2 = (D_t r)^2 + (r D_t p)^2.$$

On peut au reste établir directement les formules (5), (6), (7), desquelles on tire

$$\omega^2 = \upsilon^2 + \frac{K^2}{r^2},$$

puis, eu égard à l'équation (1),

$$\text{(8)} \qquad \upsilon^2 = 2H - \frac{K^2}{r^2} + 2f(r).$$

La valeur de υ étant déterminée par l'équation (8) en fonction de r, on déduira aisément des formules (5) et (6) la relation qui existe entre r et t ou r et p. En effet, ces formules donneront

$$dt = \frac{1}{\upsilon} dr, \qquad dp = \frac{K}{\upsilon r^2} dr;$$

puis on en conclura, en désignant par ι une valeur particulière du rayon r, et par τ, ϖ les valeurs correspondantes des variables t et p,

$$(9)\qquad t-\tau=\int_{\iota}^{r}\frac{1}{\upsilon}\,dr,\qquad p-\varpi=\mathrm{K}\int_{\iota}^{r}\frac{1}{\upsilon r^2}\,dr.$$

Les six équations (1), (2) et (9), desquelles on peut éliminer

$$r,\quad \omega,\quad \mathrm{K}\quad \text{et}\quad \upsilon$$

à l'aide des formules

$$(10)\qquad r=\sqrt{x^2+y^2+z^2},\qquad \omega=\sqrt{u^2+v^2+w^2},\qquad \mathrm{K}=\sqrt{\mathrm{U}^2+\mathrm{V}^2+\mathrm{W}^2}$$

et de l'équation (8), peuvent être considérées comme établissant entre les variables

$$t,\quad x,\quad y,\quad z,\quad u,\quad v,\quad w$$

des relations qui changent avec les valeurs des sept constantes arbitraires

$$\tau,\quad \mathrm{H},\quad \varpi,\quad \iota,\quad \mathrm{U},\quad \mathrm{V},\quad \mathrm{W}.$$

Concevons maintenant que l'on attribue à l'une de ces constantes, à ι par exemple, une valeur déterminée; les valeurs des six autres constantes arbitraires

$$\tau,\quad \mathrm{H},\quad \varpi,\quad \mathrm{U},\quad \mathrm{V},\quad \mathrm{W}$$

pourront se déduire des équations (1), (2) et (9), jointes aux formules (8), (10), et s'exprimer en fonction des seules variables

$$t,\quad x,\quad y,\quad z,\quad u,\quad v,\quad w.$$

Or, si l'on substitue ces mêmes valeurs, combinées deux à deux de toutes les manières possibles, à la place de S et de T, dans la fonction alternée désignée par [S, T] ou [T, S], on obtiendra en tout quinze valeurs numériques de cette fonction alternée, qui se calculeront aisément à l'aide des formules établies dans les paragraphes précédents. Entrons à ce sujet dans quelques détails.

En considérant ω comme une fonction de r et de H déterminée par la formule (1), on tirera des équations (8), (11), (12) du § II jointes aux équations (7) et (10) [*ibid.*], et à la formule (6) du § III,

$$(11) \qquad [H, U] = o, \qquad [H, V] = o, \qquad [H, W] = o,$$

$$(12) \qquad [z, H] = w,$$

$$(13) \qquad [r, H] = v.$$

Pareillement les 7e, 8e, 9e et 14e formules comprises, sous le n° 8, dans le § II, donneront

$$(14) \qquad [H, K] = o, \qquad [H, \iota] = o, \qquad [H, \varphi] = o,$$

$$(15) \qquad [p, H] = \frac{K}{r^2}.$$

On pourrait, au reste, déduire les équations (14) des équations (11) combinées avec les formules (3), et la formule (15) de la formule (12).

En considérant r comme une fonction de t, τ, H et K, déterminée par la première des équations (9), jointe à la formule (8), on tirera des formules (11), jointes aux trois dernières formules du § I, et aux équations (7) du § II,

$$(16) \qquad [\tau, U] = o, \qquad [\tau, V] = o, \qquad [\tau, W] = o.$$

De plus l'équation (13), jointe à la première des formules (14) et à la suivante

$$D_\tau r = - D_t r = - v,$$

donnera

$$(17) \qquad [H, \tau] = 1.$$

Ajoutons que des formules (16), combinées avec les équations (3), on tirera

$$(18) \qquad [\tau, K] = o, \qquad [\tau, \iota] = o, \qquad [\tau, \varphi] = o.$$

En considérant p comme une fonction de

$$t, \quad \tau, \quad H, \quad K \quad \text{et} \quad \varpi$$

déterminée par le système des équations (9) jointes à la formule (8), on aura

$$D_\tau p = -D_t p = -\frac{K}{r^2}, \qquad D_\varpi p = 1.$$

Cela posé, les 10e, 11e et 12e formules inscrites sous le n° 8, dans le § III, jointes aux trois premières et aux équations (14), (18), donneront

$$(19) \qquad [\varpi, K] = 1, \qquad [\varpi, \iota] = \frac{\cot \iota}{K}, \qquad [\varpi, \varphi] = 0,$$

tandis que la formule (15) donnera

$$(20) \qquad [\varpi, H] = 0.$$

Ajoutons que les formules (19), combinées avec les équations (3), donneront

$$(21) \qquad [\varpi, U] = \frac{\sin \varphi}{\sin \iota}, \qquad [\varpi, V] = -\frac{\cos \varphi}{\sin \iota}, \qquad [\varpi, W] = 0,$$

ou, ce qui revient au même,

$$(22) \qquad \frac{[\varpi, U]}{U} = \frac{[\varpi, V]}{V} = \frac{K}{U^2 + V^2}, \qquad [\varpi, W] = 0.$$

On pourrait au reste déduire directement les formules (20) et (21) des formules (11) et (9) du § II.

Il nous reste à développer la treizième des formules comprises sous le n° 8 dans le § III, c'est-à-dire la formule

$$[p, r] = 0.$$

Or, de cette formule, jointe à celle que nous venons d'obtenir et aux équations (16), on déduit immédiatement la suivante :

$$\upsilon [\varpi, \tau] = D_K r - \upsilon D_H p,$$

dans laquelle r est considéré comme fonction de t, τ, H, K, et p comme fonction de r, ϖ, H, K, ces fonctions étant déterminées par les équations (9), jointes à la formule (8). Comme on a d'ailleurs, sous ces conditions,

$$D_K r = -\upsilon \int_{\iota}^{r} D_K\left(\frac{1}{\upsilon}\right) dr, \qquad D_H p = K \int_{\iota}^{r} \frac{1}{r^2} D_H\left(\frac{1}{\upsilon}\right) dr,$$

et par suite, eu égard à la formule $D_K \upsilon = -\frac{K}{r^2} D_H \upsilon$,

$$D_K r = \upsilon D_K p,$$

on trouvera définitivement

$$(23) \qquad [\varpi, \tau] = 0.$$

En résumé, si, en attribuant à la constante ι une valeur déterminée, on tire des équations (1), (2) et (9), jointes aux formules (8), (10), les valeurs des six constantes arbitraires

$$\tau, \quad H, \quad \varpi, \quad U, \quad V, \quad W,$$

exprimées en fonction des variables

$$t, \quad x, \quad y, \quad z, \quad u, \quad v, \quad w,$$

les quinze valeurs numériques que pourra obtenir la fonction alternée

$$[S, T] \quad \text{ou} \quad [T, S],$$

quand on prendra pour S et T deux des six quantités

$$\tau, \quad H, \quad \varpi, \quad U, \quad V, \quad W,$$

seront fournies par le tableau suivant :

$$(24) \left\{ \begin{array}{lll} [V, W] = U, & [W, U] = V, & [U, V] = W, \\ [H, U] = 0, & [H, V] = 0, & [H, W] = 0, \\ [\tau, U] = 0, & [\tau, V] = 0, & [\tau, W] = 0, \\ [\varpi, U] = \dfrac{KU}{U^2 + V^2}, & [\varpi, V] = \dfrac{KV}{U^2 + V^2}, & [\varpi, W] = 0, \\ & [H, \tau] = 1, & \\ & [\varpi, H] = 0, & \\ & [\varpi, \tau] = 0, & \end{array} \right.$$

la valeur de K étant donnée par la dernière des équations (10).

Si, aux trois quantités

$$U, \quad V, \quad W$$

on substitue celles qui sont liées avec elles par les formules (3), savoir

$$K, \quad \iota \quad \text{et} \quad \varphi,$$

les douze premières équations, renfermées dans le tableau qui précède, se trouveront remplacées par les suivantes :

$$(25)\quad \left\{\begin{array}{lll} [\iota, \varphi] = \dfrac{\operatorname{coséc}\iota}{K}, & [\iota, K] = 0, & [\varphi, K] = 0, \\ [H, K] = 0, & [H, \iota] = 0, & [H, \varphi] = 0, \\ [\tau, K] = 0, & [\tau, \iota] = 0, & [\tau, \varphi] = 0, \\ [\varpi, K] = 1, & [\varpi, \iota] = \dfrac{\cot\iota}{K}, & [\varpi, \varphi] = 0. \end{array}\right.$$

Les formules (24) et (25) se rapportent au cas où l'on suppose la valeur de τ complètement déterminée, et plusieurs d'entre elles pourront subir des modifications, si l'on suppose que la constante τ, devenant arbitraire, se trouve liée d'une certaine manière aux six constantes arbitraires

$$\tau, \quad H, \quad \varpi, \quad U, \quad V, \quad W,$$

ou

$$\tau, \quad H, \quad \varpi, \quad K, \quad \iota, \quad \varphi.$$

Toutefois, il est important d'observer que les formules (24) et (25) continueront de subsister, sans aucune altération, si l'on prend pour τ une valeur particulière de r, correspondante à une valeur donnée 8 de la vitesse υ mesurée sur le rayon vecteur r. Cette valeur particulière de r pourra être, par exemple, une valeur maximum ou minimum de r, correspondante à une valeur nulle de υ. Cela posé, on prouvera aisément que les équations (24), (25) comprennent les formules connues, relatives à la variation des éléments du mouvement elliptique.

95.

Mécanique céleste. — *Méthode simple et générale pour la détermination numérique des coefficients que renferme le développement de la fonction perturbatrice.*

C. R., t. XI, p. 453 (14 septembre 1840).

On sait que le calcul des perturbations des mouvements planétaires repose principalement sur le développement d'une certaine fonction R en séries de sinus et cosinus d'arcs qui varient proportionnellement au temps. Autrefois, pour calculer les divers coefficients que renferme cette série, on les déduisait les uns des autres. Dans le Mémoire que j'ai publié en 1831, sur la Mécanique céleste, j'ai donné diverses formules à l'aide desquelles on pouvait calculer séparément chaque coefficient. Mais, quoique ces formules semblent préférables à celles qu'on avait employées avant cette époque, j'ai reconnu qu'on pouvait leur en substituer d'autres plus simples, par conséquent plus utiles, et qui permettront, si je ne me trompe, d'abréger notablement la longueur des calculs astronomiques.

Mes nouvelles formules sont déduites de la considération des intégrales définies doubles. On sait depuis longtemps que les coefficients renfermés dans les intégrales du mouvement elliptique peuvent être représentés par des intégrales définies simples, et les coefficients renfermés dans le développement de la fonction perturbatrice par des intégrales définies doubles. M. Hansen, de Gotha, s'est même servi de ces dernières [1], dans sa pièce sur les perturbations de Jupiter et de Saturne, couronnée par l'Académie de Berlin. Mais le calcul des intégrales définies doubles, tel qu'on le pratiquait, était encore assez pénible, comme l'a remarqué M. Poisson, qui lui-même en avait indiqué l'usage, dans le problème qui nous occupe ici. Pour abréger les calculs,

[1] On peut voir aussi, sur cet objet, un beau Mémoire de M. Poisson, inséré dans la *Connaissance des Temps* pour l'année 1836.

M. Liouville a proposé une méthode, à l'aide de laquelle on peut réduire à des intégrales simples des valeurs approchées des intégrales doubles. Je me suis demandé s'il ne serait pas possible de substituer généralement, et sans rien négliger, des intégrales simples aux intégrales doubles, par une méthode qui permît de calculer facilement le coefficient du terme général, dans le développement de la fonction perturbatrice. Après quelques recherches sur ce sujet délicat, j'ai eu la satisfaction d'obtenir des formules qui résolvent la question affirmativement. Ces formules ont d'ailleurs l'avantage de conduire à de nombreux théorèmes qui ne paraissent pas sans importance dans la théorie des mouvements planétaires.

D'après la méthode que j'ai suivie, chaque terme du développement de R se trouve composé de deux facteurs, dont l'un dépend uniquement des moyennes distances des planètes au Soleil, ou, ce qui revient au même, des grands axes de leurs orbites, des excentricités de ces orbites et des longitudes des périhélies; tandis que l'autre facteur, représenté d'abord par une intégrale définie double, dépend uniquement des inclinaisons des orbites, de l'angle compris entre les traces de leurs plans sur le plan fixe que l'on considère, et du rapport entre les grands axes des orbites de la planète perturbatrice et de la planète troublée. Pour transformer les intégrales doubles en intégrales définies simples, il suffit d'introduire dans le calcul un certain angle qui dépend uniquement des inclinaisons des orbites et de l'angle compris entre les lignes des nœuds, puis de considérer comme termes séparés ceux qui renferment, sous le signe sinus ou cosinus, des multiples différents du nouvel angle.

La méthode que je propose a cela d'extraordinaire que les perturbations des planètes non situées dans un même plan se calculent à peu près avec la même facilité que les perturbations d'astres qui se mouvraient tous à la fois dans le plan de l'écliptique.

ANALYSE.

§ Ier. — *Considérations générales.*

Soient

M la masse du Soleil;

$m, m', m'', \ldots$ les masses des planètes;

$r, r', r'', \ldots$ leurs distances au centre du Soleil;

$\imath, \ldots$ les distances de la planète m aux planètes $m', \ldots$;

$x, y, z; x', y', z'; x'', y'', z''; \ldots$ les coordonnées rectangulaires des diverses planètes, le centre du Soleil étant pris pour origine.

En choisissant convenablement l'unité de masse, désignant par u, v, w les vitesses de la planète m mesurées parallèlement aux axes des x, y, z, et faisant, pour abréger,

$$\mathfrak{M} = \mathrm{M} + m,$$

$$\mathrm{R} = \frac{m'(xx' + yy' + zz')}{r'^3} + \ldots - \frac{m'}{\imath} - \ldots,$$

on trouvera, pour les équations différentielles du mouvement de m,

$$\frac{dx}{dt} = u, \qquad \frac{dy}{dt} = v, \qquad \frac{dz}{dt} = w,$$

$$\frac{du}{dt} = -\frac{\mathfrak{M}x}{r^3} - \frac{\partial \mathrm{R}}{\partial x}, \qquad \frac{dv}{dt} = -\frac{\mathfrak{M}y}{r^3} - \frac{\partial \mathrm{R}}{\partial y}, \qquad \frac{dw}{dt} = -\frac{\mathfrak{M}z}{r^3} - \frac{\partial \mathrm{R}}{\partial z},$$

les valeurs de $r, r', \ldots, \imath, \ldots$ étant

$$r = \sqrt{x^2 + y^2 + z^2}, \qquad r' = \sqrt{x'^2 + y'^2 + z'^2}, \qquad \ldots,$$

$$\imath = \sqrt{(x - x')^2 + (y - y')^2 + (z - z')^2}, \qquad \ldots,$$

Si d'ailleurs on nomme δ l'angle sous lequel la distance $\imath$ est vue du centre du Soleil, c'est-à-dire, en d'autres termes, l'angle compris entre les rayons vecteurs r, r', on aura

$$\cos\delta = \frac{xx' + yy' + zz'}{rr'}$$

et, par suite, la valeur de R pourra s'écrire comme il suit

$$(1)\qquad R = \frac{m'r}{r'^2}\cos\delta + \ldots - \frac{m'}{\iota} - \ldots,$$

la valeur de ι étant

$$\iota = (r^2 - 2rr'\cos\delta + r'^2)^{\frac{1}{2}}$$

ou, ce qui revient au même,

$$(2)\qquad \iota = r'^{\frac{1}{2}} r^{\frac{1}{2}} \left(\frac{r}{r'} + \frac{r'}{r} - 2\cos\delta\right)^{\frac{1}{2}}.$$

La fonction R, déterminée par l'équation (1), est celle que M. Laplace a nommée la *fonction perturbatrice*. Lorsqu'on néglige les termes qui en dépendent, les équations du mouvement de la planète m s'intègrent, et l'orbite décrite est une ellipse, dont un foyer coïncide avec le centre du Soleil.

Soient

a le *demi-grand axe* de cette ellipse;

$a\varepsilon$ la distance du centre au foyer, le rapport ε étant ce qu'on nomme l'*excentricité*;

ι l'*inclinaison* du plan de l'ellipse sur le plan fixe des x, y, qui peut coïncider avec le plan invariable, relatif à notre système planétaire;

φ l'angle formé avec l'axe des x par la *ligne des nœuds*, c'est-à-dire par la trace du plan de l'orbite sur le plan des x, y;

p l'angle formé avec cette même ligne par le rayon vecteur r, ou ce qu'on appelle la *longitude* de la planète;

ϖ la longitude du périhélie;

τ l'instant du passage de la planète m par le périhélie.

Les coordonnées rectangulaires x, y, z se trouveront liées aux coordonnées polaires r et p par les formules

$$(3)\qquad \left\{\begin{aligned} \frac{x}{r} &= \cos\varphi\cos p - \sin\varphi\cos\iota\sin p,\\ \frac{y}{r} &= \sin\varphi\cos p + \cos\varphi\cos\iota\sin p,\\ \frac{z}{r} &= \sin\iota\sin p.\end{aligned}\right.$$

De plus les coordonnées polaires r et p s'exprimeront en fonction de l'*anomalie excentrique* ψ, et cette anomalie elle-même en fonction du temps t, à l'aide des formules

$$(4) \qquad r = a(1 - \varepsilon\cos\psi),$$

$$(5) \qquad \cos(p - \varpi) = \frac{\cos\psi - \varepsilon}{1 - \varepsilon\cos\psi}, \qquad \sin(p - \varpi) = \frac{(1 - \varepsilon^2)^{\frac{1}{2}}\sin\psi}{1 - \varepsilon\cos\psi},$$

$$(6) \qquad \psi - \varepsilon\sin\psi = c(t - \tau),$$

la valeur de c étant

$$(7) \qquad c = \left(\frac{\mathfrak{M}}{a^3}\right)^{\frac{1}{2}}.$$

Les équations (3), (4), (5), (6) déterminent, dans le mouvement elliptique de la planète m, les coordonnées x, y, z en fonction du temps t et des six constantes arbitraires

$$a, \quad \varepsilon, \quad \varpi, \quad \iota, \quad \varphi, \quad \tau.$$

Pour passer du mouvement elliptique au mouvement troublé, il suffit d'imaginer que les constantes arbitraires

$$a, \quad \varepsilon, \quad \varpi, \quad \iota, \quad \varphi, \quad \tau$$

deviennent variables avec le temps t, leurs dérivées, relatives à t, étant exprimées en fonctions linéaires des six quantités

$$\frac{\partial R}{\partial a}, \quad \frac{\partial R}{\partial \varepsilon}, \quad \frac{\partial R}{\partial \varpi}, \quad \frac{\partial R}{\partial \iota}, \quad \frac{\partial R}{\partial \varphi}, \quad \frac{\partial R}{\partial \tau}$$

par des formules connues, que l'on déduit aisément des principes établis dans le précédent Mémoire, et dans lesquelles les coefficients des six quantités dont il s'agit renferment seulement

$$a, \quad \varepsilon, \quad \varpi, \quad \iota, \quad \varphi, \quad \tau.$$

L'intégration par série de ces formules s'effectue aisément lorsqu'on suppose la fonction perturbatrice R développée en une série de sinus et de cosinus d'arcs qui varient proportionnellement au temps t. Ce développement est l'objet dont nous allons maintenant nous occuper.

Observons d'abord qu'en vertu des formules (4), (5), (6), jointes à la formule de Lagrange, les quantités

$$\psi, \quad \cos(p-\varpi), \quad \sin(p-\varpi), \quad r,$$

et par suite les quantités

$$r, \quad \cos p, \quad \sin p,$$

pourront être développées en séries de termes proportionnels aux sinus et cosinus de l'angle

$$c(t-\tau).$$

Pour abréger, nous désignerons par T cet angle qu'on nomme l'*anomalie moyenne*. Cela posé, l'équation

$$T = c(t-\tau) \tag{8}$$

réduira la formule (6) à

$$\psi - \varepsilon \sin\psi = T; \tag{9}$$

et puisque les trois quantités

$$r, \quad \cos p, \quad \sin p$$

seront développables en séries de termes proportionnels aux sinus et cosinus des multiples de T, on pourra, en vertu des formules (3), en dire autant des coordonnées

$$x, \quad y, \quad z,$$

ou même du rapport

$$\cos\delta = \frac{xx' + yy' + zz'}{rr'}.$$

Donc, si l'on nomme

$$T, \quad T', \quad T'', \quad \ldots$$

les anomalies moyennes relatives aux diverses planètes

$$m, \quad m', \quad m'', \quad \ldots,$$

R sera développable en une série de termes dont l'un quelconque sera proportionnel aux sinus ou cosinus des multiples de deux de ces anomalies. Il y a plus : comme, en vertu de formules connues, de semblables sinus ou cosinus s'exprimeront à l'aide des puissances entières positives ou négatives de deux des exponentielles

$$e^{T\sqrt{-1}}, \quad e^{T'\sqrt{-1}}, \quad \ldots,$$

on aura nécessairement

$$\text{(10)} \qquad R = \sum (m, m')_{n,n'} e^{(nT+n'T')\sqrt{-1}},$$

n, n' étant deux quantités entières positives ou négatives, la notation

$$(m, m')_{n,n'}$$

désignant le coefficient du produit

$$e^{nT\sqrt{-1}} e^{n'T'\sqrt{-1}}$$

dans la partie du développement de R qui se rapporte aux planètes m, m', et le signe $\sum$ indiquant une somme de termes relatifs, soit aux diverses valeurs entières de n, n', soit aux diverses planètes combinées deux à deux de toutes les manières possibles.

§ II. — *Sur la distance mutuelle de deux planètes, et sur leur distance apparente, vue du centre du Soleil.*

Avant d'aller plus loin, il importe de voir comment la distance mutuelle ι de deux planètes m, m', et leur distance apparente, vue du centre du Soleil, ou l'angle δ, s'expriment en fonction des coordonnées polaires p, r, p', r'.

Soient

$$r', \quad p', \quad \psi', \quad a', \quad \varepsilon', \quad \varpi', \quad \iota', \quad \varphi', \quad \tau'$$

ce que deviennent

$$r, \quad p, \quad \psi, \quad a, \quad \varepsilon, \quad \varpi, \quad \iota, \quad \varphi, \quad \tau$$

quand on passe de la planète m à la planète m'. La formule

$$\cos\delta = \frac{x}{r}\frac{x'}{r'} + \frac{y}{r}\frac{y'}{r'} + \frac{z}{r}\frac{z'}{r'},$$

jointe aux formules (3) du § I, donnera

$$\cos\delta = (\cos p\cos p' + \cos\iota\cos\iota'\sin p\sin p')\cos(\varphi'-\varphi) + \sin\iota\sin\iota'\sin p\sin p'$$
$$-(\cos\iota'\sin p'\cos p - \cos\iota\sin p\cos p')\sin(\varphi'-\varphi)$$

ou, ce qui revient au même,

$$(1)\qquad \cos\delta = \mu\cos(p'-p+\Pi) + \nu\cos(p+p'+\Phi),$$

les valeurs de $\mu\cos\Pi$, $\mu\sin\Pi$, $\nu\cos\Phi$, $\nu\sin\Phi$ étant fournies par les équations

$$(2)\quad\begin{cases} \mu\cos\Pi = \dfrac{(1+\cos\iota\cos\iota')\cos(\varphi'-\varphi)+\sin\iota\sin\iota'}{2}, & \mu\sin\Pi = \dfrac{\cos\iota+\cos\iota'}{2}\sin(\varphi'-\varphi),\\ \nu\cos\Phi = \dfrac{(1-\cos\iota\cos\iota')\cos(\varphi'-\varphi)-\sin\iota\sin\iota'}{2}, & \nu\sin\Phi = \dfrac{\cos\iota'-\cos\iota}{2}\sin(\varphi'-\varphi).\end{cases}$$

Il est aisé de voir ce que représentent, dans la formule (1), les deux constantes

$$\mu,\quad \nu.$$

En effet, on tire des formules (2)

$$\mu = \frac{1+\cos\iota\cos\iota'+\sin\iota\sin\iota'\cos(\varphi'-\varphi)}{2},$$

$$\nu = \frac{1-\cos\iota\cos\iota'-\sin\iota\sin\iota'\cos(\varphi'-\varphi)}{2}.$$

De plus, comme, en vertu des formules (3) du § I, le plan de l'orbite de la planète m est représenté par l'équation

$$(x\cos\varphi - y\sin\varphi)\sin i + z\cos i = 0,$$

si l'on nomme I l'inclinaison mutuelle des plans des orbites des deux planètes m, m', on trouvera

$$\cos I = \cos\iota\cos\iota' + \sin\iota\sin\iota'\cos(\varphi'-\varphi).$$

Donc, par suite, les valeurs de μ et ν se réduiront à

$$\mu = \cos^2\frac{I}{2},\qquad \nu = \sin^2\frac{I}{2}.$$

Considérons maintenant la distance ɩ des deux planètes m, m'. L'équation qui détermine cette distance peut s'écrire comme il suit

$$\text{ɩ} = (2rr')^{\frac{1}{2}}\left[\frac{1}{2}\left(\frac{r}{r'} + \frac{r'}{r}\right) - \cos\delta\right]^{\frac{1}{2}}.$$

Si les orbites des deux planètes m, m' étaient circulaires, on aurait

$$r = a, \qquad r' = a',$$

et par suite la demi-somme

$$\frac{1}{2}\left(\frac{r}{r'} + \frac{r'}{r}\right)$$

se réduirait à la constante λ déterminée par la formule

$$(3) \qquad \lambda = \frac{1}{2}\left(\frac{a}{a'} + \frac{a'}{a}\right).$$

Donc, si l'on pose généralement

$$(4) \qquad \frac{1}{2}\left(\frac{r}{r'} + \frac{r'}{r}\right) = \lambda + \rho,$$

la quantité variable ρ deviendra nulle avec les excentricités. D'ailleurs comme, eu égard à la formule (4), on aura

$$(5) \qquad \text{ɩ} = (2rr')^{\frac{1}{2}}(\lambda - \cos\delta + \rho)^{\frac{1}{2}},$$

et par suite

$$(6) \qquad \frac{1}{\text{ɩ}} = (2rr')^{-\frac{1}{2}}(\lambda - \cos\delta + \rho)^{-\frac{1}{2}},$$

il sera facile de développer ɩ et $\frac{1}{\text{ɩ}}$ suivant les puissances ascendantes de ρ. Ainsi, par exemple, on tirera de l'équation (6), jointe à la formule de Taylor,

$$(7) \qquad \frac{1}{\text{ɩ}} = (2rr')^{-\frac{1}{2}}\sum\frac{\rho^l}{1.2.3\ldots l}\mathrm{D}_\lambda^l(\lambda - \cos\delta)^{-\frac{1}{2}}.$$

Ajoutons qu'en vertu de la formule (3), la valeur de ρ, savoir

(8) $$\rho = \frac{1}{2}\left(\frac{r}{r'} + \frac{r'}{r} - \lambda\right),$$

pourra être présentée sous la forme

$$\rho = \frac{1}{2}\left(\frac{a'}{r} - \frac{a}{r'}\right)\left(\frac{r'}{a'} - \frac{r}{a}\right),$$

et que de cette dernière équation, jointe à la formule (4) du § I, on tirera

(9) $$\rho = \frac{1}{2}\left(\frac{a'}{r} - \frac{a}{r'}\right)(\varepsilon' \cos\psi' - \varepsilon \cos\psi).$$

§ III. — *Développement de la fonction perturbatrice.*

Comme nous l'avons vu, dans le § I, la fonction perturbatrice R, déterminée par l'équation

(1) $$R = \frac{m' r}{r'^2} \cos\delta + \ldots - \frac{m'}{\imath} - \ldots,$$

pourra être présentée sous la forme

(2) $$R = \sum (m, m')_{n,n'} e^{(nT+n'T')\sqrt{-1}},$$

le signe $\sum$ s'étendant à toutes les valeurs entières positives ou négatives de n, n', et $(m, m')_{n,n'}$ désignant un coefficient constant, relatif au système des deux planètes m, m'. Or, si l'on intègre, entre les limites 0, 2π de chacune des variables T, T', les deux membres de la dernière équation, respectivement multipliés par

$$e^{-(nT+n'T')\sqrt{-1}}\, dT\, dT',$$

on trouvera

(3) $$(m, m')_{n,n'} + \ldots = \frac{1}{4\pi^2} \int_0^{2\pi} \int_0^{2\pi} R e^{-(nT+n'T')\sqrt{-1}}\, dT\, dT',$$

la somme

$$(m, m')_{n,n'} + \ldots$$

étant composée de termes

$$(m, m')_{n,n'}, \quad (m, m'')_{n,n'}, \quad \ldots$$

relatifs à un même système de valeurs de n, n', et dont le premier se transforme dans les suivants, quand on remplace successivement la planète m' par la planète m'', ou m''', ... Pour obtenir en particulier la valeur du coefficient $(m, m')_{n,n'}$, il suffira de remplacer, dans le second membre de l'équation (5), la fonction R par la somme

$$\frac{m' r}{r'^2} \cos \delta - \frac{m'}{\imath}$$

des deux termes relatifs aux seules planètes m, m'. On aura donc

$$(4) \qquad (m, m')_{n,n'} = \mathrm{A}_{n,n'} - \mathrm{B}_{n,n'},$$

en posant, pour abréger,

$$\mathrm{A}_{n,n'} = \frac{m'}{4\pi^2} \int_0^{2\pi} \int_0^{2\pi} \frac{r}{r'^2} \cos \delta \, e^{-(nT+n'T')\sqrt{-1}} \, dT \, dT'$$

et

$$\mathrm{B}_{n,n'} = \frac{m'}{4\pi^2} \int_0^{2\pi} \int_0^{2\pi} \frac{1}{\imath} e^{-(nT+n'T')\sqrt{-1}} \, dT \, dT'.$$

D'ailleurs, en vertu du principe des aires, on a

$$r^2 \, dp = \mathrm{K} \, dt = \frac{\mathrm{K}}{c} \, dT,$$

K désignant le moment linéaire de la vitesse, déterminé par la formule

$$\mathrm{K} = a^2 c (1 - \varepsilon^2)^{\frac{1}{2}};$$

et par suite

$$dT = \frac{c}{\mathrm{K}} r^2 \, dp,$$

ce que l'on pourrait aussi conclure des formules (5), (6), (8) du § II.

Donc les valeurs de $A_{n,n'}$, $B_{n,n'}$ peuvent être présentées sous les formes

$$(5)\quad \begin{cases} A_{n,n'} = \dfrac{m'}{4\pi^2}\displaystyle\int_0^{2\pi}\int_0^{2\pi} \dfrac{cc'}{KK'} r^3 \cos\delta\, e^{-(nT+n'T')\sqrt{-1}}\, dp\, dp', \\ B_{n,n'} = \dfrac{m'}{4\pi^2}\displaystyle\int_0^{2\pi}\int_0^{2\pi} \dfrac{cc'}{KK'}\, \dfrac{r^2 r'^2}{\imath}\, e^{-(nT+n'T')\sqrt{-1}}\, dp\, dp'. \end{cases}$$

Il y a plus : eu égard à la formule (7) du § II, la valeur de $B_{n,n'}$ deviendra

$$(6)\quad B_{n,n'} = \frac{m'}{4\pi^2}\sum D_\lambda^l \int_0^{2\pi}\int_0^{2\pi} \frac{cc'}{KK'}\, \frac{2^{-\frac{1}{2}}(rr')^{\frac{3}{2}}\rho^l}{1.2\ldots l}(\lambda - \cos\delta)^{-\frac{1}{2}} e^{-(nT+n'T')\sqrt{-1}}\, dp\, dp'.$$

Dans l'intégrale double que renferme le second membre de l'équation (5) ou (6), la fonction sous le signe $\int$ peut être considérée comme le produit de deux facteurs P, Q, dont l'un, dépendant uniquement de l'angle δ, est développable suivant les sinus et cosinus des multiples de p et de p', tandis que l'autre facteur, en vertu des formules (4), (5), (6) du § I, est développable suivant les sinus et cosinus des multiples de $p - \varpi$ et de $p' - \varpi'$. Ces deux facteurs sont respectivement, dans la formule (5),

$$(7)\quad P = \cos\delta, \qquad Q = \frac{cc'}{KK'} r^3 e^{-(nT+n'T')\sqrt{-1}},$$

et, dans la formule (6),

$$(8)\quad P = (\lambda - \cos\delta)^{-\frac{1}{2}}, \qquad Q = 2^{-\frac{1}{2}}\frac{cc'}{KK'}(rr')^{\frac{3}{2}} \frac{\rho^l}{1.2.3\ldots l} e^{-(nT+n'T')\sqrt{-1}}.$$

On aura donc, en supposant les valeurs de P, Q données par les formules (7),

$$(9)\quad A_{n,n'} = \frac{m'}{4\pi^2}\int_0^{2\pi}\int_0^{2\pi} PQ\, dp\, dp',$$

et, en supposant les valeurs de P, Q données par les formules (8),

$$(10)\quad B_{n,n'} = \frac{m'}{4\pi^2}\sum D_\lambda^l \int_0^{2\pi}\int_0^{2\pi} PQ\, dp\, dp',$$

la caractéristique D_λ étant relative à la quantité λ que renferme la lettre P.

Il ne reste plus qu'à trouver, dans l'une et l'autre hypothèse, la valeur de l'intégrale double

$$\int_0^{2\pi}\int_0^{2\pi} PQ\,dp\,dp'.$$

Or concevons que l'on désigne par

$$P_{h,h'} \quad \text{ou par} \quad Q_{h,h'}$$

le coefficient du produit

$$e^{hp\sqrt{-1}}e^{h'p'\sqrt{-1}} \quad \text{ou du produit} \quad e^{h(p-\varpi)\sqrt{-1}}e^{h'(p'-\varpi')\sqrt{-1}},$$

dans le développement de la fonction P ou Q suivant les puissances positives ou négatives des exponentielles

$$e^{p\sqrt{-1}},\quad e^{p'\sqrt{-1}} \quad \text{ou} \quad e^{(p-\varpi)\sqrt{-1}},\quad e^{(p'-\varpi')\sqrt{-1}},$$

en sorte qu'on ait

$$(11) \qquad P=\sum P_{h,h'}e^{(hp+h'p')\sqrt{-1}}, \qquad Q=\sum Q_{h,h'}e^{[h(p-\varpi)+h'(p'-\varpi')]\sqrt{-1}}.$$

On aura évidemment, en vertu des formules (11),

$$(12) \qquad \int_0^{2\pi}\int_0^{2\pi} PQ\,dp\,dp' = 4\pi^2\sum P_{hh'}Q_{-h,-h'}e^{(h\varpi+h'\varpi')\sqrt{-1}},$$

le signe $\sum$ s'étendant à toutes les valeurs entières de h, h'. Par suite, on tirera de l'équation (9), en admettant les formules (7),

$$(13) \qquad A_{n,n'} = m'\sum P_{h,h'}Q_{-h,-h'}e^{(h\varpi+h'\varpi')\sqrt{-1}},$$

et de l'équation (10), en admettant les formules (8),

$$(14) \qquad B_{n,n'} = m'\sum D_\lambda^l P_{h,h'}Q_{-h,-h'}e^{(h\varpi+h'\varpi')\sqrt{-1}}.$$

Par le moyen des équations (13) et (14), la recherche du développement de R suivant les puissances entières positives ou négatives des quatre exponentielles

$$e^{T\sqrt{-1}},\quad e^{T'\sqrt{-1}},\quad e^{\varpi\sqrt{-1}},\quad e^{\varpi'\sqrt{-1}}$$

se trouve réduite à la recherche des développements des fonctions auxiliaires P et Q, déterminées par les formules (7) et (8), suivant les puissances entières des exponentielles

$$e^{p\sqrt{-1}},\quad e^{p'\sqrt{-1}}\quad \text{ou}\quad e^{(p-\varpi)\sqrt{-1}},\quad e^{(p'-\varpi')\sqrt{-1}}.$$

Cette dernière recherche sera l'objet du paragraphe suivant.

Une remarque importante à faire, c'est qu'en vertu des formules (13) et (14), la fonction R peut être représentée par une série de termes dont chacun est le produit d'un facteur de la forme

$$m'\, e^{(h\varpi+h'\varpi')\sqrt{-1}}$$

par deux autres facteurs dont le premier,

$$\mathrm{P}_{h,h'}\quad \text{ou}\quad \mathrm{D}_\lambda^l \mathrm{P}_{h,h'},$$

dépend uniquement des constantes φ, φ', ι, ι', c'est-à-dire de la position des plans des orbites et du rapport $\frac{a'}{a}$, tandis que le second,

$$\mathrm{Q}_{-h,-h'},$$

dépend uniquement des demi-grands axes a, a' et des excentricités ε, ε'.

§ IV. — *Développement de la première fonction auxiliaire.*

On développera facilement la première fonction auxiliaire P suivant les puissances entières des exponentielles

$$e^{p\sqrt{-1}},\quad e^{p'\sqrt{-1}},$$

ou, en d'autres termes, on déterminera les coefficients $\mathrm{P}_{h,h'}$ compris dans la formule

$$P = \sum P_{h,h'} e^{hp\sqrt{-1}} e^{h'p'\sqrt{-1}}$$

en opérant comme il suit.

D'abord, si l'on suppose, conformément aux formules (7) du § III,

$$(1) \qquad P = \cos\delta,$$

on en conclura, eu égard à la formule (1) du § II,

$$\begin{aligned} P &= \mu \cos(p' - p + \Pi) + \nu \cos(p' + p + \Phi) \\ &= \tfrac{1}{2}\mu\left[e^{(p'-p+\Pi)\sqrt{-1}} + e^{-(p'-p+\Pi)\sqrt{-1}}\right] \\ &+ \tfrac{1}{2}\nu\left[e^{(p'+p+\Phi)\sqrt{-1}} + e^{-(p'+p+\Phi)\sqrt{-1}}\right]. \end{aligned}$$

Donc alors on aura

$$(2) \qquad P_{h,h'} = 0,$$

si les deux indices h, h' ne se réduisent pas, au signe près, à l'unité, et, dans le cas contraire,

$$(3) \qquad \left\{ \begin{array}{ll} P_{1,1} = \frac{1}{2}\nu e^{\Phi\sqrt{-1}}, & P_{-1,-1} = \frac{1}{2}\nu e^{-\Phi\sqrt{-1}}, \\ P_{-1,1} = \frac{1}{2}\mu e^{\Pi\sqrt{-1}}, & P_{1,-1} = \frac{1}{2}\mu e^{-\Pi\sqrt{-1}}, \end{array} \right.$$

Supposons, en second lieu, conformément aux formules (8) du § III,

$$(4) \qquad P = (\lambda - \cos\delta)^{-\frac{1}{2}}.$$

On en conclura

$$P = [\lambda - \mu\cos(p' - p + \Pi) - \nu\cos(p' + p + \Phi)]^{\frac{1}{2}};$$

puis, eu égard à la formule de Taylor,

$$(5) \qquad P = \sum \frac{(-\nu)^i \cos^i(p' + p + \Phi)}{1.2.3\ldots i} D_\lambda^i [\lambda - \mu\cos(p' - p + \Pi)]^{-\frac{1}{2}},$$

le signe $\sum$ s'étendant à toutes les valeurs entières nulles ou positives de i. Soit maintenant

$$\Lambda = [\lambda - \mu\cos(p' - p + \Pi)]^{-\frac{1}{2}}.$$

On pourra développer Λ suivant les puissances entières de l'exponentielle

$$e^{(p'-p+\Pi)\sqrt{-1}},$$

ce qui revient à développer

$$(\lambda - \mu \cos p)^{-\frac{1}{2}}$$

suivant les puissances entières de $e^{p\sqrt{-1}}$; et, en posant

$$\Lambda_j = \frac{1}{2\pi} \int_0^{2\pi} (\lambda - \mu \cos p)^{-\frac{1}{2}} e^{-jp\sqrt{-1}} \, dp,$$

par conséquent

(6)
$$\Lambda_j = \frac{1}{2\pi} \int_0^{2\pi} \frac{\cos jp}{(\lambda - \mu \cos p)^{\frac{1}{2}}} \, dp,$$

on trouvera

$$\Lambda = \sum \Lambda_j e^{j(p'-p+\Pi)\sqrt{-1}},$$

le signe $\sum$ s'étendant à toutes les valeurs entières positives, nulles ou négatives de j. Cela posé, la formule (5) donnera

(7)
$$\mathrm{P} = \sum \frac{(-\frac{1}{2}\nu)^i}{1.2\ldots i} e^{j\Pi\sqrt{-1}} \left[e^{(p'+p+\Phi)\sqrt{-1}} + e^{-(p'+p+\Phi)\sqrt{-1}} \right]^i e^{j(p'-p)\sqrt{-1}} \mathrm{D}_\lambda^i \Lambda_j.$$

Si, dans cette dernière équation, on développe le binôme

$$\left[e^{(p'+p+\Phi)\sqrt{-1}} + e^{-(p'+p+\Phi)\sqrt{-1}} \right]^i$$

et si, pour abréger, on représente par la notation

(8)
$$(i)_l = \frac{i(i-1)\ldots(i-l+1)}{1.2\ldots l}$$

le coefficient de x^l dans le développement de $(1+x)^i$, on trouvera

(9)
$$\mathrm{P}_{h,h'} = 0,$$

toutes les fois que la somme $h + h'$ sera impaire, et, dans le cas contraire,

(10)
$$\mathrm{P}_{h\,h'} = \sum \frac{(\frac{1}{2}\nu)^i}{1.2.3\ldots i} (i)_{\frac{2i+h+h'}{4}} \mathrm{D}_\lambda^i \Lambda_{\frac{h-h'}{2}} e^{\frac{1}{2}(h'+h)\Phi\sqrt{-1}} e^{\frac{1}{2}(h'-h)\Pi\sqrt{-1}},$$

le signe $\sum$ s'étendant à toutes les valeurs entières, nulles ou positives de i qui, rendant la somme $2i+h+h'$ divisible par 4, fournissent pour

$$i+\frac{h+h'}{2}$$

un nombre pair.

§ V. — *Développement de la deuxième fonction auxiliaire.*

La deuxième fonction auxiliaire peut se développer facilement suivant les puissances entières des exponentielles

$$e^{(p-\varpi)\sqrt{-1}}, \quad e^{(p'-\varpi')\sqrt{-1}},$$

à l'aide des considérations suivantes.

La formule

$$Q=\sum Q_{h,h'}e^{h(p-\varpi)\sqrt{-1}}e^{h'(p'-\varpi')\sqrt{-1}}$$

entraîne l'équation

$$(1) \qquad Q_{h,h'}=\frac{1}{4\pi^2}\int_0^{2\pi}\int_0^{2\pi}Q e^{-h(p-\varpi)\sqrt{-1}}e^{-h'(p'-\varpi')\sqrt{-1}}\,dp\,dp'.$$

Cela posé, considérons d'abord la valeur de Q fournie par la seconde des équations (7) du § III. On pourra la décomposer en deux facteurs q, q', dont l'un se rapporte à la planète m, l'autre à la planète m', les valeurs de q, q' étant

$$(2) \qquad q=\frac{c}{K}r^3e^{-nT\sqrt{-1}}, \qquad q'=\frac{c'}{K'}e^{-n'T'\sqrt{-1}}.$$

Alors, si l'on désigne par q_h le coefficient de $e^{h(p-\varpi)\sqrt{-1}}$ dans la fonction q, et par $q'_{h'}$ le coefficient de $e^{h'(p'-\varpi')\sqrt{-1}}$ dans le développement de la fonction q', on aura, non seulement

$$Q=qq',$$

mais encore

$$(3) \qquad Q_{h,h'}=q_hq'_{h'}.$$

Ajoutons que les valeurs de q_h, $q'_{h'}$ seront déterminées par les équations

$$(4)\quad q_h = \frac{1}{2\pi}\int_0^{2\pi} q\, e^{-h(p-\varpi)\sqrt{-1}}\,dp, \qquad q'_{h'} = \frac{1}{2\pi}\int_0^{2\pi} q' e^{-h'(p'-\varpi')\sqrt{-1}}\,dp',$$

et par conséquent représentées par des intégrales simples dont il est facile d'obtenir les valeurs.

Considérons maintenant la valeur de Q fournie par la seconde des équations (8) du § III. Pour la décomposer en termes dont chacun soit le produit de deux facteurs relatifs à une seule des planètes m, m', il suffira de développer les deux binômes qui entrent dans la valeur de l'expression

$$(-2\rho)^l = \left(\frac{a'}{r} - \frac{a}{r'}\right)^l (\varepsilon' \cos\psi' - \varepsilon \cos\psi)^l.$$

En effet, en opérant ce développement, on a

$$(-2\rho)^l = \sum (-1)^{l-i+j} (l)_i (l)_j \left(\frac{a'}{r}\right)^i \left(\frac{a}{r'}\right)^{i'} (\varepsilon \cos\psi)^j (\varepsilon' \cos\psi')^{j'},$$

le signe $\sum$ s'étendant à toutes les valeurs entières, nulles ou positives, de

$$i, \quad i', \quad j, \quad j'$$

qui vérifient les conditions

$$(5)\qquad i + i' = l, \qquad j + j' = l.$$

Donc la seconde des formules (8) du § III donnera

$$(6)\qquad Q = \frac{2^{-l-\frac{1}{2}}(-1)^l}{1.2\ldots l} \sum (-1)^{l-i+j} (l)_i (l)_j q q',$$

les valeurs q, q' étant, eu égard aux formules (5),

$$(7)\quad q = \frac{c}{K}\varepsilon^j a^{l-i} r^{\frac{3}{2}-i} e^{-nT\sqrt{-1}} \cos^j\psi, \qquad q' = \frac{c'}{K'}\varepsilon^{j'} a^{l'-i'} r'^{\frac{3}{2}-i'} e^{-n'T'\sqrt{-1}} \cos^{j'}\psi';$$

et, si l'on désigne encore par q_h, $q'_{h'}$ les coefficients des exponentielles

$$e^{h(p-\varpi)\sqrt{-1}}, \quad e^{h'(p'-\varpi')\sqrt{-1}},$$

dans les développements de q, q', suivant les puissances entières de

$$e^{(p-\varpi)\sqrt{-1}} \quad \text{ou de} \quad e^{(p'-\varpi')\sqrt{-1}},$$

on tirera de l'équation (6)

$$(8) \qquad Q_{h,h'} = \frac{2^{-l-\frac{1}{2}}(-1)^l}{1.2\ldots l} \sum (-1)^{l-i+j}(l)_i(l)_j q_h q'_{h'},$$

les valeurs de q_h, $q'_{h'}$ pouvant encore être déduites des valeurs de q, q' données par les formules (7), à l'aide des équations (4).

Ainsi, la recherche du développement de la deuxième fonction auxiliaire se réduit à la recherche des développements des fonctions q, q', que déterminent les formules (2) ou (7), et que nous appellerons facteurs simples, parce que chacun d'eux se rapporte à une seule des deux planètes m, m'.

D'ailleurs on déduit les formules (2) des formules (7), en posant dans celles-ci $j = 0$, $j' = 0$, et remplaçant en outre l et i par $-\frac{3}{2}$, ou l' et i' par $\frac{3}{2}$. De plus, on déduit la seconde des formules (7) de la première, en accentuant toutes les lettres. Donc, en définitive, la recherche du développement de la fonction perturbatrice se réduit à la recherche du développement du facteur q, déterminé par la première des équations (7), dans le cas où, j étant un nombre entier, on attribue à l et i, ou l'une des valeurs $-\frac{3}{2}$, $+\frac{3}{2}$, ou des valeurs entières, nulles ou positives, la valeur de i étant alors tout au plus égale à celle de l.

§ VI. — *Développement des facteurs simples.*

Il ne reste plus qu'à développer suivant les puissances de

$$e^{(p-\varpi)\sqrt{-1}}$$

la valeur de q déterminée par la première des formules (7) du § V, savoir,

$$(1) \qquad q = \frac{c}{K} \varepsilon^j a^{l-i} r^{\frac{3}{2}-i} e^{-nT\sqrt{-1}} \cos^j \psi.$$

Or, comme on l'a déjà remarqué, si l'on pose généralement

$$q = \Sigma q_h e^{h(p-\varpi)\sqrt{-1}},$$

on aura

$$(2)\qquad q_h = \frac{1}{2\pi}\int_0^{2\pi} q e^{-h(p-\varpi)\sqrt{-1}}\, dp.$$

D'ailleurs, en vertu des formules (5) du § Ier, ou, ce qui revient au même, en vertu des formules

$$dp = \frac{K}{cr^2} dT, \qquad T = \psi - \varepsilon \sin\psi, \qquad dT = \frac{r}{a} d\psi,$$

on a

$$dp = \frac{K}{c}\frac{1}{ar} d\psi.$$

Donc l'équation (2) peut être réduite à

$$q_h = \frac{1}{2\pi}\int_0^{2\pi} \frac{K}{c}\frac{q}{ar} e^{-h(p-\varpi)\sqrt{-1}}\, d\psi,$$

et l'on aura, eu égard à la formule (1),

$$(3)\qquad q_h = \frac{1}{2\pi} a^{l-i-1}\varepsilon^j \int_0^{2\pi} r^{\frac{3}{2}-i-1} e^{-nT\sqrt{-1}} e^{-h(p-\varpi)\sqrt{-1}} \cos^j\psi\, d\psi.$$

Si maintenant on tient compte de la formule

$$r = a(1 - \varepsilon\cos\psi),$$

on tirera de l'équation (3)

$$(4)\qquad q_h = a^{l-2i-\frac{1}{2}} \mathrm{E}_{h,\frac{3}{2}-i-1,j},$$

pourvu que l'on désigne, à l'aide de la notation

$$\mathrm{E}_{h,i,j},$$

une fonction de ε, représentée par une intégrale simple et déterminée par la formule

$$(5)\qquad \mathrm{E}_{h,i,j} = \frac{1}{2\pi}\int_0^{2\pi} (1 - \varepsilon\cos\psi)^i (\varepsilon\cos\psi)^j e^{-nT\sqrt{-1}} e^{-h(p-\varpi)\sqrt{-1}}\, d\psi.$$

Or, en vertu de la formule $T = \psi - \varepsilon \sin\psi$, on a

$$(6) \qquad e^{-nT\sqrt{-1}} = e^{-n\psi\sqrt{-1}} e^{-n\varepsilon\sin\psi\sqrt{-1}} = \sum \frac{(n\varepsilon\sin\psi)^k}{1.2\ldots k} e^{-n\psi\sqrt{-1}} (\sqrt{-1})^k,$$

le signe $\sum$ s'étendant à toutes les valeurs entières, nulles ou positives de k. De plus, comme, en désignant par η la tangente de la moitié de l'angle qui a pour sinus ε, on trouvera

$$(7) \qquad \varepsilon = \frac{2\eta}{1+\eta^2}, \qquad (1-\varepsilon^2)^{\frac{1}{2}} = \frac{1-\eta^2}{1+\eta^2},$$

$$(8) \qquad 1 - \varepsilon\cos\psi = \frac{1+\eta^2 - 2\eta\cos\psi}{1+\eta^2} = \frac{\varepsilon}{2\eta}(1-\eta e^{\psi\sqrt{-1}})(1-\eta e^{-\psi\sqrt{-1}}),$$

les formules (5) du § Ier donneront

$$(9) \quad \cos(p-\varpi) = \frac{(1+\eta^2)\cos\psi - 2\eta}{1-2\eta\cos\psi+\eta^2}, \qquad \sin(p-\varpi) = \frac{(1-\eta^2)\sin\psi}{1-2\eta\cos\psi+\eta^2},$$

et l'on en conclura

$$(10) \qquad e^{(p-\varpi)\sqrt{-1}} = e^{\psi\sqrt{-1}} \frac{1-\eta e^{-\psi\sqrt{-1}}}{1-\eta e^{\psi\sqrt{-1}}}.$$

Cela posé, on aura

$$(1-\varepsilon\cos\psi)^i e^{-h(p-\varpi)\sqrt{-1}} = \left(\frac{\varepsilon}{2\eta}\right)^i e^{-h\psi\sqrt{-1}} (1-\eta e^{\psi\sqrt{-1}})^{i+h} (1-\eta e^{-\psi\sqrt{-1}})^{i-h},$$

par conséquent

$$(11) \quad \left\{ \begin{aligned} &(1-\varepsilon\cos\psi)^i e^{-h(p-\varpi)\sqrt{-1}} \\ &= \left(\frac{\varepsilon}{2\eta}\right)^i \sum (-1)^{f+g} (i+h)_f (i-h)_g \eta^{f+g} e^{(f-g-h)\psi\sqrt{-1}}, \end{aligned} \right.$$

et l'on tirera des formules (5), (6), (11)

$$(12) \quad \mathbf{E}_{h,i,j} = \left(\frac{\varepsilon}{2\eta}\right)^i \varepsilon^j \sum (-1)^{f+g} \frac{(n\varepsilon)^k}{1.2\ldots k} \eta^{f+g} (i+h)_f (i-h)_g \mathfrak{N}_{f-g-h-n,j,k},$$

pourvu que l'on désigne généralement à l'aide de la relation

$$\mathfrak{N}_{i,j,k}$$

le nombre déterminé par la formule

$$(13)\qquad \mathfrak{N}_{i,j,k} = \frac{1}{2\pi}\int_0^{2\pi} e^{i\psi\sqrt{-1}}\cos^j\psi(\sin\psi\sqrt{-1})^k\,d\psi.$$

Or cette dernière formule se réduit :

1° Pour des valeurs paires du nombre k, à

$$(14)\qquad \mathfrak{N}_{i,j,k} = (-1)^{\frac{k}{2}}\frac{1}{2\pi}\int_0^{2\pi}\cos i\psi\cos^j\psi\sin^k\psi\,d\psi;$$

2° Pour des valeurs impaires du nombre k, à

$$(15)\qquad \mathfrak{N}_{i,j,k} = (-1)^{\frac{k+1}{2}}\frac{1}{2\pi}\int_0^{2\pi}\sin i\psi\cos^j\psi\sin^k\psi\,d\psi.$$

Donc la recherche du développement de R se réduit, en dernière analyse, à la détermination des nombres représentés par les intégrales

$$\int_0^{2\pi}\cos i\psi\cos^j\psi\sin^k\psi\,d\psi,\qquad \int_0^{2\pi}\sin i\psi\cos^j\psi\sin^k\psi\,d\psi,$$

dans lesquelles les exposants j, k sont entiers et positifs, la quantité i pouvant être positive ou négative. Au reste, cette détermination peut s'effectuer très simplement, comme on va le voir.

La valeur générale de $\mathfrak{N}_{i,j,k}$, déterminée par la formule (9), se réduit évidemment au terme constant, c'est-à-dire indépendant de l'exponentielle

$$e^{\psi\sqrt{-1}},$$

dans le développement du produit

$$e^{i\psi\sqrt{-1}}\cos^j\psi(\sin\psi\sqrt{-1})^k,$$

ou

$$\left(\tfrac{1}{2}\right)^{j+k}e^{i\psi\sqrt{-1}}\left(e^{\psi\sqrt{-1}}+e^{-\psi\sqrt{-1}}\right)^j\left(e^{\psi\sqrt{-1}}-e^{-\psi\sqrt{-1}}\right)^k,$$

suivant les puissances entières de cette exponentielle ; par conséquent, elle se réduit au terme constant, c'est-à-dire indépendant de x, dans le développement du produit

$$(\tfrac{1}{2})^{j+k} x^i (x + x^{-1})^j (x - x^{-1})^k,$$

suivant les puissances entières de x. On a donc par suite

$$(16) \qquad \mathfrak{N}_{i,j,k} = (\tfrac{1}{2})^{j+k} \sum (-1)^l (k)_l (j)_{\frac{k-i+j}{2}-l}.$$

Ajoutons qu'en vertu de la formule

$$\sin\psi \sin i\psi = \frac{\cos(i-1)\psi - \cos(i+1)\psi}{2},$$

la valeur du coefficient $\mathfrak{N}_{i,j,k}$, donnée par la formule (15) et correspondante à une valeur paire de k, est la demi-somme de deux valeurs du même coefficient correspondantes à deux valeurs paires de k. Donc, si, pour faciliter les calculs astronomiques, on formait une Table des valeurs de $\mathfrak{N}_{i,j,k}$, il suffirait de donner celles qu'on obtient en prenant pour k un nombre pair.

Au reste, les coefficients de la forme $\mathfrak{N}_{i,j,k}$ jouissent de plusieurs propriétés remarquables qu'il est facile d'établir. Ainsi, par exemple, les équations

$$x^i (x + x^{-1})^j = (x^{i+1} + x^{i-1})(x + x^{-1})^{j-1},$$
$$(x + x^{-1})^k (x - x^{-1})^k = (x^2 - x^{-2})^k$$

entraînent immédiatement les suivantes :

$$2\,\mathfrak{N}_{i,j,k} = \mathfrak{N}_{i+1,j-1,k} + \mathfrak{N}_{i-1,j-1,k},$$
$$2^k\,\mathfrak{N}_{i,k,k} = \mathfrak{N}_{\frac{1}{2}i,0,k} = (-1)^{\frac{2k+i}{4}} (k)_{\frac{2k-i}{4}},$$

dont la dernière subsiste pour des valeurs paires de i.

Dans d'autres Mémoires nous donnerons de nombreuses applications des formules que renferme celui-ci.

96.

MÉCANIQUE CÉLESTE. — *Note sur le développement de la fonction perturbatrice.*

C. R., t. XI, p. 501 (21 septembre 1840).

En suivant la méthode que j'ai indiquée dans mon dernier Mémoire, on développe la fonction perturbatrice R relative à l'une quelconque des planètes en une série de sinus et cosinus d'arcs qui varient proportionnellement au temps. Cette méthode exige, comme on l'a vu, la détermination de certaines intégrales définies simples, dont chacune dépend uniquement du rapport entre les grands axes des orbites de deux planètes, de l'inclinaison mutuelle des plans de ces orbites, et de l'angle compris sur le plan fixe entre les lignes des nœuds. Mais ce qu'il importe de remarquer, et ce que l'on verra dans cette Note, c'est que pour obtenir dans le développement de R le coefficient du terme correspondant à un argument donné, c'est-à-dire à la somme et à la différence de deux multiples donnés des anomalies moyennes de deux planètes, il suffit de calculer un petit nombre de ces intégrales définies.

J'indique aussi, dans la présente Note, un nouveau moyen d'obtenir, dans le développement de la fonction perturbatrice, ce que j'ai nommé les facteurs simples. Ce nouveau moyen est particulièrement utile lorsqu'on se propose d'obtenir les termes indépendants du temps, et permet de présenter ces termes sous une forme très simple. La détermination de ces termes, dont je donne les valeurs exactes, est d'ailleurs, comme on sait, d'une grande importance, puisque c'est d'eux que dépendent les inégalités séculaires du premier ordre dans le mouvement des planètes.

ANALYSE.

§ Ier. — *Tableau général des formules pour le développement de la fonction perturbatrice.*

Comme on l'a vu dans le dernier numéro, si l'on nomme $m, m', \dots$

les masses des planètes; $r, r', \ldots$ leurs distances au Soleil; τ la distance des planètes m, m', et δ leur distance apparente, vue du centre du Soleil, la fonction perturbatrice relative à la planète m, c'est-à-dire la valeur de R déterminée par l'équation

$$(1) \qquad R = \frac{m' r}{r'^2} \cos\delta + \ldots - \frac{m'}{\tau} - \ldots,$$

pourra être présentée sous la forme

$$(2) \qquad R = \sum (m, m')_{n,n'} e^{(nT+n'T')\sqrt{-1}},$$

T, T' désignant les anomalies moyennes relatives aux planètes m, m', $(m, m')_{n,n'}$ étant le coefficient de l'exponentielle

$$e^{(nT+n'T')\sqrt{-1}}$$

dans le développement de R, et le signe $\sum$ s'étendant, d'une part, à toutes les planètes perturbatrices m', m'', ..., d'autre part, à toutes les valeurs entières positives, nulles ou négatives de n, n'.

Cela posé, si l'on nomme $A_{n,n'}$ la partie du coefficient $(m, m')_{n,n'}$ qui dépend du terme $\frac{m' r}{r'^2}\cos\delta$, c'est-à-dire de l'action exercée par la planète m' sur le Soleil, et par $-B_{n,n'}$ la partie qui dépend du terme $-\frac{m'}{\tau}$, c'est-à-dire de l'action de la planète m' sur la planète m, on aura

$$(3) \qquad (m, m')_{n,n'} = A_{n,n'} - B_{n,n'}.$$

De plus, en vertu des principes que nous avons établis, les valeurs des coefficients $A_{n,n'}$, $B_{n,n'}$ se trouveront déterminées comme il suit.

Soient

a, a' les demi-grands axes des orbites des planètes m, m';
ε, ε' les excentricités de ces orbites;
ϖ, ϖ' les longitudes des périhélies;
φ, φ' les angles formés par les lignes des nœuds avec un axe fixe;
ι, ι' les inclinaisons des deux orbites;
I leur inclinaison mutuelle.

Nommons d'ailleurs η, η' les tangentes des moitiés des angles aigus qui ont pour sinus ε, ε'; posons

$$(4)\qquad \lambda = \frac{1}{2}\left(\frac{a}{a'} + \frac{a'}{a}\right), \qquad \mu = \cos^2\frac{\mathrm{I}}{2}, \qquad \nu = \sin^2\frac{\mathrm{I}}{2};$$

et supposons les angles auxiliaires Π, Φ déterminés par les formules

$$(5)\quad \begin{cases} \cos\Pi = \dfrac{(1+\cos\iota\cos\iota')\cos(\varphi'-\varphi)+\sin\iota\sin\iota'}{2\mu}, & \sin\Pi = \dfrac{\cos\iota'+\cos\iota}{2\mu}\sin(\varphi'-\varphi), \\ \cos\Phi = \dfrac{(1-\cos\iota\cos\iota')\cos(\varphi'-\varphi)-\sin\iota\sin\iota'}{2\nu}, & \sin\Phi = \dfrac{\cos\iota'-\cos\iota}{2\nu}\sin(\varphi'-\varphi). \end{cases}$$

Si, pour abréger, on désigne par $(k)_l$ le coefficient numérique de x^l dans le développement du binôme $(1+x)^k$, en sorte qu'on ait

$$(6)\qquad (k)_l = \frac{k(k-1)\ldots(k-l+1)}{1.2\ldots l},$$

la valeur de $\mathrm{A}_{n,n'}$ se trouvera déterminée par le système des formules

$$(7)\quad \mathrm{A}_{n,n'} = m'\left(\begin{array}{l} \mathrm{P}_{1,1}\,\mathrm{Q}_{-1,-1}\,e^{(\varpi+\varpi')\sqrt{-1}} + \mathrm{P}_{-1,-1}\,\mathrm{Q}_{1,1}\,e^{-(\varpi+\varpi')\sqrt{-1}} \\ +\,\mathrm{P}_{-1,1}\,\mathrm{Q}_{1,-1}\,e^{(\varpi'-\varpi)\sqrt{-1}} + \mathrm{P}_{1,-1}\,\mathrm{Q}_{-1,1}\,e^{(\varpi-\varpi')\sqrt{-1}} \end{array}\right);$$

$$(8)\quad \begin{cases} \mathrm{P}_{1,1} = \frac{1}{2}\nu e^{\Phi\sqrt{-1}}, & \mathrm{Q}_{1,1} = q_1 q'_1, \\ \mathrm{P}_{-1,-1} = \frac{1}{2}\nu e^{-\Phi\sqrt{-1}}, & \mathrm{Q}_{-1,-1} = q_{-1} q'_{-1}, \\ \mathrm{P}_{-1,1} = \frac{1}{2}\mu e^{\Pi\sqrt{-1}}, & \mathrm{Q}_{-1,1} = q_{-1} q'_1, \\ \mathrm{P}_{1,-1} = \frac{1}{2}\mu e^{-\Pi\sqrt{-1}}, & \mathrm{Q}_{1,-1} = q_1 q'_{-1}; \end{cases}$$

$$(9)\quad \begin{cases} q_1 = a\left(\dfrac{\varepsilon}{2\eta}\right)^2 \sum (-1)^{\frac{k-f+g-n-1}{2}} (3)_f\,(1)_g\,(k)_{\frac{k-f+g+n+1}{2}} \dfrac{\left(\frac{n\varepsilon}{2}\right)^k}{1.2\ldots k}\,\eta^{f+g}, \\ q_{-1} = a\left(\dfrac{\varepsilon}{2\eta}\right)^2 \sum (-1)^{\frac{k-f+g-n+1}{2}} (1)_f\,(3)_g\,(k)_{\frac{k-f+g+n-1}{2}} \dfrac{\left(\frac{n\varepsilon}{2}\right)^k}{1.2\ldots k}\,\eta^{f+g}, \end{cases}$$

$$(10)\quad \begin{cases} q'_1 = a'^{-2}\left(\dfrac{\varepsilon'}{2\eta'}\right)^{-1} \sum (-1)^{\frac{k'+g'-n'-1}{2}} (-2)_{g'}\,(k')_{\frac{k'+g'+n'+1}{2}} \dfrac{\left(\frac{n'\varepsilon'}{2}\right)^{k'}}{1.2\ldots k'}\,\eta'^{g'}, \\ q'_{-1} = a'^{-2}\left(\dfrac{\varepsilon'}{2\eta'}\right)^{-1} \sum (-1)^{\frac{k'-f'-n'+1}{2}} (-2)_{f'}\,(k')_{\frac{k'-f'+n'-1}{2}} \dfrac{\left(\frac{n'\varepsilon'}{2}\right)^{k'}}{1.2\ldots k'}\,\eta'^{f'}. \end{cases}$$

Il est bon d'observer qu'en vertu des équations (7) et (8) on aura

$$(11)\quad \begin{cases} A_{n,n'} = \dfrac{m'}{2}\nu\left[q_{-1}q'_{-1}\, e^{(\varpi+\varpi'+\Phi)\sqrt{-1}} + q_1 q'_1\, e^{-(\varpi+\varpi'+\Phi)\sqrt{-1}}\right] \\ \qquad + \dfrac{m'}{2}\mu\left[q_1 q'_{-1}\, e^{(\varpi'-\varpi+\Pi)\sqrt{-1}} + q_{-1}q'_1\, e^{-(\varpi'-\varpi+\Pi)\sqrt{-1}}\right]; \end{cases}$$

en sorte que, pour déterminer la valeur de $A_{n,n'}$, il suffira de joindre la formule (11) aux équations (9) et (10).

Quant à la valeur de $B_{n,n'}$, elle se trouve déterminée par le système des formules

$$(12)\quad B_{n,n'} = m'\sum D^l_\lambda P_{h,h'} Q_{-h,-h'} e^{(h\varpi+h'\varpi')\sqrt{-1}},$$

$$(13)\quad P_{h,h'} = \sum \frac{(-\frac{1}{2}\nu)^i}{1.2\ldots i}(i)_{\frac{2i+h+h'}{4}} e^{\frac{1}{2}(h'+h)\Phi\sqrt{-1}} e^{\frac{1}{2}(h'-h)\Pi\sqrt{-1}} D^i_\lambda \Lambda_{\frac{h'-h}{2}},$$

$$(14)\quad \Lambda_{\frac{h'-h}{2}} = \frac{1}{2\pi}\int_0^{2\pi} \frac{\cos\frac{h'-h}{2}p}{(\lambda-\mu\cos p)^{\frac{1}{2}}}\,dp,$$

$$(15)\quad Q_{h,h'} = \frac{2^{-l-\frac{1}{2}}}{1.2\ldots l}\sum(-1)^{i+j}(l)_i(l)_j q_h q'_{h'},$$

$$(16)\quad q_h = a^{l-2i-\frac{1}{2}}\left(\frac{\varepsilon}{2\eta}\right)^{\frac{1}{2}-i}\varepsilon^j\sum\left(\tfrac{1}{2}-i-h\right)_f\left(\tfrac{1}{2}-i-h\right)_g\frac{(n\varepsilon)^k}{1.2\ldots k}(-\eta)^{f+g}\,\mathfrak{N}_{f-g-h-n,j,k},$$

$$(17)\quad \mathfrak{N}_{i,j,k} = \frac{1}{2\pi}\int_0^{2\pi} e^{i\psi\sqrt{-1}}\cos^j\psi\,(\sin\psi\sqrt{-1})^k\,d\psi.$$

De plus, en vertu de la formule (17), $\mathfrak{N}_{i,j,k}$ représente le terme constant, c'est-à-dire indépendant de x, dans le développement du produit

$$\left(\tfrac{1}{2}\right)^{j+k} x^i (x+x^{-1})^j (x-x^{-1})^k,$$

en sorte qu'on a encore

$$(18)\quad \mathfrak{N}_{i,j,k} = \left(\tfrac{1}{2}\right)^{j+k}\sum(-1)^{k-d}(k)_d(j)_{\frac{k-i+j}{2}-d}.$$

Enfin, si l'on nomme

$$i',\ j',\ f',\ g',\ k'$$

ce que deviennent

$$i,\ j,\ f,\ g,\ k$$

lorsqu'on passe de q_h à $q'_{h'}$, on aura

$$i + i' = l, \quad j + j' = l. \tag{19}$$

On ne doit pas oublier que le signe sommatoire $\sum$ s'étend, dans la formule (12), aux diverses valeurs entières, nulles ou positives, de l: dans la formule (13), aux diverses valeurs entières, nulles ou positives, de i; dans la formule (15), aux valeurs entières, nulles ou positives, de i, j; enfin dans les formules (9), (16), aux valeurs entières, nulles ou positives, de k, f, g, et dans les formules (10), aux valeurs entières, nulles ou positives, de k', f', g'. Ajoutons que l'expression $(k)_l$ suppose le nombre l entier, mais non supérieur à k, et doit être remplacée par zéro quand ces conditions ne sont pas remplies. Il en résulte que la valeur de $P_{h,h'}$ donnée par les formules (13) sera nulle si la somme $h + h'$ est impaire; que, dans la formule (15), i, j ne doivent pas surpasser l; que, dans les formules (9), l'un des nombres f, g admet seulement les valeurs 0, 1, et l'autre les valeurs 0, 1, 2, 3; que, dans les formules (9) et (10), k ou k' doit surpasser la moitié de la somme

$$k - f + g + n + 1 \quad \text{ou} \quad k - f + g + n - 1,$$

ou

$$k' + g' + n' + 1 \quad \text{ou} \quad k' - f' + n' - 1,$$

enfin que, dans $\mathfrak{N}_{i,j,k}$, l'indice i doit rester compris entre les limites $-(j+k)$ et $j+k$.

§ II. — *Sur l'ordre des termes que renferme le développement de la fonction perturbatrice.*

Dans notre système planétaire, les excentricités des orbites et leurs inclinaisons sont généralement fort petites. En considérant, pour deux planètes données m, m', les excentricités $\varepsilon, \varepsilon'$, et les inclinaisons ι, ι', comme des quantités très petites du premier ordre, on peut demander quel sera l'ordre de chacun des termes fournis par notre analyse dans le développement de l'expression

$$(m, m')_{n,n'},$$

par exemple d'un terme correspondant à des valeurs données de

$$f,\ g,\ k,\quad f',\ g',\ k',$$

dans le développement de $A_{n,n'}$. Or la valeur de η, déterminée par la formule

$$\varepsilon = \frac{2\eta}{1+\eta^2} \quad \text{ou} \quad \eta = \frac{\varepsilon}{1+\sqrt{1-\varepsilon^2}},$$

est du premier ordre ainsi que ε, et la valeur de ν, donnée par la formule

$$\nu = \sin^2 \frac{I}{2},$$

est du second ordre, ainsi que le carré de $\frac{I}{2}$. Donc, en vertu des formules (9), (10), (11) du § Ier, un terme correspondant à des valeurs données de

$$f,\ g,\ k,\quad f',\ g',\ k'$$

étant proportionnel au produit des facteurs

$$\varepsilon^k,\quad \eta^{f+g},\quad \varepsilon'^{k'} \quad \text{et} \quad \eta'^{g'} \quad \text{ou} \quad \eta'^{f'},$$

sera de l'ordre N, déterminé par l'une des équations

$$(1) \qquad N = f+g+k+g'+k' \quad \text{ou} \quad N = f+g+k+f'+k',$$

si ce terme ne renferme pas le facteur ν, et par l'une des équations

$$(2) \quad N = f+g+k+g'+k'+2 \quad \text{ou} \quad N = f+g+k+f'+k'+2,$$

dans le cas contraire. Donc, si, dans le calcul de la valeur de $A_{n,n'}$, on veut négliger les quantités d'un ordre supérieur à N, on devra seulement tenir compte des termes correspondants à des valeurs de

$$f,\ g,\ k,\quad f',\ g',\ k'$$

qui vérifient l'une des formules (1), (2), ou à des valeurs plus petites.

Passons au développement de $B_{n,n'}$. Le terme qui, dans ce développement, aura pour facteur les quantités

$$\nu^i,\quad \varepsilon^j,\quad \varepsilon^k,\quad \eta^{f+g},\qquad \varepsilon'^{j'},\quad \varepsilon'^{k'},\quad \eta'^{f'+g'},$$

sera évidemment de l'ordre N, déterminé par la formule

$$(3) \qquad N = 2i + j + j' + f + g + h + f' + g' + h',$$

laquelle, en vertu de la condition

$$j + j' = l$$

[*voir* la seconde des formules (10) du paragraphe Ier], se réduit simplement à

$$(4) \qquad N = 2i + l + f + g + h + f' + g' + h'.$$

Donc, si dans le calcul de la valeur de $B_{n,n'}$ on veut négliger les quantités de l'ordre N, on devra seulement tenir compte des termes correspondants aux valeurs de

$$i, \quad l, \quad f, \quad g, \quad h, \quad f', \quad g', \quad h'$$

qui vérifieront la formule (4), ou à des valeurs plus petites. D'ailleurs, chacune des lettres

$$i, \quad l, \quad f, \quad g, \quad h, \quad f', \quad g', \quad h'$$

représentant un nombre entier égal ou supérieur à zéro, la formule (4) donnera

$$2i + l = \text{ ou } < N,$$

et à plus forte raison

$$(5) \qquad i + l = \text{ ou } < N.$$

Ce n'est pas tout : comme

$$\mathfrak{N}_{f-g-h-n,j,k}$$

s'évanouit, quand $f - g - h - n$ n'est pas compris entre les limites

$$-(j + k), \quad +(j + k),$$

il résulte de la formule (16) du § Ier que, dans chaque terme du développement de $B_{n,n'}$, la valeur numérique de

$$f - g - h - n$$

sera inférieure à $j + k$. La valeur numérique de

$$f' - g' - h - n'$$

devant être pareillement inférieure à $j'+k'$, on peut affirmer que la différence

$$(f-g-h-n)-(f'-g'-h'-n')=h'-h+n'-n+(f-g)-(f'-g')$$

offrira une valeur numérique inférieure à la quantité

$$j+k+j'+k'=l+k+k'.$$

Donc

$$h'-h+n'-n$$

offrira une valeur numérique inférieure à la somme de celles des deux quantités

$$l+k+k',\quad (f'-g')-(f-g),$$

et, à plus forte raison, à la somme

$$l+k+k'+f'+g'+f+g=\mathrm{N}-2i.$$

Donc, la valeur numérique de $h'-h$ sera inférieure à la somme faite du nombre N et de la valeur numérique de la différence $n'-n$. Cela posé, comme, dans le développement de $\mathrm{B}_{n,n'}$, un terme correspondant à des valeurs données de

$$l,\quad i,\quad h,\quad h'$$

renfermera le facteur

$$\mathrm{D}_\lambda^l \mathrm{D}_\lambda^i \Lambda_{\frac{h'-h}{2}} = \mathrm{D}_\lambda^{l+i} \Lambda_{\frac{h'-h}{2}},$$

il est clair qu'en désignant par N l'ordre de ce terme, on aura

$$l+i = \text{ ou } < \mathrm{N} \tag{6}$$

et

$$\text{mod.}\frac{h'-h}{2} = \text{ ou } < \frac{\mathrm{N}+\text{mod.}(n'-n)}{2}, \tag{7}$$

pourvu que par le signe mod., placé devant une quantité réelle, on désigne le module, c'est-à-dire, en d'autres termes, la valeur numérique de cette même quantité.

En vertu des formules (6) et (7), lorsque dans le développement de $\mathrm{B}_{n,n'}$ on voudra obtenir la partie correspondante à des valeurs données de n, n', en poussant l'approximation jusqu'aux quantités de l'ordre N, on aura seulement à calculer un petit nombre d'expressions de la forme

$$(8) \qquad D_\lambda^l A_j = \frac{1}{2\pi}\int_0^{2\pi} \frac{\cos jp}{(\lambda - \mu\cos p)^{l+\frac{1}{2}}}\,dp,$$

savoir, celles qui correspondent à des valeurs de l qui ne surpassent pas la limite N, et à des valeurs de j qui ne surpassent pas la limite

$$\frac{N + \text{mod.}(n'-n)}{2}.$$

Si, pour fixer les idées, on adopte les valeurs de n, n' qui correspondent à la grande inégalité de Saturne et de Jupiter, c'est-à-dire si l'on prend

$$n = \pm 2, \qquad n' = \mp 5,$$

on trouvera

$$\frac{N + \text{mod.}(n'-n)}{2} = \frac{N+7}{2}.$$

Donc alors, si l'on prend $N = 5$ ou $N = 6$, la valeur de j ne devra pas surpasser le nombre 6.

§ III. — *Sur le développement des facteurs simples.*

Le développement du facteur simple q, déterminé par l'équation

$$(1) \qquad q = \frac{c}{K}\varepsilon^j a^{l-i} r^{\frac{3}{2}-i} e^{-nT\sqrt{-1}} \cos^j\psi,$$

dans laquelle on a

$$K = a^2 c(1-\varepsilon^2)^{\frac{1}{2}},$$

ou, en d'autres termes, l'évaluation du coefficient

$$(2) \qquad q_h = \frac{1}{2\pi}\int_0^{2\pi} q e^{-h(p-\varpi)\sqrt{-1}}\,dp$$

peut s'effectuer de plusieurs manières, et à la formule (6) du paragraphe précédent on peut substituer celles que nous allons indiquer.

On a non seulement

$$T = \psi - \varepsilon \sin\psi$$

et par suite

$$(3)\qquad e^{-nT\sqrt{-1}} = \sum \frac{(n\varepsilon)^k}{1.2\ldots k} e^{-n\psi\sqrt{-1}} (\sin\psi\sqrt{-1})^k,$$

mais encore, pour des valeurs positives de n,

$$(4)\quad e^{-n\psi\sqrt{-1}} = (\cos\psi - \sqrt{-1}\sin\psi)^n = \sum (-1)^{n-l}(n)_l \cos^l\psi (\sin\psi\sqrt{-1})^{n-l},$$

et, pour des valeurs négatives de n,

$$(5)\quad e^{-n\psi\sqrt{-1}} = (\cos\psi + \sqrt{-1}\sin\psi)^{-n} = \sum (-n)_l \cos^l\psi (\sin\psi\sqrt{-1})^{n-l}.$$

Or, à l'aide de ces formules, jointes aux trois équations

$$(6)\quad \left\{ \begin{aligned} &\frac{r}{a} = \frac{1-\varepsilon^2}{1+\varepsilon\cos(p-\varpi)}, \\ &\cos\psi = \frac{\cos(p-\varpi)+\varepsilon}{1+\varepsilon\cos(p-\varpi)}, \qquad \sin\psi = \frac{(1-\varepsilon^2)^{\frac{1}{2}}\sin(p-\varpi)}{1+\varepsilon\cos(p-\varpi)}, \end{aligned} \right.$$

on ramènera immédiatement la détermination de q_h à l'évaluation d'une intégrale de la forme

$$\frac{1}{2\pi}\int_0^{2\pi} \frac{[\cos(p-\varpi)+\varepsilon]^{l'}}{[1+\varepsilon\cos(p-\varpi)]^{l''}} \cos^f(p-\varpi)[\sin(p-\varpi)\sqrt{-1}]^g e^{-h(p-\varpi)\sqrt{-1}}\,dp,$$

f, g, l', l'' étant des nombres entiers. En développant, dans cette intégrale, les expressions

$$[\cos(p-\varpi)+\varepsilon]^{l'}, \quad [1+\varepsilon\cos(p-\varpi)]^{-l''}$$

en séries ordonnées suivant les puissances ascendantes de ε, puis remplaçant $p-\varpi$ par p, on réduit la détermination de q_h à l'évaluation des quantités de la forme $\mathfrak{N}_{i,j,k}$.

La formule que l'on obtient de cette manière, et que nous nous dispensons d'écrire pour abréger, devient fort simple dans le cas où l'on veut obtenir la partie de R qui ne dépend pas du temps t, ou, en d'autres termes, les valeurs de $A_{0,0}$, $B_{0,0}$. Alors, les valeurs de q'_1 et q'_{-1}

étant nulles dans le développement de $A_{0,0}$, on en conclut que $A_{0,0}$ s'évanouit. Quant à la valeur de $B_{0,0}$, elle se déduit sans peine des formules du paragraphe précédent. Mais on peut y déterminer q_h, soit par la formule (16) de ce paragraphe, réduite alors à la suivante

$$(7) \quad q_h = a^{l-2i-\frac{1}{2}}\left(\frac{\varepsilon}{2\eta}\right)^{\frac{1}{2}-i}(\tfrac{1}{2}\varepsilon)^j \sum (\tfrac{1}{2}-i+h)_f (\tfrac{1}{2}-i-h)_g (j)_{\frac{j+g-f+h}{2}} (-\eta)^{f+g},$$

soit à l'aide de la formule (2), de laquelle on tire, en la joignant aux équations (6),

$$(8) \quad q_h = a^{l-2i-\frac{1}{2}} \frac{\varepsilon^j}{(1-\varepsilon^2)^{i-1}} \sum (\tfrac{1}{2})^{f+g} (j)_f (i-j-\tfrac{3}{2})_g (f+g)_{\frac{f+g+h}{2}} \varepsilon^{f+g}.$$

97.

MÉCANIQUE CÉLESTE. — *Sur le mouvement de notre système planétaire.*

C. R., t. XI, p. 512 (21 septembre 1840).

Je donnerai dans ce Mémoire les intégrales générales des équations différentielles qui représentent le mouvement de notre système planétaire. Une transformation qu'il importe de signaler m'a permis de présenter ces intégrales sous des formes très simples. Elle consiste à prendre pour éléments du mouvement elliptique, non plus les six éléments que l'on considère habituellement, mais seulement trois d'entre eux, savoir : l'époque du passage d'une planète au périhélie, la longitude du périhélie et l'angle formé avec un axe fixe par la ligne des nœuds, en remplaçant d'ailleurs l'excentricité par le paramètre, ou plutôt par le moment linéaire de la vitesse, l'inclinaison de l'orbite sur le plan fixe par la projection de ce moment linéaire sur le même plan, et le demi-grand axe par la moitié de la force vive correspondante à l'instant où la planète passe par l'extrémité du petit axe, c'est-à-dire, en d'autres termes, à l'instant où la distance de la planète au Soleil est la distance moyenne.

La seule inspection des intégrales obtenues comme je viens de le dire fournit immédiatement les beaux théorèmes de Lagrange, de Poisson, de Laplace sur la stabilité de notre système planétaire, et conduit à une multitude de conséquences que je développerai prochainement dans un nouveau Mémoire.

§ Ier. — *Équations différentielles du mouvement des planètes.*

Considérons d'abord une seule planète, qui se meuve autour d'un centre fixe vers lequel elle est attirée; et soient, au bout du temps t :

x, y, z les coordonnées rectangulaires de la planète, le centre fixe étant pris pour origine;

u, v, w les projections algébriques de la vitesse ω sur les axes des x, y, z;

r le rayon vecteur mené du centre fixe à la planète;

p l'angle polaire formé par le rayon vecteur avec la trace du plan de l'orbite sur le plan des x, y, ou, en d'autres termes, avec la ligne des nœuds.

Soient, de plus,

φ l'angle formé par la ligne des nœuds avec l'axe des x;

τ l'un des instants où la vitesse devient perpendiculaire au rayon vecteur;

ι, ϖ les valeurs de r et p à cet instant;

K le moment linéaire de la vitesse ω;

U, V, W les projections algébriques de ce moment linéaire sur les axes des x, y, z;

enfin H la constante arbitraire introduite par le principe des forces vives, en sorte qu'on ait généralement

$$\tfrac{1}{2}\omega^2 = f(r) + \mathrm{H},$$

$f(r)$ étant une fonction déterminée de r. Les valeurs des six constantes arbitraires

$$\mathrm{H},\quad \mathrm{K},\quad \mathrm{W},\quad \tau,\quad \varpi,\quad \varphi,$$

tirées des équations du mouvement, s'exprimeront en fonction des six variables

$$x, \quad y, \quad z, \quad u, \quad v, \quad w;$$

et si, en désignant par

$$P, \quad Q$$

des fonctions quelconques de ces six variables, on pose généralement

$$[P, Q] = D_x P\, D_u Q - D_u P\, D_x Q + D_y P\, D_v Q - D_v P\, D_y Q + D_z P\, D_w Q - D_w P\, D_z Q,$$

on trouvera, comme nous l'avons démontré dans un précédent Mémoire,

$$[H, \tau] = 1, \qquad [\varpi, K] = 1.$$

De plus, les formules

$$[V, W] = U, \qquad [W, U] = V,$$

obtenues dans ce Mémoire, donneront

$$\left[\frac{U}{V}, W\right] = \frac{1}{V}[U, W] - \frac{U}{V^2}[V, W] = -1 - \frac{U^2}{V^2};$$

puis, en ayant égard à l'équation

$$\frac{U}{V} = -\operatorname{tang}\varphi,$$

on en conclura

$$[\varphi, W] = 1.$$

Donc, si, après avoir exprimé les six quantités

$$H, \quad K, \quad W, \quad \tau, \quad \varpi, \quad \varphi$$

en fonction de

$$x, \quad y, \quad z, \quad u, \quad v, \quad w,$$

à l'aide des équations du mouvement, on combine ces six quantités deux à deux de toutes les manières possibles, non seulement les trente fonctions alternées qui correspondront à ces diverses combinaisons seront deux à deux égales au signe près, mais de plus on peut affirmer que six d'entre elles auront pour valeur numérique l'unité, et que l'on aura

(1) $$[H, \tau] = 1, \qquad [\varpi, K] = 1, \qquad [\varphi, W] = 1,$$

par conséquent

(2) $$[\tau, H] = -1, \qquad [K, \varpi] = -1, \qquad [W, \varphi] = -1.$$

Ajoutons qu'en vertu des formules établies dans le Mémoire ci-dessus rappelé, les vingt-quatre autres fonctions alternées, formées avec les six quantités

$$H, \quad K, \quad W, \quad \tau, \quad \varpi, \quad \varphi,$$

se réduiront à zéro.

Lorsque, le centre fixe étant celui du Soleil, la force attractive est réciproquement proportionnelle au carré de la distance, alors, en représentant cette force par $\frac{\mathfrak{M}}{r^2}$, on trouve

$$\omega\, d\omega = -\frac{\mathfrak{M}}{r^2} dr,$$

puis on en conclut

(3) $$\tfrac{1}{2}\omega^2 = H + \frac{\mathfrak{M}}{r}.$$

Si d'ailleurs on pose

$$\upsilon = D_t r,$$

υ représentera, au signe près, la projection de la vitesse ω sur le rayon vecteur r; et de l'équation (3), combinée avec la formule

$$\omega^2 = \upsilon^2 + \frac{K^2}{r^2},$$

on tirera

$$\upsilon^2 = 2H - \frac{K^2}{r^2} + 2\frac{\mathfrak{M}}{r}.$$

Donc la valeur ι de r, correspondante à une valeur nulle de υ, sera déterminée par l'équation

(4) $$\iota^2 + \frac{\mathfrak{M}}{H}\iota - \frac{1}{2}\frac{K^2}{H} = 0.$$

D'autre part, il est aisé de s'assurer que, dans le cas dont il s'agit, l'orbite décrite est une ellipse dont le centre du Soleil occupe un foyer. Cela posé, si l'on nomme a le demi-grand axe de cette ellipse, et ε son excentricité, les deux racines de l'équation (4) seront les distances périhélie et aphélie

$$a(1-\varepsilon), \quad a(1+\varepsilon),$$

dont la somme est $2a$, et le produit $a^2(1-\varepsilon^2)$. On aura donc

$$\frac{\mathfrak{M}}{H} = -2a, \qquad \frac{1}{2}\frac{K^2}{H} = -a^2(1-\varepsilon^2),$$

par conséquent

$$(5) \qquad H = -\frac{1}{2}\frac{\mathfrak{M}}{a}, \qquad K^2 = \mathfrak{M}a(1-\varepsilon^2);$$

et en posant, pour abréger,

$$c = \left(\frac{\mathfrak{M}}{a^3}\right)^{\frac{1}{2}},$$

on trouvera définitivement

$$(6) \qquad H = -\tfrac{1}{2}a^2c^2, \qquad K = a^2c(1-\varepsilon^2)^{\frac{1}{2}}.$$

Si, en particulier, on prend pour ι la distance périhélie $a(1-\varepsilon)$, τ sera l'époque du passage de la planète au périhélie, et ϖ la longitude du périhélie. Si d'ailleurs on nomme Ω la valeur de $\frac{1}{2}\omega^2$ correspondante à l'instant où la planète passe par l'extrémité du petit axe de l'ellipse décrite, c'est-à-dire à l'instant où l'on a $r = a$, la formule (3) donnera

$$\Omega = H + \frac{\mathfrak{M}}{a} = H - 2H = -H,$$

et les formules (1), (2) pourront être réduites aux suivantes :

$$(7) \qquad \begin{cases} [\tau, \Omega] = 1, & [\varpi, K] = 1, & [\varphi, W] = 1, \\ [\Omega, \tau] = -1, & [K, \varpi] = -1, & [W, \varphi] = -1. \end{cases}$$

Si l'on choisit convenablement l'unité de masse, la constante $\mathfrak{M}$, dans les formules précédentes, pourra être censée représenter la masse du Soleil, dont le centre est supposé fixe; et les équations du mouvement seront de la forme

$$(8)\qquad D_t^2 x = -\mathfrak{M}\frac{x}{r^3},\qquad D_t^2 y = -\mathfrak{M}\frac{y}{r^3},\qquad D_t^2 z = -\mathfrak{M}\frac{z}{r^3}.$$

Si l'on cesse de supposer fixe le centre du Soleil, mais en continuant d'y placer l'origine, on devra, dans les formules (8), prendre pour $\mathfrak{M}$ la somme faite de la masse M du Soleil et de la masse m de la planète que l'on considère. Enfin, si la planète m est troublée dans son mouvement par d'autres planètes $m', m'', \ldots$, on devra, aux formules (8), substituer celles-ci :

$$(9)\qquad \begin{cases} D_t^2 x = -\mathfrak{M}\dfrac{x}{r^3} - D_x R, \\ D_t^2 y = -\mathfrak{M}\dfrac{y}{r^3} - D_y R, \\ D_t^2 z = -\mathfrak{M}\dfrac{z}{r^3} - D_z R, \end{cases}$$

R étant la fonction perturbatrice. Alors aussi, pour obtenir les lois du mouvement troublé, il suffira d'opérer de la même manière.

On exprimera, dans le mouvement elliptique, les coordonnées de chaque planète m en fonction du temps t et des six constantes arbitraires

$$\Omega,\quad K,\quad W,\quad \tau,\quad \varpi,\quad \varphi;$$

puis on substituera les valeurs de ces coordonnées dans les fonctions perturbatrices

$$R,\quad R',\quad \ldots,$$

relatives aux diverses planètes. Cela posé, pour obtenir les mouvements des planètes, il suffira de considérer, dans les équations finies des mouvements elliptiques, les quantités

$$\Omega,\quad K,\quad W,\quad \tau,\quad \varpi,\quad \varphi,\quad \ldots$$

comme représentant, non plus des constantes arbitraires, mais de véritables fonctions de t. D'ailleurs, en vertu des théorèmes connus sur la variation des constantes arbitraires, joints aux formules (7), ces fonctions de t se trouveront déterminées par des équations de la forme

$$(10)\quad \begin{cases} D_t\tau = D_\Omega R, & D_t\varpi = D_K R, & D_t\varphi = D_W R, \\ D_t\Omega = -D_\tau R, & D_t K = -D_\varpi R, & D_t W = -D_\varphi R, \\ \ldots\ldots\ldots\ldots, & \ldots\ldots\ldots\ldots, & \ldots\ldots\ldots\ldots; \end{cases}$$

§ II. — *Intégration par série d'un système d'équations différentielles.*

Soit donné, entre la variable indépendante t, qui pourra représenter le temps, et diverses variables principales

$$x,\quad y,\quad z,\quad \ldots,$$

un système d'équations différentielles de la forme

$$(1)\qquad D_t x = P,\qquad D_t y = Q,\qquad \ldots,$$

P, Q, ... désignant des fonctions données de toutes les variables

$$x,\quad y,\quad z,\quad \ldots,\quad t.$$

Soit en outre

$$(2)\qquad s = f(x, y, z, \ldots)$$

une fonction donnée quelconque des seules variables principales x, y, z, ... Enfin, nommons

$$\mathrm{x},\quad \mathrm{y},\quad \mathrm{z},\quad \ldots,\quad \theta$$

un second système de valeurs correspondantes des diverses variables

$$x,\quad y,\quad z,\quad \ldots,\quad t,$$

et

$$\mathfrak{P},\quad \mathfrak{Q},\quad \ldots$$

ce que deviennent les fonctions

$$P,\quad Q,\quad \ldots$$

quand on y remplace respectivement $x, y, z, \ldots, t$ par $\mathrm{x}, \mathrm{y}, \mathrm{z}, \ldots, \theta$. On aura encore

$$(3)\qquad D_\theta \mathrm{x} = \mathfrak{P},\qquad D_\theta \mathrm{y} = \mathfrak{Q},\qquad \ldots.$$

De plus, comme les variables principales $x, y, z, \ldots$ se trouveront complètement déterminées par la double condition de vérifier, quel que soit t, les équations (1), et, pour $t = \theta$, les conditions

$$(4) \qquad x = \mathrm{x}, \qquad y = \mathrm{y}, \qquad z = \mathrm{z}, \qquad \ldots,$$

il est clair que $x, y, z, \ldots$, et même s, pourront être considérées comme des fonctions déterminées, non seulement de la variable indépendante t, mais encore de

$$\mathrm{x}, \quad \mathrm{y}, \quad \mathrm{z}, \quad \ldots, \quad \theta.$$

Concevons maintenant, pour fixer les idées, que la valeur de s, exprimée en fonction de $\mathrm{x}, \mathrm{y}, \mathrm{z}, \ldots, \theta, t$, soit

$$(5) \qquad s = \mathrm{F}(\mathrm{x}, \mathrm{y}, \mathrm{z}, \ldots, \theta, t);$$

et nommons ς la valeur particulière de s correspondante à $t = \theta$, en sorte qu'on ait

$$(6) \qquad \varsigma = \mathrm{F}(\mathrm{x}, \mathrm{y}, \mathrm{z}, \ldots, \theta, \theta).$$

Puisque les deux systèmes de quantités

$$x, \quad y, \quad z, \quad \ldots, \quad t, \quad s,$$
$$\mathrm{x}, \quad \mathrm{y}, \quad \mathrm{z}, \quad \ldots, \quad \theta, \quad \varsigma$$

peuvent varier indépendamment l'un de l'autre, on pourra concevoir que, dans la formule (5), les quantités

$$\mathrm{x}, \quad \mathrm{y}, \quad \mathrm{z}, \quad \ldots, \quad \theta$$

varient seules, s et t demeurant invariables; et alors on tirera de cette formule, eu égard aux équations (3),

$$(7) \qquad (\mathrm{D}_\theta + \mathcal{X}\mathrm{D}_\mathrm{x} + \mathcal{Y}\mathrm{D}_\mathrm{y} + \ldots)\,\mathrm{F}(\mathrm{x}, \mathrm{y}, \mathrm{z}, \ldots, \theta, t) = 0.$$

Or l'équation (7) ne renferme plus que les variables t, θ dont les valeurs sont arbitraires, et les quantités

$$\mathrm{x}, \quad \mathrm{y}, \quad \mathrm{z}, \quad \ldots$$

qui pourront elles-mêmes être considérées comme autant de constantes arbitraires. Donc cette équation doit être identique et subsister quelles que soient les valeurs attribuées à

$$x, \quad y, \quad z, \quad \ldots, \quad \theta, \quad t.$$

En d'autres termes, la valeur de s, regardée comme fonction des quantités

$$x, \quad y, \quad z, \quad \ldots, \quad \theta,$$

devra, si l'on considère ces quantités comme autant de variables indépendantes, vérifier l'équation aux différences partielles

$$(8) \qquad (D_\theta + \mathfrak{P} D_x + \mathfrak{Q} D_y + \ldots) s = 0.$$

Donc, si l'on veut déterminer s, il suffira d'intégrer cette équation, de manière que, pour $t = \theta$, l'on ait

$$(9) \qquad s = \varsigma = f(x, y, z, \ldots).$$

Posons maintenant, pour abréger,

$$\mathfrak{P} D_x + \mathfrak{Q} D_y + \ldots = \Box.$$

L'équation (8), que nous nommerons l'équation caractéristique, deviendra

$$(10) \qquad (D_\theta + \Box) s = 0.$$

Or, pour intégrer cette dernière, de manière que la condition (9) se trouve remplie, il suffira de prendre

$$(11) \qquad s = \varsigma + \varsigma_{,} + \varsigma_{,,} + \ldots,$$

$\varsigma_{,}$, $\varsigma_{,,}$, ... étant des fonctions de $x, y, z, \ldots, \theta, t$ qui soient propres à vérifier les formules

$$(12) \qquad D_\theta \varsigma_{,} = -\Box \varsigma, \qquad D_\theta \varsigma_{,,} = -\Box \varsigma_{,}, \qquad \ldots,$$

et qui, de plus, s'évanouissent pour $t = \theta$. Or les valeurs de $\varsigma_{,}$, $\varsigma_{,,}$, ...

ainsi déterminées, seront évidemment

$$(13)\qquad \varsigma_{,}=-\int_{t}^{\theta}\square\,\varsigma\,d\theta,\qquad \varsigma_{,,}=-\int_{t}^{\theta}\square\,\varsigma_{,}\,d\theta,\qquad \ldots;$$

et, si l'on nomme

$$\square_{,},\quad \square_{,,},\quad \ldots$$

ce que devient $\square$ quand on y remplace successivement θ par diverses variables

$$\theta_{,},\quad \theta_{,,},\quad \ldots,$$

les formules (13) donneront

$$(14)\qquad \varsigma_{,}=\int_{\theta}^{t}\square_{,}\varsigma\,d\theta_{,},\qquad \varsigma_{,,}=\int_{\theta}^{t}\int_{\theta_{,}}^{t}\square_{,}\square_{,,}\varsigma\,d\theta_{,}\,d\theta_{,,},\qquad \ldots.$$

Donc l'intégrale générale de l'équation (10) sera

$$(15)\qquad s=\varsigma+\int_{\theta}^{t}\square_{,}\varsigma\,d\theta_{,}+\int_{\theta}^{t}\int_{\theta_{,}}^{t}\square_{,}\square_{,,}\varsigma\,d\theta_{,}\,d\theta_{,,}+\ldots.$$

La formule (15) est spécialement utile lorsque les fonctions de x, y, z, ..., θ représentées par $\mathfrak{P}$, $\mathfrak{Q}$, ... se réduisent à des quantités très petites.

Dans le cas particulier où P, Q, ... ne renferment pas la variable t, les fonctions $\mathfrak{P}$, $\mathfrak{Q}$, ... ne renferment pas θ, et l'on a, par suite,

$$\square=\square_{,}=\square_{,,}=\ldots.$$

Donc alors la formule (15) se réduit à

$$(16)\qquad s=\left[1+\frac{t-\theta}{1}\square+\frac{(t-\theta)^2}{1.2}\square^2+\ldots\right]\varsigma=e^{(t-\theta)\square}\varsigma.$$

Les équations (15) et (16) s'accordent avec les formules que j'ai données, en 1836, dans un Mémoire sur l'intégration d'un système d'équations différentielles.

Si l'on supposait les équations (1) réduites à celle-ci

$$D_t x=ax,$$

a désignant un coefficient constant, alors on trouverait

$$\square = a\mathrm{D}_{\mathrm{x}},$$

puis, en posant $s = x$, et par suite $\varsigma = \mathrm{x}$, on verrait l'équation (16) se réduire à la formule connue

$$s = e^{a(t-\theta)}\mathrm{x}.$$

Pour ne pas trop allonger cet article, je renverrai à un prochain numéro les paragraphes suivants, dans lesquels les formules (14) et (15) se trouveront appliquées à l'intégration des équations différentielles obtenues dans le premier, par conséquent à la détermination du mouvement de notre système planétaire.

98.

Mécanique céleste. — *Sur le mouvement de notre système planétaire.*

C. R., t. XI, p. 533 (28 septembre 1840). — Suite.

§ III. — *Intégration des équations qui représentent les mouvements des planètes.*

Comme nous l'avons déjà dit, pour obtenir les équations du mouvement des diverses planètes $m, m', m'', \ldots$, il suffit d'admettre que, dans les équations finies de leur mouvement elliptique, les constantes arbitraires deviennent fonctions du temps. Les calculs deviennent plus simples lorsque ces constantes arbitraires sont, pour chaque planète, l'époque du passage au périhélie, la longitude du périhélie, l'angle formé par la ligne des nœuds avec l'axe des x, la moitié de la force vive correspondante à l'extrémité du petit axe, le moment linéaire de la vitesse, et la projection de ce moment linéaire sur le plan fixe des x, y. Si ces constantes arbitraires, que nous appellerons *éléments elliptiques,* sont représentées, pour la planète m, par

$$\tau, \quad \varpi, \quad \varphi, \quad \Omega, \quad \mathrm{K}, \quad \mathrm{W},$$

pour la planète m', par

$$\tau', \quad \varpi', \quad \varphi', \quad \Omega', \quad K', \quad W',$$

et si d'ailleurs on nomme

$$R, \quad R', \quad \ldots$$

les fonctions perturbatrices relatives aux planètes $m, m', \ldots,$ alors, en considérant R, R', ... comme fonctions du temps et de tous les éléments elliptiques, on obtiendra pour chaque planète six équations différentielles de la forme

$$(1) \quad \left\{ \begin{array}{lll} D_t\tau = D_\Omega R, & D_t\varpi = D_K R, & D_t\varphi = D_W R, \\ D_t\Omega = -D_\tau R, & D_t K = -D_\varpi R, & D_t W = -D_\varphi R. \end{array} \right.$$

Cela posé, concevons que,

$$P, \quad Q$$

étant deux fonctions quelconques des éléments elliptiques

$$\tau, \quad \varpi, \quad \varphi, \quad \Omega, \quad K, \quad W, \qquad \tau', \quad \varpi', \quad \varphi', \quad \Omega', \quad K', \quad W', \qquad \ldots,$$

on pose, pour abréger,

$$[P, Q] = D_\Omega P\, D_\tau Q - D_\tau P\, D_\Omega Q + D_K P\, D_\varpi Q - D_\varpi P\, D_K Q + D_W P\, D_\varphi Q - D_\varphi P\, D_W Q,$$
$$[P, Q]' = D_{\Omega'} P\, D_{\tau'} Q - D_{\tau'} P\, D_{\Omega'} Q + D_{K'} P\, D_{\varpi'} Q - D_{\varpi'} P\, D_{K'} Q + D_{W'} P\, D_{\varphi'} Q - D_{\varphi'} P\, D_{W'} Q,$$

....

Soient

$$\mathcal{R}, \quad \mathcal{R}', \quad \ldots$$

ce que deviennent les fonctions perturbatrices

$$R, \quad R', \quad \ldots$$

quand on attribue au temps t une valeur particulière désignée par θ; et posons

$$(2) \qquad \square Q = [\mathcal{R}, Q] + [\mathcal{R}', Q]' + \ldots,$$

les éléments elliptiques

$$\tau, \quad \varpi, \quad \varphi, \quad \Omega, \quad K, \quad W, \qquad \tau', \quad \varpi', \quad \varphi', \quad \Omega', \quad K', \quad W', \qquad \ldots$$

étant considérés comme devant acquérir, après les différentiations, les valeurs correspondantes à la valeur θ de la variable t. Enfin nommons ς et s les deux valeurs qu'acquiert une fonction

$$\mathrm{f}(\tau, \varpi, \varphi, \Omega, \mathrm{K}, \mathrm{W}, \tau', \varpi', \ldots)$$

de ces mêmes éléments, au bout du temps θ et au bout du temps t. Si l'on représente par

$$\theta_{,}, \quad \theta_{,,}, \quad \ldots$$

diverses variables, et par

$$\square_{,}, \quad \square_{,,}, \quad \ldots$$

ce que devient $\square$ quand on remplace successivement θ par ces mêmes variables, on aura, en vertu des principes établis dans le précédent paragraphe,

$$s = \varsigma + \int_0^t \square_{,}\varsigma \, d\theta_{,} + \int_\theta^t \int_{\theta_{,}}^t \square_{,} \square_{,,} \varsigma \, d\theta_{,} \, d\theta_{,,} + \ldots . \tag{3}$$

En appliquant cette dernière formule, on ne doit pas oublier que, dans $\square_{,}$, $\square_{,,}$, ..., tout comme dans $\square$, les valeurs des éléments elliptiques doivent être réduites à celles qu'ils acquièrent au bout du temps θ.

Pour mieux distinguer dorénavant les valeurs que les éléments elliptiques acquièrent au bout du temps θ d'avec celles qu'ils acquièrent au bout du temps t, nous représenterons ces dernières par

$$\tau_t, \quad \varpi_t, \quad \varphi_t, \quad \Omega_t, \quad \mathrm{K}_t, \quad \mathrm{W}_t, \qquad \tau'_t, \quad \varpi'_t, \qquad \ldots,$$

tandis que les premières continueront d'être représentées par les notations

$$\tau, \quad \varpi, \quad \varphi, \quad \Omega, \quad \mathrm{K}, \quad \mathrm{W}, \qquad \tau', \quad \varpi', \quad \ldots .$$

Cela posé, on aura généralement, dans la formule (3),

$$\varsigma = \mathrm{f}(\tau, \varpi, \varphi, \Omega, \mathrm{K}, \mathrm{W}, \tau', \varpi', \ldots)$$

et

$$s = \mathrm{f}(\tau_t, \varpi_t, \varphi_t, \Omega_t, \mathrm{K}_t, \mathrm{W}_t, \tau'_t, \varpi'_t, \ldots).$$

Si, pour fixer les idées, on suppose

$$\varsigma = \Omega,$$

on aura

$$s = \Omega_t,$$

et la formule (3) donnera

$$(4) \qquad \Omega_t = \Omega + \int_\theta^t \square_{,} \Omega \, d\theta_{,} + \int_\theta^t \int_{\theta_{,}}^t \square_{,} \square_{,,} \Omega \, d\theta_{,} \, d\theta_{,,} + \ldots.$$

En remplaçant successivement dans cette dernière formule la lettre Ω par les cinq lettres

$$\mathrm{K}, \quad \mathrm{W}, \quad \tau, \quad \varpi, \quad \varphi,$$

on obtiendra en tout six équations qui suffiront pour déterminer, au bout d'un temps quelconque t, les éléments elliptiques

$$\tau_t, \quad \varpi_t, \quad \varphi_t, \quad \Omega_t, \quad \mathrm{K}_t, \quad \mathrm{W}_t$$

relatifs à l'orbite que décrit la planète m.

Observons maintenant que les masses $m, m', \ldots$ des planètes sont très petites relativement à la masse M du Soleil. Si l'on considère ces masses comme des quantités très petites du premier ordre, les fonctions perturbatrices R, R', ..., déterminées par des équations de la forme

$$(5) \qquad \mathrm{R} = \frac{m' r}{r'^2} \cos\delta + \ldots - \frac{m'}{\iota} - \ldots,$$

seront des quantités du premier ordre. Donc, par suite, les quantités

$$\square_{,} \varsigma, \quad \square_{,,} \square_{,} \varsigma, \quad \ldots$$

seront respectivement du premier ordre, du second ordre, etc., et l'on pourra en dire autant des intégrales

$$\int_\theta^t \square_{,} \varsigma \, d\theta_{,}, \quad \int_\theta^t \int_{\theta_{,}}^t \square_{,} \square_{,,} \varsigma \, d\theta_{,} \, d\theta_{,,}, \quad \ldots$$

comprises dans le second membre de la formule (3). Donc, si l'on pose, pour abréger,

$$(6)\qquad \varsigma_{,}=\int_{0}^{t}\square_{,}\varsigma\,d\theta_{,},\qquad \varsigma_{,,}=\int_{\theta}^{t}\int_{\theta_{,}}^{t}\square_{,}\square_{,,}\varsigma\,d\theta_{,}\,d\theta_{,,},\qquad \ldots,$$

la valeur de s, réduite à

$$(7)\qquad s=\varsigma+\varsigma_{,}+\varsigma_{,,}+\ldots,$$

surpassera ς d'une quantité très petite, représentée par la somme

$$\varsigma_{,}+\varsigma_{,,}+\ldots,$$

dont le premier terme sera du premier ordre, le second terme du second ordre, etc.

Si dans l'équation (7) on remplace successivement s par chacun des éléments elliptiques

$$\Omega_t,\quad \mathbf{K}_t,\quad \mathbf{W}_t,\quad \tau_t,\quad \varpi_t,\quad \varphi_t,$$

on obtiendra d'autres équations de la forme

$$(8)\qquad \left\{\begin{array}{ll} \Omega_t=\Omega+\Omega_{,}+\Omega_{,,}+\ldots, & \tau_t=\tau+\tau_{,}+\tau_{,,}+\ldots,\\ \mathbf{K}_t=\mathbf{K}+\mathbf{K}_{,}+\mathbf{K}_{,,}+\ldots, & \varpi_t=\varpi+\varpi_{,}+\varpi_{,,}+\ldots,\\ \mathbf{W}_t=\mathbf{W}+\mathbf{W}_{,}+\mathbf{W}_{,,}+\ldots, & \varphi_t=\varphi+\varphi_{,}+\varphi_{,,}+\ldots. \end{array}\right.$$

Donc, pour obtenir les valeurs de ces éléments au bout du temps t, il suffira d'ajouter à leurs valeurs données au bout du temps θ :

1° Leurs variations du premier ordre

$$\Omega_{,},\quad \mathbf{K}_{,},\quad \mathbf{W}_{,},\quad \tau_{,},\quad \varpi_{,},\quad \varphi_{,}$$

déterminées par les équations

$$(9)\qquad \left\{\begin{array}{ll} \Omega_{,}=\int_{0}^{t}\square_{,}\Omega\,d\theta_{,}, & \tau_{,}=\int_{0}^{t}\square_{,}\tau\,d\theta_{,},\\ \mathbf{K}_{,}=\int_{0}^{t}\square_{,}\mathbf{K}\,d\theta_{,}, & \varpi_{,}=\int_{0}^{t}\square_{,}\varpi\,d\theta_{,},\\ \mathbf{W}_{,}=\int_{0}^{t}\square_{,}\mathbf{W}\,d\theta_{,}, & \varphi_{,}=\int_{\theta}^{t}\square_{,}\varphi\,d\theta_{,}; \end{array}\right.$$

2° Leurs variations du second ordre

$$\Omega_{\prime\prime},\quad K_{\prime\prime},\quad W_{\prime\prime},\quad \tau_{\prime\prime},\quad \varpi_{\prime\prime},\quad \varphi_{\prime\prime}$$

déterminées par les équations

$$(10)\quad \begin{cases} \Omega_{\prime\prime} = \int_{\theta}^{t}\int_{\theta_{\prime}}^{t} \square_{\prime}\square_{\prime\prime}\Omega\, d\theta_{\prime}\, d\theta_{\prime\prime}, & \tau_{\prime\prime} = \int_{\theta}^{t}\int_{\theta_{\prime}}^{t} \square_{\prime}\square_{\prime\prime}\tau\, d\theta_{\prime}\, d\theta_{\prime\prime}, \\ K_{\prime\prime} = \int_{\theta}^{t}\int_{\theta_{\prime}}^{t} \square_{\prime}\square_{\prime\prime}K\, d\theta_{\prime}\, d\theta_{\prime\prime}, & \varpi_{\prime\prime} = \int_{\theta}^{t}\int_{\theta_{\prime}}^{t} \square_{\prime}\square_{\prime\prime}\varpi\, d\theta_{\prime}\, d\theta_{\prime\prime}, \\ W_{\prime\prime} = \int_{\theta}^{t}\int_{\theta_{\prime}}^{t} \square_{\prime}\square_{\prime\prime}W\, d\theta_{\prime}\, d\theta_{\prime\prime}, & \varphi_{\prime\prime} = \int_{\theta}^{t}\int_{\theta_{\prime}}^{t} \square_{\prime}\square_{\prime\prime}\varphi\, d\theta_{\prime}\, d\theta_{\prime\prime}; \end{cases}$$

et ainsi de suite.

Il ne reste plus qu'à développer les formules (9), (10), etc. Tel est l'objet que nous traiterons dans le paragraphe suivant, et dans de nouveaux Mémoires.

§ IV. — *Variations du premier ordre dans les éléments elliptiques.*

Conservons les mêmes notations que dans le troisième paragraphe, et soient, de plus,

$$\mathfrak{R}_{\prime},\quad \mathfrak{R}'_{\prime},\quad \ldots,\quad \mathfrak{R}_{\prime\prime},\quad \mathfrak{R}'_{\prime\prime},\quad \ldots$$

ce que deviennent

$$\mathfrak{R},\quad \mathfrak{R}',\quad \ldots$$

quand on y remplace successivement θ par les diverses variables $\theta_{\prime}$, $\theta_{\prime\prime}$, ..., ou, en d'autres termes, ce que deviennent les fonctions perturbatrices

$$R,\quad R',\quad \ldots$$

quand on y remplace successivement t par ces mêmes variables. On aura généralement

$$(1)\qquad \square_{\prime}\varsigma = [\mathfrak{R}_{\prime}, \varsigma] + [\mathfrak{R}'_{\prime}, \varsigma]' + \ldots,$$

et, si la fonction ς renferme seulement les éléments elliptiques

$$\Omega,\quad K,\quad W,\quad \tau,\quad \varpi,\quad \varphi$$

relatifs à la planète m, la formule (1) donnera

$$\begin{aligned}\square_{,}\varsigma = [\mathcal{R}_{,}, \varsigma] = D_{\Omega}\mathcal{R}_{,} D_{\tau}\varsigma - D_{\tau}\mathcal{R}_{,} D_{\Omega}\varsigma \\ + D_{K}\mathcal{R}_{,} D_{\varpi}\varsigma - D_{\varpi}\mathcal{R}_{,} D_{K}\varsigma \\ + D_{W}\mathcal{R}_{,} D_{\varphi}\varsigma - D_{\varphi}\mathcal{R}_{,} D_{W}\varsigma.\end{aligned}$$

Si, en particulier, on réduit successivement ς aux éléments elliptiques dont il s'agit, on trouvera

$$(2)\qquad \begin{cases} \square_{,}\Omega = -D_{\tau}\mathcal{R}_{,}, & \square_{,}\tau = D_{\Omega}\mathcal{R}_{,}, \\ \square_{,}K = -D_{\varpi}\mathcal{R}_{,}, & \square_{,}\varpi = D_{K}\mathcal{R}_{,}, \\ \square_{,}W = -D_{\varphi}\mathcal{R}_{,}, & \square_{,}\varphi = D_{W}\mathcal{R}_{,}. \end{cases}$$

Cela posé, on tirera immédiatement des formules (2), jointes aux équations (9) du troisième paragraphe,

$$(3)\qquad \begin{cases} \Omega_{,} = -D_{\tau}\displaystyle\int_{\theta}^{t}\mathcal{R}_{,}\,d\theta_{,}, & \tau_{,} = D_{\Omega}\displaystyle\int_{\theta}^{t}\mathcal{R}_{,}\,d\theta_{,}, \\ K_{,} = -D_{\varpi}\displaystyle\int_{\theta}^{t}\mathcal{R}_{,}\,d\theta_{,}, & \varpi_{,} = D_{K}\displaystyle\int_{\theta}^{t}\mathcal{R}_{,}\,d\theta_{,}, \\ W_{,} = -D_{\varphi}\displaystyle\int_{\theta}^{t}\mathcal{R}_{,}\,d\theta_{,}, & \varphi_{,} = D_{W}\displaystyle\int_{\theta}^{t}\mathcal{R}_{,}\,d\theta_{,}. \end{cases}$$

En vertu de ces dernières formules, pour calculer les variations du premier ordre des six éléments elliptiques

$$\Omega_{t},\quad K_{t},\quad W_{t},\quad \tau_{t},\quad \varpi_{t},\quad \varphi_{t},$$

il suffit de calculer la valeur de l'intégrale

$$(4)\qquad \int_{\theta}^{t}\mathcal{R}_{,}\,d\theta_{,}.$$

Or soient

$$T,\quad T',\quad \ldots$$

les anomalies moyennes relatives aux planètes

$$m,\quad m,\quad \ldots,$$

de sorte qu'on ait, pour la planète m,

$$(5)\qquad T = c(t-\tau),\qquad c = \left(\frac{\mathfrak{M}}{a^{3}}\right)^{\frac{1}{2}},$$

$\mathfrak{M} = M + m$ étant la somme qu'on obtient quand à la masse m on ajoute la masse M du Soleil. La fonction perturbatrice R, relative à la planète m, pourra être présentée sous la forme

$$(6) \qquad R = \sum (m, m')_{n,n'} e^{(nT+n'T')\sqrt{-1}},$$

le signe $\sum$ s'étendant d'une part à toutes les planètes $m', m'', \ldots$ distinctes de m, d'autre part à toutes les valeurs entières positives, nulles ou négatives, de n, n', et $(m, m')_{n,n'}$ désignant un coefficient relatif au système des deux planètes m, m'. Cela posé, si l'on nomme

$$\Theta,\ \Theta',\ \ldots,\qquad \Theta_{,},\ \Theta'_{,},\ \ldots,\qquad \Theta_{,,},\ \Theta'_{,,},\ \ldots$$

ce que deviennent les anomalies moyennes

$$T,\ T',\ \ldots$$

quand on y remplace successivement la variable t par $\theta, \theta_{,}, \theta_{,,}, \ldots$, on aura encore

$$\mathfrak{R} = \sum (m, m')_{n,n'} e^{(n\Theta+n'\Theta')\sqrt{-1}},$$

$$\mathfrak{R}_{,} = \sum (m, m')_{n,n'} e^{(n\Theta_{,}+n'\Theta'_{,})\sqrt{-1}},$$

$$\ldots\ldots\ldots\ldots\ldots\ldots\ldots\ldots,$$

et par suite

$$\int_{\theta}^{t} \mathfrak{R}_{,}\, d\theta = \sum (m, m')_{n,n'} \int_{\theta}^{t} e^{(n\Theta_{,}+n'\Theta'_{,})\sqrt{-1}}\, d\theta_{,}.$$

De plus, les valeurs de Θ, Θ', ... étant

$$(7) \qquad \Theta = c(t-\tau),\qquad \Theta' = c'(\theta-\tau'),\qquad \ldots,$$

on en conclura

$$n\Theta + n'\Theta' + \ldots = (nc + n'c')\theta - (nc\tau + n'c'\tau'),$$

$$n\Theta_{,} + n'\Theta'_{,} + \ldots = (nc + n'c')\theta_{,} - (nc\tau + n'c'\tau'),$$

$$\ldots\ldots\ldots\ldots\ldots\ldots\ldots\ldots\ldots\ldots,$$

et par suite on trouvera

$$(8)\qquad \int_\theta^t \mathfrak{R}_, d\theta_, = \sum (m, m')_{n,n'} \frac{e^{(nT+n'T')\sqrt{-1}} - e^{(n\Theta+n'\Theta')\sqrt{-1}}}{(nc+n'c')\sqrt{-1}}.$$

En substituant la valeur précédente de l'intégrale

$$\int_\theta^t \mathfrak{R}_, d\theta_,$$

dans les équations (3), puis effectuant les différentiations indiquées par les caractéristiques D_τ, D_ϖ, ..., on obtiendra immédiatement les valeurs cherchées de

$$\Omega_,,\quad K_,,\quad W_,,\quad \tau_,,\quad \varpi_,,\quad \varphi_,,$$

c'est-à-dire les variations du premier ordre des éléments elliptiques de la planète m.

Il est bon d'observer qu'en vertu des formules

$$T = c(t-\tau),\qquad \Theta = c(\theta-\tau),\qquad \ldots,$$

on aura généralement

$$\frac{e^{(nT+n'T')\sqrt{-1}} - e^{(n\Theta+n'\Theta')\sqrt{-1}}}{(nc+n'c')\sqrt{-1}} = \frac{e^{(nc+n'c')t\sqrt{-1}} - e^{(nc+n'c')\theta\sqrt{-1}}}{(nc+n'c')\sqrt{-1}} e^{-(nc\tau+n'c'\tau')\sqrt{-1}},$$

et que, pour des valeurs nulles de la somme

$$nc+n'c',$$

le rapport

$$\frac{e^{(nc+n'c')t\sqrt{-1}} - e^{(nc+n'c')\theta\sqrt{-1}}}{(nc+n'c')\sqrt{-1}}$$

se réduit à $t-\theta$. Donc, à des valeurs de n, n' qui vérifieront la condition

$$(9)\qquad nc+n'c' = 0,$$

on verra correspondre, dans le second membre de la formule (8), un terme de la forme

$$(10) \qquad (m, m')_{n,n'} e^{-(nc\tau + n'c'\tau')\sqrt{-1}} (t - \theta).$$

Ce terme croîtra donc proportionnellement à $t - \theta$, c'est-à-dire proportionnellement au temps compté à partir d'une certaine origine, et l'on pourra en dire autant des dérivées de ce terme prises par rapport aux quantités

$$\tau, \quad \varpi, \quad \varphi, \quad \Omega, \quad \mathrm{K}, \quad \mathrm{W}.$$

Au contraire, dans les autres termes et dans leurs dérivées, le temps t sera toujours l'un des facteurs de l'exposant d'une exponentielle népérienne, que l'on peut transformer en sinus et cosinus. Donc, en définitive, la variation du premier ordre de chaque élément elliptique se composera de deux espèces de termes, les uns proportionnels à $t - \theta$, les autres renfermant le temps t, au premier degré seulement, sous le signe sinus ou cosinus. Ces derniers termes, dont chacun reprend périodiquement la même valeur, quand on fait croître son argument, c'est-à-dire l'angle renfermé sous le signe sinus ou cosinus, d'une ou plusieurs circonférences, sont désignés, pour cette raison, sous le nom d'*inégalités périodiques*. Les autres, qui peuvent être considérés comme provenant du développement de sinus ou cosinus, correspondants à des périodes qui embrasseraient un grand nombre de siècles, se nomment *inégalités séculaires*.

Si l'on suppose le rapport

$$\frac{c'}{c}$$

irrationnel, la condition (19) ne se vérifiera que lorsqu'on aura

$$n = 0, \qquad n' = 0.$$

Or, en réduisant n et n' à zéro, on réduit l'expression (10) au produit

$$(m, m')_{n,n'} (t - \theta),$$

indépendant de τ, et dont en conséquence la dérivée relative à τ s'évanouit. Donc, dans la supposition que nous venons d'indiquer, la variation

tion du premier ordre de l'élément elliptique Ω n'offrira point de termes séculaires. Ajoutons que l'on pourra en dire autant du grand axe $2a$ lié à l'élément Ω par la formule

$$2a = \frac{\mathfrak{M}}{\Omega}.$$

On se trouvera ainsi ramené au théorème remarquable que Laplace a donné en 1773, mais en tenant compte seulement des première et seconde puissances des inclinaisons et des excentricités. Quelques années plus tard, en 1776, ce même théorème a été démontré par Lagrange dans toute sa généralité.

99.

Mécanique céleste. — *Mémoire sur la variation des éléments elliptiques dans le mouvement des planètes.*

C. R., t. XI, p. 579 (12 octobre 1840).

§ I. — *Considérations générales.*

Adoptons les mêmes notations que dans les Mémoires précédents, et soient en conséquence

M la masse du Soleil;
m', m'', ... celles des planètes.

Soient de plus, au bout du temps t,

r, r', r'', ... les distances des planètes au Soleil;
ι, ... les distances de la planète m aux planètes m', ...;
δ, ... les distances apparentes de la planète m aux planètes m', ..., vues du centre du Soleil.

La fonction perturbatrice R, relative à la planète m, sera

$$R = \frac{m'r}{r'^2}\cos\delta + \ldots - \frac{m'}{\iota} - \ldots,$$

la valeur de ι étant

$$\iota = (r^2 - 2rr'\cos\delta + r'^2)^{\frac{1}{2}}.$$

Nommons d'ailleurs $\mathcal{R}$ ce que devient R au bout du temps θ; et soient à cet instant

$$\Omega,\quad K,\quad W,\quad \tau,\quad \varpi,\quad \varphi$$

les éléments elliptiques de la planète m, Ω désignant la moitié du carré de la vitesse correspondante à l'une des extrémités du petit axe de l'ellipse décrite, K le moment linéaire de la vitesse, W la projection de ce moment linéaire sur un axe perpendiculaire au plan fixe, τ l'époque du passage de la planète par le périhélie, ϖ la longitude du périhélie, et φ l'angle formé par la ligne des nœuds avec un axe fixe. Ces éléments se trouveront liés au grand axe $2a$ et à l'excentricité ε par les formules

$$\Omega = \frac{\mathfrak{M}}{2a},\qquad K^2 = \mathfrak{M}a(1 - \varepsilon^2),$$

dans lesquelles on a

$$\mathfrak{M} = M + m;$$

et si l'on pose, pour abréger,

$$c = \left(\frac{\mathfrak{M}}{a^3}\right)^{\frac{1}{2}},$$

$$T = c(t - \tau),\qquad \Theta = c(\theta - \tau);$$

si d'ailleurs, en passant de la planète m à la planète m', ..., on se contente d'accentuer toutes les lettres à l'exception de t et θ, on trouvera

$$(1)\qquad \mathcal{R} = \sum (m, m')_{n,n'}\, e^{(n\Theta + n'\Theta')\sqrt{-1}},$$

le signe $\sum$ s'étendant d'une part à toutes les planètes m', m'', ..., distinctes de m, d'autre part à toutes les valeurs entières positives, nulles ou négatives, de n, n', et $(m, m')_{n.n'}$ désignant un coefficient qui renfermera seulement les dix éléments elliptiques

$$\varpi,\quad \varphi,\quad \Omega,\quad K,\quad W,\quad \varpi',\quad \varphi',\quad \Omega',\quad K',\quad W'.$$

Ajoutons que les éléments elliptiques

$$\tau, \quad \varpi, \quad \varphi, \quad \Omega, \quad \mathrm{K}, \quad \mathrm{W}, \quad \ldots,$$

considérés comme fonctions de θ, vérifieront, pour chaque planète, six équations différentielles de la forme

$$(2) \quad \left\{ \begin{array}{lll} \mathrm{D}_\theta \tau = \mathrm{D}_\Omega \mathfrak{R}, & \mathrm{D}_\theta \varpi = \mathrm{D}_{\mathrm{K}} \mathfrak{R}, & \mathrm{D}_\theta \varphi = \mathrm{D}_{\mathrm{W}} \mathfrak{R}, \\ \mathrm{D}_\theta \Omega = -\mathrm{D}_\tau \mathfrak{R}, & \mathrm{D}_\theta \mathrm{K} = -\mathrm{D}_\varpi \mathfrak{R}, & \mathrm{D}_\theta \mathrm{W} = -\mathrm{D}_\varphi \mathfrak{R}. \end{array} \right.$$

Soit maintenant

$$\varsigma = \mathrm{f}(\tau, \varpi, \varphi, \Omega, \mathrm{K}, \mathrm{W}, \ldots)$$

une fonction donnée des éléments elliptiques relatifs aux diverses planètes, et nommons

$$\tau_t, \quad \varpi_t, \quad \varphi_t, \quad \Omega_t, \quad \mathrm{K}_t, \quad \mathrm{W}_t, \quad \ldots, \qquad s = \mathrm{f}(\tau_t, \varpi_t, \varphi_t, \Omega_t, \mathrm{K}_t, \mathrm{W}_t, \ldots)$$

ce que deviennent, au bout du temps t, les quantités

$$\tau, \quad \varpi, \quad \varphi, \quad \Omega, \quad \mathrm{K}, \quad \mathrm{W}, \quad \ldots, \quad \varsigma.$$

Enfin concevons que, $\mathfrak{P}$, $\mathfrak{Q}$ étant deux fonctions quelconques de

$$\tau, \quad \varpi, \quad \varphi, \quad \Omega, \quad \mathrm{K}, \quad \mathrm{W}, \quad \tau', \quad \varpi', \quad \ldots,$$

on pose, pour abréger,

$$[\mathfrak{P}, \mathfrak{Q}] = \mathrm{D}_\Omega \mathfrak{P} \mathrm{D}_\tau \mathfrak{Q} - \mathrm{D}_\tau \mathfrak{P} \mathrm{D}_\Omega \mathfrak{Q} + \mathrm{D}_{\mathrm{K}} \mathfrak{P} \mathrm{D}_\varpi \mathfrak{Q} - \mathrm{D}_\varpi \mathfrak{P} \mathrm{D}_{\mathrm{K}} \mathfrak{Q} + \mathrm{D}_{\mathrm{W}} \mathfrak{P} \mathrm{D}_\varphi \mathfrak{Q} - \mathrm{D}_\varphi \mathfrak{P} \mathrm{D}_{\mathrm{W}} \mathfrak{Q},$$

$$[\mathfrak{P}, \mathfrak{Q}]' = \mathrm{D}_{\Omega'} \mathfrak{P} \mathrm{D}_{\tau'} \mathfrak{Q} - \mathrm{D}_{\tau'} \mathfrak{P} \mathrm{D}_{\Omega'} \mathfrak{Q} + \mathrm{D}_{\mathrm{K}'} \mathfrak{P} \mathrm{D}_{\varpi'} \mathfrak{Q} - \mathrm{D}_{\varpi'} \mathfrak{P} \mathrm{D}_{\mathrm{K}'} \mathfrak{Q} + \mathrm{D}_{\mathrm{W}'} \mathfrak{P} \mathrm{D}_{\varphi'} \mathfrak{Q} - \mathrm{D}_{\varphi'} \mathfrak{P} \mathrm{D}_{\mathrm{W}'} \mathfrak{Q},$$

. . . . ,

et

$$\Box \mathfrak{Q} = [\mathfrak{R}, \mathfrak{Q}] + [\mathfrak{R}', \mathfrak{Q}]' + \ldots.$$

Si l'on considère

$$\tau_t, \quad \varpi_t, \quad \varphi_t, \quad \Omega_t, \quad \mathrm{K}_t, \quad \mathrm{W}_t, \quad \tau'_t, \quad \varpi'_t, \quad \ldots,$$

et par suite la variable s, comme des fonctions de

$$\tau, \quad \varpi, \quad \varphi, \quad \Omega, \quad \mathrm{K}, \quad \mathrm{W}, \quad \tau', \quad \varpi', \quad \ldots \quad \theta \quad \text{et} \quad t,$$

cette variable devra vérifier l'équation aux dérivées partielles

$$(3) \qquad (\mathrm{D}_\theta + \Box) s = 0;$$

et, si l'on pose dans cette équation

(4) $$s = \varsigma + \varsigma_{\prime} + \varsigma_{\prime\prime} + \ldots,$$

il suffira d'assujettir $\varsigma_{\prime}$, $\varsigma_{\prime\prime}$, ... à la double condition de vérifier les formules

$$\mathrm{D}_\theta \varsigma_{\prime} = -\square\varsigma, \qquad \mathrm{D}_\theta \varsigma_{\prime\prime} = -\square\varsigma_{\prime}, \qquad \ldots$$

et de s'évanouir avec $\theta - t$; par conséquent, il suffira de prendre

(5) $$\varsigma_{\prime} = -\int_t^\theta \square\varsigma\, d\theta, \qquad \varsigma_{\prime\prime} = -\int_t^\theta \square\varsigma_{\prime}\, d\theta, \qquad \ldots.$$

D'autre part, si l'on considère comme très petites du premier ordre les masses m, m', ... des planètes, comparées à la masse M du Soleil, il est clair que les quantités

$$\varsigma_{\prime}, \quad \varsigma_{\prime\prime}, \quad \ldots,$$

déterminées par les formules (5), seront généralement, la première, du premier ordre, la seconde, du second ordre, ... On pourra donc dire que la quantité ς propre à représenter, ou l'un quelconque des éléments elliptiques, ou une fonction quelconque de ces éléments, a pour variation du premier ordre la quantité $\varsigma_{\prime}$, pour variation du second ordre la quantité $\varsigma_{\prime\prime}$, ...

§ II. — *Sur les variations du premier ordre des éléments elliptiques et d'une fonction quelconque de ces éléments.*

La variation du premier ordre de l'un quelconque des éléments elliptiques, ou d'une fonction ς de ces éléments, se trouve généralement déterminée par la première des équations (5) du § I. Si l'on suppose en particulier que ς se réduise à l'un des éléments elliptiques de la planète m, ou à une fonction de ces seuls éléments, on aura

$$\square\varsigma = [\mathcal{R}, \varsigma] = -[\varsigma, \mathcal{R}],$$

et l'équation dont il s'agit deviendra

(1) $$\varsigma_{\prime} = \int_t^\theta [\varsigma, \mathcal{R}]\, d\theta.$$

Si, dans cette dernière formule, on remplace successivement la lettre ς par chacune des suivantes

$$\Omega,\quad \mathrm{K},\quad \mathrm{W},\quad \tau,\quad \varpi,\quad \varphi,$$

on retrouvera les six équations

$$(2)\quad \begin{cases} \Omega_{,} = \quad \mathrm{D}_{\tau}\displaystyle\int_{t}^{\theta}\mathfrak{R}\,d\theta, & \mathrm{K}_{,} = \quad \mathrm{D}_{\varpi}\displaystyle\int_{t}^{\theta}\mathfrak{R}\,d\theta, & \mathrm{W}_{,} = \quad \mathrm{D}_{\varphi}\displaystyle\int_{t}^{\theta}\mathfrak{R}\,d\theta, \\ \tau_{,} = -\mathrm{D}_{\Omega}\displaystyle\int_{t}^{\theta}\mathfrak{R}\,d\theta, & \varpi_{,} = -\mathrm{D}_{\mathrm{K}}\displaystyle\int_{t}^{\theta}\mathfrak{R}\,d\theta, & \varphi_{,} = -\mathrm{D}_{\mathrm{W}}\displaystyle\int_{t}^{\theta}\mathfrak{R}\,d\theta, \end{cases}$$

qui déterminent les variations du premier ordre

$$\Omega_{,},\quad \mathrm{K}_{,},\quad \mathrm{W}_{,},\quad \tau_{,},\quad \varpi_{,},\quad \varphi_{,}$$

des six éléments elliptiques relatifs à la planète m.

Il est facile d'obtenir la valeur de l'intégrale que renferment les équations (2). On tire, en effet, de la formule (1) du § Ier,

$$(3)\qquad \int_{t}^{\theta}\mathfrak{R}\,d\theta = \sum \mathfrak{S}\mathfrak{P},$$

les valeurs de $\mathfrak{S}$ et de $\mathfrak{P}$ étant

$$(4)\quad \mathfrak{S} = \frac{(m, m')_{n,n'}}{(nc + n'c')\sqrt{-1}}\, e^{-(n c\tau + n'c'\tau')\sqrt{-1}}, \qquad \mathfrak{P} = e^{(nc+n'c')\theta\sqrt{-1}} - e^{(nc+n'c')t\sqrt{-1}}.$$

Si d'ailleurs on substitue la valeur précédente de l'intégrale

$$\int_{t}^{\theta}\mathfrak{R}\,d\theta$$

dans les formules (2), on verra chacune des quantités

$$\Omega_{,},\quad \mathrm{K}_{,},\quad \mathrm{W}_{,},\quad \varpi_{,},\quad \varphi_{,}$$

se réduire à la forme

$$\sum \mathcal{A}\mathfrak{P},$$

$\mathcal{A}$ étant ainsi que $\mathfrak{S}$ indépendant de θ et de t; mais la quantité $\tau_{,}$ sera de la forme

$$\sum \mathcal{A}\mathfrak{P} + \sum \mathrm{A}'\mathfrak{P}',$$

la valeur de $\mathfrak{P}'$ étant

(5) $$\mathfrak{P}' = \theta e^{(nc+n'c')\theta\sqrt{-1}} - t e^{(nc+n'c')t\sqrt{-1}}.$$

On arriverait encore à des conclusions analogues de la manière suivante.

On tire des formules (1) et (3)

(6) $$\varsigma = \left[\varsigma, \int_t^\theta \mathfrak{R}\, d\theta\right] = \sum [\varsigma, \mathfrak{S}\mathfrak{P}].$$

D'autre part, comme, en indiquant à l'aide de la lettre caractéristique D une dérivée relative à un élément quelconque, on a

$$\mathrm{D}(\mathfrak{S}\mathfrak{P}) = \mathfrak{S}\mathrm{D}\mathfrak{P} + \mathfrak{P}\mathrm{D}\mathfrak{S},$$

on en conclut

$$[\varsigma, \mathfrak{S}\mathfrak{P}] = [\varsigma, \mathfrak{S}]\mathfrak{P} + [\varsigma, \mathfrak{P}]\mathfrak{S}.$$

D'ailleurs, dans les formules (4), $\mathfrak{P}$, considéré comme une fonction des éléments elliptiques relatifs à la planète m, dépend uniquement de Ω qui entre dans c. On aura donc

$$[\varsigma, \mathfrak{P}] = -\mathrm{D}_\tau\varsigma\mathrm{D}_\Omega\mathfrak{P} = -n\mathfrak{P}'\mathrm{D}_\tau\varsigma\mathrm{D}_\Omega c\sqrt{-1}.$$

Donc, en posant

(7) $$\mathcal{A} = [\varsigma, \mathfrak{S}], \qquad \mathcal{A}' = -n\mathfrak{S}\mathrm{D}_\tau\varsigma\mathrm{D}_\Omega c\sqrt{-1},$$

on trouvera

$$[\varsigma, \mathfrak{S}\mathfrak{P}] = \mathcal{A}\mathfrak{P} + \mathcal{A}'\mathfrak{P}',$$

et la formule (6) donnera généralement

(8) $$\varsigma_{,} = \sum \mathcal{A}\mathfrak{P} + \sum \mathcal{A}'\mathfrak{P}'.$$

Si la fonction ς ne renferme pas l'élément τ, $\mathcal{A}'$ s'évanouira en vertu des formules (7), et la formule (8) sera réduite à

(9) $$\varsigma_{,} = \sum \mathcal{A}\mathfrak{P}.$$

Ainsi par exemple, si l'on prend $\varsigma = \Omega$, on trouvera

$$\Omega_{,} = \sum \mathcal{A}\mathfrak{P},$$

la valeur de $\mathcal{A}$ étant

$$\mathcal{A} = [\Omega, \mathfrak{S}] = \mathrm{D}_\tau \mathfrak{S},$$

ou, ce qui revient au même,

$$\mathcal{A} = -\frac{nc}{nc + n'c'}(m, m')_{n,n'}. \tag{10}$$

Mais, lorsque ς renfermera τ, $\mathcal{A}'$ cessera de s'évanouir; et si, pour fixer les idées, on prend $\varsigma = \tau$, les formules (7) donneront

$$\mathcal{A} = [\tau, \mathfrak{S}] = -\mathrm{D}_\Omega \mathfrak{S}, \qquad \mathcal{A}' = -n \mathfrak{S} \mathrm{D}_\Omega c \sqrt{-1}. \tag{11}$$

Observons maintenant que, dans le développement de $\mathfrak{R}$, le terme général représenté par l'expression

$$(m, m')_{n,n'} e^{(n\Theta + n\Theta')\sqrt{-1}}, \tag{12}$$

ou, ce qui revient au même, par le produit

$$(m, m')_{n,n'}[\cos(n\Theta + n'\Theta') + \sqrt{-1}\sin(n\Theta + n'\Theta')],$$

sera une fonction périodique de θ, si l'argument

$$n\Theta + n'\Theta' = (nc + n'c')\theta - nc\tau - n'c'\tau'$$

ne devient pas indépendant de θ, c'est-à-dire si la condition

$$nc + n'c' = 0 \tag{13}$$

n'est pas remplie. Si d'ailleurs les coefficients

$$c, \quad c', \quad c'', \quad \ldots$$

sont ce qu'on appelle *incommensurables entre eux*, c'est-à-dire, s'ils ne peuvent vérifier aucune équation de la forme

$$nc + n'c' + n''c'' + \ldots = 0,$$

dans laquelle $n, n', n'', \ldots$ représentent des quantités entières qui ne se réduisent pas toutes à zéro, on ne pourra satisfaire à la condition (13) qu'en posant

$$n = 0, \qquad n' = 0. \tag{14}$$

Donc alors le produit

$$(m, m')_{n,n'} e^{(n\Theta + n'\Theta')\sqrt{-1}}$$

sera une fonction périodique de θ, quand il ne se réduira pas à

$$(15) \qquad (m, m')_{0,0}.$$

Il y a plus : on pourra en dire autant de la fonction $\mathfrak{P}$ et du produit $\mathfrak{S}\mathfrak{P}$, qui seront des fonctions périodiques de θ et même de t, à moins que l'on n'ait $n = 0$, $n' = 0$. Mais, si n, n' s'évanouissent, alors, le produit (12) étant réduit à la forme (15), le produit $\mathfrak{S}\mathfrak{P}$ deviendra

$$(16) \qquad \int_t^\theta (m, m')_{0,0}\, d\theta = (\theta - t)(m, m')_{0,0},$$

et représentera dans le développement de l'intégrale

$$\int_t^\theta \mathfrak{R}\, d\theta$$

un terme *séculaire,* c'est-à-dire proportionnel à $t - \theta$.

Soit maintenant $\mathfrak{s}$ la somme des termes indépendants de θ dans le développement de $\mathfrak{R}$. On aura évidemment

$$(17) \qquad \mathfrak{s} = \Sigma (m, m')_{0,0} = (m, m')_{0,0} + (m, m'')_{0,0} + \ldots,$$

et la partie séculaire de l'intégrale

$$\int_t^\theta \mathfrak{R}\, d\theta$$

sera

$$(18) \qquad \int_t^\theta \mathfrak{s}\, d\theta = \mathfrak{s}(\theta - t).$$

Cela posé, concevons que, dans la variable s, on désigne par $\bar{s}$ la partie *séculaire,* c'est-à-dire la somme des termes proportionnels à $t - \theta$, ou à des puissances de $t - \theta$. Soient de même

$$\bar{\varsigma}_{\prime}, \quad \bar{\varsigma}_{\prime\prime}, \quad \ldots$$

les parties séculaires de $\varsigma_{\prime}$, $\varsigma_{\prime\prime}$, ... ou ce qu'on peut appeler les *varia-*

tions séculaires de divers ordres de la fonction s, et

$$\begin{array}{ccccccc} \overline{\Omega}_{,}, & \overline{K}_{,}, & \overline{W}_{,}, & \overline{\tau}_{,}, & \overline{\varpi}_{,}, & \overline{\varphi}_{,}, & \ldots, \\ \overline{\Omega}_{,,}, & \overline{K}_{,,}, & \overline{W}_{,,}, & \overline{\tau}_{,,}, & \overline{\varpi}_{,,}, & \overline{\varphi}_{,,}, & \ldots, \\ \ldots, & \ldots, & \ldots, & \ldots, & \ldots, & \ldots, & \ldots \end{array}$$

les parties séculaires des quantités

$$\begin{array}{ccccccc} \Omega_{,}, & K_{,}, & W_{,}, & \tau_{,}, & \varpi_{,}, & \varphi_{,}, & \ldots, \\ \Omega_{,,}, & K_{,,}, & W_{,,}, & \tau_{,,}, & \varpi_{,,}, & \varphi_{,,}, & \ldots, \\ \ldots, & \ldots, & \ldots, & \ldots, & \ldots, & \ldots, & \ldots, \end{array}$$

ou ce qu'on peut appeler les *variations séculaires des divers ordres* des éléments elliptiques. Si ς ne renferme pas τ, on aura, en vertu de la formule (1),

$$\overline{\varsigma}_{,} = \int_t^\theta [\varsigma, \mathcal{S}]\, d\theta,$$

par conséquent

$$\overline{\varsigma}_{,} = [\varsigma, \mathcal{S}](\theta - t). \tag{19}$$

Mais, si ς renferme τ, alors, en vertu de l'équation (8), jointe à la formule (5), on devra, pour obtenir la partie séculaire de $\varsigma_{,}$, ajouter au second membre de la formule (19) la partie séculaire de la somme

$$\sum \mathcal{A}' \mathfrak{P}',$$

savoir

$$\sum \mathcal{A}'(\theta - t) e^{(nc+n'c')t\sqrt{-1}}.$$

On aura donc alors

$$\overline{\varsigma}_{,} = (\theta - t)[\varsigma, \mathcal{S}] + (\theta - t) \sum \mathcal{A}' e^{(nc+n'c')t\sqrt{-1}}. \tag{20}$$

Si, dans la formule (19), on remplace successivement ς par chacune des lettres Ω, K, W, ϖ, φ, on obtiendra les équations

$$(21) \quad \begin{cases} \overline{\Omega}_{,} = 0, & \overline{K}_{,} = (\theta - t) D_{\varpi}\mathcal{S}, \quad \overline{W}_{,} = (\theta - t) D_{\varphi}\mathcal{S}, \\ & \overline{\varpi}_{,} = (t - \theta) D_K \mathcal{S}, \quad \overline{\varphi}_{,} = (t - \theta) D_W \mathcal{S}, \end{cases}$$

dont la première reproduit le théorème cité dans le précédent numéro.

Si, au contraire, on prend $\varsigma = \tau$, la formule (20) donnera

$$(22) \qquad \bar{\tau}_{,} = (t-\theta)\mathrm{D}_{\Omega}\mathcal{S} + (t-\theta)\mathrm{D}_{\Omega}c\sqrt{-1}\sum n\mathcal{C}e^{(nc+n'c')t\sqrt{-1}}.$$

Il est important d'observer : 1° que dans la formule (20) ou (22) le coefficient $\mathcal{A}'$ ou $n\mathcal{C}$ de l'exponentielle

$$e^{(nc+n'c')t\sqrt{-1}}$$

s'évanouit avec n; 2° que, pour des valeurs de n différentes de zéro, cette même exponentielle est une fonction périodique de t. Donc chaque terme qui correspond à une semblable exponentielle, c'est-à-dire, chaque terme de la forme

$$\mathcal{A}'\,e^{(nc+n'c')t\sqrt{-1}}(\theta-t) \quad \text{ou de la forme} \quad n\mathcal{C}e^{(nc+n'c')t\sqrt{-1}}(t-\theta)$$

est un terme tout à la fois séculaire et périodique, qui change périodiquement de signe, pour des accroissements du produit $(nc+n'c')t$ respectivement égaux aux divers multiples de π, tandis que sa valeur numérique maximum croît proportionnellement à $t-\theta$.

Ainsi, dans la valeur de $\varsigma_{,}$, et par suite dans les variations des divers ordres des éléments elliptiques ou d'une fonction de ces éléments, il existe généralement des termes à la fois séculaires et périodiques, et d'autres termes purement séculaires. Si, pour désigner la somme de ces derniers termes, on double le trait placé au-dessus des lettres, et par lequel nous indiquons les variations séculaires, on tirera de la formule (20)

$$(23) \qquad \bar{\bar{\varsigma}}_{,} = (\theta - t)[\varsigma, \mathcal{S}].$$

En vertu de cette dernière équation, les valeurs de

$$\bar{\bar{\Omega}}_{,}, \quad \bar{\bar{\mathrm{K}}}_{,}, \quad \bar{\bar{\mathrm{W}}}_{,}, \quad \bar{\bar{\varpi}}_{,}, \quad \bar{\bar{\varphi}}_{,}$$

ne différeront pas de celles de

$$\bar{\Omega}_{,}, \quad \bar{\mathrm{K}}_{,}, \quad \bar{\mathrm{W}}_{,}, \quad \bar{\varpi}_{,}, \quad \bar{\varphi}_{,},$$

et l'on aura de plus

$$(24) \qquad \bar{\tau}_{,} = (t-\theta)\mathrm{D}_{\Omega}\mathcal{S}.$$

§ III. — *Sur les variations du second ordre des éléments elliptiques et d'une fonction quelconque de ces éléments.*

La variation du second ordre de l'un quelconque des éléments elliptiques ou d'une fonction quelconque ς de ces éléments se trouve généralement déterminée par la seconde des équations (5) du § Ier. Comme d'ailleurs, en vertu de la définition de la fonction $\Box\varsigma_{,}$, on aura

$$\Box\varsigma_{,} = [\mathcal{R}, \varsigma_{,}] + [\mathcal{R}', \varsigma_{,}]' + \ldots,$$

l'équation dont il s'agit donnera

$$(1)\qquad \varsigma_{,,} = \int_t^\theta [\varsigma_{,}, \mathcal{R}]\, d\theta + \int_t^\theta [\varsigma_{,}, \mathcal{R}']'\, d\theta + \ldots.$$

Dans cette dernière formule, la première intégrale

$$\int_t^\theta [\varsigma_{,}, \mathcal{R}]\, d\theta$$

représente la partie de $\varsigma_{,,}$ qui provient de la variation des éléments de la planète m; au contraire, la seconde intégrale

$$\int_t^\theta [\varsigma_{,}, \mathcal{R}']'\, d\theta$$

représente la partie qui provient de la variation des éléments de la planète m', etc. Calculons successivement ces diverses parties, en supposant, comme dans le § II, que ς représente, ou l'un des éléments elliptiques de la planète m, ou une fonction de ces seuls éléments.

Si d'abord on considère le cas où ς est indépendant de τ, la valeur de $\varsigma_{,}$ sera, comme on l'a vu, fournie par l'équation

$$(2)\qquad \varsigma_{,} = \sum \mathcal{A}\mathcal{P},$$

dans laquelle on aura

$$(3)\qquad \mathcal{A} = [\varsigma, \mathcal{E}], \qquad \mathcal{P} = e^{(nc+n'c')\theta\sqrt{-1}} - e^{(nc+n'c')t\sqrt{-1}},$$

la valeur de $\mathfrak{S}$ étant

$$(4) \qquad \mathfrak{S} = \frac{(m, m')_{n,n'}}{(nc + n'c')\sqrt{-1}} e^{(nc\tau + n'c'\tau')\sqrt{-1}}.$$

De plus, on tirera de la formule (1) du § Ier

$$(5) \qquad \mathfrak{R} = \sum \mathfrak{B}\mathfrak{Q},$$

les valeurs de $\mathfrak{B}$, $\mathfrak{Q}$ étant

$$(6) \qquad \mathfrak{B} = (m, m')_{l,l'} e^{-(lc\tau + l'c'\tau')\sqrt{-1}}, \qquad \mathfrak{Q} = e^{(lc + l'c')\theta\sqrt{-1}},$$

ou bien encore

$$(7) \qquad \mathfrak{B} = (m, m'')_{l,l''} e^{-(lc\tau + l''c''\tau'')\sqrt{-1}}, \qquad \mathfrak{Q} = e^{(lc + l''c'')\theta\sqrt{-1}}, \qquad \dots.$$

Nous avons ici, à dessein, remplacé les quantités n, n' ou m', n, n', déjà contenues dans la formule (4), par d'autres quantités l, l' ou m'', l, l'', ... qui peuvent différer des premières, attendu que ces quantités varient quand on passe d'un terme à un autre terme dans la valeur de $\varsigma_{,}$ ou de $\mathfrak{R}$, et que les divers termes du développement de $\varsigma_{,}$ doivent être successivement combinés avec les divers termes du développement de $\mathfrak{R}$.

En vertu des formules (2) et (5), on aura évidemment

$$(8) \qquad \int_t^\theta [\varsigma_{,}, \mathfrak{R}]\, d\theta = \sum \int_t^\theta [\mathfrak{A}\mathfrak{P}, \mathfrak{B}\mathfrak{Q}]\, d\theta.$$

D'autre part $\mathfrak{P}$, $\mathfrak{Q}$, considérés comme fonctions des éléments elliptiques relatifs à la planète m, dépendent seulement de Ω renfermé dans c; on a donc

$$[\mathfrak{P}, \mathfrak{Q}] = 0,$$

et, par suite,

$$\begin{aligned}[\mathfrak{A}\mathfrak{P}, \mathfrak{B}\mathfrak{Q}] &= [\mathfrak{A}, \mathfrak{B}]\mathfrak{P}\mathfrak{Q} + \mathfrak{A}\mathfrak{Q}[\mathfrak{B}, \mathfrak{P}] + \mathfrak{B}\mathfrak{P}[\mathfrak{A}, \mathfrak{Q}] \\ &= [\mathfrak{A}, \mathfrak{B}]\mathfrak{P}\mathfrak{Q} + \mathfrak{A}\mathfrak{Q}\, D_\tau \mathfrak{B}\, D_\Omega \mathfrak{P} - \mathfrak{B}\mathfrak{P}\, D_\tau \mathfrak{A}\, D_\Omega \mathfrak{Q}.\end{aligned}$$

Ce n'est pas tout : $\mathfrak{A}$ et $\mathfrak{B}$, considérés comme fonctions de τ, sont respectivement proportionnels aux deux exponentielles

$$e^{-nc\tau\sqrt{-1}}, \quad e^{-lc\tau\sqrt{-1}};$$

et, puisqu'on obtient les dérivées de ces exponentielles par rapport à τ en les multipliant par

$$-nc\sqrt{-1} \quad \text{ou} \quad -lc\sqrt{-1},$$

on en conclura

$$D_\tau \mathcal{A} = -nc\mathcal{A}\sqrt{-1}, \qquad D_\tau \mathcal{B} = -lc\mathcal{B}\sqrt{-1}.$$

Enfin, en différentiant $\mathcal{P}$ et $\mathcal{Q}$ par rapport à Ω, on trouvera

$$D_\Omega \mathcal{Q} = l\theta \mathcal{Q} D_\Omega c\sqrt{-1}$$

et

$$D_\Omega \mathcal{P} = n\left[\theta e^{(nc+n'c')\theta\sqrt{-1}} - t e^{(nc+n'c')t\sqrt{-1}}\right] D_\Omega c\sqrt{-1}.$$

On aura donc

$$\mathcal{A}\mathcal{Q} D_\tau \mathcal{B} D_\Omega \mathcal{P} - \mathcal{B}\mathcal{P} D_\tau \mathcal{A} D_\Omega \mathcal{Q} = c\mathcal{A}\mathcal{B}(n\mathcal{P} D_\Omega \mathcal{Q} - l\mathcal{Q} D_\Omega \mathcal{P})\sqrt{-1},$$

$$n\mathcal{P} D_\Omega \mathcal{Q} - l\mathcal{Q} D_\Omega \mathcal{P} = ln(t-\theta)\mathcal{Q} e^{(nc+n'c')t\sqrt{-1}} D_\Omega c\sqrt{-1},$$

et, par suite,

$$[\mathcal{A}\mathcal{P}, \mathcal{B}\mathcal{Q}] = [\mathcal{A}, \mathcal{B}]\mathcal{P}\mathcal{Q} + ln\mathcal{A}\mathcal{B} c D_\Omega c(\theta - t)\mathcal{Q} e^{(nc+n'c')t\sqrt{-1}}.$$

Donc la formule (8) donnera

$$(9)\qquad \left\{ \begin{aligned} \int_t^\theta [\varsigma_{,}, \mathcal{R}]\, d\theta = {} & \sum [\mathcal{A}, \mathcal{B}] \int_t^\theta \mathcal{P}\mathcal{Q}\, d\theta \\ & + c D_\Omega c \sum ln\mathcal{A}\mathcal{B} e^{(nc+n'c')t\sqrt{-1}} \int_t^\theta (\theta - t)\mathcal{Q}\, d\theta. \end{aligned} \right.$$

En vertu de cette dernière formule, la partie de $\varsigma_{,,}$ qui dépend de la variation des éléments de la planète m pourra être aisément calculée. Car, eu égard aux valeurs données de $\mathcal{P}$ et $\mathcal{Q}$ [*voir* les formules (3), (6), (7), ...], les deux intégrales

$$\int_t^\theta \mathcal{P}\mathcal{Q}\, d\theta; \qquad \int_t^\theta (\theta - t)\mathcal{Q}\, d\theta$$

sont du nombre de celles dont on obtient très facilement les valeurs.

Considérons maintenant la partie de $\varsigma_{,,}$ qui dépend de la variation des éléments de la planète m'. Elle sera représentée par l'intégrale

$$\int_t^\theta [\varsigma_{,}, \mathfrak{R}']' \, d\theta.$$

On aura d'ailleurs évidemment

$$(10) \qquad \mathfrak{R}' = \Sigma \, \mathfrak{B}' \mathfrak{Q}',$$

les valeurs de $\mathfrak{B}'$, $\mathfrak{Q}'$ étant

$$(11) \qquad \mathfrak{B}' = (m', m)_{l',l} e^{-(l'c'\tau' + lc\tau)\sqrt{-1}}, \qquad \mathfrak{Q}' = e^{(l'c' + lc)\theta\sqrt{-1}},$$

ou bien encore

$$(12) \qquad \mathfrak{B}' = (m', m'')_{l',l''} e^{-(l'c'\tau' + l''c''\tau'')\sqrt{-1}}, \qquad \mathfrak{Q}' = e^{(l'c' + l''c'')\theta\sqrt{-1}}, \qquad \ldots.$$

Enfin on tirera des formules (2) et (10)

$$(13) \qquad \int_t^\theta [\varsigma_{,}, \mathfrak{R}']' \, d\theta = \sum \int_t^\theta [\mathfrak{A}\mathfrak{P}, \mathfrak{B}'\mathfrak{Q}']' \, d\theta;$$

puis, en raisonnant toujours comme ci-dessus, on obtiendra, au lieu de la formule (9), la suivante

$$(14) \quad \left\{ \begin{aligned} \int_t^\theta [\varsigma_{,}, \mathfrak{R}']' \, d\theta &= \sum [\mathfrak{A}, \mathfrak{B}']' \int_t^\theta \mathfrak{P}\mathfrak{Q}' \, d\theta \\ &\quad + c' \mathrm{D}_{\Omega'} c' \sum l' n' \, \mathfrak{A}\mathfrak{B}' e^{(nc + n'c')t\sqrt{-1}} \int_t^\theta (\theta - t) \, \mathfrak{Q}' \, d\theta, \end{aligned} \right.$$

à l'aide de laquelle on calculera fort aisément la partie de $\varsigma_{,,}$ qui dépend de la variation des éléments de la planète m'. Ainsi, en définitive, lorsque ς sera indépendant de τ, c'est-à-dire fonction des seuls éléments

$$\Omega, \quad \mathrm{K}, \quad \mathrm{W}, \quad \varpi, \quad \varphi,$$

la valeur complète de $\varsigma_{,,}$ pourra être aisément déterminée à l'aide de l'équation (1), jointe aux formules (9) et (14), la planète m' dans ces formules pouvant être l'une quelconque des planètes distinctes de m.

Si la fonction ς renfermait l'élément τ, la valeur de $\varsigma_{,}$ serait, comme on l'a vu dans le second paragraphe, déterminée, non plus par l'équation (2), mais par la suivante

$$(15)\qquad \varsigma_{,} = \Sigma \mathcal{A}\mathfrak{P} + \Sigma \mathcal{A}'\mathfrak{P}',$$

les valeurs de $\mathcal{A}'$, $\mathfrak{P}'$ étant

$$(16)\qquad \mathcal{A}' = -n\,\mathfrak{S}\,\mathrm{D}_{\tau}\varsigma\,\mathrm{D}_{\Omega}c\sqrt{-1}, \qquad \mathfrak{P}' = \theta e^{(nc+n'c')\theta\sqrt{-1}} - te^{(nc+n'c')t\sqrt{-1}}.$$

Donc alors, à la place des formules (8) et (13), on obtiendrait les suivantes

$$(17)\qquad \int_t^\theta [\varsigma_{,}, \mathfrak{R}]\,d\theta = \sum \int_t^\theta [\mathcal{A}\mathfrak{P}', \mathcal{B}\mathfrak{Q}]\,d\theta + \sum \int_t^\theta [\mathcal{A}'\mathfrak{P}', \mathcal{B}\mathfrak{Q}]\,d\theta,$$

$$(18)\qquad \int_t^\theta [\varsigma_{,}, \mathfrak{R}']'\,d\theta = \sum \int_t^\theta [\mathcal{A}'\mathfrak{P}, \mathcal{B}'\mathfrak{Q}']'\,d\theta + \sum \int_t^\theta [\mathcal{A}'\mathfrak{P}', \mathcal{B}'\mathfrak{Q}']'\,d\theta;$$

et, pour retrouver les valeurs exactes des diverses parties de $\varsigma_{,,}$, c'est-à-dire des intégrales

$$\int_t^\theta [\varsigma_{,}, \mathfrak{R}]\,d\theta, \quad \int_t^\theta [\varsigma_{,}, \mathfrak{R}']'\,d\theta, \quad \ldots,$$

il faudrait aux seconds membres des équations (9) et (14) ajouter respectivement les sommes

$$\sum \int_t^\theta [\mathcal{A}'\mathfrak{P}', \mathcal{B}\mathfrak{Q}]\,d\theta, \quad \sum \int_t^\theta [\mathcal{A}'\mathfrak{P}', \mathcal{B}'\mathfrak{Q}']'\,d\theta, \quad \ldots.$$

D'ailleurs les valeurs de ces mêmes sommes se détermineraient facilement à l'aide des formules

$$(19)\qquad \left\{\begin{aligned} \sum \int_t^\theta [\mathcal{A}'\mathfrak{P}', \mathcal{B}\mathfrak{Q}]\,d\theta &= \sum [\mathcal{A}', \mathcal{B}] \int_t^\theta \mathfrak{P}'\mathfrak{Q}\,d\theta \\ &\quad + c\,\mathrm{D}_{\Omega}c \sum ln\,\mathcal{A}\mathcal{B}\,e^{(nc+n'c')t\sqrt{-1}}\,t \int_t^\theta (\theta - t)\mathfrak{Q}\,d\theta, \end{aligned}\right.$$

$$(20)\qquad \left\{\begin{aligned} \sum \int_t^\theta [\mathcal{A}'\mathfrak{P}', \mathcal{B}'\mathfrak{Q}']'\,d\theta &= \sum [\mathcal{A}', \mathcal{B}']' \int_t^\theta \mathfrak{P}'\mathfrak{Q}'\,d\theta \\ &\quad + c'\,\mathrm{D}_{\Omega'}c' \sum l'n'\,\mathcal{A}'\mathcal{B}'\,e^{(nc+n'c')t\sqrt{-1}}\,t \int_t^\theta (\theta - t)\mathfrak{Q}'\,d\theta \end{aligned}\right.$$

qui s'établissent de la même manière que l'équation (9).

Pour compléter la détermination de $\varsigma_{\prime\prime}$, il nous reste à donner les valeurs exactes des intégrales que renferment les seconds membres des équations (13), (14), (19) et (20). Or, en vertu de la seconde des formules (3), jointe aux formules (6) et (7) ou (11) et (12), on aura, dans l'équation (9),

$$\mathfrak{Q} = e^{k\theta\sqrt{-1}}, \qquad \mathfrak{P}\mathfrak{Q} = e^{h\theta\sqrt{-1}} - e^{(nc+n'c')t\sqrt{-1}}\, e^{k\theta\sqrt{-1}},$$

les valeurs de k, h étant

$$(21) \qquad k = lc + l'c', \qquad h = (l+n)c + (l'+n')c',$$

ou

$$(22) \qquad k = lc + l''c'', \qquad h = (l+n)c + l''c'' + n'c', \qquad \ldots;$$

et, dans l'équation (14),

$$\mathfrak{Q}' = e^{k'\theta\sqrt{-1}}, \qquad \mathfrak{P}\mathfrak{Q}' = e^{h'\theta\sqrt{-1}} - e^{(nc+n'c')t\sqrt{-1}}\, e^{k'\theta\sqrt{-1}},$$

les valeurs de k', h' étant

$$(23) \qquad k' = l'c' + lc, \qquad h' = (l'+n')c' + (l+n)c,$$

ou

$$(24) \qquad k'' = l'c' + l''c'', \qquad h' = (l'+n')c' + l''c'' + nc, \qquad \ldots.$$

En adoptant les valeurs précédentes de h et k, ou de h' et k', on aura, dans la formule (9),

$$(25) \qquad \int_t^\theta \mathfrak{P}\mathfrak{Q}\, d\theta = \frac{e^{h\theta\sqrt{-1}} - e^{ht\sqrt{-1}}}{h\sqrt{-1}} - \frac{e^{k\theta\sqrt{-1}} - e^{kt\sqrt{-1}}}{k\sqrt{-1}}\, e^{(nc+n'c')t\sqrt{-1}},$$

$$(26) \qquad \int_t^\theta (\theta - t)\,\mathfrak{Q}\, d\theta = \frac{e^{k\theta\sqrt{-1}}}{k\sqrt{-1}}(\theta - t) + \frac{e^{k\theta\sqrt{-1}} - e^{kt\sqrt{-1}}}{k^2};$$

et, dans la formule (14),

$$(27) \qquad \int_t^\theta \mathfrak{P}\mathfrak{Q}'\, d\theta = \frac{e^{h'\theta\sqrt{-1}} - e^{h't\sqrt{-1}}}{h'\sqrt{-1}} - \frac{e^{k'\theta\sqrt{-1}} - e^{k't\sqrt{-1}}}{h'\sqrt{-1}}\, e^{(nc+n'c')t\sqrt{-1}},$$

$$(28) \qquad \int_t^\theta (\theta - t)\,\mathfrak{Q}'\, d\theta = \frac{e^{k'\theta\sqrt{-1}}}{k'\sqrt{-1}}(\theta - t) + \frac{e^{k'\theta\sqrt{-1}} - e^{k't\sqrt{-1}}}{k^2}.$$

De plus, comme on trouvera, en vertu des équations (3), (6), (7), ..., (11), (12), ... et (16),

$$\mathfrak{P}' = (\theta - t)\, e^{(nc+n'c')\theta\sqrt{-1}}\, t + t\mathfrak{P},$$

et par suite

$$\mathfrak{P}'\mathfrak{Q} = (\theta - t)\, e^{h\theta\sqrt{-1}} + t\mathfrak{P}\mathfrak{Q},$$

$$\mathfrak{P}'\mathfrak{Q}' = (\theta - t)\, e^{h'\theta\sqrt{-1}} + t\mathfrak{P}\mathfrak{Q}',$$

on aura, dans la formule (19),

$$(29)\qquad \int_t^\theta \mathfrak{P}'\mathfrak{Q}\, d\theta = \frac{e^{h\theta\sqrt{-1}}}{h\sqrt{-1}}(\theta - t) + \frac{e^{h\theta\sqrt{-1}} - e^{ht\sqrt{-1}}}{h^2} + t\int_t^\theta \mathfrak{P}\mathfrak{Q}\, d\theta,$$

et, dans la formule (20),

$$(30)\qquad \int_t^\theta \mathfrak{P}'\mathfrak{Q}'\, d\theta = \frac{e^{h'\theta\sqrt{-1}}}{h'\sqrt{-1}}(\theta - t) + \frac{e^{h'\theta\sqrt{-1}} - e^{h't\sqrt{-1}}}{h'^2} + t\int_t^\theta \mathfrak{P}\mathfrak{Q}'\, d\theta.$$

Il est bon d'observer :

1° Que dans les formules (25), (27), un des rapports

$$\frac{e^{k\theta\sqrt{-1}} - e^{kt\sqrt{-1}}}{k\sqrt{-1}},\quad \frac{e^{k'\theta\sqrt{-1}} - e^{k't\sqrt{-1}}}{k'\sqrt{-1}},\quad \frac{e^{h\theta\sqrt{-1}} - e^{ht\sqrt{-1}}}{h\sqrt{-1}},\quad \frac{e^{h'\theta\sqrt{-1}} - e^{h't\sqrt{-1}}}{h'\sqrt{-1}}$$

se réduit à

$$0 - t,$$

lorsqu'on a

$$(31)\qquad k = 0 \quad \text{ou} \quad k' = 0 \quad \text{ou} \quad h = 0 \quad \text{ou} \quad h' = 0;$$

2° Que le second membre de la formule (26) ou (28), ou bien encore la somme des deux premiers termes contenus dans le second membre de la formule (29) ou (30), se réduit, sous l'une de ces mêmes conditions, à

$$\frac{(\theta - t)^2}{2};$$

3° Qu'en vertu des équations (21) et (23), ou (22) et (24) chacune des conditions (31) se réduira, soit à l'une des deux formules

$$(32)\qquad lc + l'c' = 0, \qquad (l + n)c + (l' + n')c' = 0,$$

soit à l'une des quatre formules

$$(33)\quad \left\{\begin{array}{ll} lc + l''c'' = 0, & l'c' + l''c'' = 0, \\ (l+n)c + l''c'' + n'c' = 0, & (l'+n')c' + l''c'' + nc = 0. \end{array}\right.$$

Ajoutons que, si l'on suppose

$$(34)\qquad nc + n'c' = 0,$$

les fonctions $\mathfrak{P}$, $\mathfrak{P}'$ se réduiront à zéro, et les coefficients $\mathfrak{S}$, $\mathfrak{A}$, $\mathfrak{A}'$ à $\frac{1}{0}$, mais de manière que l'on ait

$$[\mathfrak{S}\mathfrak{P}] = (m, m')_{n,n'} e^{-(nc\tau + n'c'\tau')\sqrt{-1}}(t-\theta),$$

et, par suite,

$$\mathfrak{A}\mathfrak{P} + \mathfrak{A}'\mathfrak{P}' = \mathfrak{O}(\theta - t),$$

la valeur de $\mathfrak{O}$ étant

$$(35)\qquad \mathfrak{O} = \left[\varsigma, (m, m')_{n,n'} e^{-(nc\tau + n'c'\tau')\sqrt{-1}}\right].$$

Donc alors les sommes

$$\int_t^\theta [\mathfrak{A}\mathfrak{P}, \mathfrak{B}\mathfrak{Q}]\, d\theta + \int_t^\theta [\mathfrak{A}'\mathfrak{P}', \mathfrak{B}\mathfrak{Q}]\, d\theta,$$

$$\int_t^\theta [\mathfrak{A}\mathfrak{P}, \mathfrak{B}'\mathfrak{Q}']'\, d\theta + \int_t^\theta [\mathfrak{A}'\mathfrak{P}', \mathfrak{B}'\mathfrak{Q}']'\, d\theta$$

se réduiront aux intégrales

$$(36)\qquad \int_t^\theta [\mathfrak{O}, \mathfrak{B}\mathfrak{Q}](\theta - t)\, d\theta, \quad \int_t^\theta [\mathfrak{O}, \mathfrak{B}'\mathfrak{Q}']'(\theta - t)\, d\theta,$$

dont on obtiendra facilement les valeurs, eu égard aux deux formules

$$(37)\quad \left\{\begin{array}{l} [\mathfrak{O}, \mathfrak{B}\mathfrak{Q}] = [\mathfrak{O}, \mathfrak{B}]\mathfrak{Q} - n\theta\mathfrak{B}\mathrm{D}_\tau\mathfrak{O}\mathrm{D}_\Omega c\sqrt{-1}, \\ [\mathfrak{O}, \mathfrak{B}'\mathfrak{Q}']' = [\mathfrak{O}, \mathfrak{B}']'\mathfrak{Q}' - n'\theta\mathfrak{B}\mathrm{D}_{\tau'}\mathfrak{O}\mathrm{D}_{\Omega'} c'\sqrt{-1}. \end{array}\right.$$

Si l'on suppose que les nombres c, c', c'', ... soient incommensurables entre eux, alors, pour satisfaire à l'une des conditions (32), (33), (34), il faudra y égaler séparément à zéro les coefficients de c,

c', c'', ... Donc alors la condition (34) donnera

$$n = 0, \qquad n' = 0,$$

et par suite, eu égard aux formules (37), les intégrales (36) deviendront

(38) $$[\mathfrak{O}, \mathfrak{M}] \int_t^\theta (\theta - t) \mathfrak{Q}\, d\theta, \qquad [\mathfrak{O}, \mathfrak{M}']' \int_t^\theta (\theta - t) \mathfrak{Q}'\, d\theta.$$

Alors aussi, dans le dernier membre de chacune des formules (9), (14), (19), (20), la seconde somme se composera de termes dont chacun restera périodique dans le cas même où il deviendra séculaire; car un quelconque de ces termes ne pourrait devenir purement séculaire qu'autant que l'on aurait $nc + n'c' = 0$, par conséquent

$$n = 0, \qquad n' = 0;$$

et, dans ce cas, le terme en question disparaîtrait avec le facteur n ou n'.

A l'aide des formules que nous venons d'établir il devient facile de calculer les divers termes ou périodiques, ou séculaires, ou tout à la fois séculaires et périodiques, dont se compose la variation du second ordre de l'un des six éléments elliptiques

$$\Omega, \quad \mathrm{K}, \quad \mathrm{W}, \quad \tau, \quad \varpi, \quad \varphi,$$

ou d'une fonction quelconque de ces mêmes éléments. En appliquant ces mêmes formules à la détermination de $\Omega_{\prime\prime}$, c'est-à-dire de la variation du second ordre du premier élément elliptique, on voit immédiatement disparaître les termes purement séculaires dus à la variation des éléments de m. On se trouve ainsi ramené à ce théorème de M. Poisson, que dans la variation du second ordre du premier élément elliptique il n'existe point d'inégalités purement séculaires, dues à la variation des éléments de la planète troublée. C'est au reste ce que nous expliquerons plus en détail dans un autre article.

100.

Analyse mathématique. — *Mémoire sur la convergence et la transformation des séries.*

C. R., t. XI, p. 639 (26 octobre 1840).

J'ai donné depuis longtemps, dans l'*Analyse algébrique*, un théorème général, qui a paru digne de l'attention des géomètres, sur la convergence des séries ordonnées suivant les puissances ascendantes et entières d'une variable x, soit réelle, soit imaginaire; et j'ai fait voir qu'*une semblable série était convergente ou divergente suivant que le module de la variable était inférieur ou supérieur à l'unité divisée par une certaine limite, cette limite étant la plus grande de celles vers lesquelles converge la racine $n^{\text{ième}}$ du coefficient de x^n*. On sait d'ailleurs que j'avais établi ce théorème en réduisant la condition de convergence d'une série quelconque

$$u_0,\quad u_1,\quad u_2,\quad \ldots,\quad u_n,\quad \ldots$$

à la condition de convergence d'une progression géométrique

$$1,\quad u,\quad u^2,\quad \ldots,\quad u^n,\quad \ldots.$$

Or c'est aussi une réduction du même genre, opérée à l'aide de formules propres à convertir les fonctions en intégrales définies, qui m'a conduit au nouveau théorème énoncé et développé, non seulement dans les Mémoires lus ou publiés à Turin en 1831 et 1832, mais aussi dans une Lettre adressée à M. Coriolis, sous la date du 29 janvier 1837, théorème dont j'ai donné une démonstration élémentaire dans mes *Exercices d'Analyse* et dans les *Comptes rendus* de la présente année. Suivant ce théorème, tel qu'on le trouve inséré dans le *Compte rendu* de la séance du 22 juin dernier [1], *une fonction d'une ou de plusieurs variables est développable en série convergente ordonnée suivant les puissances ascendantes de ces variables, tant que les modules de ces variables*

(1) *OEuvres de Cauchy*, S. I, t. V, p. 234.

conservent des valeurs inférieures à celles pour lesquelles la fonction ou ses dérivées du premier ordre pourraient devenir infinies ou discontinues.

Comme je l'ai observé dans ma lettre à M. Coriolis (*voir* les *Comptes rendus* des séances de l'année 1837, 1er semestre, p. 216) (1), et dans la séance du 22 juin 1840 (2), le théorème dont il s'agit ne s'applique pas seulement aux séries qui représentent les développements des fonctions explicites ou les racines des équations algébriques ou transcendantes : il est applicable aux séries mêmes qui représentent les intégrales générales d'un système d'équations différentielles, par exemple, les intégrales générales des équations de la Mécanique céleste. Il y a plus, il serait applicable à des séries qui représenteraient les intégrales générales ou particulières d'une équation ou d'un système d'équations aux dérivées partielles, ou aux différences finies, ou aux différences mêlées. En général, pour l'application de ce théorème, il n'est nullement nécessaire que l'on connaisse, sous forme explicite, la somme d'une série; il suffit que l'on puisse reconnaître dans quels cas la somme de la série et la somme de sa dérivée deviennent infinies ou discontinues.

On voit donc que le théorème dont il s'agit ne se borne pas à établir une relation singulière entre les conditions de convergence de quelques séries et la résolution numérique de certaines équations transcendantes, ni même à fournir des règles commodes pour la convergence des séries qui proviennent de l'application de la formule de Lagrange et des autres formules analogues employées par les géomètres pour développer les racines des équations. Si, appliqué à la théorie du mouvement elliptique d'une planète, ce théorème reproduit une formule de M. Laplace, s'il peut être considéré comme une extension de la proposition contenue dans cette formule, c'est uniquement dans le sens où l'on peut dire que les formules de Taylor et de Maclaurin sont une extension de la formule algébrique connue sous le nom de *binôme de Newton*.

Au reste, le théorème en question vient d'être soumis à une épreuve nouvelle et décisive, qui a montré combien il est propre à fournir les

(1) *Œuvres de Cauchy*, S. I, t. IV, p. 38.
(2) *Id.*, S. I, t. V, p. 234.

véritables règles de la convergence des suites. Un de nos savants confrères a lu, dans la dernière séance, une Note intéressante et relative aux conditions de convergence d'une classe générale de séries. Je n'assistais pas à cette lecture; mais, au moment où j'arrivai, il eut la bonté de m'en indiquer l'objet. Je lui dis alors qu'il me paraîtrait utile d'examiner si la règle de convergence à laquelle il était parvenu ne serait pas un corollaire de mon théorème. Notre confrère a bien voulu avoir égard à ma demande, et j'apprends, par le *Compte rendu* de la séance, qu'il y a coïncidence parfaite entre la règle qu'il avait obtenue et celle que mon théorème pourrait donner.

Les intégrales d'un système d'équations différentielles, comme nous l'avons expliqué ailleurs, se trouvent toutes comprises dans l'intégrale générale de l'équation caractéristique, et l'on peut de cette dernière équation déduire la valeur de chaque inconnue, ou d'une fonction quelconque des inconnues, développée en série. D'ailleurs la série qui représentera cette fonction cessera généralement d'être convergente pour certaines valeurs de la variable indépendante, comme aussi pour certaines valeurs de l'un quelconque des paramètres compris dans les équations différentielles, ou bien encore de l'une quelconque des constantes arbitraires introduites par l'intégration. Or, d'après le théorème ci-dessus rappelé, les règles de convergence d'une semblable série seront faciles à établir, et la série sera convergente tant que la fonction ou sa dérivée ne deviendra pas infinie ou discontinue. Nous avons d'ailleurs donné dans le *Cours d'Analyse* de seconde année de l'École Polytechnique, et nous avons déjà rappelé, dans la séance du 22 juin 1840 [1], les conditions qui doivent être généralement remplies pour que chaque inconnue reste fonction continue de la variable indépendante et des constantes arbitraires introduites par l'intégration.

Lorsque les intégrales d'un système d'équations différentielles s'obtiennent en termes finis, on peut appliquer, ou la formule de Lagrange, ou d'autres formules analogues, au développement de ces intégrales en séries. Les nouvelles séries, obtenues par ce moyen, doivent coïn-

[1] *Œuvres de Cauchy*, S. I, t. V, p. 234.

cider au fond avec celles que l'on déduirait de la considération de l'équation caractéristique, et offrent des transformations souvent remarquables de ces dernières. Ajoutons que les termes généraux des unes ou des autres peuvent encore, dans un grand nombre de cas, être représentés par des intégrales définies semblables à celles que j'ai considérées dans mon Mémoire de 1832 sur la Mécanique céleste.

Observons enfin que la racine $n^{\text{ième}}$ du $n^{\text{ième}}$ terme de chaque série doit, pour de grandes valeurs de n et en vertu des principes établis dans mon *Analyse algébrique,* se réduire sensiblement à l'unité au moment où chaque série cesse d'être convergente. Donc, si la série est ordonnée suivant les puissances ascendantes et entières d'un paramètre α, la racine $n^{\text{ième}}$ du coefficient de α^n devra, pour de grandes valeurs de n, se réduire sensiblement à l'unité divisée par le module de α, pour lequel la série cessera d'être convergente, ou, ce qui revient au même, par le plus petit des modules de α qui rendront infinie ou discontinue la fonction qui représente la somme de la série, ou la dérivée de cette fonction prise par rapport au paramètre α.

ANALYSE.

§ Ier. — *Considérations générales sur la convergence des séries qui représentent les intégrales d'un système d'équations différentielles.*

Soit donné, entre la variable indépendante t et diverses inconnues ou variables principales $x, y, z, \ldots$, un système d'équations différentielles de la forme

$$(1) \qquad D_t x = P, \qquad D_t y = Q, \qquad \ldots,$$

P, Q, ... désignant des fonctions données de toutes les variables x, y, $z, \ldots, t$. Soit en outre

$$s = f(x, y, z, \ldots)$$

une fonction quelconque des seules variables principales x, y, z, ...
Enfin nommons

$$\theta, \quad \mathrm{x}, \quad \mathrm{y}, \quad \mathrm{z}, \quad \ldots, \qquad \varsigma, \quad \mathfrak{P}, \quad \mathfrak{Q}, \quad \ldots$$

un second système de valeurs correspondantes des variables et fonctions

$$t, \quad x, \quad y, \quad z, \quad \ldots \qquad s, \quad P, \quad Q, \quad \ldots.$$

On aura encore

$$(2) \qquad D_\theta \mathrm{x} = \mathfrak{P}, \qquad D_\theta \mathrm{y} = \mathfrak{Q}, \quad \ldots.$$

Cela posé, comme les inconnues $x, y, z, \ldots$ se trouveront complètement déterminées par la double condition de vérifier, quel que soit t, les équations (1), et, pour $t = \theta$, les formules

$$(3) \qquad x = \mathrm{x}, \qquad y = \mathrm{y}, \qquad z = \mathrm{z}, \qquad \ldots,$$

$x, y, z, \ldots$ et même s pourront être considérés comme des fonctions déterminées, non seulement de la variable indépendante t, mais encore de

$$\mathrm{x}, \quad \mathrm{y}, \quad \mathrm{z}, \quad \ldots, \quad \theta;$$

et alors s lui-même se trouvera complètement déterminé par la double condition de vérifier, quel que soit t, l'équation caractéristique

$$(4) \qquad (D_\theta + \square)s = 0,$$

la valeur de la caractéristique $\square$ étant

$$(5) \qquad \square = \mathfrak{P} D_{\mathrm{x}} + \mathfrak{Q} D_{\mathrm{y}} + \ldots,$$

et, pour $t = \theta$, la formule

$$(6) \qquad s = \varsigma = \mathrm{f}(\mathrm{x}, \mathrm{y}, \mathrm{z}, \ldots).$$

Si maintenant on nomme

$$\square_{,}, \quad \square_{,,}, \quad \ldots$$

ce que devient $\square$ quand on y remplace successivement θ par diverses variables

$$\theta_{,}, \quad \theta_{,,}, \quad \ldots,$$

la valeur de s, développée en série, sera, comme nous l'avons dit ailleurs,

$$(7) \qquad s = \varsigma + \int_0^t \square_{,} \varsigma \, d\theta_{,} + \int_\theta^t \int_{\theta_{,}}^t \square_{,} \square_{,,} \varsigma \, d\theta_{,} \, d\theta_{,,} + \ldots.$$

Dans le cas particulier où P, Q, ... ne renferment pas la variable t, $\mathfrak{P}$, $\mathfrak{Q}$, ... ne renferment pas θ, en sorte qu'on a $\square = \square_{,} = \square_{,,} = \ldots$; donc alors la formule (7) se réduit à

$$(8)\qquad s = \left[1 + \frac{t-\theta}{1}\square + \frac{(t-\theta)^2}{1.2}\square^2 + \ldots\right]\varsigma$$

ou, ce qui revient au même, à

$$(9)\qquad s = e^{(t-\theta)\square}\varsigma.$$

Si aux équations (1) on substituait les suivantes :

$$(10)\qquad D_t x = \alpha P,\qquad D_t y = \alpha Q,\qquad \ldots,$$

α désignant un paramètre donné, alors, en supposant toujours la valeur de $\square$ déterminée par l'équation (5), on obtiendrait, au lieu de l'équation (4), la suivante

$$(11)\qquad (D_\theta + \alpha\square)s = 0,$$

et les formules (7), (8), (9) se changeraient en celles-ci :

$$(12)\qquad s = \varsigma + \alpha\int_\theta^t \square_{,}\varsigma\, d\theta + \alpha^2\int_\theta^t\int_{\theta_{,}}^t \square_{,}\square_{,,}\varsigma\, d\theta_{,}\, d\theta_{,,} + \ldots,$$

$$(13)\qquad s = \left[1 + \frac{\alpha(t-\theta)}{1}\square + \frac{\alpha^2(t-\theta)^2}{1.2}\square^2 + \ldots\right]\varsigma,$$

$$(14)\qquad s = e^{\alpha(t-\theta)\square}\varsigma.$$

Donc alors, en vertu de la formule (12) ou (13), la valeur de s se trouverait représentée par une série ordonnée suivant les puissances ascendantes du paramètre α.

Observons maintenant que chacune des séries comprises dans les seconds membres des formules (7) et (8), ou (12) et (13), cessera généralement d'être convergente pour une certaine valeur de la variable indépendante t, ou plutôt pour une certaine valeur du module de la différence $t - \theta$, comme aussi pour certains modules des constantes arbitraires x, y, z, ... introduites par l'intégration, ou des paramètres renfermés dans les équations différentielles données, par exemple, pour un certain module du paramètre α, renfermé dans les équations (10) ou dans les seconds membres des formules (12) et (13). Or les valeurs ou modules dont il s'agit pourront être facilement déterminés à l'aide du théorème général rappelé dans la séance du 22 juin, et qui s'énonce comme il suit :

THÉORÈME I. — *Une fonction d'une ou de plusieurs variables est développable en série convergente ordonnée suivant les puissances ascendantes et entières de ces variables, tant que les modules de ces variables conservent des valeurs inférieures à celles pour lesquelles la fonction ou ses dérivées du premier ordre pourraient devenir infinies ou discontinues.*

Comme je l'ai fait voir dans mes Leçons de seconde année à l'École Polytechnique, les valeurs des inconnues $x, y, z, \ldots$, fournies par l'intégration des équations différentielles (1) ou (10), restent fonctions continues de la variable indépendante et des constantes arbitraires x, y, z, ... introduites par l'intégration, tant que les modules des différences

$$t-\theta, \quad x-\mathrm{x}, \quad y-\mathrm{y}, \quad z-\mathrm{z}, \quad \ldots$$

restent inférieurs à ceux pour lesquels, ou les seconds membres de ces équations différentielles, c'est-à-dire, en d'autres termes, les fonctions P, Q, ..., ou les dérivées de ces fonctions, prises par rapport aux diverses variables, deviendraient infinies ou discontinues. On peut donc énoncer encore la proposition suivante :

THÉORÈME II. — *Si l'on prend pour s une quelconque des inconnues*

$$x, \quad y, \quad z, \quad \ldots,$$

on pourra, dans la série (7) *ou* (12), *et sans que cette série cesse d'être convergente, faire croître, ou le module de* $t-\theta$, *ou, ce qui revient au même, le module du paramètre* α, *jusqu'au moment où cet accroissement produirait, soit une valeur infinie de l'inconnue que l'on considère, soit des va-*

leurs infinies ou discontinues d'une ou de plusieurs des fonctions P, Q, ... *ou de leurs dérivées du premier ordre, prises par rapport aux diverses variables.*

Corollaire I. — Le théorème que nous venons d'énoncer serait encore évidemment applicable à une valeur de s qui représenterait, non plus l'une quelconque des variables $x, y, z, \ldots$, mais une fonction toujours continue de ces mêmes variables, par exemple une fonction de la forme

$$e^{ax^l+by^m+\ldots},$$

l, m étant des nombres entiers quelconques.

Corollaire II. — Si

$$s = \mathrm{f}(x, y, z, \ldots)$$

n'était pas une fonction toujours continue de $x, y, z, \ldots$, alors la série (7) ou (8) pourrait cesser d'être convergente, non seulement dans les cas prévus par le théorème II, mais aussi lorsque la fonction $\mathrm{f}(x, y, z, \ldots)$ deviendrait discontinue, par exemple dans le cas où des valeurs finies de $x, y, z, \ldots$ produiraient une valeur infinie de cette même fonction.

Corollaire III. — Si, au lieu de faire varier la valeur ou le module de la différence $t-\theta$ ou du paramètre α, on faisait varier, ou un autre paramètre renfermé dans les équations différentielles données, ou l'une quelconque des constantes arbitraires introduites par l'intégration, on devrait encore évidemment s'arrêter au moment où la série (7) ou (12) cesserait d'être convergente pour l'une des raisons indiquées dans le théorème II, ou dans le corollaire précédent.

Les principes établis dans ce paragraphe sont immédiatement applicables à un système d'équations différentielles d'un ordre quelconque; car, comme nous l'avons plusieurs fois remarqué, il suffit d'augmenter le nombre des inconnues pour qu'un semblable système se transforme à l'instant même en un système d'équations différentielles du premier ordre.

§ II. — *Des intégrales sous forme finie d'un système d'équations différentielles. Développement de ces intégrales.*

Lorsque les intégrales d'un système d'équations différentielles, par exemple des équations (1) ou (10) du § Ier, peuvent s'obtenir sous forme finie, la formule de Lagrange et d'autres formules analogues fournissent le moyen de développer ces intégrales en séries ordonnées suivant les puissances ascendantes et entières des constantes arbitraires introduites par l'intégration, ou des paramètres renfermés dans les seconds membres des équations différentielles. Ainsi, en particulier, on pourra, de cette manière, obtenir la valeur de l'une quelconque des inconnues $x, y, z, \ldots$, ou d'une fonction s de ces inconnues, développée en une série qui soit ordonnée suivant les puissances ascendantes du paramètre α contenu comme facteur dans le second membre de chacune des équations (10). D'ailleurs cette dernière série devra évidemment coïncider avec celle que renferme le second membre de la formule (12) ou (13) du § Ier; de sorte que la nouvelle série pourra se transformer en l'autre, et réciproquement.

Supposons donc que les équations à intégrer soient les équations (10) du § Ier, savoir,

$$\text{(1)} \qquad D_t x = \alpha P, \qquad D_t y = \alpha Q, \qquad \ldots,$$

α étant un paramètre donné, et P, Q, ... des fonctions données des diverses variables

$$x, \; y, \; z, \; \ldots, \; t.$$

Supposons, de plus, que l'on soit parvenu à obtenir les intégrales des équations (1) sous forme finie. Ces intégrales établiront une relation déterminée entre la variable indépendante t, les constantes arbitraires qui pourront coïncider avec les valeurs x, y, z, ... des inconnues x, y, z, ... correspondantes à une certaine valeur θ de la variable t, et la variable s qui pourra représenter, ou l'une quelconque des inconnues $x, y, z, \ldots$ ou une fonction donnée

$$f(x, y, z, \ldots)$$

de ces mêmes inconnues. Or concevons que la relation dont il s'agit se trouve exprimée par la formule

$$(2) \qquad S = 0,$$

S désignant une certaine fonction de s, de t, de α et des constantes arbitraires. Puisque la valeur de s, déterminée par l'équation (2), devra coïncider avec celle que fournit l'équation (12) du § Ier, il est clair qu'en faisant, pour abréger,

$$\varsigma = \mathrm{f}(x, y, z, \ldots),$$

on trouvera

$$(3) \qquad s = \varsigma,$$

non seulement pour $t = \theta$, mais aussi pour $\alpha = 0$. Concevons d'ailleurs qu'en mettant α et s en évidence, dans la fonction S, on ait

$$S = F(s, \alpha),$$

en sorte que l'équation (2) se présente sous la forme

$$(4) \qquad F(s, \alpha) = 0.$$

On aura encore

$$(5) \qquad F(\varsigma, 0) = 0;$$

et, si la lettre u désigne une variable auxiliaire, les deux équations

$$F(u, \alpha) = 0, \qquad F(u, 0) = 0$$

admettront, la première, la racine $u = s$, et la seconde, la racine $u = \varsigma$.

Supposons d'ailleurs que cette dernière racine soit une racine simple, on pourra en dire autant de l'autre, en sorte qu'on aura

$$(6) \qquad F(u, \alpha) = (u - s)\,\Pi(u, \alpha), \qquad F(u, 0) = (u - \varsigma)\,\Pi(u, 0),$$

la fonction $\Pi(u, \alpha)$ et sa valeur particulière $\Pi(u, 0)$ étant deux fonctions de u, dont la seconde ne deviendra point nulle ni infinie pour $u = \varsigma$.

Supposons maintenant que dans les formules (6) on pose

$$u = \varsigma + \iota.$$

Ces formules, réduites aux suivantes

$$F(\varsigma + \iota, \alpha) = (\varsigma - s + \iota)\,\Pi(\varsigma + \iota, \alpha), \qquad F(\varsigma + \iota, 0) = \iota\,\Pi(\varsigma + \iota, 0),$$

donneront

$$(7) \qquad \frac{F(\varsigma + \iota, \alpha)}{F(\varsigma + \iota, 0)} = \frac{\varsigma - s + \iota}{\iota}\,\frac{\Pi(\varsigma + \iota, \alpha)}{\Pi(\varsigma + \iota, 0)};$$

puis on conclura de celle-ci, en prenant les dérivées logarithmiques des deux membres par rapport à ι, et en indiquant à l'aide de la lettre l les logarithmes népériens,

$$D_\iota \, l\,\frac{F(\varsigma + \iota, \alpha)}{F(\varsigma + \iota, 0)} = \frac{1}{\varsigma - s + \iota} - \frac{1}{\iota} + D_\iota \, l\,\frac{\Pi(\varsigma + \iota, \alpha)}{\Pi(\varsigma + \iota, 0)},$$

ou, ce qui revient au même,

$$(8) \qquad D_\iota \, l\,\frac{\Pi(\varsigma + \iota, \alpha)}{\Pi(\varsigma + \iota, 0)} = D_\iota \, l\,\frac{F(\varsigma + \iota, \alpha)}{F(\varsigma + \iota, 0)} - \frac{1}{\varsigma - s + \iota} + \frac{1}{\iota}.$$

Or, puisque, par hypothèse, l'expression $\Pi(u, 0)$ ne devient ni nulle ni infinie pour $u = \varsigma$, il est clair que la fonction

$$\Pi(\varsigma + \iota, \alpha)$$

ne deviendra ni infiniment petite ni infiniment grande pour des valeurs infiniment petites de ι et α. Donc, pour de semblables valeurs, cette fonction et la dérivée logarithmique

$$D_\iota \, l\,\frac{\Pi(\varsigma + \iota, \alpha)}{\Pi(\varsigma + \iota, 0)}$$

seront généralement développables en séries ordonnées suivant les puissances ascendantes et entières de ι et α; et l'on pourra en dire autant du second membre de la formule (8). Mais, pour développer ce second membre suivant les puissances ascendantes de α, en supposant, comme on peut le faire, que, des deux variables infiniment petites $s - \varsigma$ et ι, la première conserve toujours un module inférieur à celui de la seconde, il faudra commencer par transformer le rapport

$$\frac{1}{\varsigma - s + \iota}$$

en une série ordonnée suivant les puissances ascendantes de la différence

$$s - \varsigma,$$

qui elle-même est développable suivant les puissances ascendantes de α. D'ailleurs, en opérant ainsi, on trouvera

$$(9) \qquad \frac{1}{\varsigma - s + \iota} = \frac{1}{\iota} + \frac{s - \varsigma}{\iota^2} + \frac{(s - \varsigma)^2}{\iota^3} + \ldots.$$

Supposons en outre

$$(10) \qquad D_\iota \, l \frac{F(\varsigma + \iota, \alpha)}{F(\varsigma + \iota, 0)} = \alpha I_1 + \alpha^2 I_2 + \ldots,$$

les coefficients I_1, I_2, ... étant indépendants de α. La formule (8) donnera

$$(11) \qquad D_\iota \, l \frac{\Pi(\varsigma + \iota, \alpha)}{\Pi(\varsigma + \iota, 0)} = \alpha I_1 + \alpha^2 I_2 + \ldots - \frac{s - \varsigma}{\iota^2} - \frac{(s - \varsigma)^2}{\iota^3} - \ldots.$$

Or, si, dans le second membre de cette dernière formule, on développe, d'une part, comme on doit pouvoir le faire, les coefficients

$$I_1, \quad I_2, \quad \ldots$$

en séries ordonnées suivant les puissances ascendantes de ι, d'autre part, les divers termes de la progression géométrique

$$s - \varsigma, \quad (s - \varsigma)^2, \quad \ldots$$

en séries ordonnées suivant les puissances ascendantes de α, on obtiendra une série double que l'on pourra ordonner suivant les puissances ascendantes de α et de ι, et dans laquelle, après les réductions, les termes proportionnels aux puissances négatives

$$\frac{1}{\iota^2}, \quad \frac{1}{\iota^3}, \quad \ldots$$

devront disparaître. En s'appuyant sur cette considération, et remarquant en outre que, pour un très petit module de α, la différence $s - \varsigma$ se trouvera représentée par une série dont le premier terme sera proportionnel à α, on conclut immédiatement de la formule (11) que le premier terme du développement de I_1 est proportionnel à $\frac{1}{\iota^2}$, le premier terme du développement de I_2 à $\frac{1}{\iota^3}$, etc. On en conclut aussi que les coefficients des puissances négatives

$$\frac{1}{\iota^2}, \quad \frac{1}{\iota^3}, \quad \ldots$$

dans les rapports

$$\frac{s - \varsigma}{\iota^2}, \quad \frac{(s - \varsigma)^2}{\iota^3}, \quad \ldots$$

doivent être respectivement égaux aux coefficients des mêmes puissances dans le développement de la somme

$$\alpha I_1 + \alpha^2 I_2 + \ldots$$

en une série ordonnée suivant les puissances ascendantes de ι. Donc, en particulier, le coefficient de $\frac{1}{\iota^2}$ dans ce développement doit exprimer la valeur de la différence

$$s - \varsigma.$$

Remarquons à présent que, dans les développements de

$$I_1, \quad I_2, \quad I_3, \quad \ldots,$$

développements dont les premiers termes seront respectivement proportionnels à

$$\frac{1}{\iota^2}, \quad \frac{1}{\iota^3}, \quad \frac{1}{\iota^4}, \quad \ldots,$$

le coefficient de $\frac{1}{\iota^2}$ deviendra successivement égal à chacune des expressions

$$\iota^2 I_1, \quad \frac{1}{1} D_\iota(\iota^3 I_2), \quad \frac{1}{1.2} D_\iota^2(\iota^4 I_3), \quad \ldots,$$

pourvu que l'on convienne de réduire toujours, après les différentiations effectuées, la variable ι à zéro. On aura donc, sous cette condition,

$$(12)\qquad s - \varsigma = \alpha\iota^2 I_1 + \frac{\alpha^2}{1} D_\iota(\iota^3 I_2) + \frac{\alpha^3}{1.2} D_\iota^2(\iota^4 I_3) + \ldots .$$

On trouvera de la même manière

$$(13)\qquad \begin{cases} (s-\varsigma)^2 = \alpha^2\iota^3 I_2 + \dfrac{\alpha^3}{1} D_\iota(\iota^4 I_3) + \dfrac{\alpha^4}{1.2} D_\iota^2(\iota^5 I_4) + \ldots, \\ (s-\varsigma)^3 = \alpha^3\iota^4 I_3 + \dfrac{\alpha^4}{1} D_\iota(\iota^5 I_4) + \ldots, \\ \ldots\ldots\ldots\ldots\ldots\ldots\ldots\ldots \end{cases}$$

La formule (12) s'accorde avec des formules données par MM. Laplace et Paoli, et fournit, aussi bien que la formule (12) du § Ier, le développement de s ou de $s - \varsigma$, suivant les puissances ascendantes de α. Elle pourra être représentée sous l'une ou l'autre des formes

$$(14)\qquad s - \varsigma = A_1\alpha + A_2\alpha^2 + \ldots,$$

$$(15)\qquad s = \varsigma + \varsigma_{,} + \varsigma_{,,} + \ldots,$$

si l'on pose, pour abréger,

$$(16)\qquad A_n = \frac{1}{1.2\ldots(n-1)} D_\iota^{n-1}(\iota^{n+1} I_n),$$

ι devant être réduit à zéro après les différentiations, et

$$(17)\qquad \varsigma_{(n)} = A_n\alpha^n.$$

Il est bon d'observer qu'en vertu de la formule (10), et du théorème de Maclaurin, on aura

$$(18)\qquad I_n = \frac{1}{1.2\ldots n} D_\alpha^n D_\iota l \frac{F(\varsigma+\iota,\alpha)}{F(\varsigma+\iota,0)},$$

α devant être réduit à zéro après les différentiations. Donc le coefficient A_n de α^n, dans le développement de s, pourra être présenté sous la forme

$$(19)\qquad A_n = \left[\frac{1}{1.2\ldots(n-1)}\right]^{2} \frac{1}{n} D_\iota^{n-1}\left[\iota^{n+1} D_\iota D_\alpha^n l \frac{F(\varsigma+\iota,\alpha)}{F(\varsigma+\iota,0)}\right],$$

les valeurs de α et de ι devant être réduites à zéro, après les différentiations. D'ailleurs, si l'on pose, pour abréger,

$$(20)\qquad J_n = \frac{1}{1.2\ldots n} D_\alpha^n \mathrm{l} \frac{F(\varsigma+\iota,\alpha)}{F(\varsigma+\iota,0)},$$

α devant être annulé après les différentiations, c'est-à-dire si l'on désigne par J_n le coefficient de α^n dans le développement de l'expression

$$\mathrm{l}\frac{F(\varsigma+\iota,\alpha)}{F(\varsigma+\iota,0)}$$

suivant les puissances ascendantes de α, la formule (18) donnera

$$I_n = D_\iota J_n.$$

Or le premier terme de I_n étant proportionnel à $\frac{1}{\iota^{n+1}}$, le premier terme de J_n devra être proportionnel à $\frac{1}{\iota^n}$; et, eu égard à cette circonstance, il est facile de s'assurer que l'on aura, pour $\iota = 0$,

$$D_\iota^{n-1}(\iota^{n+1} I_n) = -D_\iota^{n-1}(\iota^n J_n).$$

Donc la formule (16) pourra être réduite à

$$(21)\qquad A_n = -\frac{1}{1.2\ldots(n-1)} D_\iota^{n-1}(\iota^n J_n),$$

et la formule (19) à

$$(22)\qquad A_n = -\left[\frac{1}{1.2\ldots(n-1)}\right]^2 \frac{1}{n} D_\iota^{n-1} D_\alpha^n\left[\iota^n \mathrm{l}\frac{F(\varsigma+\iota,\alpha)}{F(\varsigma+\iota,0)}\right],$$

α et ι devant toujours être annulés après les différentiations.

La série comprise dans le second membre de la formule (12) reste convergente, tant que le module de α reste inférieur au plus petit de ceux pour lesquels la fonction s, ou sa dérivée, prise par rapport à α, devient infinie ou discontinue. D'ailleurs, en vertu de l'équation (4), on a généralement

$$D_\alpha F(s,\alpha) + D_s F(s,\alpha) D_\alpha s = 0,$$

et par suite

$$D_s\alpha = -\frac{D_\alpha F(s, \alpha)}{D_s F(s, \alpha)}.$$

Donc la dérivée de s, prise par rapport à α, devient généralement infinie, lorsqu'on a

$$D_s F(s, \alpha) = 0.$$

Donc le module de α, pour lequel la série comprise dans le second membre de l'équation (12) cessera d'être convergente, sera généralement le plus petit de ceux qui vérifieront les équations simultanées

$$(23) \qquad F(s, \alpha) = 0, \qquad D_s F(s, \alpha) = 0.$$

Nommons λ ce module; la valeur de A_n, fournie par l'une quelconque des équations (16), (19), (21), (22), offrira un module dont la racine $n^{\text{ième}}$ convergera, pour des valeurs croissantes, vers une ou plusieurs limites, dont la plus grande sera $\frac{1}{\lambda}$. Donc, en attribuant au nombre entier n une valeur très considérable, on pourra choisir cette valeur de manière que l'on ait sensiblement

$$(24) \qquad (\text{mod. } A_n)^{\frac{1}{n}} = \frac{1}{\lambda}.$$

Il serait facile de transformer en intégrale définie simple ou double le coefficient de α^n dans le développement de s, c'est-à-dire la valeur de A_n déterminée par l'une des formules (16), (19), (21), (22). En effet, si l'on désigne par

$$z = re^{p\sqrt{-1}}$$

une variable imaginaire dont le module soit r, et l'argument p, si d'ailleurs

$$f(z)$$

représente une fonction qui reste finie et continue, quel que soit l'argument p, pour une certaine valeur R attribuée au module r, et pour des valeurs plus petites, on trouvera, en posant $r = R$,

$$f^{(n)}(0) = \frac{1.2.3\,..n}{2\pi}\int_{-\pi}^{\pi}\frac{f(z)}{z^n}\,dp;$$

en d'autres termes, on aura, pour des valeurs infiniment petites de ι,

$$D_\iota^n f(\iota) = \frac{1.2\ldots n}{2\pi} \int_{-\pi}^{\pi} \frac{f(z)}{z^n}\, dp. \tag{25}$$

Cette dernière formule offre le moyen de transformer immédiatement en intégrale définie la dérivée de l'ordre n d'une fonction donnée de la variable ι, ou plutôt la valeur de cette dérivée correspondante à une valeur nulle de la variable ι. Par suite, la formule (25) offre le moyen de transformer le second membre de l'équation (16) ou (21) en intégrale définie simple, et le second membre de l'équation (22) en intégrale définie double.

Les diverses formules que nous venons d'établir se trouvent comprises, comme cas particuliers, dans d'autres formules plus générales que nous avons données dans le Mémoire sur la Mécanique céleste de 1832, et qui servent à développer, suivant les puissances ascendantes d'un paramètre renfermé dans une équation algébrique ou transcendante, la somme de certaines racines de cette équation, ou la somme des fonctions semblables de ces racines. Au reste, toutes ces formules peuvent être établies par la méthode même dont nous venons de faire usage.

Pour s'assurer de l'exactitude des résultats auxquels nous sommes parvenus, il suffirait de prendre

$$F(s, \alpha) = s - \alpha\varpi(s).$$

Alors on trouverait

$$\varsigma = 0, \qquad \frac{F(\varsigma + \iota, \alpha)}{F(\varsigma + \iota, 0)} = 1 - \alpha \frac{\varpi(\iota)}{\iota},$$

$$J_n = -\frac{1}{n}\left[\frac{\varpi(\iota)}{\iota}\right]^n,$$

et par suite la formule (21) donnerait

$$A_n = \frac{1}{1.2\ldots n} D_\iota^{n-1}[\varpi(\iota)]^n.$$

Donc, si l'on développe suivant les puissances ascendantes de α la plus petite racine s de l'équation

$$s - \alpha\,\varpi(s) = 0, \tag{26}$$

on trouvera

$$s = \alpha\,\varpi(0) + \frac{\alpha^2}{1.2} D_\iota[\varpi(\iota)]^2 + \frac{\alpha^3}{1.2.3} D_\iota^2 [\varpi(\iota)]^3 + \ldots, \tag{27}$$

la valeur de ι devant être réduite à zéro, après les différentiations, et la série comprise dans la formule (27) restera généralement convergente, tant que le module de α restera inférieur au plus petit de ceux qui permettent de vérifier les équations simultanées

$$s - \alpha\,\varpi(s) = 0, \qquad 1 - \alpha\,\varpi'(s) = 0. \tag{28}$$

On se trouve ainsi ramené à des conclusions que nous avons déjà énoncées dans un précédent Mémoire. D'ailleurs, les équations (28) peuvent s'écrire comme il suit :

$$s = \frac{\varpi(s)}{\varpi'(s)}, \qquad \alpha = \frac{s}{\varpi(s)}. \tag{29}$$

Si l'on supposait

$$\varpi(s) = \sin cs,$$

l'équation (26) serait analogue à celle qui, dans le mouvement elliptique d'une planète, détermine l'anomalie excentrique. Si l'on supposait au contraire

$$\varpi(s) = e^s,$$

les formules (29) donneraient

$$s = 1, \qquad \alpha = \frac{1}{e}.$$

Donc la plus petite racine de l'équation

$$s - \alpha e^s = 0 \tag{30}$$

se développe, par la formule

$$s = \alpha + 2\frac{\alpha^2}{1.2} + 3^2\frac{\alpha^3}{1.2.3} + 4^3\frac{\alpha^4}{1.2.3.4} + \ldots, \tag{31}$$

en une série qui demeure convergente tant que α ne dépasse pas $\frac{1}{e}$. On aura donc, dans le cas présent, $\lambda = \frac{1}{e}$; et, comme on trouvera de plus

$$A_n = \frac{n^{n-1}}{1.2\ldots n},$$

il suit de la formule (24) que, pour de grandes valeurs de n, on aura sensiblement

$$(1.2.3\ldots n)^{\frac{1}{n}} = \frac{n}{e},$$

ce qui est exact, d'après une formule connue de M. Laplace.

On pourrait encore remarquer le cas où la fonction $\varpi(s)$ serait de l'une des formes

$$e^{s^2}, \quad e^{s^3}, \quad \ldots,$$

ou même plus généralement de la forme

$$e^{z},$$

z désignant une fonction entière de s. Dans ce cas, la première des formules (29) serait toujours facile à résoudre, puisqu'elle se réduirait à l'équation algébrique

$$s D_s z = 1.$$

§ III. — *Comparaison des formules établies dans les deux premiers paragraphes.*

La formule (12) du paragraphe précédent devant s'accorder avec celle qui porte le même numéro dans le § Ier, les deux séries qui, en vertu de ces deux formules, représentent la valeur de s, doivent être identiques, et par suite les coefficients des mêmes puissances de α, dans ces deux séries, doivent être égaux. On aura donc, en adoptant les notations des §§ I et II,

$$(1) \quad \int_0^t \square_{\cdot}\, \varsigma\, d\theta = \iota^2 I_1, \qquad \int_0^t \int_{0_{\prime}}^t \square_{\prime} \square_{\prime\prime}\, \varsigma\, d\theta_{\prime}\, d\theta_{\prime\prime} = \tfrac{1}{1} D_\iota(\iota^3 I_2), \qquad \ldots,$$

la valeur de ι devant être réduite à zéro après les différentiations.

Si l'on suppose que les seconds membres des équations (1) du § II deviennent indépendants de t, on devra, dans le § Ier, remplacer la formule (12) par la formule (13); et, en conséquence, le coefficient de α^n, dans la valeur de s, pourra être représenté par le produit

$$\frac{(t-\theta)^n}{1.2\ldots n}\square^n s.$$

Ce dernier produit devra donc être égal à la valeur de A_n déterminée par l'équation (16) du § II, en sorte qu'on aura

$$\frac{(t-\theta)^n}{n}\square^n \varsigma = D_\iota^{n-1}(\iota^{n+1} I_n).$$

Donc en posant, pour abréger,

$$(t-\theta)^{-n} I_n = \mathfrak{J}_n,$$

on aura

$$\square^n \varsigma = n D_\iota^{n-1}(\iota^{n+1}\mathfrak{J}_n), \tag{2}$$

ι devant être réduit à zéro après les différentiations. Il est bon d'observer que, dans la formule (2), la valeur de $\mathfrak{J}_n$ sera indépendante de $t-\theta$. En effet, dans l'hypothèse que nous venons d'admettre, le premier terme S de l'équation (2) du § II sera une fonction de s et du produit $\alpha(t-\theta)$. Donc, si l'on pose

$$S = \mathfrak{F}[s, \alpha(t-\theta)],$$

de manière à mettre en évidence, dans l'expression de S, non seulement s et α, mais encore la variable t; alors, au lieu de la formule (10) du § II, on obtiendra la suivante :

$$D_\iota \, l\frac{\mathfrak{F}(\varsigma+\iota, \alpha)}{\mathfrak{F}(\varsigma+\iota, 0)} = \alpha\mathfrak{J}_1 + \alpha^2\mathfrak{J}_2 + \ldots. \tag{3}$$

Or, en vertu de cette dernière formule, on aura généralement

$$\mathfrak{J}_n = \frac{1}{1.2\ldots n} D_\iota D_\alpha \, l\frac{\mathfrak{F}(\varsigma+\iota, \alpha)}{\mathfrak{F}(\varsigma+\iota, 0)}, \tag{4}$$

et par suite

$$(5)\qquad \square^n \varsigma = -\frac{1}{1.2\ldots(n-1)} D_\iota^{n-1} D_\alpha^n \left[\iota^n 1 \frac{\mathcal{F}(\varsigma+\iota,\alpha)}{\mathcal{F}(\varsigma+\iota,0)} \right],$$

α et ι devant être réduits à zéro, après les différentiations. L'équation (5), dont le second membre pourrait être remplacé par une intégrale définie double, offre une transformation remarquable de l'expression symbolique

$$\square^n \varsigma.$$

Dans d'autres Mémoires je donnerai de nombreuses applications des théorèmes et des formules ci-dessus établis.

101.

ANALYSE MATHÉMATIQUE. — *Applications diverses des théorèmes relatifs à la convergence et à la transformation des séries.*

C. R., t. XI, p. 667 (2 novembre 1840).

§ Ier. — *Sur la convergence des séries qui représentent les développements des fonctions de fonctions.*

Soient y une fonction de x, développable en série convergente, ordonnée suivant les puissances ascendantes et entières de x, pour tout module de x inférieur à X, et z une fonction de y, développable en série convergente, ordonnée suivant les puissances ascendantes et entières de y, pour tout module de y inférieur à Y. Il semble au premier abord que la fonction z devrait elle-même être développable en série convergente, ordonnée suivant les puissances ascendantes et entières de x, lorsqu'on aurait à la fois

$$(1)\qquad \text{mod.}\, x < \mathrm{X} \quad \text{et} \quad \text{mod.}\, y < \mathrm{Y}.$$

Néanmoins le contraire peut arriver, comme nous l'avons déjà remarqué dans la seconde livraison des *Résumés analytiques*. Ainsi, en particulier, si l'on pose

$$(2)\qquad y = 1 - \frac{1 - e^{-x}}{x}, \qquad z = \frac{1}{1-y} = \frac{x}{1-e^{-x}},$$

y sera, pour toutes les valeurs de x, développable avec e^{-x} en série convergente ordonnée suivant les puissances ascendantes et entières de x; de plus z sera, pour tout module de y inférieur à l'unité, développable en série convergente ordonnée suivant les puissances ascendantes et entières de y; enfin le module de y restera inférieur à l'unité pour toute valeur réelle et positive de x; et toutefois le développement de z suivant les puissances ascendantes de x cessera d'être convergent pour certaines valeurs réelles et positives de x. En effet, le développement dont il s'agit, en vertu de la seconde des équations (2), sera

$$(3)\qquad z = 1 + \frac{1}{2}x + \frac{1}{6}\frac{x^2}{1.2} - \frac{1}{30}\frac{x^4}{1.2.3.4} + \frac{1}{42}\frac{x^6}{1.2.3.4.5.6} - \ldots,$$

les coefficients numériques

$$\frac{1}{6}, \quad \frac{1}{30}, \quad \frac{1}{42}, \quad \ldots$$

n'étant autre chose que les nombres de Bernoulli. Or, si l'on désigne par

$$\mathfrak{a}_2, \quad \mathfrak{a}_4, \quad \mathfrak{a}_6, \quad \ldots$$

ces mêmes nombres, on aura généralement, d'après une formule connue,

$$\mathfrak{a}_n = \frac{1.2.3\ldots n}{2^{n-1}\pi^n}\left(1 + \frac{1}{2^n} + \frac{1}{3^n} + \ldots\right);$$

et par suite le coefficient de x^n, dans le second membre de la formule (3), sera, pour des valeurs paires de n,

$$(-1)^{\frac{n}{2}-1}\frac{2}{(2\pi)^n}\left(1 + \frac{1}{2^n} + \frac{1}{3^n} - \ldots\right).$$

Donc, pour de grandes valeurs de n, la racine $n^{\text{ième}}$ de ce coefficient se réduira sensiblement à

$$\frac{1}{2\pi};$$

et, en vertu du théorème sur la convergence des séries, énoncé dans mon *Analyse algébrique*, le développement de z sera convergent ou divergent suivant que le module de x sera inférieur ou supérieur à 2π.

On se trouve au reste ramené précisément aux mêmes conclusions par le théorème que j'ai rappelé dans le précédent Mémoire. En effet, suivant ce théorème, la fonction

$$z = \frac{x}{1 - e^{-x}}$$

ne pourra cesser d'être développable en série convergente ordonnée suivant les puissances ascendantes et entières de x qu'à partir de l'instant où elle deviendra infinie ou discontinue, par conséquent, pour des modules de x supérieurs au plus petit des modules que présentent les racines de l'équation

$$\frac{1}{z} = 0$$

ou

$$(4) \qquad \frac{1 - e^{-x}}{x} = 0.$$

Or les racines de l'équation (4) coïncident avec celles des racines de l'équation

$$1 - e^{-x} = 0$$

qui diffèrent de zéro, c'est-à-dire avec les valeurs de

$$2k\pi\sqrt{-1}$$

correspondantes à des valeurs entières positives ou négatives de k. Donc les modules de ces racines se réduisent aux divers termes de la progression arithmétique

$$2\pi, \quad 4\pi, \quad 6\pi, \quad \ldots,$$

et le plus petit de ces modules, à 2π.

Nous avons vu que les conditions (1) peuvent être remplies sans que la valeur de z soit développable en série convergente ordonnée suivant les puissances ascendantes de x. Nous ajouterons que le développement pourrait avoir lieu dans des cas où l'une de ces conditions ne serait pas vérifiée. Ainsi, par exemple, si l'on suppose z déterminée en fonction de y, et y en fonction de x, par les équations

$$(5) \qquad z = \frac{1}{1+y}, \qquad y^2 + 2y - 2x(1+y) = 0,$$

dont la seconde donne

$$(6) \qquad y = x - 1 \pm \sqrt{1+x^2},$$

y sera développable en série convergente ordonnée suivant les puissances ascendantes de x, et z en série convergente ordonnée suivant les puissances ascendantes de y, dans les cas seulement où l'on aura

$$(7) \qquad \text{mod.}\, x < 1, \quad \text{mod.}\, y < 1.$$

Mais on aurait tort d'en conclure que z cesse toujours d'être développable en série convergente ordonnée suivant les puissances ascendantes de x, lorsque la seconde des conditions (7) cesse d'être remplie. En effet, si, dans la formule (6), on adopte le signe supérieur, elle donnera

$$(8) \qquad y = x - 1 + \sqrt{1+x^2},$$

puis on tirera de celle-ci, jointe à la première des équations (5),

$$(9) \qquad z = \frac{1}{x + \sqrt{1+x^2}} = -x + \sqrt{1+x^2}.$$

Donc la valeur de z, comme celle de y, sera développable en série convergente, tant que le module de x restera inférieur à l'unité, par exemple lorsqu'on prendra

$$x = \frac{4}{5}.$$

Mais, pour $x = \frac{4}{5}$, la formule (8) donnera

$$y = \frac{-1+\sqrt{41}}{5} > \frac{-1+6}{5},$$

ou, ce qui revient au même,

$$y > 1;$$

et par conséquent z pourra être développable en série convergente, sans que la seconde des conditions (7) se vérifie.

§ II. — *Sur la convergence et la transformation des séries qui représentent les intégrales d'équations différentielles du premier ordre.*

Considérons, pour fixer les idées, une seule équation différentielle du premier ordre entre l'inconnue x et la variable indépendante t. Cette équation pourra être présentée sous la forme

$$(1) \qquad D_t x = P,$$

P étant une fonction donnée de x et de t. Soient d'ailleurs

$$\theta, \quad \mathrm{x}, \quad \mathfrak{P}$$

des valeurs particulières et correspondantes de

$$t, \quad x, \quad \mathrm{P}.$$

L'inconnue x sera complètement déterminée par la double condition de vérifier, quel que soit t, l'équation (1), et, pour $t = \theta$, la formule

$$(2) \qquad x = \mathrm{x}.$$

Cela posé, faisons

$$(3) \qquad \square = \mathfrak{P} D_{\mathrm{x}},$$

et nommons

$$\square_{,}, \quad \square_{,,}, \quad \ldots$$

ce que devient $\square$, quand on y remplace successivement θ par diverses variables

$$\theta_{,}, \quad \theta_{,,}, \quad \ldots.$$

La valeur de x, développée en série, sera

$$(4)\qquad x = \mathrm{x} + \int_t^\theta \square_, \mathrm{x}\, d\theta_, + \int_\theta^t \int_{\theta_,}^t \square_, \square_{,,} \mathrm{x}\, d\theta_,\, d\theta_{,,} + \ldots .$$

Dans le cas particulier où la fonction P cesse de renfermer la variable t, l'équation (4) donne simplement

$$(5)\qquad x = \left[1 + \frac{t-\theta}{1}\square + \frac{(t-\theta)^2}{1.2}\square^2 + \ldots\right]\mathrm{x}.$$

Enfin, si l'on remplace l'équation (1) par la suivante

$$(6)\qquad D_t x = \alpha P,$$

α étant un paramètre donné, et si l'on suppose toujours la valeur de $\square$ déterminée par l'équation (3), les formules (4) et (5) se changeront en celles-ci

$$(7)\qquad x = \mathrm{x} + \alpha \int_\theta^t \square_, \mathrm{x}\, d\theta_, + \alpha^2 \int_\theta^t \int_{\theta_,}^t \square_, \square_{,,} \mathrm{x}\, d\theta_,\, d\theta_{,,} + \ldots,$$

$$(8)\qquad x = \left[1 + \frac{\alpha(t-\theta)}{1}\square + \frac{\alpha^2(t-\theta)^2}{1.2}\square^2 + \ldots\right]\mathrm{x}.$$

Observons à présent qu'en vertu du théorème établi dans le *Compte rendu* de la dernière séance (p. 645) [1], on pourra, dans les formules (4), (5), ou (7), (8), et sans que les séries comprises dans les seconds membres de ces formules cessent d'être convergentes, faire croître, ou le module de $t - \theta$, ou, ce qui revient au même, le module du paramètre α, jusqu'au moment où cet accroissement produira, soit une valeur infinie de l'inconnue x, soit une valeur infinie ou discontinue de l'une des fonctions

$$P, \quad D_x P.$$

Donc, si ces dernières fonctions ne peuvent devenir discontinues qu'en devenant infinies, les séries obtenues ne cesseront pas d'être convergentes jusqu'au moment où la valeur attribuée au module de $t - \theta$ ou de α permettra de remplir l'une des conditions

$$(9)\qquad x = \frac{1}{0}, \qquad P = \frac{1}{0}, \qquad D_x P = \frac{1}{0}.$$

(1) *Œuvres de Cauchy*, S. I, t. V, p. 366.

Considérons spécialement le cas où P est indépendant de t. Alors l'équation (6) pourra s'écrire comme il suit :

$$(10)\qquad \frac{dx}{P} = \alpha\, dt,$$

et son intégrale en termes finis sera

$$(11)\qquad \int_{x}^{x} \frac{dx}{P} = \alpha(t - \theta).$$

Alors aussi chacune des conditions (9) fournira une ou plusieurs valeurs de x indépendantes de t; et si l'on nomme a l'une quelconque de ces valeurs, x restera développable en série convergente ordonnée suivant les puissances ascendantes et entières de x, jusqu'au moment où le module de α acquerra la plus petite des valeurs qui permettent de vérifier une équation de la forme

$$(12)\qquad \int_{x}^{a} \frac{dx}{P} = \alpha(t - \theta).$$

D'autre part, pour réduire l'équation (12) à la forme

$$\mathfrak{F}[x, \alpha(t - \theta)] = 0,$$

il suffira de prendre

$$\mathfrak{F}[x, \alpha(t - \theta)] = \int_{x}^{x} \frac{dx}{P} - \alpha(t - \theta);$$

et comme alors, en désignant par ι une quantité infiniment petite, on trouvera

$$\frac{\mathfrak{F}[x + \iota, \alpha]}{\mathfrak{F}[x + \iota, 0]} = 1 - \alpha\left(\int_{x}^{x+\iota} \frac{dx}{P}\right)^{-1},$$

on en conclura, en supposant α nul après les différentiations,

$$\frac{1}{1.2\ldots(n-1)} D_{\alpha}^{n}\, l\, \frac{\mathfrak{F}(x + \iota, \alpha)}{\mathfrak{F}(x + \iota, 0)} = -\left(\int_{x}^{x+\iota} \frac{dx}{P}\right)^{-n}.$$

Donc la formule (5) de la page 658 [*voir* la séance du 26 octobre (1)] donnera

$$(13) \qquad \square^n \mathrm{x} = \frac{1}{1.2\ldots n} \mathrm{D}_\iota^{n-1} \left[\iota^n \left(\int_{\mathrm{x}}^{\mathrm{x}+\iota} \frac{dx}{\mathrm{P}} \right)^{-n} \right],$$

ι devant être annulé après les différentiations.

Appliquons maintenant les formules que nous venons d'obtenir à quelques exemples.

D'abord, si l'on pose

$$\mathrm{P} = x^m,$$

c'est-à-dire si l'on réduit l'équation (6) à

$$(14) \qquad \mathrm{D}_t x = \alpha x^m,$$

m désignant une quantité entière positive ou négative, les formules (9) deviendront

$$(15) \qquad x = \tfrac{1}{0}, \qquad x^m = \tfrac{1}{0}, \qquad x^{m-1} = \tfrac{1}{0};$$

et par suite, si m est positif, la seule valeur a de x, propre à vérifier ces formules, sera

$$a = \tfrac{1}{0}.$$

Donc alors la formule (12) donnera

$$(16) \qquad \alpha(t-\theta) = \int_x^{\frac{1}{0}} \frac{dx}{x^m},$$

ou, ce qui revient au même,

$$(17) \qquad \alpha(t-\theta) = \frac{1}{(m-1)\,\mathrm{x}^{m-1}}.$$

Donc, si m est positif, l'inconnue x de l'équation (14) sera développable en série convergente ordonnée suivant les puissances ascendantes de α, jusqu'au moment où le module du produit $\alpha(t-\theta)$ atteindra le module du rapport

$$\frac{1}{(m-1)\,\mathrm{x}^{m-1}}.$$

Si, au contraire, m est négatif, la dernière des formules (15) donnera

(1) *OEuvres de Cauchy*, S. I, t. V, p. 380.

$x = 0$; et c'est alors, en posant $a = 0$, qu'on verra la formule (12) se réduire à l'équation (17), tandis que la formule (16) donnerait

$$\alpha(t - \theta) = \frac{1}{0}.$$

Donc, dans ce cas encore, le plus petit des modules de α que pourra fournir l'équation (12) sera celui que détermine la formule (17). Ainsi, en définitive, quel que soit l'exposant m, le développement de x en série ordonnée suivant les puissances ascendantes de α restera convergent, jusqu'au moment où le module de α permettra de vérifier la formule (17). Il est aisé de s'assurer que cette conclusion s'étend aux cas mêmes où l'exposant m deviendrait fractionnaire ou irrationnel, attendu que la fonction x^m et sa dérivée ne deviennent jamais discontinues que pour des valeurs nulles ou infinies de x. Au reste, la conclusion dont il s'agit peut être facilement vérifiée sur l'intégrale en termes finis de l'équation (14), cette intégrale pouvant être présentée sous la forme

$$(18) \qquad x = \mathrm{x}\left[1 - (m-1)\mathrm{x}^{m-1}\alpha(t-\theta)\right]^{-\frac{1}{m-1}}.$$

Pour que le développement de x en série ne cessât jamais d'être convergent, il faudrait que la valeur de α, déterminée par l'équation (17), devînt infinie. Cette condition se trouve remplie pour une seule valeur de m, savoir pour $m = 1$. Alors l'équation (14) devient

$$\mathrm{D}_t x = \alpha x,$$

et la formule (18), réduite à

$$x = \mathrm{x}e^{\alpha(t-\theta)},$$

fournit une valeur de x qui est effectivement toujours développable en une série convergente ordonnée suivant les puissances de α. Alors aussi l'on a

$$\mathrm{x} = \square\,\mathrm{x} = \square^2\mathrm{x} = \ldots,$$

par conséquent

$$\square^n\mathrm{x} = \mathrm{x};$$

et la formule (13), réduite à

$$(19)\qquad D_t^{n-1}\left\{t^n\left[l\left(1+\frac{t}{X}\right)\right]^{-n}\right\}=1,$$

peut être facilement vérifiée pour les valeurs 1, 2, 3, ..., du nombre entier n.

Supposons maintenant que l'on prenne

$$P=e^{x^m},$$

m étant un nombre entier quelconque; en sorte que l'équation (6) devienne

$$(20)\qquad D_t x=\alpha e^{x^m}.$$

Alors chacune des formules (6) donnera $x=0$; et, par suite, la formule (12) sera réduite à

$$(21)\qquad \alpha(t-\theta)=\int_X^\infty e^{-x^m}\,dx.$$

Donc la valeur de x propre à vérifier l'équation (20) sera développable en série convergente ordonnée suivant les puissances ascendantes de α, tant que le module de $\alpha(t-\theta)$ sera inférieur au second membre de la formule (21).

Si l'on suppose en particulier $m=1$, les formules (20) et (21) deviendront

$$(22)\qquad D_t x=\alpha e^x,$$

$$(23)\qquad \alpha(t-\theta)=e^{-X}.$$

Effectivement, l'équation (22) pouvant être présentée sous la forme

$$e^{-x}\,dx=\alpha\,dt,$$

on en tire

$$x=X-l[1-e^X\alpha(t-\theta)],$$

et cette dernière valeur de x est développable en série convergente ordonnée suivant les puissances ascendantes de α, tant que le module du produit $e^X\alpha(t-\theta)$ reste inférieur à l'unité.

Si l'on supposait

$$m = 2 \quad \text{et} \quad \mathrm{x} = 0,$$

le second membre de la formule (21) se réduirait à

$$\int_0^\infty e^{-x^2}\, dx = \tfrac{1}{2}\pi^{\frac{1}{2}}.$$

Donc si, en assujettissant l'inconnue x à vérifier, quel que soit t, l'équation différentielle

$$\mathrm{D}_t x = \alpha e^{x^2},$$

on nomme θ la valeur de t correspondante à une valeur nulle de x, alors l'inconnue x sera développable en une série convergente ordonnée suivant les puissances ascendantes de α, tant que le module du produit $\alpha(t-\theta)$ n'atteindra pas la valeur déterminée par l'équation

$$\alpha(t-\theta) = \tfrac{1}{2}\pi^{\frac{1}{2}}.$$

Dans chacune des applications que nous venons de faire de la formule (12), la limite a de l'intégrale que cette formule renferme était réelle. Mais cette limite, qui représente simplement une valeur de x propre à vérifier l'une des conditions (9), pourrait être imaginaire. Il arrivera même souvent que, pour tirer de la formule (12) le module cherché de α, on sera obligé de considérer comme imaginaire la valeur infinie de x donnée par la première des formules (9). C'est ce qui arrivera en particulier, si l'on prend

$$\mathrm{P} = e^{-x^2} \quad \text{ou} \quad \mathrm{P} = \sin x.$$

Dans des cas semblables, la valeur à laquelle pourra s'élever le module de α, sans que le développement de l'inconnue x cesse d'être convergent, dépendra de l'évaluation d'une intégrale définie, pareille à celles que j'ai considérées dans un Mémoire publié en 1825, et qui sont prises entre des limites imaginaires.

Dans le cas où P restera fonction de t, alors, pour rendre les deux dernières des formules (9) facilement applicables à la recherche des modules que peuvent acquérir α ou $t-\theta$, sans que le développement de x cesse d'être convergent, il sera utile de remplacer l'équation différentielle donnée entre x et t, par une équation différentielle entre la variable indépendante t et l'inconnue P ou $D_x P$. Après cette opération, pour tirer parti de la seconde des conditions (9), il s'agira seulement d'obtenir une intégrale particulière de l'équation différentielle entre t et P, savoir, la valeur de t correspondante à $P = \frac{1}{0}$, en supposant connue la valeur $\mathfrak{P}$ de P correspondante à $t = \theta$.

On reconnaîtra généralement de la même manière que les conditions de convergence des séries qui représentent les intégrales d'un système d'équations différentielles sont toujours fournies par certaines intégrales particulières de ces mêmes équations.

Au reste, les divers principes que nous venons d'établir seront développés avec plus d'étendue dans de nouveaux articles.

102.

Analyse mathématique. — *Sur la convergence des séries qui représentent les intégrales générales d'un système d'équations différentielles.*

C. R., t. XI, p. 730 (9 novembre 1840).

Suivant le principe général énoncé dans mes Mémoires de 1831 et 1832, la loi de convergence des séries qui représentent les développements des fonctions explicites ou implicites d'une ou de plusieurs variables se réduit à la loi de continuité. En partant de ce principe, on reconnaît aisément, comme je l'ai remarqué dans la dernière séance, que la recherche des règles de convergence, pour les séries qui représentent les intégrales générales d'un système d'équations différentielles, se réduit à la recherche de certaines intégrales particulières de ces mêmes équations. Concevons, pour fixer les idées, que, les équations différentielles données étant relatives à un problème de Mécanique, où le temps t est pris pour variable indépendante, elles aient été réduites au premier ordre, et résolues par rapport aux dérivées des inconnues, de manière à offrir les valeurs de ces dérivées en fonction du temps et des inconnues elles-mêmes. On pourra représenter les valeurs générales des inconnues par des séries ordonnées suivant les puissances ascendantes et entières d'un paramètre α, qui serait considéré comme facteur commun des seconds membres de toutes les équations différentielles, et que l'on réduira simplement à l'unité lorsqu'on aura construit les divers développements. D'ailleurs les séries dont il s'agit pourront n'être pas toujours convergentes, quel que soit le temps t. Au contraire, elles cesseront ordinairement d'être convergentes quand la valeur numérique du temps t deviendra supérieure à une certaine limite. Or cette limite sera la plus petite des valeurs de t correspondantes aux intégrales particulières que l'on obtient lorsqu'en supposant le module de α réduit à l'unité, on joint aux équations différentielles données les conditions qui expriment que les inconnues, ou les fonctions propres à représenter les dérivées des inconnues, ou les dérivées de ces fonctions prises par rapport aux inconnues elles-mêmes, deviennent infinies ou discontinues.

Lorsque les intégrales particulières qui doivent fournir les valeurs de t ci-dessus mentionnées ne peuvent pas s'obtenir en termes finis, on peut du moins calculer ces valeurs avec telle approximation que l'on voudra, soit à l'aide de la méthode d'intégration que j'ai développée dans mes Leçons de seconde année à l'École Polytechnique, soit à l'aide de nouveaux développements en séries. On pourrait aussi recourir à divers théorèmes que j'ai donnés dans un Mémoire lithographié vers la fin de 1835, et à quelques autres théorèmes du même genre. Si ces derniers théorèmes ne déterminent pas toujours l'instant précis où les séries qui représentent les intégrales générales des équations différentielles données restent convergentes, ils ont du moins l'avantage de fournir, sans intégration, une limite au-dessous de laquelle on peut faire varier le temps arbitrairement, sans détruire la convergence.

Les principes que je viens d'énoncer, étant appliqués à la Mécanique céleste, donneront immédiatement la solution d'un problème de la plus haute importance, et qui pourtant ne se trouve abordé en aucune manière dans les Ouvrages de nos plus illustres géomètres. Laplace, il est vrai, a étudié, sous le rapport de la convergence, la série qui représente le rayon vecteur d'une planète développé suivant les puissances ascendantes de l'excentricité ; mais ce développement est relatif au mouvement elliptique, c'est-à-dire, au cas où les équations différentielles d'une planète peuvent s'obtenir exactement sans le secours des séries. Dans le cas général, où l'on recherche les lois du mouvement troublé, les séries qui représentent les intégrales de ce mouvement se trouvent ordonnées suivant les puissances ascendantes des masses perturbatrices. Mais, quoique ces masses soient fort petites, on ne sait absolument rien sur la convergence des séries qui les renferment; et il n'est démontré nulle part que ces séries restent convergentes, même pendant un temps très court, même pendant quelques années, même pendant quelques jours. On pourra maintenant réparer cette omission, déterminer une époque en deçà de laquelle les séries obtenues resteront toujours convergentes, et même fixer des limites aux erreurs que l'on commettra en arrêtant ces séries, lorsqu'elles seront convergentes, après un certain nombre de termes.

ANALYSE.

§ Ier. — *Considérations générales sur la convergence des séries qui représentent les intégrales d'un système d'équations différentielles.*

Le temps t étant pris pour variable indépendante, soient

$$x, \quad y, \quad \ldots$$

des inconnues assujetties à vérifier : 1° quel que soit t, les équations différentielles

$$(1) \qquad D_t x = P, \qquad D_t y = Q, \qquad \ldots,$$

dans lesquelles P, Q représentent des fonctions données de $x, y, \ldots, t$;

2° pour $t=\theta$, les conditions

$$(2)\qquad x = \mathrm{x},\quad y = \mathrm{y},\quad \ldots.$$

On pourra considérer les équations (1) comme produites par la réduction du paramètre α à l'unité dans les équations plus générales

$$(3)\qquad \mathrm{D}_t x = \alpha \mathrm{P},\quad \mathrm{D}_t y = \alpha \mathrm{Q},\quad \ldots;$$

et, en vertu de ces dernières, jointes aux conditions (2), on pourra, pour un très petit module du paramètre α, développer en série ordonnée suivant les puissances ascendantes de ce paramètre, ou l'une quelconque des inconnues

$$x,\ y,\ \ldots,$$

ou même une fonction quelconque s de ces inconnues. Si, en désignant par

$$\varsigma,\ \mathfrak{P},\ \mathfrak{Q},\ \ldots$$

les valeurs de

$$s,\ \mathrm{P},\ \mathrm{Q},\ \ldots$$

correspondantes à $t=\theta$, on pose

$$(4)\qquad \square = \mathfrak{P}\mathrm{D}_x + \mathfrak{Q}\mathrm{D}_y + \ldots;$$

si d'ailleurs on nomme

$$\square_{,},\ \square_{,,},\ \ldots$$

ce que devient $\square$ quand on y remplace successivement θ par diverses valeurs auxiliaires

$$\theta_{,},\ \theta_{,,},\ \ldots,$$

la valeur générale de s, développée en série, sera

$$(5)\qquad s = \varsigma + \alpha\int_0^t \square_{,}\varsigma\, d\theta_{,} + \alpha^2 \int_0^t\int_{0_{,}}^t \square_{,}\square_{,,}\varsigma\, d\theta_{,}\, d\theta_{,,} + \ldots;$$

et, si l'on veut en particulier déduire de la formule (5) la valeur de l'inconnue x, on trouvera

$$(6)\qquad x = \mathrm{x} + \alpha\int_0^t \square_{,}\mathrm{x}\, d\theta_{,} + \alpha^2 \int_0^t\int_{0_{,}}^t \square_{,}\square_{,,}\mathrm{x}\, d\theta_{,}\, d\theta_{,,} + \ldots$$

Lorsque les équations (3) se réduiront aux équations (1), alors le paramètre α étant l'unité, les formules (5) et (6) donneront

$$(7)\qquad s = \varsigma + \int_0^t \square_, \varsigma\, d\theta_, + \int_0^t \int_{\theta_,}^t \square_, \square_{,,} \varsigma\, d\theta_, \, d\theta_{,,} + \dots$$

et

$$(8)\qquad x = \mathrm{x} + \int_0^t \square_, \mathrm{x}\, d\theta_, + \int_0^t \int_{\theta_,}^t \square_, \square_{,,} \mathrm{x}\, d\theta_, d\theta_{,,} + \dots.$$

Or, d'après ce qui a été dit dans l'article précédent, les développements des inconnues

$$x, \quad y, \quad \dots,$$

fournis par l'équation (6), et autres semblables, resteront convergents jusqu'au moment où l'accroissement attribué, soit au module du paramètre α, soit à la valeur réelle de t, produira une valeur infinie de l'une des inconnues

$$x, \quad y, \quad \dots,$$

ou bien encore une valeur infinie ou discontinue de l'une des fonctions

$$(9)\qquad \mathrm{P}, \quad \mathrm{Q}, \quad \dots, \quad \mathrm{D}_x\mathrm{P}, \quad \mathrm{D}_x\mathrm{Q}, \quad \dots, \quad \mathrm{D}_y\mathrm{P}, \quad \mathrm{D}_y\mathrm{Q}, \quad \dots.$$

Supposons, pour fixer les idées, que chacune des fonctions (9) ne devienne jamais discontinue sans devenir infinie. Alors les séries qui, dans les formules (6), ..., représentent les valeurs générales des inconnues ne pourront cesser d'être convergentes qu'au moment où l'accroissement attribué à la valeur réelle de t permettra de vérifier l'une des conditions

$$(10)\qquad \begin{cases} x = \dfrac{1}{0}, & y = \dfrac{1}{0}, & \dots, & \mathrm{P} = \dfrac{1}{0}, & \mathrm{Q} = \dfrac{1}{0}, & \dots, \\ \mathrm{D}_x\mathrm{P} = \dfrac{1}{0}, & \mathrm{D}_x\mathrm{Q} = \dfrac{1}{0}, & \dots, & \mathrm{D}_y\mathrm{P} = \dfrac{1}{0}, & \mathrm{D}_y\mathrm{Q} = \dfrac{1}{0}, & \dots. \end{cases}$$

Dans tous les cas la valeur de t, pour laquelle les développements de $x, y, \dots$ cesseront d'être convergents, sera la plus petite de celles pour lesquelles se vérifieront certaines conditions de la forme

$$(11) \qquad s = a,$$

s pouvant désigner successivement les diverses inconnues $x, y, \ldots,$ puis certaines fonctions de $x, y, \ldots, t$, et a désignant une constante réelle ou imaginaire, finie ou infinie. Il nous reste à montrer comment une semblable condition peut servir à déterminer la valeur de t.

Or soit

$$(12) \qquad s = \mathrm{f}(x, y, \ldots, t)$$

la formule par laquelle s se trouve exprimée en fonction des variables $x, y, \ldots, t$; et supposons d'abord que l'on puisse intégrer en termes finis les équations (3). En substituant dans la formule (12) les valeurs de $x, y, \ldots$ que fournissent les intégrales générales de ces équations, on trouvera

$$(13) \qquad s = \mathfrak{F}(\alpha, t),$$

$\mathfrak{F}(\alpha, t)$ désignant une fonction finie de α, t; et, pour vérifier la condition (1), il suffira de chercher les valeurs réelles de t qui serviront de racines à l'équation

$$(14) \qquad a = \mathfrak{F}(\alpha, t).$$

Si les séries que l'on veut étudier, sous le rapport de la convergence, sont les séries (8), ..., c'est-à-dire celles qui représentent les intégrales des équations (1), on devra, dans la formule (14), supposer le module de α réduit à l'unité, et chercher la plus petite des valeurs réelles de t correspondantes à ce module de α. Ajoutons que, si la fonction $\mathrm{f}(x, y, \ldots, t)$ est indépendante de t, la fonction $\mathfrak{F}(\alpha, t)$ sera précisément celle qui, développée en série suivant les puissances ascendantes de α, offrira pour développement le second membre de la formule (5).

Passons au cas où les intégrales des équations (3) ne peuvent s'obtenir en termes finis. Alors en posant, pour abréger,

$$(15) \qquad \mathrm{S} = (\mathrm{D}_t + \mathrm{P}\mathrm{D}_x + \mathrm{Q}\mathrm{D}_y + \ldots)\, \mathrm{f}(x, y, \ldots, t),$$

on reconnaîtra que

$$x, \quad y, \quad \ldots, \quad s,$$

considérées comme fonctions de t, vérifient, non seulement les équations (3), mais encore la suivante :

$$(16) \qquad D_t s = \alpha \mathrm{S}.$$

Si maintenant on prend pour variable indépendante s au lieu de t, les équations (3) et (16) donneront

$$(17) \qquad D_s t = \frac{1}{\alpha \mathrm{S}}, \qquad D_s x = \frac{P}{S}, \qquad D_s y = \frac{Q}{S}, \qquad \ldots.$$

Soit d'ailleurs $\mathcal{S}$ ce que devient S quand on y remplace

$$x, \quad y, \quad \ldots, \quad t$$

par

$$\mathrm{x}, \quad \mathrm{y}, \quad \ldots, \quad \theta,$$

et supposons la valeur de $\square$ déterminée, non plus par la formule (4), mais par la suivante :

$$(18) \qquad \square = \frac{1}{\alpha \mathcal{S}} D_\theta + \frac{\mathcal{P}}{\mathcal{S}} D_{\mathrm{x}} + \frac{\mathcal{Q}}{\mathcal{S}} D_{\mathrm{y}} + \ldots.$$

Pour obtenir la valeur cherchée de t, il suffira d'intégrer l'équation caractéristique

$$(19) \qquad (D_\varsigma + \square)\, t = 0,$$

de manière que pour $s = \varsigma$ on ait $t = \theta$, puis de poser dans l'intégrale trouvée

$$s = 0.$$

Alors la valeur de t, fournie par cette intégrale, ne dépendra plus que du paramètre α, et, en réduisant le module de ce paramètre à l'unité, on devra en déterminer l'argument de manière que la valeur de t soit réelle et la plus petite possible.

La valeur de t ainsi obtenue se trouvera exprimée en nombres. Elle sera ce qu'on pourrait appeler une *intégrale définie* du système des équations (17), ou de l'équation (19).

Pour calculer la valeur exacte ou du moins approchée de l'intégrale définie dont nous venons de parler, on peut appliquer à l'intégration des équations (17), ou de la formule (19), la méthode que j'ai autrefois exposée dans mes Leçons de seconde année à l'École Polytechnique, et que j'ai rappelée dans un Mémoire lithographié vers la fin de l'année 1835, ou bien encore la méthode d'intégration par séries. La première méthode, dans laquelle les intégrales particulières d'un système d'équations différentielles sont considérées comme représentant les limites vers lesquelles convergent les intégrales d'un système d'équations aux différences finies, fournit, comme on sait, les valeurs numériques des premières intégrales avec une approximation qui se trouve mesurée par la méthode elle-même, et qui peut être rendue aussi considérable que l'on voudra. Quant à la méthode d'intégration par séries, elle pourra s'appliquer de diverses manières à l'équation (19); et cette application sera très avantageuse, si l'on parvient à décomposer $\square$ en deux parties dont la première diffère peu de $\square$ et permette, lorsqu'on la substitue à $\square$, d'obtenir une intégrale de l'équation (19) en termes finis.

Au reste, on pourra, dans un grand nombre de cas, employer, pour calculer la valeur cherchée de t, la formule même en laquelle se change l'équation (7) lorsque l'on substitue la variable t à la variable s, en supposant la valeur de $\square$ déterminée, non plus par l'équation (4), mais par l'équation (18). D'ailleurs comme, dans cette supposition, les valeurs de

$$\square, \quad \square_{\prime}, \quad \square_{\prime\prime}, \quad \ldots$$

seront égales, attendu que ς n'entre pas dans le second membre de la formule (18), il est clair qu'au lieu de la formule (7) on obtiendra la suivante :

$$t = \theta + \frac{s - \varsigma}{1} \square\theta + \frac{(s - \varsigma)^2}{1.2} \square^2\theta + \ldots. \tag{20}$$

Si, dans cette dernière, on pose $s = a$, elle donnera la valeur cherchée de t, savoir

$$t = \theta + \frac{a - \varsigma}{1} \square\theta + \frac{(a - \varsigma)^2}{1.2} \square^2\theta + \ldots. \tag{21}$$

Si, au lieu de substituer à la formule (12) une nouvelle équation différentielle, savoir l'équation (16), on se servait simplement de la formule (12) pour éliminer des équations (3) l'une des inconnues $x, y, \ldots,$ en substituant par exemple s à x, alors P, Q, ... et la valeur de S donnée par la formule (15) devraient être considérées comme fonctions de

$$s,\quad y,\quad \ldots,\quad t;$$

et en nommant $\mathcal{Q}, \ldots, \mathcal{S}$ ce que deviendraient Q, ..., S, après la substitution de ς, y, ..., θ, à $s, y, \ldots, t$, il faudrait, pour déterminer la valeur cherchée de t, joindre à l'équation (19), non plus la formule (18), mais la suivante :

$$\square = \frac{\mathcal{Q}}{\mathcal{S}} \mathrm{D}_{y} + \ldots + \frac{1}{\alpha \mathcal{S}} \mathrm{D}_{\theta}. \tag{22}$$

D'ailleurs, ς se trouvant alors renfermé dans les fonctions $\mathcal{Q}, \ldots, \mathcal{S}$, il faudrait encore à l'équation (20) substituer celle-ci

$$t = \theta + \int_{\varsigma_{\prime}}^{a} \square_{\prime} \theta \, d\varsigma_{\prime} + \int_{\varsigma}^{a} \int_{\varsigma_{\prime}}^{a} \square_{\prime} \square_{\prime\prime} \theta \, d\varsigma_{\prime} \, d\varsigma_{\prime\prime} + \ldots, \tag{23}$$

$\square_{\prime}, \square_{\prime\prime}, \ldots$ étant ce que deviendrait $\square$ quand on y remplacerait successivement ς par diverses variables auxiliaires $\varsigma_{\prime}, \varsigma_{\prime\prime}, \ldots.$

§ II. — *Applications des principes établis dans le premier paragraphe à une équation différentielle du premier ordre.*

Concevons que les équations (3) du § Ier se réduisent à une seule, et supposons en conséquence l'inconnue x assujettie à vérifier : 1° quel que soit t, la formule

$$\mathrm{D}_t x = \alpha \mathrm{P}, \tag{1}$$

dans laquelle P désigne une fonction de x et t; 2° pour $t = \theta$, la condition

$$x = \mathrm{x}. \tag{2}$$

Si, en nommant $\mathcal{P}$ la valeur de P correspondante aux valeurs x, θ des variables x, t, on prend

$$(3)\qquad \Box = \mathfrak{P} \mathrm{D}_{\mathrm{x}},$$

on aura, pour de très petites valeurs du module de α,

$$(4)\qquad x = \mathrm{x} + \alpha \int_{\theta}^{t} \Box_{,} \mathrm{x}\, d\theta_{,} + \alpha^2 \int_{\theta}^{t} \int_{\theta_{,}}^{t} \Box_{,} \Box_{,,} \mathrm{x}\, d\theta_{,}\, d\theta_{,,} + \ldots,$$

$\Box_{,}, \Box_{,,}, \ldots$ étant ce que devient $\Box$ quand on y remplace successivement θ par diverses variables auxiliaires $\theta_{,}$, $\theta_{,,}$, ... Si d'ailleurs les fonctions

$$\mathrm{P}, \quad \mathrm{D}_x \mathrm{P}$$

ne peuvent devenir discontinues qu'en devenant infinies, la formule (6) continuera généralement de subsister, et de fournir le développement de x en série convergente ordonnée suivant les puissances ascendantes de α, jusqu'au moment où l'accroissement attribué, soit à la valeur réelle de t, soit au module de α, permettra de vérifier l'une des conditions

$$(5)\qquad x = \tfrac{1}{0}, \qquad \mathrm{P} = \tfrac{1}{0}, \qquad \mathrm{D}_x \mathrm{P} = \tfrac{1}{0}.$$

Dans le cas particulier où l'on prend $\alpha = 1$, l'équation (1) se réduit à

$$(6)\qquad \mathrm{D}_t x = \mathrm{P},$$

et la valeur de x, développée en série, à

$$(7)\qquad x = \mathrm{x} + \int_{\theta}^{t} \Box_{,} \mathrm{x}\, d\theta_{,} + \int_{\theta}^{t} \int_{\theta_{,}}^{t} \Box_{,} \Box_{,,} \mathrm{x}\, d\theta_{,}\, d\theta_{,,} + \ldots.$$

Cherchons maintenant à déduire de l'équation (1), jointe aux conditions (5), la valeur de t pour laquelle le développement de x cesse d'être convergent; et, pour plus de commodité, supposons d'abord que chacune des formules (5), résolue par rapport à x, fournisse seulement des valeurs de x indépendantes de t. Si l'on nomme a une de ces valeurs, il faudra, pour trouver les conditions de convergence du développement de x, tirer de l'équation (1) la valeur de t correspondante à

$$x = a, \tag{8}$$

en supposant déjà connue la valeur θ de t correspondante à $x = \mathrm{x}$. Par suite, dans l'intégration particulière qu'il s'agira d'effectuer, t deviendra l'inconnue, x remplissant au contraire le rôle de variable indépendante. Il y a plus, on n'aura point à rechercher la valeur générale de l'inconnue t correspondante à une valeur quelconque de la variable indépendante x, mais seulement la valeur particulière de t qui correspond à $x = a$. Or, pour résoudre ce dernier problème, il suffira souvent de développer, non plus la variable x suivant les puissances ascendantes de α, mais la variable t suivant les puissances ascendantes de $\frac{1}{\alpha}$, en appliquant l'intégration par séries à l'équation (1), mise sous la forme

$$\mathrm{D}_x t = \alpha^{-1} \mathrm{P}^{-1}. \tag{9}$$

Effectivement, en vertu de cette équation, la variable t sera développable, pour de très grands modules de α, en série convergente ordonnée suivant les puissances ascendantes de α^{-1}; et si l'on suppose la valeur de $\square$ déterminée, non plus par la formule (3), mais par la suivante

$$\square = \mathfrak{P}^{-1} \mathrm{D}_\theta; \tag{10}$$

si d'ailleurs on nomme

$$\square_{,}, \quad \square_{,,}, \quad \dots$$

ce que devient $\square$ quand on y remplace successivement x par diverses variables auxiliaires

$$\mathrm{x}_{,}, \quad \mathrm{x}_{,,}, \quad \dots,$$

on tirera de l'équation différentielle (9)

$$t = \theta + \alpha^{-1} \int_{\mathrm{x}}^{x} \square_{,} \theta \, d\mathrm{x}_{,} + \alpha^{-2} \int_{\mathrm{x}}^{x} \int_{\mathrm{x}_{,}}^{x} \square_{,} \square_{,,} \theta \, d\mathrm{x}_{,} \, d\mathrm{x}_{,,} + \dots. \tag{11}$$

Donc la valeur particulière de t, correspondante à $x = a$, sera

$$(12) \qquad t = \theta + \alpha^{-1} \int_{\mathrm{x}}^{a} \square_{,} \theta \, d\mathrm{x}_{,} + \alpha^{-2} \int_{\mathrm{x}}^{a} \int_{\mathrm{x}_{,}}^{a} \square_{,} \square_{,,} \theta \, d\mathrm{x}_{,} d\mathrm{x}_{,,} + \ldots.$$

Les intégrales définies, comprises dans cette dernière formule, se réduisent à des nombres, puisque l'on connaît, par hypothèse, les valeurs des quantités x, θ et a. Donc, à l'aide de la formule (12), lorsque le second membre de cette formule sera convergent, et pour chaque valeur donnée de α, on pourra calculer la valeur de t correspondante à une valeur constante a de x, tirée des formules (5).

La formule (12), particulièrement relative au cas où chacune des conditions (5) fournit des valeurs constantes de x, est semblable à l'équation (23) du § Ier, de laquelle on la déduit en remplaçant

$$s, \quad \varsigma, \quad \mathrm{S}, \quad \mathfrak{S}$$

par

$$x, \quad \mathrm{x}, \quad \mathrm{P}, \quad \mathfrak{P},$$

et $\square$ par $\frac{1}{\alpha}\square$.

Concevons maintenant que l'une quelconque des conditions fournies par les équations (5) soit présentée sous la forme

$$(13) \qquad s = a,$$

s désignant une fonction réelle ou imaginaire $\mathrm{f}(x, t)$ des variables x, t, et a étant une constante réelle ou imaginaire, finie ou infinie. On pourra, dans un grand nombre de cas, déterminer la valeur cherchée de t, à l'aide de la formule (21) du § Ier. Alors, en posant

$$(14) \qquad \mathrm{S} = (\mathrm{P}\mathrm{D}_x + \mathrm{D}_t)\, \mathrm{f}(x, t),$$

et nommant

$$\mathfrak{P}, \quad \mathfrak{S}, \quad \varsigma$$

ce que deviennent

$$\mathrm{P}, \quad \mathrm{S}, \quad s$$

quand on y remplace x, t par x, θ, on aura

$$(15) \qquad t = \theta + \frac{a - \varsigma}{1} \square \theta + \frac{(a - \varsigma)^2}{1.2} \square^2 \theta + \ldots,$$

la valeur de $\square$ étant

$$\square = \frac{\mathfrak{P}}{\mathfrak{S}} D_x + \frac{1}{\alpha \mathfrak{S}} D_\theta. \tag{16}$$

Lorsqu'à l'aide de la formule (12) ou (15), ou autres semblables, on aura calculé, pour un module donné de a, les diverses valeurs réelles de t correspondantes aux diverses solutions des conditions (5), la plus petite de ces valeurs sera généralement la limite que t ne pourra dépasser sans que le développement de x cesse d'être convergent.

Si l'on supposait donnée en nombres la valeur extrême de t, les mêmes formules pourraient servir à déterminer le module de α, pour lequel la série qui représente le développement de x cesse d'être convergente.

Pour montrer une application des principes que nous venons d'exposer, prenons

$$P = x^3 t.$$

Alors, l'équation (1) étant réduite à

$$D_t x = \alpha x^3 t, \tag{17}$$

le développement de x, fourni par l'équation (12), sera

$$x = X + \tfrac{1}{2}\alpha X^3 (t^2 - \theta^2) + \frac{1.3}{2.4}\alpha^2 X^5 (t^2 - \theta^2)^2 + \ldots; \tag{18}$$

et, comme les expressions

$$P = x^3 t, \qquad D_x P = 3x^2 t$$

ne cesseront d'être des fonctions finies et continues de x que pour $x = \frac{1}{0}$, la seule valeur que a pourra recevoir sera

$$a = \tfrac{1}{0}.$$

Cela posé, la formule (12) donnera

$$t = \theta + \tfrac{1}{2}\alpha^{-1}\theta^{-1}X^{-2} - \frac{1}{2.4}\alpha^{-2}\theta^{-3}X^{-4} + \frac{1.3}{4.5.6}\alpha^{-2}\theta^{-5}X^{-6} - \ldots. \tag{19}$$

Si, pour fixer les idées, on prend

$$\mathrm{x}=1, \qquad \theta=1,$$

en supposant le module de α réduit à l'unité, la plus petite des valeurs réelles de t fournies par l'équation (19) sera

$$t=1+\tfrac{1}{2}-\frac{1}{2.4}+\frac{1.3}{2.4.6}-\ldots=1,4142\ldots,$$

et par suite le développement de x, réduit à

$$x=1+\tfrac{1}{2}(t^2-1)+\frac{1.3}{2.4}(t^2-1)^2+\frac{1.3.5}{2.4.6}(t^2-1)^3+\ldots,$$

restera convergent tant que la valeur de t restera inférieure au nombre

$$1,4142\ldots.$$

Il est facile de vérifier cette conclusion, attendu que l'équation (17) est une de celles dont l'intégrale générale peut s'obtenir en termes finis. Cette intégrale, étant

$$\frac{1}{\mathrm{x}^2}-\frac{1}{x^2}=\alpha(t^2-\theta^2),$$

donne pour x la valeur suivante

$$x=\mathrm{x}[1-\alpha\mathrm{x}^2(t^2-\theta^2)]^{-\frac{1}{2}},$$

qui se développe en série convergente, ordonnée suivant les puissances ascendantes de α, quand t conserve une valeur numérique inférieure à celle que détermine la formule

$$\alpha\mathrm{x}^2(t^2-\theta^2)=1.$$

D'ailleurs on tire de cette formule, en supposant θ et t positifs,

$$(20) \qquad t=\theta(1+\alpha^{-1}\theta^{-2}\mathrm{x}^{-2})^{\frac{1}{2}},$$

et il est aisé de s'assurer que le second membre de l'équation (20) représente précisément la série que renferme l'équation (19). Dans le cas particulier où l'on réduit chacune des quantités

$$\alpha, \quad \theta, \quad \mathrm{x}$$

à l'unité, la formule (20) donne simplement

$$t = \sqrt{2} = 1,4142\ldots.$$

Considérons maintenant à part la première des formules (5), et nommons T la valeur de t correspondante à la valeur infinie de x que donne cette même formule. Enfin soient

$$\xi, \quad \tau$$

deux valeurs correspondantes de x et t qui se rapprochent beaucoup, la première de la limite $\frac{1}{0}$, la seconde de la limite T; et posons, pour plus de commodité,

$$\mathrm{P} = f(x, t).$$

On tirera de la formule (9)

$$\mathrm{T} - \tau = \alpha^{-1} \int_{\xi}^{\frac{1}{0}} \frac{dx}{\mathrm{P}},$$

ou, ce qui revient au même,

$$\mathrm{T} - \tau = \alpha^{-1} \int_{\xi}^{\frac{1}{0}} \frac{dx}{f(x, t)}, \tag{21}$$

la quantité t que renferme sous le signe $\int$ la fonction $f(x, t)$ étant variable avec x, mais toujours peu différente de T. Donc, si T n'est pas infini, la formule (21) donnera sensiblement

$$\mathrm{T} - \tau = \alpha^{-1} \int_{\xi}^{\frac{1}{0}} \frac{dx}{f(x, \mathrm{T})};$$

et comme alors la valeur numérique de $\mathrm{T} - \tau$ sera très petite, il faudra que l'intégrale définie singulière

$$\int_{\xi}^{\frac{1}{0}} \frac{dx}{f(x, \mathrm{T})} \tag{22}$$

diffère peu de zéro. Si cette dernière condition n'est pas remplie, on devra en conclure qu'à la valeur infinie de x, fournie par la première des conditions (5), correspond une valeur infinie de t. Donc alors on pourra ne pas tenir compte de la première des conditions (5), et, si ces trois conditions se réduisent à la première, x ne cessera jamais d'être développable en série convergente, ordonnée suivant les puissances ascendantes de α.

Supposons, pour fixer les idées,

$$f(x, t) = x\,\mathrm{f}(t) + \mathrm{F}(t),$$

$\mathrm{f}(t)$, $\mathrm{F}(t)$ désignant deux fonctions de t, dont chacune reste finie et continue pour toutes les valeurs finies de t. Alors les trois conditions (5) se réduiront effectivement à la première, et l'intégrale singulière (22), loin d'être infiniment petite, sera généralement infinie. Donc la valeur T de t correspondante à $x = \frac{1}{0}$ sera infinie, et l'équation différentielle

$$\mathrm{D}_t x = \alpha[x\,\mathrm{f}(t) + \mathrm{F}(t)], \tag{23}$$

qui est tout à la fois du premier ordre et du premier degré par rapport à l'inconnue x, offrira une intégrale générale, en vertu de laquelle x sera toujours développable en série ordonnée suivant les puissances ascendantes de α. On peut aisément vérifier l'exactitude de cette conclusion, l'intégrale générale de l'équation (23) étant

$$x = e^{\alpha \int_0^t \mathrm{f}(t)\,dt}\left[\mathrm{X} + \alpha \int_0^t \mathrm{F}(t) e^{-\alpha \int_0^t \mathrm{f}(t)\,dt}\right]. \tag{24}$$

Il n'en serait plus de même si à l'équation (23) on substituait la suivante

$$\mathrm{D}_t x = x^m[x\,\mathrm{f}(t) + \mathrm{F}(t)], \tag{25}$$

m étant un nombre entier quelconque, ou si plus généralement la fonction de x et de t, représentée par P dans l'équation (1), était, relativement à x, une fonction entière d'un degré supérieur au premier.

Alors, en vertu des formules (5), la seule valeur que a pourrait recevoir serait encore

$$a = \frac{1}{0};$$

mais l'intégrale (22) deviendrait généralement infiniment petite, et la valeur de t correspondante à

$$x = a = \frac{1}{0}$$

resterait généralement finie. On pourrait d'ailleurs employer à la recherche de cette valeur la formule (12) ou (15). Si, pour fixer les idées, on supposait l'équation (1) réduite à

$$(26) \qquad \mathrm{D}_t x = \alpha \frac{x(x+t)}{t^2},$$

la formule (12) donnerait

$$(27) \quad \begin{cases} t = \theta + \alpha^{-1}\theta \,\mathrm{l}\left(1 + \dfrac{\theta}{\mathrm{X}}\right) \\ \quad + \alpha^{-2}\theta \left\{ \mathrm{l}\left(1 + \dfrac{\theta}{\mathrm{X}}\right) - \dfrac{\theta}{\mathrm{X}+\theta} + \dfrac{1}{2}\left[\mathrm{l}\left(1 + \dfrac{\theta}{\mathrm{X}}\right)\right]^2 \right\} + \ldots, \end{cases}$$

et fournirait la valeur que t ne peut dépasser sans que le développement de x cesse d'être convergent. On peut encore vérifier directement cette dernière conclusion; car, l'équation (26) étant homogène, son intégrale générale peut s'obtenir en termes finis. Or cette intégrale générale, étant

$$(28) \qquad \frac{\alpha x + (\alpha - 1)t}{x} t^{\alpha - 1} = \frac{\alpha \mathrm{X} + (\alpha - 1)\theta}{\mathrm{X}} \theta^{\alpha - 1},$$

donnera

$$(29) \qquad x = \frac{(\alpha - 1)t^\alpha}{c - \alpha t^{\alpha - 1}},$$

pourvu que l'on pose

$$c = \frac{\alpha \mathrm{X} + (\alpha - 1)\theta}{\mathrm{X}} \theta^{\alpha - 1},$$

et la valeur de x fournie par l'équation (29) ne cessera d'être développable suivant les puissances ascendantes de α, qu'au moment où elle deviendra discontinue en devenant infinie, pour la valeur de t fournie par l'équation

$$t = \left(\frac{c}{\alpha}\right)^{\frac{1}{\alpha-1}}$$

ou

$$(30) \qquad t = \theta\left(1 + \frac{\theta}{X} - \frac{\theta}{\alpha X}\right)^{\frac{1}{\alpha-1}}$$

Or cette dernière valeur de t a pour développement le second membre de la formule (27).

Si l'on supposait l'équation (1) réduite à

$$(31) \qquad D_t x = x^{-m}[x\,f(t) + F(t)],$$

m désignant toujours un nombre entier, les formules (5) fourniraient deux valeurs constantes de x, savoir $x = \frac{1}{0}$, et $x = 0$; et l'on pourrait faire abstraction de la première, puisque l'intégrale (22) deviendrait infinie. Donc alors, pour déduire de l'équation (12) ou (15) la valeur de t, il faudrait, dans cette équation, réduire à zéro la constante a.

En terminant cet article, nous ferons une remarque importante. Suivant le principe général rappelé au commencement du Mémoire, une fonction de α est généralement développable en série convergente ordonnée suivant les puissances ascendantes de α jusqu'au moment où le module de α devait être assez grand pour que la fonction ou sa dérivée devienne infinie ou discontinue. Donc, si les inconnues $x, y, \ldots$ sont des fonctions de α, représentées par les intégrales d'équations différentielles de la forme

$$D_t x = \alpha P, \qquad D_t y = \alpha Q, \qquad \ldots,$$

les développements de ces inconnues pourront cesser d'être convergents, soit lorsque les valeurs de

$$x, \quad y, \quad \ldots$$

deviendront infinies ou discontinues, soit lorsque les dérivées

$$D_\alpha x, \quad D_\alpha y, \quad \ldots$$

deviendront elles-mêmes infinies ou discontinues. Si donc, les valeurs de $x, y, \ldots$ restant finies et continues, les dérivées $D_\alpha x$, $D_\alpha y, \ldots$ pouvaient cesser de l'être, il faudrait, aux conditions auxquelles nous avons eu égard, joindre des conditions nouvelles fournies par la considération de ces dérivées. Mais il paraît qu'en général ces nouvelles conditions ne diffèrent pas des premières. C'est du moins la conclusion à laquelle on se trouve conduit lorsque les équations différentielles données se réduisent à une seule équation de la forme

$$D_t x = \alpha P.$$

En effet de cette équation, différentiée par rapport à α, on tire

$$D_t D_\alpha x = P + \alpha D_\alpha x D_x P,$$

puis, en considérant x comme fonction de t,

$$(32) \qquad D_\alpha x = e^{\alpha \int_0^t D_x P\, dt} \int_0^t P e^{-\alpha \int_0^t D_x P\, dt} dt;$$

et, pour que cette dernière valeur de $D_\alpha x$ devienne infinie ou discontinue, il faut évidemment que l'une des quantités

$$y, \quad P, \quad D_x P$$

devienne elle-même infinie ou discontinue.

103.

ANALYSE MATHÉMATIQUE. — *Sur les fonctions interpolaires.*

C. R., t. XI, p. 775 (16 novembre 1840).

Certaines fonctions, issues les unes des autres, et que M. Ampère a désignées sous le nom de *fonctions interpolaires* (*voir* les *Annales* de M. Gergonne, année 1826), jouissent de propriétés remarquables, et dont quelques-unes, connues peut-être de notre illustre Confrère, ne se trouvent pourtant pas énoncées dans son Mémoire. L'une de ces propriétés fournit immédiatement des limites des restes qui complètent, non seulement la série de Taylor, arrêtée après un certain nombre de termes, mais encore des séries analogues, par exemple celle qui, dans le calcul des différences finies, offre le développement d'une fonction de x ordonné suivant des produits de facteurs équidifférents dont chacun est linéaire par rapport à x. L'objet du présent Mémoire est de rappeler ou d'établir les propriétés des fonctions interpolaires, et leur emploi dans la théorie des suites. Je montrerai plus tard le parti que l'on peut tirer de ces mêmes propriétés pour la résolution des équations algébriques ou transcendantes.

ANALYSE.

§ Ier. — *Propriétés générales des fonctions interpolaires.*

Soient

$$f(x)$$

une fonction donnée de la variable x,

$$a, \quad b, \quad c, \quad \ldots, \quad h, \quad k$$

une série des valeurs attribuées à cette variable; et posons

$$(1) \qquad f(a, b) = \frac{f(a) - f(b)}{a - b}, \qquad f(a, b, c) = \frac{f(a, b) - f(a, c)}{(b - c)}, \qquad \ldots.$$

Les expressions

$$f(a, b), \quad f(a, b, c); \quad \ldots$$

seront, suivant les définitions admises par M. Ampère, les *fonctions interpolaires* de divers ordres, issues les unes des autres, et formées avec les valeurs particulières

$$f(a), \quad f(b), \quad f(c), \quad \ldots$$

de la fonction principale $f(x)$.

Or, comme on aura, en vertu des formules (1),

$$(2)\quad f(a, x) = \frac{f(a) - f(x)}{a - x}, \qquad f(a, b, x) = \frac{f(a, b) - f(a, x)}{b - x}, \qquad \ldots,$$

on en conclura

$$(3)\quad \begin{cases} f(x) = f(a) + (x - a) f(x), \\ f(x) = f(a) + (x - a) f(a, b) + (x - a)(x - b) f(a, b, x), \\ \ldots\ldots\ldots\ldots\ldots\ldots\ldots\ldots, \end{cases}$$

et par suite

$$(4)\quad \begin{cases} f(b) = f(a) + (b - a) f(a, b), \\ f(c) = f(a) + (c - a) f(a, b) + (c - a)(c - b) f(a, b, c), \\ \ldots\ldots\ldots\ldots\ldots\ldots\ldots\ldots \end{cases}$$

En vertu des équations (1) et (4), étant donnés les termes de l'une des suites

$$f(a), \quad f(b), \quad f(c), \quad \ldots, \quad f(k),$$
$$f(a), \quad f(a, b), \quad f(a, b, c), \quad \ldots, \quad f(a, b, c, \ldots, k),$$

les termes de l'autre suite s'en déduiront immédiatement. De plus, en partant des formules (1), (2), (3), (4), on établit aisément les propositions suivantes :

Théorème I. — *Lorsque* $f(x)$ *désigne une fonction de* x*, entière et du degré* n*, les termes de la suite*

$$f(x), \quad f(a, x), \quad f(a, b, x), \quad f(a, b, c, x), \quad \ldots$$

représentent des fonctions entières de x *dont les degrés sont respectivement*

$$n, \quad n-1, \quad n-2, \quad n-3, \quad \ldots.$$

Théorème II. — $f(x)$ *désignant une fonction quelconque, et*

$$a, \quad b, \quad c, \quad \ldots, \quad h, \quad k$$

$n+1$ *valeurs particulières attribuées à la variable* x*, si l'on nomme* $F(x)$

une fonction de x, entière et du degré n, déterminée par la formule

$$(5)\quad \begin{cases} F(x) = f(a) + (x-a)f(a,b) + (x-a)(x-b)f(a,b,c) + \ldots \\ \qquad + (x-a)(x-b)(x-c)\ldots(x-h)f(a,b,c,\ldots h,k), \end{cases}$$

on aura

$$(6)\quad F(a)=f(a),\quad F(b)=f(b),\quad F(c)=f(c),\quad \ldots,\quad F(h)=f(h),\quad F(k)=f(k)$$

et

$$(7)\quad f(x) = F(x) + (x-a)(x-b)(x-c)\ldots(x-h)(x-k)f(a,b,c,\ldots h,k,x).$$

Démonstration. — Les formules (6) résultent immédiatement de la formule (5) jointe aux équations (4). De plus, pour obtenir la formule (7), il suffit de joindre la formule (5) à l'une des équations (3).

THÉORÈME III. — *Les expressions*

$$f(a,b),\quad f(a,b,c),\quad \ldots$$

sont des fonctions symétriques, la première de a et b, la seconde de a, b, c, ...

Une démonstration très simple de ce théorème, différente de celle qu'a donnée M. Ampère, se déduit aisément de la formule (5). En effet, si dans la formule (5) on échange entre elles les lettres a, b, c, ..., h, k d'une manière quelconque, les diverses valeurs de $F(x)$ que l'on obtiendra seront identiques, puisque chacune d'elles devra vérifier les conditions (6), et qu'une seule fonction de x, entière et du degré n, peut vérifier ces conditions dont le nombre est $n+1$. Donc le coefficient de x^n, dans le second membre de la formule (5), ou l'expression

$$f(a,b,c,\ldots,h,k),$$

sera une fonction symétrique de a, b, c, ..., h, k.

THÉORÈME IV. — *Une fonction interpolaire de l'ordre n, dans laquelle les valeurs particulières de la variable deviennent égales, se confond avec la dérivée de l'ordre n de la fonction principale, divisée par le produit*

$$1.2.3\ldots n,$$

en sorte que l'on a

$$(8)\quad \mathrm{f}(x, x) = \mathrm{f}'(x), \qquad \mathrm{f}(x, x, x) = \frac{\mathrm{f}''(x)}{1.2}, \qquad \mathrm{f}(x, x, x, x) = \frac{\mathrm{f}'''(x)}{1.2.3}, \qquad \ldots.$$

THÉORÈME V. — *Si la fonction* $\mathrm{f}(x)$ *est de la forme*

$$\mathrm{f}(x) = \alpha\varphi(x) + 6\chi(x) + \gamma\psi(x) + \ldots,$$

α, 6, γ, ... *désignant des coefficients constants, on en conclura*

$$\mathrm{f}(x, y) = \alpha\varphi(x, y) + 6\chi(x, y) + \gamma\psi(x, y) + \ldots,$$
$$\mathrm{f}(x, y, z) = \alpha\varphi(x, y, z) + 6\chi(x, y, z) + \gamma\psi(x, y, z) + \ldots,$$
$$\ldots\ldots\ldots\ldots\ldots\ldots\ldots\ldots\ldots\ldots$$

THÉORÈME VI. — *Soient* $\mathrm{f}(x)$ *une fonction réelle, et*

$$x_0, \quad \mathrm{X}$$

deux valeurs réelles attribuées à la variable x. Si entre ces valeurs on en interpose d'autres

$$x_1, \quad x_2, \quad \ldots, \quad x_{n-1},$$

tellement choisies que les quantités

$$x_0, \quad x_1, \quad x_2, \quad \ldots, \quad x_{n-1}, \quad \mathrm{X}$$

forment une suite croissante ou décroissante depuis le premier terme jusqu'au dernier, la fonction interpolaire qui correspond à ces deux termes, ou l'expression

$$\mathrm{f}(x_0, \mathrm{X}),$$

sera une quantité moyenne entre les suivantes

$$\mathrm{f}(x_0, x_1), \quad \mathrm{f}(x_1, x_2), \quad \ldots, \quad \mathrm{f}(x_{n-1}, \mathrm{X}),$$

c'est-à-dire comprise entre la plus petite et la plus grande de ces dernières fonctions. Donc, si l'on se sert de la notation

$$\mathrm{M}(u, v, w, \ldots)$$

pour désigner une moyenne entre diverses quantités u, v, w, ..., on aura

$$f(x_0, X) = M[f(x_0, x_1), \quad f(x_1, x_2), \quad \ldots, \quad f(x_{n-1}, X)]. \tag{9}$$

Démonstration. — En effet, les expressions

$$f(x_0, x_1), \quad f(x_1, x_2), \quad \ldots, \quad f(x_{n-1}, X)$$

sont respectivement équivalentes aux fractions

$$\frac{f(x_1) - f(x_0)}{x_1 - x_0}, \quad \frac{f(x_2) - f(x_1)}{x_2 - x_1}, \quad \ldots, \quad \frac{f(X) - f(x_{n-1})}{X - x_{n-1}};$$

et, celles-ci ayant pour dénominateurs des quantités de même signe, si l'on divise la somme des numérateurs par la somme des dénominateurs, on obtiendra une nouvelle fraction moyenne entre les précédentes. Or cette nouvelle fraction sera

$$\frac{f(X) - f(x_0)}{X - x_0} = f(x_0, X).$$

Corollaire. — Soient

$$f(g, h), \quad f(k, l)$$

la plus petite et la plus grande des quantités

$$f(x_0, x_1), \quad f(x_1, x_2), \quad \ldots, \quad f(x_{n-1}, X).$$

L'équation (9) donnera

$$f(x_0, X) = M[f(g, h), \quad f(k, l)]. \tag{10}$$

Supposons maintenant que la fonction $f(x)$ reste finie et continue entre les limites $x = x_0$, $x = X$. On pourra en dire autant de la fonction $f(x, y)$, tant que les valeurs de x et de y resteront comprises entre les limites x_0, X; et par suite l'expression

$$f[g + \theta(k - g), h + \theta(l - h)], \tag{11}$$

qui acquiert les valeurs particulières

$$f(g, h), \quad f(k, l)$$

quand on y pose successivement

$$\theta = 0, \qquad \theta = 1,$$

variera elle-même par degrés insensibles, en passant de la première valeur à la seconde, tandis que le nombre θ variera entre les limites 0, 1. Donc la quantité

$$f(x_0, X),$$

qui, en vertu de la formule (10), est intermédiaire entre

$$f(g, h) \text{ et } f(k, l),$$

représentera, dans l'hypothèse admise, une valeur de l'expression (11) correspondante à une valeur de θ plus petite que l'unité. Concevons que, pour cette valeur de θ, on ait

$$g + \theta(k - g) = u, \qquad h + \theta(l - h) = v;$$

les quantités u, v seront, ainsi que g, h, l et k, comprises entre les limites x_0, X, et la formule (10) donnera

$$(12) \qquad f(x_0, X) = f(u, v).$$

D'ailleurs la quantité

$$v - u = h - g + \theta[l - k - (h - g)]$$

restera comprise entre les limites

$$h - g, \quad l - k,$$

et par conséquent sa valeur numérique ne pourra surpasser la plus grande différence entre deux termes consécutifs de la suite

$$x_0, \quad x_1, \quad x_2, \quad \ldots, \quad x_{n-1}, \quad X.$$

Or, en faisant croître indéfiniment le nombre n, on peut rendre cette différence, et par suite la valeur numérique de $v - u$, aussi petite que l'on voudra. On peut donc énoncer encore la proposition suivante, que l'on déduit immédiatement de la formule (12), en y remplaçant les limites x_0, X par deux autres quantités a, b, comprises elles-mêmes entre ces limites.

THÉORÈME VII. — *Soient* $f(x)$ *une fonction de la variable* x, *qui reste continue entre les limites* $x = x_0$, $x = \mathrm{X}$, *et*

$$a, \quad b$$

deux valeurs réelles de x *comprises entre ces limites. On pourra interposer entre* a *et* b *deux nouvelles valeurs* u, v *de la variable* x, *qui vérifient la condition*

$$f(a, b) = f(u, v), \tag{13}$$

et diffèrent l'une de l'autre d'une quantité inférieure à tout nombre donné ε.

Corollaire I. — Lorsque la fonction principale $f(x)$ reste continue entre les limites $x = x_0$, $x = \mathrm{X}$, alors, en supposant les valeurs particulières a, b de x comprises entre ces limites, on peut, sans altérer la valeur de $f(a, b)$, rapprocher ces deux valeurs l'une de l'autre de manière à rendre leur différence inférieure à tout nombre donné ε.

Corollaire II. — Soient maintenant

$$a, \quad b, \quad c$$

trois valeurs particulières de x toujours comprises entre les limites x_0, X, et supposons d'abord la valeur b renfermée entre a et c. La fonction interpolaire du second ordre

$$f(a, b, c) = \frac{f(b, c) - f(a, b)}{c - a},$$

formée avec les trois valeurs $f(a)$, $f(b)$, $f(c)$ de la fonction principale $f(x)$, pourra encore être considérée comme une fonction interpolaire du premier ordre, formée avec les valeurs $f(b, c)$, $f(a, b)$ de la fonction principale $f(b, x)$. Donc, en vertu du corollaire I, on pourra, dans l'expression

$$f(a, b, c),$$

rapprocher l'une de l'autre les quantités c, a, de manière à rendre la seconde des différences

$$b - a, \quad c - a, \quad c - b$$

inférieure numériquement aux deux autres, et même aussi petite que l'on voudra. D'ailleurs,

$$f(a, b, c)$$

étant une fonction symétrique de a, b, c, des raisonnements du même genre seraient encore applicables, si a était compris entre b et c, ou c entre a et b. Donc, les trois quantités

$$a, \quad b, \quad c,$$

restant comprises entre les limites x_0, X, on peut rapprocher l'une de l'autre celles de ces trois quantités qui étaient d'abord les plus éloignées, de manière à rendre leur différence mutuelle inférieure à tout nombre donné ε. Or, en répétant plusieurs fois de suite de semblables opérations, on pourra, sans altérer l'expression

$$f(a, b, c),$$

et en laissant les quantités

$$a, \quad b, \quad c$$

toujours comprises entre les limites x_0, X, rapprocher indéfiniment ces quantités les unes des autres, de manière à rendre leur plus grande différence mutuelle aussi petite que l'on voudra. Il y a plus : on pourra en dire autant des quantités

$$a, \quad b, \quad c, \quad d, \quad e, \quad \ldots$$

contenues dans les fonctions interpolaires du troisième, du quatrième,... ordre, c'est-à-dire dans les expressions

$$f(a, b, c, d) = \frac{f(b, c, d) - f(a, b, c)}{d - a},$$

$$f(a, b, c, d, e) = \frac{f(b, c, d, e) - f(a, b, c, d)}{e - a},$$

$$\ldots\ldots\ldots\ldots\ldots\ldots\ldots\ldots\ldots\ldots,$$

que l'on peut considérer comme fonctions interpolaires du premier ordre, en prenant pour fonction principale

$$\mathrm{f}(b, c, x) \quad \text{ou} \quad \mathrm{f}(b, c, d, x), \quad \ldots$$

au lieu de $\mathrm{f}(x)$. En conséquence, on peut énoncer généralement la proposition suivante :

Théorème VIII. — *Soient*

$$\mathrm{f}(x)$$

une fonction de la variable x qui demeure continue entre les limites $x = x_0$, $x = \mathrm{X}$, et

$$a, \quad b, \quad c, \quad d, \quad \ldots$$

des valeurs réelles de x comprises entre ces mêmes limites. On pourra, dans l'une quelconque des expressions

$$\mathrm{f}(a, b), \quad \mathrm{f}(a, b, c), \quad \mathrm{f}(a, b, c, d), \quad \ldots,$$

et sans altérer sa valeur, rapprocher les unes des autres les quantités

$$a, \quad b, \quad c, \quad d, \quad \ldots$$

de manière que, ces quantités étant toujours comprises entre les limites x_0, X, la plus grande de leurs différences mutuelles devienne inférieure à tout nombre donné ε.

Corollaire. — Puisque le nombre ε peut décroître indéfiniment, et qu'en le réduisant à zéro on rend égales entre elles les diverses valeurs de x que représentaient les lettres $a, b, c, d, \ldots$, le théorème VIII entraîne évidemment celui que nous allons énoncer.

Théorème IX. — *Soient*

$$\mathrm{f}(x)$$

une fonction réelle de la variable x, qui demeure continue entre les limites $x = x_0$, $x = \mathrm{X}$, et

$$a, \quad b, \quad c, \quad d, \quad \ldots$$

des valeurs réelles de x comprises entre ces limites, on pourra, entre les quantités

$$a, \quad b, \quad c, \quad d, \quad \ldots,$$

interposer de nouvelles valeurs u, v, w, ... *de* x *tellement choisies, que, la valeur* u *étant une moyenne entre* a *et* b, *la valeur* v *une moyenne entre* a, b, c, *la valeur* w *une moyenne entre* $a, b, c, d, \ldots$, *on ait*

$$(14)\quad f(a,b)=f(u,u),\quad f(a,b,c)=f(v,v,v),\quad f(a,b,c,d)=f(w,w,w,w),\ \ldots,$$

ou, ce qui revient au même,

$$(15)\quad f(a,b)=f'(u),\qquad f(a,b,c)=\frac{f''(v)}{1.2},\qquad f(a,b,c,d)=\frac{f'''(w)}{1.2.3},\quad \ldots.$$

Corollaire I. — Dans l'hypothèse admise, et en attribuant à x une valeur comprise entre les limites x_0, X, on aura encore

$$(16)\quad f(a,x)=f'(u),\qquad f(a,b,x)=\frac{f''(v)}{1.2},\qquad f(a,b,c,x)=\frac{f'''(w)}{1.2.3},\quad \ldots,$$

la lettre u désignant une moyenne entre a et x, la lettre v une moyenne entre a, b, x, la lettre w une moyenne entre $a, b, c, x, \ldots$.

Corollaire II. — Les équations (15) et (16) paraissent mériter d'être remarquées. La première des équations (16) peut s'écrire comme il suit

$$\frac{f(x)-f(a)}{x-a}=f'(x+\theta a),$$

et se réduit par conséquent à la formule déjà connue qui joue un si grand rôle dans le Calcul différentiel.

On peut encore, des théorèmes que nous venons d'établir, déduire facilement les propositions suivantes :

Théorème X. — *Si les valeurs attribuées aux trois quantités*

$$a,\quad x_0,\quad X$$

sont renfermées entre des limites entre lesquelles la fonction $f(x)$ *reste continue, si d'ailleurs la dérivée du second ordre*

$$f''(x)$$

conserve constamment le même signe entre ces limites, que l'on peut ré-

duire à la plus petite et à la plus grande des trois quantités a, x_0, X, *l'expression*

$$\mathrm{f}(a, x),$$

considérée comme fonction de x, *croîtra ou décroîtra sans cesse, tandis que l'on fera varier* x *depuis* $x = x_0$ *jusqu'à* $x = \mathrm{X}$.

THÉORÈME XI. — *Supposons que les valeurs attribuées aux quantités*

$$a, \quad b, \quad c, \quad \ldots, \quad x_0, \quad \mathrm{X}$$

soient renfermées entre des limites entre lesquelles la fonction

$$\mathrm{f}(x)$$

demeure continue. Si le premier, le deuxième, le troisième, ... terme de la suite

$$\mathrm{f}'(x), \quad \mathrm{f}''(x), \quad \mathrm{f}'''(x), \quad \ldots$$

conserve constamment le même signe entre ces limites, qui pourront se réduire à la plus petite et à la plus grande des quantités données, alors le premier, le deuxième, le troisième, ... terme de la suite

$$\mathrm{f}(x), \quad \mathrm{f}(a, x), \quad \mathrm{f}(a, b, x), \quad \ldots,$$

considéré comme fonction de x, *croîtra ou décroîtra sans cesse pour des valeurs croissantes de* x *intermédiaires entre* x_0 *et* X. *Donc alors, en prenant*

$$x = \mathbf{M}(x_0, \mathrm{X}), \tag{17}$$

on aura, non seulement, comme on le savait déjà,

$$\mathrm{f}(x) = \mathbf{M}[\mathrm{f}(x_0), \mathrm{f}(\mathrm{X})], \tag{18}$$

si $\mathrm{f}'(x)$ *ne change pas de signe entre les limites* x_0, X, *mais encore*

$$\mathrm{f}(a, x) = \mathbf{M}[\mathrm{f}(a, x_0), \mathrm{f}(a, \mathrm{X})], \tag{19}$$

si $\mathrm{f}''(x)$ *ne change pas de signe entre les limites* a, x_0, X;

$$\mathrm{f}(a, b, x) = \mathbf{M}[\mathrm{f}(a, b, x_0), \mathrm{f}(a, b, \mathrm{X})], \tag{20}$$

si $\mathrm{f}'''(x)$ *ne change pas de signe entre les limites* a, b, x_0, X, ..., *et ainsi de suite.*

§ II. — *Applications diverses des principes établis dans le premier paragraphe.*

Les formules précédemment obtenues fournissent, d'une part les développements des fonctions en séries, tels qu'ils se présentent dans le Calcul différentiel ou dans le Calcul aux différences finies, d'autre part des limites du reste qui doit compléter chaque série, lorsqu'elle est arrêtée après un certain nombre de termes. La première de ces deux assertions est suffisamment établie dans le Mémoire de M. Ampère; mais, comme la seconde ne s'y trouve énoncée que pour le cas particulier où l'on développe les fonctions en séries par la formule de Taylor, il nous paraît utile de revenir un instant sur ces objets.

$\mathrm{f}(x)$ désignant une fonction donnée de la variable x, et les lettres

$$a,\quad b,\quad c,\quad \ldots,\quad h$$

représentant n valeurs particulières de cette variable, la $n^{\text{ième}}$ des formules (3) du § Ier donnera

$$(1)\quad \left\{\begin{aligned} \mathrm{f}(x) &= \mathrm{f}(a) + (x-a)\,\mathrm{f}(a,b) + (x-a)(x-b)\,\mathrm{f}(a,b,c) + \ldots \\ &\quad + (x-a)(x-b)(x-c)\ldots(x-h)\,\mathrm{f}(a,b,c,\ldots,h,x). \end{aligned}\right.$$

Si $\mathrm{f}(x)$ est une fonction entière du degré n, alors la fonction interpolaire

$$\mathrm{f}(a,b,c,\ldots,h,x),$$

étant par rapport à x du degré zéro, se réduira simplement à une constante; et, en nommant k une nouvelle valeur particulière de x, on aura

$$\mathrm{f}(a,b,c,\ldots,h,x) = \mathrm{f}(a,b,c,\ldots,h,k),$$

par conséquent

$$(2)\quad \left\{\begin{aligned} \mathrm{f}(x) &= \mathrm{f}(a) + (x-a)\,\mathrm{f}(a,b) + (x-a)(x-b)\,\mathrm{f}(a,b,c) + \ldots \\ &\quad + (x-a)(x-b)(x-c)\ldots(x-h)\,\mathrm{f}(a,b,c,\ldots,k). \end{aligned}\right.$$

Alors l'équation (2) fournira le développement de $\mathrm{f}(x)$ en une série de termes qui seront proportionnels à des produits de fonctions linéaires, et dont les degrés, par rapport à x, seront respectivement égaux

aux divers termes de la progression arithmétique

$$0, \quad 1, \quad 2, \quad 3, \quad \ldots, \quad n.$$

Pour retrouver une semblable série, dans le cas où la fonction $f(x)$ cessera d'être entière, il faudra négliger le dernier des termes renfermés dans le second membre de l'équation (2). Or, pour savoir si ce terme peut être négligé, il importe de connaître au moins des limites de l'erreur que son omission fera naître. On y parvient, dans un grand nombre de cas, à l'aide du théorème IX du § Ier. En effet, admettons que les quantités

$$a, \quad b, \quad c, \quad \ldots, \quad h$$

se trouvent renfermées entre les limites x_0, X, entre lesquelles la fonction $f(x)$ reste continue. Le théorème dont il s'agit donnera, pour une valeur de x comprise entre ces mêmes limites,

$$f(a, b, c, \ldots, h, x) = \frac{f^{(n)}(u)}{1.2\ldots n};$$

et par suite on tirera de l'équation (2)

$$(3)\quad \begin{cases} f(x) = f(a) + (x-a)f(a,b) + (x-a)(x-b)f(a,b,c) + \ldots \\ \qquad + (x-a)(x-b)(x-c)\ldots(x-h)\dfrac{f^{(n)}(u)}{1.2\ldots n}, \end{cases}$$

u désignant une quantité moyenne entre les valeurs attribuées à

$$a, \quad b, \quad c, \quad \ldots, \quad h, \quad x.$$

Si, la variable x et la fonction $f(x)$ étant réelles, on nomme A et B la plus petite et la plus grande des valeurs que puisse acquérir la fonction dérivée

$$f^{(n)}(x),$$

tandis que l'on fait varier x entre les limites x_0, X, le dernier terme du second membre de la formule (3) sera renfermé lui-même entre des limites équivalentes aux produits du rapport

$$\frac{(x-a)(x-b)(x-c)\ldots(x-h)}{1.2\ldots n}$$

par les coefficients A et B. Donc la plus grande des valeurs numériques de ces deux produits sera la limite de l'erreur que l'on pourra commettre en négligeant le terme dont il s'agit.

Si, les valeurs particulières de la variable x étant choisies de manière à offrir les différents termes d'une progression arithmétique, on représente ces valeurs, non plus par

$$a,\quad b,\quad c,\quad \ldots,\quad h,\quad k,$$

mais par

$$a,\quad a+h,\quad a+2h,\quad \ldots,\quad a+(n-1)h,\quad a+nh,$$

alors, en adoptant les notations du Calcul aux différences finies, et posant

$$\Delta\,\mathrm{f}(x)=\mathrm{f}(x+h)-\mathrm{f}(x),\qquad \Delta\,\mathrm{f}(a)=\mathrm{f}(a+h)-\mathrm{f}(a),$$

on verra l'équation (2) se réduire à la formule connue

$$(4)\quad \left\{\begin{aligned} \mathrm{f}(x)=\mathrm{f}(a)+(x-a)\frac{\Delta\,\mathrm{f}(a)}{h}+\frac{(x-a)(x-a-h)}{1.2}\frac{\Delta^2\,\mathrm{f}(a)}{h^2}+\ldots\\ +\frac{(x-a)(x-a-h)\ldots[x-a-(n-1)h]}{1.2.3\ldots n}\frac{\Delta^n\,\mathrm{f}(a)}{h^n}; \end{aligned}\right.$$

tandis que l'équation (3) donnera

$$(5)\quad \left\{\begin{aligned} \mathrm{f}(x)=\mathrm{f}(a)+(x-a)\frac{\Delta\,\mathrm{f}(a)}{h}+\frac{(x-a)(x-a-h)}{1.2}\frac{\Delta^2\,\mathrm{f}(a)}{h^2}+\ldots\\ +\frac{(x-a)(x-a-h)\ldots[x-a-(n-1)h]}{1.2.3\ldots n}\mathrm{f}^{(n)}(u). \end{aligned}\right.$$

Des deux formules (4), (5), la première seulement suppose que $\mathrm{f}(x)$ est une fonction entière de x. Dans la formule (5), où $\mathrm{f}(x)$ peut cesser d'être une fonction entière de x, la lettre u représente une moyenne entre les valeurs attribuées aux quantités

$$a,\quad a+nh,\quad x.$$

Lorsque, dans la formule (5), on pose $h=0$, on retrouve l'équation connue

$$(6)\quad \left\{\begin{aligned} \mathrm{f}(x)=\mathrm{f}(a)+(x-a)\,\mathrm{f}'(a)+\frac{(x-a)^2}{1.2}\mathrm{f}''(a)+\ldots\\ +\frac{(x-a)^{n-1}}{1.2\ldots(n-1)}\mathrm{f}^{(n-1)}(a)+\frac{(x-a)^n}{1.2\ldots n}\mathrm{f}^{(n)}[a+\theta(x-a)], \end{aligned}\right.$$

dans laquelle θ désigne un nombre renfermé entre les limites 0, 1.

Nous ferons voir dans un autre article que la considération des fonctions interpolaires, et les principes établis dans le § Ier, fournissent des méthodes très expéditives pour la résolution des équations algébriques et transcendantes.

104.

MÉCANIQUE APPLIQUÉE. — *Rapport sur le nouveau système de navigation à vapeur de M. le marquis Achille de Jouffroy.*

C. R., t. XI, p. 687 (2 novembre 1840).

L'Académie nous a chargés, MM. Poncelet, Gambey, Piobert et moi, de lui rendre compte d'un nouveau système de navigation à la vapeur. Ce système, dont l'Académie s'est déjà occupée, est celui qu'a présenté M. le marquis Achille de Jouffroy, c'est-à-dire le fils même de l'inventeur des pyroscaphes. On sait en effet aujourd'hui que le marquis Claude de Jouffroy, après avoir, dès 1775, exposé ses idées sur l'application de la vapeur à la navigation devant une réunion de savants et d'amis, parmi lesquels se trouvaient MM. Perrier, d'Auxiron, le chevalier de Follenay, le marquis Ducrest et l'abbé d'Arnal, a eu la gloire de faire naviguer sur le Doubs, en 1776, et sur la Saône, en 1780, les premiers bateaux à vapeur qui aient réalisé cette application. Déjà le savant Rapport de MM. Arago, Dupin et Séguier a rappelé l'expérience solennelle faite à Lyon, en 1780, expérience dans laquelle un bateau à vapeur, construit par M. Claude de Jouffroy, chargé de 300 milliers, et offrant les mêmes dimensions auxquelles on est maintenant revenu dans la construction des meilleurs pyroscaphes, a remonté la Saône avec une vitesse de plus de 2 lieues à l'heure. Déjà l'on a signalé l'hommage rendu à l'auteur de l'expérience de Lyon par ce même Fulton qui longtemps a passé en France pour avoir découvert la navigation à la vapeur. Déjà enfin les expériences auxquelles ont assisté les premiers

Commissaires sont connues de l'Académie; déjà elle sait que, non seulement le nouvel appareil d'impulsion proposé par M. Achille de Jouffroy est tout à fait rationnel en théorie, mais aussi que cet appareil, appliqué sur la Seine à une goëlette d'environ 120 tonneaux, a fidèlement rempli sa mission, et a même fourni le moyen de remettre à flot, sans attendre la crue de la rivière, la goëlette, dont la quille, dans une de ces expériences, s'était engagée sur toute sa longueur dans un gravier résistant. Les perfectionnements apportés par M. de Jouffroy dans la construction de son appareil dont la force est devenue plus considérable, et les expériences nouvelles, exécutées sous nos yeux, ne laissent plus de doutes dans notre esprit sur les avantages que présente le nouveau système de navigation. Pour que l'Académie puisse apprécier les motifs de notre conviction, nous allons entrer ici dans quelques détails.

Considérons un bâtiment qui, plongé en partie dans un liquide, porte en lui-même un moteur quelconque, par exemple une machine à vapeur. Ce moteur pourra être utilement employé pour faire marcher le bâtiment dans une certaine direction, s'il communique le mouvement à un appareil qui refoule une portion du liquide dans la direction opposée. Cette portion du liquide sera en quelque sorte un point d'appui pour l'appareil locomoteur; mais ce sera un point d'appui qui cédera en partie à l'action de la force motrice, et qui rendra utile une partie de cette force d'autant plus petite qu'il aura moins de fixité. Ajoutons que la quantité de travail produite par la machine à vapeur, et non consommée par les frottements dans son passage au travers de la machine et de l'appareil locomoteur, se divisera en deux parties, dont la première surmontera la résistance opposée à la marche du bâtiment par la masse de liquide qui le précède, tandis que la seconde chassera en arrière une portion plus ou moins considérable de la masse de liquide qui le suit. Observons encore que le rapport suivant lequel la quantité de travail se partagera entre ces deux masses dépendra surtout de l'étendue de la surface présentée au liquide par l'appareil locomoteur. En général la vitesse du bâtiment croît avec cette surface, sans pouvoir dépasser la vitesse qui aurait lieu si cette même surface devenait infinie.

Appliquons ces principes généraux à la discussion des avantages ou des inconvénients que présentent l'appareil locomoteur maintenant en usage, et celui par lequel M. de Jouffroy se propose de le remplacer.

Les bâtiments à vapeur sont, comme on sait, armés généralement, sur leurs côtés, de roues à aubes qui tournent sur elles-mêmes d'un mouvement continu. Dans les bâtiments que l'on emploie d'ordinaire, dans le *Sphynx* par exemple, la surface de chaque aube est d'environ 2^{mq}. Deux ou trois aubes seulement se trouvent, à un instant donné, plongées dans la masse liquide.

L'appareil que M. de Jouffroy propose de substituer aux roues à aubes se compose de deux palmes ou pattes de cygne articulées, placées à l'arrière du bâtiment et douées d'un mouvement alternatif, qui s'ouvrent pour frapper l'eau à reculons et se ferment ensuite pour revenir à la place qu'elles occupaient d'abord. L'heureuse idée de cet appareil a été suggérée à M. de Jouffroy, comme il le dit lui-même, par le désir bien naturel d'imiter cet admirable mécanisme dont la sagesse du Créateur a pourvu le cygne et les oiseaux navigateurs destinés par elle à sillonner la surface des eaux. Pour une frégate de 44 canons, la superficie de chaque palme serait d'environ 20^{mq}.

Or la surface des palmes, étant très considérable par rapport à la surface immergée des aubes, donne aux palmes cet avantage, qu'avec la même force motrice elles impriment une moindre vitesse au liquide placé en arrière du bâtiment, et par suite une vitesse plus grande au bâtiment lui-même. D'ailleurs, les palmes, agissant toujours en sens opposé de la direction que suit le bâtiment, ne produisent qu'un effet utile à la marche de celui-ci. On ne pourrait en dire autant des aubes qui, en raison de leur mouvement rotatoire, lorsqu'elles ne sont pas articulées, choquent et poussent le fluide dans diverses directions ([1]).

([1]) Quant aux roues à aubes articulées, pour produire le même effet que les autres roues, elles paraissent exiger que l'on augmente leur vitesse, en augmentant la force motrice elle-même d'environ un douzième.

On ne sera donc point étonné d'apprendre que les expériences faites en notre présence, et dans lesquelles nous nous sommes surtout proposé de comparer les deux systèmes l'un à l'autre, soient entièrement favorables au nouveau système. Il résulte en particulier de ces expériences que le nouveau système présente une grande économie de force motrice et par conséquent de combustible.

Aux avantages que nous avons signalés dans le nouveau système on doit joindre la facilité que présentent les palmes de pouvoir être appliquées à toutes sortes de bâtiments, même armés de voiles. Ajoutons que la grande profondeur à laquelle elles travaillent tend à les préserver d'un inconvénient offert par les roues à aubes qui peuvent devenir inutiles ou même nuisibles, non seulement au milieu d'une tempête pendant laquelle ces roues se trouveraient exposées, avec les tambours qui les renferment, au choc violent des lames et des vents, mais aussi dans un bâtiment marchant sous voiles par un vent largue, puisque alors une des roues, sortant de l'eau, tournerait à vide, l'autre étant noyée. Observons encore qu'appliquées à un bâtiment de guerre, les roues, en obstruant au moins douze sabords, le privent d'autant de canons et peuvent d'ailleurs être facilement endommagées par l'artillerie, tandis que les palmes, travaillant sous l'eau et se dérobant à la vue, courent beaucoup moins de dangers et ne causent nul embarras.

Parmi les avantages que les palmes ont sur les roues, ceux qui tiennent à une plus grande étendue de la surface présentée au liquide par l'appareil locomoteur diminuent à mesure que l'on augmente la superficie des aubes. Mais cette superficie ne saurait être, sans des inconvénients graves, augmentée au point de rendre l'effet produit par les roues comparables à celui que produisent les palmes, surtout pour les bâtiments de grandes dimensions. Quant aux bâtiments de petites dimensions, plus particulièrement destinés à naviguer sur les canaux, on peut à la vérité leur appliquer des roues dont les aubes offrent une superficie comparable à celle des palmes; mais il est juste d'observer d'une part que les roues, en élargissant les bâtiments, exigent une plus grande largeur des canaux mêmes, et d'autre part que ces roues, en traversant sans cesse la surface de l'eau, soit pour entrer dans la masse liquide, soit pour en sortir, produisent à cette surface une agitation dont l'expérience démontre l'influence destructive sur les berges des canaux.

Nous aimons à croire que la vue de tous les avantages ci-dessus indiqués déterminera la marine française à faire en grand l'essai du nouveau système; que, si M. de Jouffroy père a pu voir ses belles expériences trop longtemps oubliées dans sa patrie, le fils sera plus heureux; et que cette fois du moins la France ne se laissera pas ravir une découverte qui peut devenir si utile à ceux qui les premiers auront su en profiter.

Avant de terminer ce Rapport, nous ferons une dernière observation qui n'est pas sans importance. Quelles que soient la perfection et l'utilité d'un appareil, il peut arriver que dans certains cas cette utilité devienne douteuse ou même disparaisse entièrement. La grande mobilité des roues doit être recherchée dans un chariot, dans une voiture, et pourtant le chemin peut offrir une pente tellement rapide, qu'on soit obligé de les enrayer. Personne ne conteste l'utilité des voiles pour faire marcher un navire sous l'action du vent, et toutefois cette action peut être tellement violente qu'il devienne absolument nécessaire de les carguer ou même de les caler. Enfin les roues à aubes peuvent devenir non seulement inutiles, mais encore nuisibles, et même le deviendront généralement dans les vaisseaux marchant sous voiles, comme nous l'avons expliqué. Les palmes seraient-elles seules exemptes des inconvénients que peuvent offrir, en des circonstances données, les autres appareils? Attachées, comme M. de Jouffroy le suppose, à la poupe d'un bâtiment, seraient-elles assez solides pour n'avoir rien à craindre, dans une mer violemment agitée, du choc des vagues et d'un mouvement de tangage très marqué? Il faudra évidemment recourir à l'expérience en grand pour être en état de résoudre cette question. Si l'expérience prouve que dans la navigation en pleine mer, et dans les temps d'orage, le nouvel appareil ne peut travailler sans être compromis, ce que l'on devra faire alors ce sera de le mettre au repos, non en le ramenant sur le pont, comme on l'avait proposé d'abord, mais en le ramenant au contraire sous les flancs du navire, où il pourra demeurer en sûreté. Il deviendra pour un temps inutile, comme le sont les voiles ou les roues dans des cas semblables, et reprendra ses fonctions lorsque la tempête sera calmée.

En résumé, l'avantage incontestable qu'offrent les palmes de pouvoir s'adapter à toutes sortes de bâtiments, de guerre ou de commerce, grands ou petits, quelle que soit d'ailleurs leur construction, sans exiger aucune modification de leur voilure, sans priver les bâtiments de guerre d'une partie de leurs canons, sans élargir la voie des bâtiments de commerce destinés à naviguer sur les canaux; les avantages non moins évidents qu'elles tiennent de leur immersion totale, de la direction unique et toujours utile de leur mouvement propre et de la grande étendue de surface qu'elles présentent au liquide, doivent faire vivement souhaiter que la marine française essaye en grand le nouveau système. Cet essai paraît d'autant plus désirable qu'une économie notable de force motrice et de combustible est indiquée par la théorie comme conséquence nécessaire des avantages que nous venons de signaler. Nous dirons même que, suivant l'opinion personnelle de tous les membres de la Commission, cette économie est déjà suffisamment constatée par les diverses expériences exécutées jusqu'à ce jour, soit par celles qui, en présence des premiers Commissaires, ont été tentées sur une goëlette d'environ 120 tonneaux, pourvue d'un appareil malheureusement trop faible et encore imparfait, soit par celles que nous avons dû exécuter sur le petit modèle présenté à l'Académie et soumis par elle à notre examen. Nous pensons d'ailleurs que, dès à présent, il est juste de reconnaître les avantages du nouveau système, tels que nous les avons définis, et que ce système est très digne de l'approbation de l'Académie.

P.S. — Nous joignons à ce Rapport les résultats de quelques expériences qui peuvent donner une idée des avantages que le nouveau système présente sur l'ancien, relativement à l'économie de force motrice.

Expériences.

Pour rendre plus faciles des expériences propres à faire connaître les avantages ou les inconvénients du nouveau système, M. de Jouffroy a construit, sur l'échelle de 1^m pour 37^m, une frégate modèle qu'il arme à volonté de pattes de cygne ou de roues à aubes, dont les dimensions ont avec celles du modèle les mêmes rapports qui subsistent ou doivent subsister dans l'exécution en grand. Voici les résultats de quelques expériences, dans lesquelles un seul et même moteur a été appliqué à la frégate placée sur un canal et pourvue de l'un ou de l'autre appareil.

Première expérience, dans laquelle la frégate a navigué sur le canal, en remontant contre le vent.

Armée de roues à aubes, la frégate a parcouru $41^m,60$ en sept minutes. Dans cet intervalle de temps, au bout duquel la force motrice a été complètement épuisée, les roues ont fait chacune 130 révolutions.

Armée de pattes, la frégate a parcouru $49^m,40$ en sept minutes, pendant lesquelles le nombre des battements ou oscillations des pattes a été de 130. Mais ce qu'il importe de remarquer, c'est qu'alors, au bout de sept minutes, la force motrice, loin d'être épuisée, a continué de faire marcher pendant onze autres minutes la frégate, qui, dans ce nouvel intervalle de temps, a parcouru plus de 50^m.

Deuxième expérience, dans laquelle la frégate a navigué sur le canal, en descendant sous le vent.

Armée de roues, la frégate a parcouru $52^m,60$ en huit minutes. Dans cet intervalle de temps, au bout duquel la force motrice a été complètement épuisée, chaque roue a exécuté 182 révolutions.

Armée de pattes, la frégate a parcouru $70^m,20$ en huit minutes, le nombre des battements dans cet intervalle ayant été de 182. Mais, au bout de ces huit minutes, la force motrice n'était pas épuisée, comme dans le premier cas, et elle a continué de faire marcher, pendant seize autres minutes, la frégate qui, dans ce nouvel intervalle de temps, a parcouru $59^{m},80$.

Ces expériences démontrent évidemment que les palmes ont sur les roues un grand avantage sous le rapport de l'économie de force motrice. Si cet avantage eût été déduit par la théorie d'expériences faites seulement sur la frégate armée du nouvel appareil, on pourrait jusqu'à un certain point contester un résultat de calcul. Mais ici, pour se rendre indépendant de toute cause d'erreur, on a comparé directement l'ancien système au nouveau, et l'on a opéré successivement avec l'un et l'autre appareil, en les plaçant tous les deux dans les mêmes conditions. Il n'y a donc aucune possibilité de révoquer en doute l'avantage incontestable que donne l'expérience au nouveau système, avantage qui d'ailleurs était déjà clairement indiqué par la théorie et les principes des plus certains de la Dynamique.

105.

CALCULS NUMÉRIQUES. — *Sur les moyens d'éviter les erreurs dans les calculs numériques.*

C. R., t. XI, p. 789 (16 novembre 1840).

Les nombreux exemples que l'on pourrait citer d'erreurs commises, quelquefois par des calculateurs fort habiles, dans la réduction des formules en nombres, doivent faire rechercher avec soin les moyens de vérifier l'exactitude des résultats numériques auxquels on se trouve conduit par une suite d'opérations déterminées. Or, pour que l'on puisse offrir le résultat d'un calcul comme digne d'être adopté avec confiance, ce que l'on doit faire, ce n'est pas de recommencer deux fois le même calcul en suivant la même route, attendu qu'il est assez naturel que l'on retombe dans une erreur déjà commise; c'est au contraire de tout disposer de manière que, par deux systèmes d'opérations fort distinctes, on doive se trouver ramené à des résultats identiques. Cette condition est remplie, par exemple, dans la méthode générale d'interpolation que j'ai donnée en 1835, et qui a été rappelée par M. Le Verrier dans l'avant-dernière séance. Cette méthode, étendue à plusieurs systèmes d'inconnues, m'a servi, dans les *Nouveaux Exercices de Mathématiques*, à déduire, des belles expériences de Fraunhofer, les lois de la dispersion de la lumière, relatives aux substances sur lesquelles cet habile physicien avait opéré. Les résultats qu'elle m'a fournis dérivent de la formation de plusieurs Tableaux, dont chacun porte en lui-même la preuve de l'exactitude de tous les nombres qu'il renferme.

L'honorable mission qui m'était confiée, à l'époque où je publiais ces Tableaux, m'ayant donné l'occasion de rechercher s'il ne serait pas possible de rendre plus faciles et plus sûres tout à la fois les diverses méthodes de calcul, j'ai reconnu que des procédés très simples pourraient procurer cet avantage aux opérations mêmes de l'Arithmétique. Je me bornerai ici à en indiquer quelques-uns en peu de mots. J'espère qu'en raison de leur grande utilité, l'Académie me pardonnera de l'entretenir un moment de cet objet. J'y serais d'ailleurs autorisé, s'il était nécessaire, par l'exemple de nos premiers géomètres, qui plus d'une fois ont choisi pour sujet de leurs méditations le perfectionnement des calculs numériques.

Pour vérifier l'exactitude des résultats fournis par diverses opérations de l'arithmétique décimale, et en particulier par l'addition, la soustraction, la multiplication ou l'élévation aux puissances, on peut employer un moyen fort simple. Il consiste à disposer chaque opération de telle sorte qu'elle fournisse immédiatement, par exemple, avec la somme ou le produit de nombres écrits en chiffres dans le système décimal, ce que deviendrait cette somme ou ce produit, si l'on considérait les divers chiffres dont chaque nombre se compose, comme représentant, non plus des unités des divers ordres, mais des unités simples, puis de voir si la valeur trouvée de la nouvelle somme ou du nouveau produit est effectivement celle que l'on déduirait immédiatement des nombres donnés.

Le principe que je viens d'énoncer fournit une preuve très simple de l'addition arithmétique, dans le cas où les chiffres que renferme chaque colonne verticale fournissent toujours une somme représentée par un seul chiffre; et même dans le cas contraire, pourvu que, dans ce dernier cas, on ajoute à la somme des chiffres qui composent les divers nombres la somme des chiffres qui expriment les reports, en ayant soin d'écrire ces reports dans une ou deux lignes horizontales placées entre ces mêmes nombres et la somme cherchée.

Pour appliquer le même principe à la multiplication arithmétique, il convient d'effectuer cette opération, non à l'aide de la méthode généralement enseignée et pratiquée en France, mais à l'aide d'une méthode moins connue et qui permet de former d'un seul coup le produit de deux nombres écrits en chiffres. La méthode dont il s'agit consiste à former à la suite les uns des autres, pour les réunir immédiatement, les produits de même ordre, qu'on peut obtenir en multipliant un des chiffres du multiplicande par un chiffre correspondant du multiplicateur. Cette méthode se simplifie lorsque au-dessus du multiplicande on écrit le multiplicateur renversé sur une bande de papier mobile. Car alors, dans chaque position du multiplicateur, on trouve placés l'un au-dessus de l'autre les chiffres correspondants du multiplicateur et du multiplicande, c'est-à-dire les chiffres qui, pris deux à deux, doivent fournir des produits de même ordre. Alors aussi, pour appliquer le principe ci-dessus énoncé, il suffit d'écrire au-dessous de chaque chiffre du multiplicande la somme des produits partiels de l'ordre de ce même chiffre. Si cette somme se trouvait exprimée par un nombre de plusieurs chiffres, de deux chiffres par exemple, on écrirait le deuxième chiffre seulement au-dessous du chiffre correspondant du multiplicande, dans une certaine ligne horizontale, puis on reporterait à gauche et dans une ligne horizontale plus élevée le premier chiffre de la même somme; et l'opération, achevée comme dans le cas où il s'agit d'une addition simple, porterait en elle-même la preuve de l'exactitude, non seulement des sommes partielles formées avec les produits partiels de même ordre, mais encore de la somme totale fournie par la réunion de ces sommes partielles, c'est-à-dire du produit des nombres donnés.

Le principe ci-dessus énoncé peut encore être facilement appliqué aux multiplications approximatives, dans lesquelles on se propose d'obtenir le produit de deux nombres qui renferment des chiffres décimaux avec un degré d'approximation donné.

Enfin les opérations de l'Arithmétique deviendraient notablement plus simples et plus faciles si l'on combinait le principe ci-dessus énoncé avec l'emploi de deux espèces de chiffres. Les géomètres se sont plusieurs fois occupés de systèmes de numération qui présenteraient une autre base que le nôtre; mais je ne sais si, en conservant la même base, on a essayé d'effectuer les diverses opérations de l'Arithmétique sur des nombres exprimés par des chiffres dont les uns seraient positifs, les autres négatifs. Cependant rien de plus aisé. Concevons en effet que, dans un nombre exprimé en chiffres, on place le signe de la soustraction au-dessus du chiffre correspondant à des unités d'un certain ordre, pour indiquer que les unités de cet ordre doivent être prises avec le signe —. Alors on aura des chiffres positifs et des chiffres négatifs, et l'on devra distinguer dans chaque chiffre son signe et sa valeur numérique. Pour obtenir, à l'aide des notations reçues, la valeur d'un nombre écrit avec les deux espèces de chiffres, il suffira de remplacer chaque suite continue de chiffres négatifs, situés immédiatement l'un après l'autre, par le complément arithmétique de cette suite, en diminuant d'une unité le chiffre positif qui la précède. Cela posé, on pourra évidemment écrire un nombre quelconque avec des chiffres dont la valeur numérique soit tout au plus égale à 5, et dès lors les additions, soustractions, multiplications, divisions, les conversions de fractions ordinaires en fractions décimales et les autres opérations de l'Arithmétique se trouveront notablement simplifiées. Ainsi, en particulier, la table de multiplication étant réduite au quart de son étendue, on n'aura plus à former que des produits partiels de chiffres non supérieurs à 5. Remarquons encore que, dans la multiplication, la somme des produits partiels de même ordre sera d'autant plus facile à calculer qu'en général ces produits partiels seront, les uns positifs, les autres négatifs, et que par suite leur somme se trouvera presque toujours exprimée par un seul chiffre. Remarquons enfin que pour le même motif il deviendra très aisé d'appliquer aux nombres écrits avec les deux espèces de chiffres le principe ci-dessus indiqué comme propre à fournir la vérification des résultats obtenus.

Pour rendre plus faciles à saisir les principes ci-dessus énoncés, j'en donnerai ici quelques applications très simples.

§ Ier. — *Opérations exécutées à l'aide des divers chiffres qu'emploie le système décimal.*

Une preuve très simple et très sûre de l'addition, de la soustraction, de la multiplication, etc., consiste à former avec la somme, la différence ou le produit de deux ou de plusieurs nombres, la somme, la différence ou le produit de ceux que l'on obtiendrait si, dans chaque nombre, les divers chiffres étaient considérés comme représentant, non plus des unités de divers ordres, mais des unités de même ordre. Cette sorte de preuve se trouve établie en même temps que l'opération même dans les exemples suivants :

Addition avec la preuve.

Nombres donnés	320,4268	25
	16,202	11
	403	7
	20,0401	7
Somme	759,6689	50

Soustraction avec la preuve.

Nombres donnés	196,589	38
	42,37	16
Différence	154,219	22

Ici, à la suite de chacun des nombres donnés ou calculés, on trouve le nombre correspondant auquel il se réduit quand on regarde tous ses chiffres comme exprimant des unités simples. On peut adopter le résultat de l'opération avec confiance quand le nombre correspondant à la somme ou à la différence des nombres donnés est, comme on le voit dans ces deux exemples, la somme ou la différence de leurs correspondants.

Pour étendre cette preuve au cas où il y a des reports à effectuer d'une colonne verticale à l'autre, il suffit d'écrire ces reports et d'en tenir compte, comme on le voit dans l'exemple suivant :

Addition avec la preuve.

Nombres donnés...........	1 9 8,5 7	3 0
	2 0 3,4 8	1 7
	3 1 7,3 4	1 8
	1 7 2,1 9	2 0
Reports....................	1 2 1,2	6
Somme.................	8 9 1,5 8	9 1

Ici la somme 31 des chiffres que renferme le nombre 891,58, étant augmentée de 6 dizaines, c'est-à-dire d'autant de dizaines qu'il y a d'unités dans les chiffres des reports, doit reproduire et reproduit en effet le nombre 91, c'est-à-dire la somme totale des chiffres que renferment les reports et les nombres donnés.

Pour appliquer les mêmes principes à la vérification d'un produit, il convient d'écrire au-dessus du multiplicande les différentes sommes partielles dont chacune renferme les produits partiels de même ordre qui peuvent résulter de la multiplication des divers chiffres du multiplicande par des chiffres correspondants du multiplicateur. A la rigueur, sans écrire, ni sommes partielles, ni produits partiels, on pourrait obtenir d'un seul coup le produit de deux nombres donnés, en ajoutant successivement les uns aux autres les produits partiels d'un chiffre par un chiffre, et commençant par ceux qui sont de l'ordre le moins élevé. On se trouverait ainsi ramené à la méthode de multiplication donnée par M. Hilf dans un Ouvrage intitulé le *Calcul sans chiffres*, méthode que l'on dit avoir été plus anciennement exposée par le professeur Gunz dans des leçons orales à Laybach. Mais, si l'on adoptait sans modification cette méthode, dans le cas où le multiplicande et le multiplicateur donné contiennent beaucoup de chiffres, il ne serait pas facile de reconnaître les erreurs commises. Au contraire, les résultats du calcul peuvent être aisément vérifiés, lorsqu'on écrit les sommes partielles dont nous avons parlé ci-dessus; et nous ajouterons que, pour former aisément chacune de ces mêmes sommes, il suffit d'amener dans une position fixe au-dessus du multiplicande le multiplicateur renversé, mais écrit à part sur une règle ou sur une bande mobile de papier. Alors la vérification des produits s'effectue presque aussi facilement que celle des sommes, comme on peut le voir dans l'exemple suivant.

Supposons que l'on veuille multiplier 6,46 par 12,3. On formera d'abord les sommes partielles des produits de même ordre, en faisant glisser au-dessus du multiplicande le multiplicateur renversé; et chaque fois on écrira le dernier chiffre de la somme partielle obtenue au-dessous du chiffre 2, qui représente les unités simples du multiplicateur, comme on le voit ici :

Multiplicateur renversé......	3,2 1	3,2 1	3,2 1	
Multiplicande..............	6,4 6	6,4 6	6,4 6	
	1	2	3	....
	8	4	2	

Lorsque toutes les sommes partielles seront formées, on les ajoutera pour obtenir le produit cherché, après avoir vérifié leur exactitude, en calculant de deux manières différentes un autre produit dont les deux facteurs seront la somme des chiffres du multiplicande et la somme des chiffres du multiplicateur. L'opération tout entière peut être disposée comme il suit :

Multiplication avec la preuve.

Multiplicateur renversé.......	3,2 1	6
Multiplicande	6,4 6	1 6
	1 3 2 1	7
	6 6 2 4 8	2 6
Produit.......	7 9,4 5 8	9 6

Ici la somme des chiffres du multiplicande est 16, la somme des chiffres du multiplicateur 6; et le produit de ces deux sommes, ou le nombre 96, doit résulter de l'addition des sommes partielles 18, 24, 32, 16 et 6, dans le cas où les derniers chiffres de celles-ci seraient considérés comme représentant des unités simples. Or c'est effectivement ce qui arrive, puisque, dans le cas dont il s'agit, les sommes partielles 18, 24, 32, 16 et 6 renfermeraient 7 dizaines et 26 unités. Donc, dans l'opération effectuée, ces sommes doivent être considérées comme exactes. Quant à l'addition des sommes partielles, elle peut être, à son tour, immédiatement vérifiée, et, pour obtenir sa preuve, il suffira d'observer que la somme faite du nombre 26 et du nombre 7 considéré comme représentant, non plus des dizaines, mais des unités simples, est précisément la somme totale 33 des divers chiffres du produit obtenu

7 9,4 5 8.

En suivant la méthode précédente, on n'aura jamais à s'inquiéter de la place que devra occuper la virgule décimale, puisque, en vertu des règles établies, les unités de même ordre du multiplicande et du produit se trouveront toujours placées dans la même colonne verticale.

Il est facile d'étendre les principes que nous venons d'établir au cas où la multiplication devrait s'effectuer de manière à fournir seulement la valeur, non pas exacte, mais approchée, du produit de deux nombres, avec un degré d'approximation donné. Au reste je pourrai, dans une autre occasion, revenir à ce sujet et aux divers moyens que l'on peut employer pour rendre plus sûres et plus faciles d'autres opérations de l'Arithmétique, telles que l'extraction des racines. Je me bornerai, en terminant ce paragraphe, à indiquer une règle fort simple, à l'aide de laquelle on peut souvent donner, presque sans calcul, le produit de deux nombres composés de plusieurs chiffres. Voici l'énoncé de cette règle, qui se démontre par l'Arithmétique aussi bien que par l'Algèbre, avec la plus grande facilité :

Pour multiplier deux nombres l'un par l'autre, décomposez leur somme en deux parties dont le produit puisse être facilement obtenu, et ajoutez au

produit de ces deux parties le produit des différences entre l'une d'elles et les deux nombres donnés.

Lorsque les deux nombres donnés sont égaux, la règle est encore applicable; seulement leur somme et leur produit deviennent le double et le carré de chacun d'eux.

Concevons, par exemple, qu'il s'agisse de multiplier 616 par 609; on aura

$$609 + 616 = 1225 = 600 + 625,$$

et comme les différences entre les nombres donnés et 600 sont respectivement

$$9 \quad \text{et} \quad 16,$$

on en conclura

$$\begin{aligned} 609 \times 616 &= 600 \times 625 + 9 \times 16 \\ &= 375000 + 144 \\ &= 375144. \end{aligned}$$

Concevons encore qu'il s'agisse de former le carré de 9987; on aura

$$2 \times 9987 = 19974 = 10000 + 9974,$$

et, comme la différence entre 10000 et le nombre donné sera 13, on en conclura

$$\begin{aligned} 9987^2 &= 9974 \times 10000 + 13^2 \\ &= 99740000 + 169 \\ &= 99740169. \end{aligned}$$

§ II. — *Opérations exécutées avec deux espèces de chiffres, les uns positifs, les autres négatifs.*

Concevons que, dans un nombre écrit en chiffres, on place le signe — au-dessus du chiffre correspondant aux unités d'un certain ordre, pour exprimer que les unités de cet ordre doivent être effectivement prises avec le signe —. On pourra distinguer dans chaque nombre deux espèces de chiffres, les uns positifs, les autres négatifs. D'ailleurs, pour exprimer à l'aide des notations reçues la valeur d'un nombre écrit avec ces deux espèces de chiffres, il faudra remplacer chaque suite continue de chiffres négatifs, situés immédiatement l'un après l'autre, par le complément arithmétique de cette suite, et diminuer d'une unité le chiffre positif qui la précède. Ainsi, par exemple, on aura

$$1\bar{1}=9, \qquad 1\bar{2}1=81,$$
$$10\bar{2}\bar{4}5\bar{3}12\bar{4}\bar{2}=97647158.$$

Cela posé, on pourra évidemment écrire un nombre quelconque avec des chiffres dont la valeur numérique soit tout au plus égale à 5. Pour y parvenir, il suffira de remplacer, dans le nombre écrit suivant la notation reçue, chaque suite continue de chiffres positifs et supérieurs à 4 par des chiffres négatifs qui forment, au signe près, le complément arithmétique de cette suite, en ajoutant au chiffre qui la précède une seule unité. Si le dernier chiffre de la suite était 5, on pourrait à la rigueur ne pas s'en occuper et l'exclure de la suite. Mais alors même, à moins que la suite ne se trouve réduite au seul chiffre 5, il sera mieux de rendre ce chiffre négatif, afin de diminuer autant que possible la valeur numérique du chiffre précédent.

Les nombres étant exprimés, comme on vient de le dire, par des chiffres dont la valeur numérique ne surpasse pas 5, les additions, soustractions, multiplications, divisions, les conversions de fractions ordinaires en fractions décimales et les autres opérations de l'Arithmétique se trouveront notablement simplifiées. Ainsi, en particulier, la table de multiplication pourra être réduite au quart de son étendue, et l'on n'aura plus à effectuer de multiplications partielles que par les seuls chiffres

$$2, \quad 3, \quad 4=2\times 2 \quad \text{et} \quad 5=\frac{10}{2}.$$

Ainsi, pour être en état de multiplier l'un par l'autre deux nombres quelconques, il suffira de savoir doubler ou tripler un nombre, ou en prendre la moitié. Si on le trouvait plus commode, on pourrait se contenter d'écrire le multiplicateur suivant le nouveau système. On devra d'ailleurs se rappeler que le produit de deux chiffres de même espèce est positif, tandis que le produit de deux chiffres d'espèces différentes, c'est-à-dire l'un positif, l'autre négatif, sera négatif.

Cela posé, on reconnaîtra sans peine que le produit des nombres

$$8256 = 1\bar{2}3\bar{4}\bar{4}, \qquad 9978 = 100\bar{2}\bar{2}$$

est

$$1\bar{2}24\bar{2}\bar{2}4\bar{3}\bar{2} = 82378368.$$

De plus, on passera aisément des formules

$$11^2 = 121, \qquad 12^2 = 144, \qquad 13^2 = 169, \qquad \ldots$$

aux suivantes

$$1\bar{1}^2 = 1\bar{2}1, \qquad 1\bar{2}^2 = 1\bar{4}4, \qquad 1\bar{3}^2 = 1\bar{6}9, \qquad \ldots,$$

qui peuvent encore s'écrire ainsi :

$$9^2 = 81, \qquad 8^2 = 64, \qquad 7^2 = 49, \qquad \ldots.$$

Pareillement des formules

$$1013^2 = 1026169, \qquad 1006^3 = 1018108216, \qquad \ldots,$$

qui se déduisent si aisément et presque sans calcul du binôme de Newton, on passera immédiatement aux suivantes

$$10\bar{1}\bar{3}^2 = 10\bar{2}\bar{6}169, \qquad 100\bar{6}^3 = 10\bar{1}\bar{8}108\bar{2}\bar{1}\bar{6}, \qquad \ldots,$$

qui peuvent encore s'écrire ainsi :

$$987^2 = 974169, \qquad 994^3 = 982107784, \qquad \ldots.$$

Observons en outre que, dans les additions, multiplications, élévations aux puissances, etc., les reports faits d'une colonne à l'autre seront généralement très faibles, et souvent nuls, attendu que les chiffres positifs et négatifs se détruiront mutuellement en grande partie dans une colonne verticale composée de plusieurs chiffres.

Dans la réduction des fractions ordinaires en fractions décimales, la période sera connue dès que l'on retrouvera le même reste au signe près; et cette période sera composée de deux parties semblables l'une à l'autre, abstraction faite du signe. On trouvera, par exemple,

$$\frac{1}{7} = 0,143\bar{1}\bar{4}\bar{3}143\bar{1}\bar{4}\bar{3}\ldots = 0,142857142857\ldots,$$

$$\frac{1}{11} = 0,1\bar{1}1\bar{1}1\bar{1}\ldots = 0,090909\ldots,$$

$$\frac{1}{13} = 0,1\bar{2}\bar{3}\bar{1}231\bar{2}\bar{3}\bar{1}23\ldots = 0,076923076923\ldots,$$

$$\ldots\ldots\ldots\ldots\ldots\ldots\ldots\ldots\ldots\ldots\ldots\ldots,$$

Enfin, dans les tables de logarithmes écrites avec des chiffres positifs et négatifs, on passera du logarithme de n au logarithme de $\frac{1}{n}$ en changeant simplement les signes de tous les chiffres.

C. R., t. XI, p. 826 (16 novembre 1840).

P. S. — Il est facile de convertir en addition la multiplication de deux nombres lorsque le multiplicateur est écrit suivant le nouveau système avec les seuls chiffres

$$0, \quad 1, \quad 2, \quad 3, \quad 4, \quad 5.$$

En effet, admettons d'abord que tous ces chiffres soient positifs, et considérons le multiplicateur renversé dans une position fixe au-dessus du multiplicande. Pour obtenir la somme partielle des produits formés avec les chiffres correspondants des deux facteurs, il suffira évidemment de chercher la somme des chiffres du multiplicande placés sous les chiffres 4 et 5 du multiplicateur, puis d'ajouter au double de cette première somme les chiffres du multiplicande placés sous les chiffres 2 et 3 du multiplicateur, et enfin, au double de la nouvelle somme ainsi calculée, les chiffres du multiplicande placés sous les chiffres impairs du multiplicateur. Cette règle s'étend au cas même où le multiplicateur offre des chiffres négatifs, pourvu qu'alors on prenne avec le signe — les chiffres correspondants du multiplicande.

106.

CALCULS NUMÉRIQUES. — *Sur les moyens de vérifier ou de simplifier diverses opérations de l'arithmétique décimale.*

C. R., t. XI, p. 847 (23 novembre 1840).

§ Ier. — *Multiplication approximative.*

Dans le *Compte rendu* de la dernière séance, j'ai indiqué un principe qui fournit une preuve très sûre, non seulement de l'addition et de la soustraction arithmétiques, mais encore de la multiplication ; et j'ai ajouté que l'application de ce principe pouvait être facilement étendue au cas où il s'agit de calculer la valeur, non pas exacte, mais approchée, du produit de deux nombres, avec un degré d'approximation donné. En effet, pour vérifier l'exactitude de l'opération, il suffit d'arrêter au-dessus du multiplicande le multiplicateur renversé, dans la position où l'on doit commencer à en faire usage, puis de calculer la somme des produits partiels que fourniraient les divers chiffres du multiplicande respectivement multipliés par les chiffres correspondants, non du multiplicateur, mais d'un facteur auxiliaire qui lui serait superposé. Pour obtenir ce facteur auxiliaire, que nous appellerons le *vérificateur*, il faut, en conservant dans le multiplicateur le premier chiffre, c'est-à-dire le chiffre qui représente les unités de l'ordre le plus élevé, remplacer le second, le troisième, le quatrième, ... chiffre par la somme faite des deux premiers, des trois premiers, des quatre premiers, ... chiffres.

Pour donner un exemple de la preuve dont il est ici question, concevons que l'on se propose d'obtenir la circonférence d'un cercle dont le rayon, exprimé en mètres, aurait pour valeur, à 1 millimètre près, le nombre

$$1020,312.$$

Il s'agira de multiplier l'un par l'autre les deux nombres

$$1020,312\ldots,\quad 3,1415926\ldots;$$

et, comme une erreur de 1^{mm} dans le rayon en produit une de plus de 3^{mm} dans la circonférence, il est clair qu'on ne pourra compter sur le chiffre des millièmes du produit, et qu'en conséquence on n'aura pas d'intérêt à former les sommes partielles qui resteraient inférieures à un centième. D'ailleurs, dans la multiplication de deux facteurs donnés, le nombre qui exprime une somme partielle de produits de même ordre ne peut jamais surpasser le produit du plus grand chiffre du multiplicateur par la somme des chiffres du multiplicande, ou même par la plus grande somme que l'on puisse former en ajoutant l'un à l'autre autant de chiffres du multiplicande qu'il y a de chiffres dans le multiplicateur. Donc dans la multiplication des deux facteurs

$$1020,312\ldots,\quad 3,1415926\ldots,$$

dont l'un quelconque, le second par exemple, peut être pris pour multiplicande, le nombre qui exprimera une somme partielle de produits de même ordre ne surpassera jamais le produit 90 du plus grand chiffre du multiplicateur par la plus grande somme

$$9+6+5+4+3+2+1=30$$

que l'on puisse former avec sept chiffres du multiplicande. Il y a plus, le nombre qui exprimera une somme partielle de produits d'un ordre donné, augmentée des reports faits sur les sommes partielles de produits d'un ordre moindre, sera évidemment inférieur au produit 93 du nombre 3 par la somme

$$9+7+5+4+3+2+1,$$

c'est-à-dire à ce que deviendrait le produit 90, précédemment calculé, si l'on augmentait d'une unité le dernier chiffre de chacun des facteurs

$$1020,312\ldots,\quad 3,1415926\ldots,$$

de manière à leur substituer les facteurs suivants

$$1020,313\ldots,\quad 3,1415927\ldots.$$

Donc, dans le cas présent, chaque somme partielle des produits d'un ordre donné, augmentée même des reports faits sur les sommes partielles des produits d'un ordre moindre, se trouvera toujours exprimée par un nombre inférieur à 100; et, pour obtenir, à un centième près, le produit des deux facteurs

1020,312..., 3,1415926...,

il suffira d'écrire sur une bande de papier mobile le multiplicateur renversé, puis d'amener le chiffre de ses unités simples au-dessus du quatrième chiffre décimal, c'est-à-dire du chiffre des dix-millièmes du multiplicande, et de commencer à cet instant la formation des sommes partielles qui pourront être vérifiées à l'aide de la règle ci-dessus énoncée. L'opération tout entière peut être disposée comme il suit :

Multiplication approximative avec la preuve.

Vérificateur renversé....	9 9 7 6,3 3 1 1	1 2 0		
Multiplicateur renversé...	2 1 3,0 2 0 1			
Multiplicande...........	3,1 4 1 5 9 2 6			
	1 0 2 1 3 3	1 0	1 0	
	3 1 0 3 2 7 1 3	2 0	2 0	
Report.................	1	1 2 0	1	1
Produit................	3 2 0 5,4 0 4 3		3 1	2 1
				3 1

Ici l'addition des sommes partielles

33, 31, 17, 22, 3, 10, 1, 3,

formées avec les produits de l'ordre des dix-millièmes ou d'un ordre supérieur, donne pour résultat le nombre 120; et, pour vérifier ces sommes, il suffit d'observer que l'on retrouve le même nombre 120 lorsqu'on ajoute entre eux les produits partiels

6, 2, 27, 15, 6, 28, 9, 27

des divers chiffres du multiplicande par les chiffres correspondants du vérificateur renversé. D'ailleurs, pour obtenir le vérificateur, c'est-à-dire le nombre

1133,6799...,

il faut conserver le premier chiffre 1 du multiplicateur

$$1020,312\ldots$$

en substituant au second, au troisième, au quatrième, ... chiffre les sommes

$$1+0, \quad 1+0+2, \quad 1+0+2+0, \quad \ldots$$

formées avec les deux premiers, les trois premiers, les quatre premiers, ... chiffres. Les sommes partielles que l'on a calculées étant vérifiées comme on vient de le dire, on les ajoute entre elles pour en tirer la valeur approchée du produit des facteurs donnés; et, pour vérifier cette dernière addition, il suffit de s'assurer que le même nombre 31 exprime, d'une part, la somme totale

$$20+10+1$$

des chiffres contenus dans les divers nombres qui représentent les sommes partielles et les reports, et, d'autre part, la somme 21 des chiffres du produit

$$3205,4043$$

augmentée d'autant de dizaines que les chiffres des reports offrent d'unités.

Après avoir déterminé, comme on vient de le dire, la valeur approchée du produit des facteurs donnés, on doit supprimer dans cette valeur approchée les chiffres incertains, c'est-à-dire ici les deux derniers chiffres. Donc, si l'on multiplie l'un par l'autre les deux facteurs

$$1020,312\ldots \quad \text{et} \quad 3,1415926\ldots,$$

dont le premier n'est exact, par hypothèse, qu'à un millième près, la valeur du produit, exacte à un centième près, sera

$$3205,40.$$

Lorsque le degré d'approximation que l'on recherche exige, comme dans l'exemple précédent, que le nombre des chiffres du vérificateur surpasse le nombre des chiffres du multiplicateur donné, les derniers chiffres du vérificateur doivent être évidemment égaux entre eux et à la somme des chiffres du multiplicateur donné. Il en résulte que, dans le cas où la multiplication doit fournir, non plus la valeur approchée, mais la valeur complète d'un produit de deux facteurs, la preuve ci-dessus exposée se réduit à celle qui a été développée dans le *Compte rendu* de la dernière séance.

La preuve de la multiplication approximative peut être facilement étendue au cas même où quelques-unes des sommes formées avec les deux, les trois, les quatre, ... premiers chiffres du multiplicateur se trouveraient représentées par des nombres de plusieurs chiffres, par exemple par des nombres de deux chiffres. Alors on considérerait chacun de ces nombres comme composé de dizaines et d'unités que l'on écrirait dans une même colonne verticale, mais dans deux lignes horizontales superposées l'une à l'autre, au-dessus du chiffre correspondant du multiplicateur. Donc alors, au lieu d'un seul vérificateur on en aurait deux en quelque sorte; et les deux sommes de produits partiels, déduites de l'un et de l'autre, devraient être considérées comme représentant, l'une des unités simples, l'autre des dizaines.

Concevons, pour fixer les idées, qu'il s'agisse d'obtenir, à un cent-millième près, le carré du rapport entre la circonférence et le diamètre. L'opération pourra être disposée comme on le voit ici.

Multiplication approximative avec la preuve.

Vérificateurs renversés.....	3 2 2 1	2 0		
	1 5 3 4 9 8 4,3	1 6 7		
Multiplicateur renversé	6 2 9 5 1 4 1,3	3 6 7		
Multiplicande	3,1 4 1 5 9 2 6			
	1	1	1	
	2 1 4 7 7 2	2 3	2 3	
	9 6 5 4 8 2 1 2	3 7	3 7	
Reports..................	1 1	3 6 7	2	2
Produit..................	9,8 6 9 6 0 3 2		6 3	4 3
				6 3

Ici le même nombre 367 résulte, d'une part, de l'addition des sommes partielles

$$122, \quad 71, \quad 72, \quad 48, \quad 14, \quad 25, \quad 6, \quad 9$$

qui concourent à la formation du produit cherché, ou plutôt à la détermination de sa valeur approchée; et d'autre part, de l'addition des sommes partielles formées avec les produits des chiffres correspondants du multiplicande et des deux vérificateurs, pourvu que ces deux dernières sommes, savoir

$$167 = 3\times 6 + 4\times 2 + 8\times 9 + 9\times 5 + 4\times 1 + 3\times 4 + 5\times 1 + 1\times 3$$

et

$$20 = 1\times 1 + 2\times 4 + 2\times 1 + 3\times 3,$$

soient considérées comme représentant, la première, des unités simples, et la seconde, des dizaines. Les chiffres des deux vérificateurs sont ceux que renferment les nombres

$$3, \quad 4, \quad 8, \quad 9, \quad 14, \quad 23, \quad 25, \quad 13,$$

auxquels se réduisent le chiffre 3 du multiplicateur

$$3,1415926\ldots$$

et les sommes formées avec ses deux premiers, ses trois premiers, ses quatre premiers... chiffres. D'ailleurs, l'addition des sommes partielles qui concourent à la formation du produit cherché s'effectue et se vérifie comme dans l'exemple précédent; et ce produit, dans lequel les deux derniers chiffres peuvent avoir été altérés par l'omission des reports dus aux sommes partielles que l'on s'est dispensé d'écrire, se réduit, lorsqu'on rejette ces deux derniers chiffres, au nombre

$$9,86960.$$

Tel est effectivement, à un cent-millième près, le carré du rapport de la circonférence au diamètre.

Dans l'exemple précédent, ainsi que dans tous les cas où les deux facteurs du produit cherché deviennent égaux, les produits partiels de même ordre sont tous égaux deux à deux, ou tous, à l'exception d'un seul, suivant que le nombre de ces produits est pair ou impair. Il en résulte, comme on sait, que la formation des sommes partielles devient plus facile. Ainsi, dans le dernier exemple, pour obtenir les sommes partielles

$$122 \quad \text{et} \quad 71,$$

on peut opérer comme il suit :

$$3 \times 6 + 1 \times 2 + 4 \times 9 + 1 \times 5 = 61, \quad \text{dont le double est } 122,$$

$$3 \times 2 + 1 \times 9 + 4 \times 5 = 35, \quad \text{dont le double est } 70, \quad \text{et} \quad 70 + 1 \times 1 = 71.$$

Nous ajouterons que la règle et la preuve de la multiplication approximative s'appliquent plus avantageusement encore à des nombres exprimés avec des chiffres, les uns positifs, les autres négatifs. Alors, en effet, les reports étant presque toujours nuls, on n'aura pas ordinairement à s'inquiéter des erreurs que leur omission peut entraîner; et, pour la même raison, dans la multiplication de tels nombres, on n'aura d'ordinaire à considérer qu'un seul vérificateur.

§ II. — *Division arithmétique.*

On sait que la méthode des approximations successives, due à Newton, finit par doubler à très peu près, à chaque opération nouvelle, le nombre des chiffres décimaux exacts que présente la valeur approchée d'une racine réelle d'une équation de degré quelconque. Cette propriété appartient même aux valeurs approchées successives de la racine réelle d'une équation linéaire; ainsi, en particulier, on double à très peu près le nombre des chiffres décimaux que renferme une valeur très approchée du quotient fourni par une division arithmétique, quand, pour augmenter le degré d'approximation, on ajoute à cette valeur approchée le premier terme de la progression géométrique qui représente le quotient développé suivant les puissances ascendantes du reste. J'ignore si cette remarque très simple, que d'autres sans doute auront déjà faite avant moi, se trouve approfondie dans l'un des nombreux Traités d'Arithmétique publiés par divers auteurs. Mais elle mérite de l'être, d'autant plus que la règle qui s'en déduit peut aisément s'établir sans le secours de l'Algèbre, ainsi que nous allons l'expliquer.

Observons d'abord que diviser un nombre par un autre revient à multiplier le dividende par l'inverse du diviseur. Donc la division peut toujours être ramenée au cas où le diviseur est l'unité. D'ailleurs, dans ce cas, le quotient s'obtient à l'aide de la règle suivante :

Après avoir déterminé par la méthode ordinairement employée une première valeur approchée du quotient, par exemple, ses deux ou trois premiers chiffres, vous pourrez égaler la fraction qui représente le quotient à cette première valeur augmentée d'une fraction nouvelle qui aura le reste obtenu pour numérateur. Or, si vous multipliez une ou plusieurs fois de suite les deux membres de l'équation ainsi formée par le reste dont il s'agit, vous obtiendrez de nouvelles équations qui, combinées avec la première, feront connaître de nouveaux chiffres du quotient.

Lorsqu'en appliquant cette règle, et multipliant par le reste une ou plusieurs fois de suite la fraction qui représente le quotient, on est parvenu à rendre le numérateur supérieur au dénominateur, il convient d'extraire le plus grand nombre entier contenu dans la nouvelle fraction ainsi formée. Après cette opération, on peut recommencer à faire usage de la règle et obtenir par ce moyen de nouveaux chiffres.

D'ailleurs, lorsqu'en opérant comme on vient de le dire, on est arrivé à connaître un grand nombre de chiffres du quotient, la formation d'une seule équation nouvelle suffit pour doubler à très peu près le nombre de chiffres exacts. Si le diviseur est entier ou composé d'un nombre fini de chiffres, le quotient, à moins qu'il ne puisse s'obtenir exactement, se réduira toujours à une fraction décimale périodique.

Pour montrer une application de la règle ci-dessus énoncée, cherchons d'abord le quotient de 1 par 7, ou, en d'autres termes, la fraction décimale périodique qui représente la fraction $\frac{1}{7}$. Comme les deux premiers chiffres décimaux fournis par la méthode de la division ordinaire seront 1 et 4, le reste étant égal à 2, on en conclura

$$\tfrac{1}{7} = 0,14\tfrac{2}{7},$$

la fraction $\frac{2}{7}$ étant ainsi placée à la suite du chiffre des centièmes pour indiquer les $\frac{2}{7}$ d'un centième; puis, en joignant à l'équation qui précède celles qu'on en déduit lorsqu'on multiplie chaque membre deux fois de suite par le reste 2, on trouvera

$$0\,\tfrac{1}{7} = ,14\tfrac{2}{7}, \qquad \tfrac{2}{7} = 0,28\tfrac{4}{7}, \qquad \tfrac{4}{7} = 0,56\tfrac{8}{7},$$

et, par conséquent,

$$\tfrac{1}{7} = 0,142856\tfrac{8}{7}.$$

Si maintenant on extrait de la fraction $\frac{8}{7}$ l'entier 1 qu'elle renferme, on verra l'équation précédente se réduire à

$$\tfrac{1}{7} = 0,142857\tfrac{1}{7}.$$

En vertu de cette dernière formule, la période de la fraction décimale qui représentera $\frac{1}{7}$ sera certainement la suite des chiffres

$$142857,$$

et l'on aura indéfiniment

$$\tfrac{1}{7} = 0,142857\;142857\ldots$$

En général, lorsque, le dividende étant l'unité, le diviseur se compose d'un nombre fini de chiffres décimaux, le quotient cherché doit représenter, ou une fraction de la forme

$$\frac{1}{n},$$

n étant un nombre entier, ou le produit d'une semblable fraction par une puissance de 10. Donc alors, si le quotient ne peut s'obtenir exactement, toute la question pourra être réduite au développement de $\frac{1}{n}$ en fraction décimale périodique. D'ailleurs on démontrera sans peine, 1° que, si n est l'un des nombres premiers impairs

$$3, \quad 7, \quad 11, \quad 13, \quad \ldots,$$

le nombre des chiffres de la période sera égal à $n-1$, ou à un diviseur de $n-1$; 2° que, si n est un nombre composé, le nombre des chiffres de la période sera ou le nombre N des entiers inférieurs à n et premiers à n, ou un diviseur de N; 3° que, si le nombre entier n se forme d'un seul chiffre, il suffira, pour déterminer la période, de prolonger le calcul jusqu'au moment où l'on verra reparaître le premier chiffre du quotient, attendu que le retour de ce chiffre indiquera le commencement d'une seconde période semblable à la première; 4° enfin que, si le nombre entier n se compose de deux, trois, quatre, ... chiffres, il suffira de prolonger le calcul jusqu'au moment où l'on verra reparaître, dans le même ordre, les deux premiers, les trois premiers, les quatre premiers, ... chiffres du quotient. Eu égard à ces observations, on pourra souvent abréger le calcul, et même se dispenser d'extraire les entiers contenus dans les nouvelles fractions que l'on obtiendra. Ainsi, dans l'exemple précédent, après avoir établi l'équation

$$\tfrac{1}{7} = 0,142856\tfrac{8}{7},$$

on pourra remarquer simplement que, $\frac{1}{7}$ étant compris entre les limites $0,14$ et $0,15$, la nouvelle fraction $\frac{8}{7}$ sera nécessairement comprise entre les limites

$$8 \times 0,14 = 1,12 \qquad \text{et} \qquad 8 \times 0,15 = 1,20.$$

Donc l'équation dont il s'agit fournira pour $\frac{1}{7}$ une valeur comprise entre les limites

$$0,14285712 \quad \text{et} \quad 0,14285720.$$

Donc le premier chiffre 1 du quotient reparaîtra nécessairement à la septième place, où il indiquera le retour de la période

$$142857.$$

Si l'on voulait déduire d'un développement en progression géométrique la valeur de $\frac{1}{7}$ exprimée en chiffres décimaux, il suffirait d'observer que l'équation

$$\tfrac{1}{7} = 0,14\tfrac{2}{7}$$

peut s'écrire comme il suit :

$$\frac{1 - 0,02}{7} = 0,14.$$

Donc cette équation donne

$$\frac{1}{7} = \frac{0,14}{1 - 0,02}.$$

Si maintenant on développe le rapport $\frac{1}{1 - 0,02}$ en une progression géométrique ordonnée suivant les puissances ascendantes du reste 0,02, on trouvera

$$\begin{aligned}\tfrac{1}{7} &= 0,14 + 0,0028 + 0,000056 + 0,00000112 + \ldots\\ &= 0,1428571\ldots\end{aligned}$$

Pour montrer, sur un second exemple, l'application des principes ci-dessus exposés, concevons qu'il s'agisse de convertir $\frac{1}{71}$ en fraction décimale. On trouvera, dans ce cas,

$$\tfrac{1}{71} = 0,014\tfrac{6}{71},$$

et, par suite,

$$\tfrac{6}{71} = 0,084\tfrac{36}{71}, \qquad \tfrac{36}{71} = 0,504\tfrac{216}{71}.$$

On aura donc

$$\tfrac{1}{71} = 0,014084504\tfrac{216}{71},$$

ou, ce qui revient au même,

$$\tfrac{1}{71} = 0,014084507\tfrac{3}{71},$$

et, par suite,

$$\tfrac{3}{71} = 0,042253521\tfrac{9}{71}, \qquad \tfrac{9}{71} = 0,126760563\tfrac{27}{71}, \qquad \tfrac{27}{71} = 0,380281689\tfrac{81}{71},$$

puis on en conclura, en remplaçant $\frac{81}{71}$ par $1\frac{10}{71}$,

$$\tfrac{1}{71} = 0,014084507042253521126760563380281690\tfrac{10}{71}.$$

Enfin on tirera de la deuxième équation

$$\tfrac{10}{71} = 0,1408\ldots$$

et, par suite,

$$\tfrac{1}{71} = 0,0140845070422535211267605633802816901408\ldots$$

Ici la seule réapparition des deux premiers chiffres 01, placés dans le même ordre à la suite l'un de l'autre, indique déjà le retour de la période.

§ III. — *Extraction des racines.*

Concevons que, n étant un nombre donné, on veuille en extraire la racine carrée ou cubique, ..., ou plus généralement la racine $m^{\text{ième}}$. Il s'agira, en d'autres termes, de calculer la racine réelle x de l'équation

$$x^m = n.$$

Or soient a une première valeur approchée de $\sqrt[m]{n}$, et r le reste qu'on obtient en retranchant a^m du nombre n, en sorte qu'on ait identiquement

$$n = a^m + r. \tag{1}$$

Si l'on pose $x = a + z$ et si d'ailleurs r est très petit, l'équation

$$n = (a + z)^m$$

donnera sensiblement

$$z = \frac{r}{ma^{m-1}}. \tag{2}$$

La valeur précédente de z est celle que, dans la méthode newtonienne, on doit ajouter à la quantité a pour obtenir une seconde valeur approchée de $\sqrt[m]{n}$. Cette méthode semble donc, au premier abord, exiger la division du reste par le produit ma^{m-1}, dans lequel le nombre des chiffres croît indéfiniment avec le nombre des chiffres de a; mais on peut éviter cette division à l'aide des considérations suivantes.

Si, dans l'équation (2), présentée sous la forme

$$z = \frac{ar}{ma^m},$$

on substitue la valeur de a^m tirée de la formule (1), on trouvera

$$z = \frac{ar}{m(n-r)} = \frac{ar}{mn}\left(1 + \frac{r}{n} + \ldots\right),$$

puis, en négligeant les termes de l'ordre du carré de r,

$$z = \frac{1}{mn} ar. \tag{3}$$

En substituant la formule (3) à la formule (2), on aura, comme dans la méthode newtonienne, l'avantage de doubler sensiblement, à chaque opération nouvelle, le nombre des chiffres décimaux de la racine, lorsque le reste r sera très petit; et si, d'ailleurs, on réduit en fraction décimale le rapport $\frac{1}{mn}$, qui restera le même dans les diverses approximations que l'on effectuera successivement, il suffira, pour continuer indéfiniment le calcul, de recourir à l'opération que nous avons appelée multiplication approximative. Ajoutons qu'il sera facile d'effectuer et de vérifier chaque multiplication approximative par la méthode que nous avons indiquée.

L'application des principes exposés dans ce paragraphe et dans le précédent deviendra plus facile encore si l'on emploie deux espèces de chiffres, les uns positifs, les autres négatifs.

107.

ANALYSE MATHÉMATIQUE. — *Sur la résolution numérique des équations algébriques et transcendantes.*

C. R., t. XI, p. 829 (23 novembre 1840).

§ Ier — *Considérations générales.*

J'ai donné, pour la résolution numérique des équations algébriques ou transcendantes, dans les *Comptes rendus* de 1837, une méthode dont le principe est tellement simple qu'il pourrait être exposé dans les éléments d'Algèbre. En effet, ce principe se réduit à la proposition suivante :

THÉORÈME. — *Soient*

$$P, \quad Q$$

deux fonctions réelles et entières de x, ou, plus généralement, deux fonctions réelles dont chacune reste finie et continue, sinon pour des valeurs *quelconques de la variable x, du moins entre certaines limites*

$$x = a \quad \text{et} \quad x = b > a.$$

Supposons d'ailleurs qu'entre ces limites on ait constamment

$$P < Q.$$

Si les fonctions P, Q *deviennent toutes deux positives, ou toutes deux négatives pour $x = a$, alors, entre les limites*

$$x = a, \quad x = b,$$

la plus petite racine réelle de l'équation

$$(1) \qquad P = 0$$

sera inférieure dans le premier cas, supérieure dans le second, à la plus petite racine réelle de l'équation

$$(2) \qquad Q = 0;$$

et, au contraire, si les fonctions P, Q *deviennent toutes deux positives, ou toutes deux négatives pour $x = b$, alors, entre les limites*

$$x = a, \quad x = b,$$

la plus grande racine réelle de l'équation (1) *sera supérieure dans le premier cas, inférieure dans le second, à la plus grande racine réelle de l'équation* (2).

Démonstration. — Pour fixer les idées, admettons d'abord que les fonctions P, Q deviennent toutes deux positives au moment où l'on prend $x = a$; et, en supposant que l'équation (2) offre des racines réelles comprises entre les limites

$$x = a, \quad x = b,$$

nommons c la plus petite de ces racines. On aura, pour $x = a$,

$$P > 0,$$

tandis que, pour $x = c$, la condition

$$(3) \qquad P < Q,$$

jointe à l'équation $Q = 0$, donnera

$$P < 0.$$

Donc, tandis que la variable x passera de la valeur a à la valeur c, la fonction P passera d'une valeur positive à une valeur négative. Donc cette fonction s'évanouira dans l'intervalle, et par suite l'équation

$$P = 0$$

offrira au moins une racine réelle comprise entre les limites a, c. Donc, entre les limites $x = a$, $x = b$, la plus petite racine de l'équation $P = 0$ sera inférieure à la plus petite racine c de l'équation $Q = 0$.

On démontrera de la même manière les trois autres parties du théorème I.

Corollaire I. — Supposons que les fonctions

$$P, \quad Q,$$

toujours finies et continues entre les limites

$$x = a, \qquad x = b > a,$$

vérifient entre ces limites la condition (3). Si, ces fonctions étant toutes deux positives pour $x = a$, ou pour $x = b$, l'équation (2) admet une ou plusieurs racines réelles comprises entre les limites a, b, on pourra en dire autant de l'équation (1); mais la réciproque n'est pas vraie, et l'équation (1) pourrait admettre une ou plusieurs racines réelles comprises entre a et b, sans qu'il en fût de même de l'équation (2). Ajoutons que, dans le premier cas, et entre les limites

$$x = a, \qquad x = b,$$

la plus petite racine de l'équation (1) sera inférieure à la plus petite racine de l'équation (2), ou la plus grande racine de l'équation (1) supérieure à la plus grande racine de l'équation (2), suivant que la valeur de x, pour laquelle les deux fonctions P, Q deviendront positives, sera a ou b.

Corollaire II. — Supposons que les fonctions

$$P, \quad Q,$$

toujours finies et continues entre les limites

$$x = a, \qquad x = b > a,$$

vérifient entre ces limites la condition (3). Si, ces fonctions étant toutes deux négatives pour $x = a$ ou pour $x = b$, l'équation (1) admet une ou plusieurs racines réelles comprises entre les limites a, b, on pourra en dire autant de l'équation (2); mais la réciproque n'est pas vraie, et l'équation (2) pourrait admettre une ou plusieurs racines réelles comprises entre a et b, sans qu'il en fût de même de l'équation (1). Ajoutons que, dans le premier cas, et entre les limites

$$x = a, \qquad x = b,$$

la plus petite racine de l'équation (2) sera inférieure à la plus petite racine de l'équation (1), ou la plus grande racine de l'équation (2) supérieure à la plus grande racine de l'équation (1), suivant que la valeur de x, pour laquelle les deux fonctions P, Q deviendront positives, sera a ou b.

Corollaire III. — Les deux fonctions

$$P, \quad Q$$

deviendront évidemment toutes deux positives, ou toutes deux négatives, pour une valeur particulière a ou b de la variable x, si elles remplissent alors la condition

$$P = Q. \tag{4}$$

Le théorème I entraîne ceux que nous allons énoncer.

THÉORÈME II. — *Soit* $f(x)$ *une fonction réelle de* x *qui reste finie et continue entre les limites*

$$x = a, \qquad x = b > a.$$

Pour obtenir entre ces limites deux quantités, l'une inférieure, l'autre supérieure à la plus petite des racines réelles de l'équation

$$(5) \qquad \mathrm{f}(x) = 0,$$

on commencera par substituer à l'équation (5) *les deux équations auxiliaires*

$$(6) \qquad \varpi(x) = 0, \qquad \psi(x) = 0,$$

les fonctions $\varpi(x)$, $\psi(x)$ *étant elles-mêmes continues entre les limites* $x = a$, $x = b$, *mais choisies de manière que l'on ait toujours dans cet intervalle*

$$(7) \qquad \varpi(x) < \mathrm{f}(x) < \psi(x),$$

et en particulier, pour $x = a$,

$$(8) \qquad \varpi(a) = \mathrm{f}(a) = \psi(a).$$

Si chacune des équations (6) *offre des racines réelles comprises entre* a *et* b, *l'équation* (5) *en offrira pareillement, la plus petite racine de l'équation* (5) *étant comprise entre les plus petites racines des équations* (6). *D'ailleurs, toutes les fois que l'équation* (5) *admettra des racines comprises entre* a *et* b, *on pourra en dire autant de la première ou de la seconde des équations* (6), *suivant que* $\mathrm{f}(a)$ *sera positif ou négatif, et la plus petite des racines dont il s'agit diminuera dans le passage de l'équation* (5) *à la première ou à la seconde des équations* (6).

Théorème III. — *Soit* $\mathrm{f}(x)$ *une fonction réelle de* x, *qui reste finie et continue entre les limites*

$$x = a, \qquad x = b > a.$$

Pour obtenir entre ces limites deux quantités, l'une inférieure, l'autre supérieure à la plus grande des racines réelles de l'équation

$$(5) \qquad \mathrm{f}(x) = 0,$$

on commencera par substituer à l'équation (5) *les deux équations auxiliaires*

$$(6) \qquad \varpi(x) = 0, \qquad \psi(x) = 0,$$

les fonctions $\varpi(x)$, $\psi(x)$ *étant elles-mêmes continues entre les limites* $x = a$,

$x = b$, *mais choisies de manière que l'on ait toujours dans cet intervalle*

$$\varpi(x) < \mathrm{f}(x) < \psi(x), \tag{7}$$

et en particulier, pour $x = b$,

$$\varpi(b) = \mathrm{f}(b) = \psi(b). \tag{9}$$

Si chacune des équations (6) *offre deux racines réelles comprises entre* a *et* b, *l'équation* (5) *en offrira pareillement, la plus grande racine de l'équation* (5) *étant comprise entre les plus grandes racines des équations* (6). *D'ailleurs, toutes les fois que l'équation* (5) *admettra des racines comprises entre* a *et* b, *on pourra en dire autant de la première ou de la seconde des équations* (6), *suivant que* $\mathrm{f}(b)$ *sera positif ou négatif, et la plus grande des racines dont il s'agit croîtra dans le passage de l'équation* (5) *à la première ou à la seconde des équations* (6).

Théorème IV. — *Soit toujours* $\mathrm{f}(x)$ *une fonction réelle de* x *qui reste finie et continue entre les limites*

$$x = a, \qquad x = b > a.$$

Soient encore

$$\varpi(x), \quad \psi(x)$$

deux fonctions réelles de x *qui, étant finies et continues entre ces limites, et choisies de manière à remplir constamment, dans cet intervalle, la condition* (7), *vérifient d'ailleurs chacune des formules* (8) *et* (9). *Si les quantités*

$$\mathrm{f}(a), \quad \mathrm{f}(b)$$

sont affectées de signes contraires, chacune des équations (6), *et par suite l'équation* (5), *admettront des racines réelles comprises entre* a *et* b; *et, dans cet intervalle, les plus petites des racines des équations* (6) *fourniront deux limites, l'une inférieure, l'autre supérieure à la plus petite des racines de l'équation* (5), *tandis que les plus grandes racines des équations* (6) *fourniront deux limites, l'une inférieure, l'autre supérieure à la plus grande des racines de l'équation* (5). *Au contraire, si les quantités*

$$\mathrm{f}(a), \quad \mathrm{f}(b)$$

sont affectées du même signe, chacune des équations (6) *pourra offrir ou non des racines réelles comprises entre a et b, ces racines devant être en nombre pair; mais il suffira que ces deux équations offrent de telles racines pour que l'on parvienne encore aux conclusions que nous venons d'énoncer. De plus, si, dans cette dernière hypothèse, l'équation* (5) *admet des racines comprises entre a et b, on pourra en dire autant ou de la première ou de la seconde des équations* (6), *suivant que les quantités* $f(a)$, $f(b)$ *seront toutes deux positives ou toutes deux négatives. Donc alors la première ou la seconde des équations* (6) *offrira, comme l'équation* (5), *au moins deux racines réelles comprises entre a et b; la plus petite de ces racines devant diminuer et la plus grande devant croître, tandis que l'on passera de l'équation* (5) *à la première ou à la seconde des équations* (6).

§ II. — *Usage des fonctions interpolaires dans la résolution numérique des équations.*

La considération des fonctions interpolaires permet d'appliquer très facilement les principes ci-dessus établis à la résolution numérique des équations algébriques ou transcendantes. En effet, $f(x)$ étant une fonction donnée de x, et

$$f(a, x), \quad f(a, b, x)$$

des fonctions interpolaires du premier et du second ordre, déterminées par les formules

$$(1) \qquad \begin{cases} f(a, x) = \dfrac{f(x) - f(a)}{x - a}, \\ f(a, b, x) = \dfrac{f(a, x) - f(a, b)}{x - b}, \end{cases}$$

on aura

$$(2) \qquad f(x) = f(a) + (x - a)\, f(a, x)$$

et

$$(3) \qquad f(x) = f(a) + (x - a)\, f(a, b) + (x - a)(x - b)\, f(a, b, x).$$

On trouvera de même

$$(4) \qquad f(x) = f(b) + (x - b)\, f(b, x),$$

$$(5) \qquad f(x) = f(b) + (x - b)\, f(a, b) + (x - a)(x - b)\, f(a, b, x).$$

D'ailleurs la formule (3) ne diffère pas de la formule (5). Car, si l'on nomme $F(x)$ une fonction linéaire de x assujettie à vérifier les deux conditions

$$F(a) = f(a), \qquad F(b) = f(b), \tag{6}$$

on aura identiquement

$$\left\{ \begin{aligned} F(x) &= f(a) + (x - a)\, f(a, b) \\ &= f(b) + (x - b)\, f(a, b), \end{aligned} \right. \tag{7}$$

et par conséquent chacune des formules (3), (5) pourra être réduite à

$$f(x) = F(x) + (x - a)(x - b)\, f(a, b, x). \tag{8}$$

Soient maintenant

$$G, \quad H$$

deux quantités, l'une inférieure, l'autre supérieure aux diverses valeurs qu'acquiert la fonction

$$f(a, x), \quad \text{ou} \quad f(b, x), \quad \text{ou} \quad f(a, b, x),$$

tandis que l'on fait varier x entre les limites

$$x = a, \qquad x = b.$$

On aura, en vertu de la formule (2),

$$f(a) + G(x - a) < f(x) < f(a) + H(x - a); \tag{9}$$

ou, en vertu de la formule (4),

$$f(b) + H(x - b) < f(x) < f(b) + G(x - b); \tag{10}$$

ou, en vertu de la formule (8),

$$F(x) + H(x - a)(x - b) < f(x) < F(x) + G(x - a)(x - b). \tag{11}$$

Ajoutons que les trois membres de la formule (9) deviendront évidemment égaux pour $x = a$, ceux de la formule (10) pour $x = b$, enfin ceux de la formule (11), eu égard aux conditions (6), pour $x = a$ et pour $x = b$. Cela posé, les théorèmes II, III, IV du § Ier entraîneront évidemment les propositions suivantes :

Théorème I. — *Soit*

$$f(x) = 0 \tag{12}$$

une équation dont le premier membre $f(x)$ *représente une fonction réelle de* x, *toujours finie et continue entre les limites*

$$x = a, \qquad x = b > a.$$

Soient de plus

$$G, \quad H$$

deux quantités, la première inférieure, la seconde supérieure aux diverses valeurs qu'acquiert, entre ces limites, la fonction interpolaire du premier ordre

$$f(a, x).$$

Si les racines réelles des deux équations

$$f(a) + G(x - a) = 0, \qquad f(a) + H(x - a) = 0, \tag{13}$$

c'est-à-dire les deux quantités

$$a - \frac{f(a)}{G}, \qquad a - \frac{f(a)}{H}, \tag{14}$$

se trouvent toutes deux comprises entre a et b, l'équation (12), *dans cet intervalle, offrira une ou plusieurs racines dont la plus petite sera certainement comprise entre les deux quantités* (14). *D'ailleurs, toutes les fois que l'équation* (12) *admettra des racines comprises entre a et b, on pourra en dire autant des expressions* (14) *ou au moins de l'une d'entre elles, savoir, de la première, si* $f(a)$ *est positif, de la seconde, si* $f(a)$ *devient négatif; et la première de ces expressions, dans le premier cas, ou la seconde, dans le second cas, offrira une nouvelle limite supérieure à la limite a, mais inférieure à la plus petite des racines dont il s'agit.*

Théorème II. — *La fonction réelle* $f(x)$ *étant toujours supposée finie et continue entre les limites*

$$x = a, \qquad x = b > a,$$

soient de plus

$$G, \quad H$$

deux quantités, la première inférieure, la seconde supérieure aux diverses valeurs qu'acquiert entre ces limites la fonction interpolaire du premier ordre

$$f(b, x).$$

Si les racines réelles des deux équations

$$(15) \qquad f(b) + G(x - b) = 0, \qquad f(b) + H(x - b) = 0,$$

c'est-à-dire les deux quantités

$$(16) \qquad b - \frac{f(b)}{G}, \qquad b - \frac{f(b)}{H},$$

se trouvent toutes deux comprises entre a et b, l'équation (12), *dans cet intervalle, offrira une ou plusieurs racines dont la plus grande sera certainement comprise entre les quantités* (16). *D'ailleurs, toutes les fois que l'équation* (12) *admettra des racines comprises entre a et b, on pourra en dire autant de l'une au moins des expressions* (16), *savoir : de la première, si* f(b) *est positif, de la seconde, si* f(b) *devient négatif; et la première de ces deux expressions, dans le premier cas, ou la seconde, dans le second cas, offrira une nouvelle limite, inférieure à la limite b, mais supérieure à la plus petite des racines dont il s'agit.*

THÉORÈME III. — *La fonction réelle* f(x) *étant toujours supposée réelle et continue entre les limites*

$$x = a, \qquad x = b > a,$$

soient de plus

$$G, \quad H$$

deux quantités, la première inférieure, la seconde supérieure aux diverses valeurs qu'acquiert entre ces limites la fonction interpolaire du second ordre

$$f(a, b, x);$$

et nommons F(x) *une fonction linéaire de x assujettie à vérifier les deux conditions* (6), *ou, ce qui revient au même, déterminons* F(x) *à l'aide de l'équation* (7). *Si les deux quantités*

$$f(a), \quad f(b)$$

sont affectées de signes contraires, chacune des équations du second degré

$$(17) \qquad F(x) + G(x-a)(x-b) = 0, \qquad F(x) + H(x-a)(x-b) = 0$$

offrira une seule racine réelle comprise entre les limites a, b, et les deux racines de cette espèce, fournies par les deux équations (17), *comprendront entre elles une ou plusieurs racines de l'équation* (12). *Au contraire, si les deux quantités*

$$f(a), \quad f(b)$$

sont affectées du même signe, chacune des équations (17) *pourra offrir ou non deux racines réelles comprises entre a et b; mais il suffira que ces deux équations offrent de telles racines pour que l'équation* (12) *offre elle-même au moins deux racines réelles comprises entre a et b, la plus grande étant renfermée entre les plus grandes racines des équations* (17), *et la plus petite entre leurs plus petites racines. De plus, si, les quantités*

$$f(a), \quad f(b)$$

étant affectées du même signe, l'équation (12) *admet des racines réelles comprises entre a et b, on pourra en dire autant ou de la première, ou de la seconde des équations* (17), *suivant que les quantités*

$$f(a), \quad f(b)$$

seront toutes deux positives, ou toutes deux négatives.

Concevons maintenant que, la fonction $f(x)$ étant finie et continue avec ses dérivées du premier et du second ordre entre les limites

$$x = a, \qquad x = b,$$

chacune des deux fonctions dérivées

$$f'(x), \quad f''(x)$$

conserve constamment le même signe entre ces limites. On pourra en dire autant des fonctions interpolaires

$$f(a, x), \quad f(a, x, x),$$

qui représenteront des valeurs de

$$f'(u), \quad \tfrac{1}{2} f''(v),$$

correspondantes à des valeurs de u, v intermédiaires entre a et x; et, comme on aura d'ailleurs

$$f(a, x, x) = \frac{\partial f(a, x)}{\partial x},$$

on peut affirmer que la fonction interpolaire

$$f(a, x),$$

non seulement conservera toujours le même signe entre les limites

$$x = a, \qquad x = b,$$

mais sera de plus, dans cet intervalle, et pour des valeurs croissantes de x, toujours croissante ou toujours décroissante, suivant que la dérivée du second ordre $f''(x)$ sera positive ou négative. Cela posé, les deux quantités, ci-dessus représentées par G, H, pourront être réduites, dans le premier théorème, l'une à $f(a, a) = f'(a)$, l'autre à $f(a, b)$; et dans le second théorème, l'une à $f(a, b)$, l'autre à $f(b, b) = f'(b)$. D'autre part, la fonction $f'(x)$ conservant toujours le même signe, par hypothèse, entre les limites $x = a$, $x = b$, la fonction $f(x)$ sera, dans cet intervalle, toujours croissante avec x, ou toujours décroissante; et par suite l'équation (12) n'offrira point de racines réelles renfermées entre a et b, ou offrira une seule racine de cette espèce suivant que les deux quantités

$$f(a), \quad f(b)$$

seront affectées du même signe, ou de signes contraires. Enfin, si l'on nomme k la racine unique de l'équation

(18) $$F(x) = 0,$$

on aura évidemment, en vertu de la formule (7),

(19) $$k = a - \frac{f(a)}{f(a, b)} = b - \frac{f(b)}{f(a, b)}$$

ou, ce qui revient au même,

$$k = \frac{a\,f(b) - b\,f(a)}{f(b) - f(a)}; \tag{20}$$

et, comme

$$f(a, b)$$

représentera une valeur de $f'(x)$ correspondante à une valeur de x intermédiaire entre a et b, par conséquent une quantité comprise entre

$$f'(a), \quad f'(b),$$

il est clair que, si $f(a)$, $f(b)$ sont affectées de signes contraires, les différences

$$a - \frac{f(a)}{f'(a)}, \quad b - \frac{f(b)}{f'(b)}$$

seront toutes deux inférieures ou toutes deux supérieures à la valeur de k donnée par la formule (19). Or, en ayant égard aux observations que nous venons de faire, on déduira immédiatement des théorèmes I et II la proposition suivante :

Théorème IV. — *Soit* $f(x)$ *une fonction réelle de* x *qui demeure finie et continue, avec ses dérivées du premier et du second ordre, entre les limites*

$$x = a, \qquad x = b > a;$$

et supposons que, des trois fonctions

$$f(x), \quad f'(x), \quad f''(x),$$

la première seule change de signe, tandis que l'on passe de la première limite à la seconde. Une seule racine de l'équation (12) *se trouvera renfermée, non seulement entre les limites données*

$$a \text{ et } b,$$

mais aussi entre deux limites plus rapprochées dont l'une sera la quantité k, *l'autre pouvant se réduire à celle des deux différences*

$$a - \frac{f(a)}{f'(a)}, \quad b - \frac{f(b)}{f'(b)} \tag{21}$$

qui sera la plus voisine de k, *ou bien encore à la première de ces différences, quand le signe de* $f(a)$ *sera celui de* $f''(a)$, *et à la seconde dans le cas contraire.*

Corollaire. — a et b étant considérés comme représentant deux valeurs approchées en plus et en moins d'une racine réelle de l'équation (12), le théorème précédent fournira le moyen d'obtenir de nouvelles valeurs approchées de la même racine en augmentant le degré d'approximation. La substitution de l'une des différences (21) à l'une des premières valeurs approchées a ou b constitue la méthode d'approximation de Newton. M. Fourier a proposé de joindre à l'une de ces différences, considérée comme limite de la racine cherchée, la quantité k qui offre une seconde limite opposée à la première. Lorsque l'on représente la fonction $f(x)$ par l'ordonnée d'une courbe dont x est l'abscisse,

$$f(a), \quad f(b)$$

sont les ordonnées particulières des points A, B qui répondent aux deux abscisses

$$x = a, \qquad x = b,$$

et les expressions (20), (21) se confondent avec les abscisses des points où l'axe des x est rencontré : 1° par la corde AB, 2° par les droites qui touchent la courbe aux points A et B.

Les raisonnements par lesquels nous avons déduit des théorèmes I et II le théorème IV servent aussi à déduire du théorème III la proposition suivante :

Théorème V. — *Soit* $f(x)$ *une fonction réelle de* x *qui demeure finie et continue, avec ses dérivées des trois premiers ordres, entre les limites*

$$x = a, \qquad x = b > a;$$

et supposons que chacune de ses deux fonctions dérivées

$$f''(x), \quad f'''(x)$$

conserve constamment le même signe entre ces limites. Une racine au plus de l'équation dérivée

$$f'(x) = 0,$$

et deux racines au plus de l'équation

$$f(x) = 0,$$

se trouveront renfermées entre les limites dont il s'agit. Si d'ailleurs la fonction $f(x)$ *change de signe entre les limites* $x = a$, $x = b$, *ou, en d'autres termes, si les quantités*

$$f(a), \quad f(b)$$

sont affectées de signes contraires, l'équation (12) *offrira certainement une racine réelle, mais une seule, comprise, non seulement entre les limites données*

$$a \quad \text{et} \quad b,$$

mais encore entre d'autres limites plus rapprochées qui seront racines des équations du second degré

$$(22) \quad F(x) + (x - a)(x - b)\,f(a, a, b) = 0, \qquad F(x) + (x - a)(x - b)\,f(a, b, b) = 0.$$

Au contraire, si les quantités

$$f(a), \quad f(b)$$

sont affectées du même signe, l'équation (12) *n'offrira point de racines réelles comprises entre les limites* a, b, *ou en offrira deux de cette espèce; et le dernier cas aura certainement lieu si chacune des équations* (22) *offre de telles racines. Ajoutons que, si, les quantités*

$$f(a), \quad f(b)$$

étant affectées du même signe, l'équation (12) *offre des racines réelles comprises entre* a *et* b, *on pourra en dire autant de la première ou de la seconde des équations* (22), *savoir, de la première si les quantités* $f(a)$, $f(b)$ *sont négatives, et de la seconde si les quantités* $f(a)$, $f(b)$ *sont positives. Donc alors la première ou la seconde des équations* (22) *offrira, comme l'équation* (12), *deux racines réelles comprises entre* a *et* b, *l'une inférieure à la plus petite des deux racines de l'équation* (12), *l'autre supérieure à la plus grande de ces deux racines.*

Corollaire. — a et b étant considérés comme représentant deux valeurs approchées en plus et en moins d'une ou de deux racines réelles de l'équation (12), le théorème précédent fournira le moyen d'obtenir de nouvelles valeurs approchées de cette racine ou de ces deux racines, en augmentant le degré d'approximation.

Lorsque les conditions énoncées dans les théorèmes IV ou V ne sont pas remplies, alors, pour obtenir des valeurs de plus en plus approchées des racines de l'équation (12), comprises entre a et b, on pourra recourir aux théorèmes I, II, III. Mais, pour faire l'application de ces théorèmes, on devra calculer les valeurs des quantités qui s'y trouvent désignées par G et H. Ce calcul pourra s'effectuer, dans un grand nombre de cas, à l'aide des considérations suivantes.

Concevons que l'on ait

$$(23) \qquad f(x) = \varphi(x) - \chi(x),$$

$\varphi(x)$, $\chi(x)$ désignant deux fonctions réelles de x, dont chacune reste, avec ses dérivées du premier et du second ordre, toujours finie et continue, et toujours croissante, depuis la limite $x = a$ jusqu'à la limite $x = b$. On pourra en dire autant de chacune des fonctions interpolaires

$$(24) \quad \varphi(a, x), \quad \varphi(b, x), \quad \varphi(a, b, x), \qquad \chi(a, x), \quad \chi(b, x), \quad \chi(a, b, x).$$

Car, dans l'hypothèse admise, chacune des fonctions dérivées

$$\varphi''(x), \quad \varphi'''(x), \qquad \chi''(x), \quad \chi'''(x)$$

restera toujours positive entre les limites $x = a$, $x = b$; et, par suite, les dérivées des expressions (24), c'est-à-dire les fonctions

$$\varphi(a, x, x), \quad \varphi(b, x, x), \quad \varphi(a, b, x, x), \qquad \chi(a, x, x), \quad \chi(b, x, x), \quad \chi(a, b, x, x)$$

seront elles-mêmes positives dans cet intervalle, chacune d'elles se réduisant alors à la moitié ou au sixième d'une certaine valeur de l'une des fonctions dérivées

$$\varphi''(x), \quad \varphi'''(x), \quad \chi''(x), \quad \chi'''(x).$$

Donc, puisqu'une fonction croît toujours quand sa dérivée est positive, on peut affirmer que, pour des valeurs de x comprises entre a et b, les valeurs des fonctions (24) seront respectivement supérieures aux six quantités

$$\varphi(a,a),\quad \varphi(b,a),\quad \varphi(a,b,a),\qquad \chi(a,a),\quad \chi(b,a),\quad \chi(a,b,a),$$

ou, ce qui revient au même, aux six quantités

$$\varphi(a,a),\quad \varphi(a,b),\quad \varphi(a,a,b),\qquad \chi(a,a),\quad \chi(a,b),\quad \chi(a,a,b),$$

mais respectivement inférieures aux six quantités

$$\varphi(a,b),\quad \varphi(b,b),\quad \varphi(a,b,b),\qquad \chi(a,b),\quad \chi(b,b),\quad \chi(a,b,b).$$

Comme on aura d'ailleurs généralement

$$\mathrm{f}(a,x)=\varphi(a,x)-\chi(a,x),\qquad \mathrm{f}(b,x)=\varphi(b,x)-\chi(b,x),$$
$$\mathrm{f}(a,b,x)=\varphi(a,b,x)-\chi(a,b,x),$$

il est clair que les valeurs des quantités ci-dessus représentées par G, H pourront être réduites, dans le théorème I, à

$$(25)\qquad G=\varphi(a,a)-\chi(a,b),\qquad H=\varphi(a,b)-\chi(a,a);$$

dans le théorème II, à

$$(26)\qquad G=\varphi(a,b)-\chi(b,b),\qquad H=\varphi(b,b)-\chi(a,b);$$

enfin, dans le théorème III, à

$$(27)\qquad G=\varphi(a,a,b)-\chi(a,b,b),\qquad H=\varphi(a,b,b)-\chi(a,a,b).$$

Comme, pour des valeurs de x comprises entre a et b, chacune des fonctions

$$\varphi(a,x),\quad \varphi(b,x)\quad \text{ou}\quad \chi(a,x),\quad \chi(b,x)$$

pourra être représentée par

$$\varphi'(u)\quad \text{ou}\quad \chi'(v),$$

et la fonction

$$\varphi(a,b,x)\quad \text{ou}\quad \chi(a,b,x)$$

par

$$\tfrac{1}{2}\varphi''(u)\quad \text{ou}\quad \tfrac{1}{2}\chi''(v),$$

u, v désignant encore des quantités comprises elles-mêmes entre a et b;

il en résulte qu'on pourra supposer encore, dans les théorèmes I et II,

$$(28)\qquad G = \varphi'(a) - \chi'(b),\qquad H = \varphi'(b) - \chi'(a),$$

et dans le théorème III,

$$(29)\qquad G = \tfrac{1}{2}[\varphi''(a) - \chi''(b)],\qquad H = \tfrac{1}{2}[\varphi''(b) - \chi''(a)].$$

Au reste, dans l'application des théorèmes I, II, III à la détermination d'une ou de deux racines réelles de l'équation (12), il convient de choisir les quantités G, H de manière à ce qu'elles se trouvent rapprochées le plus possible l'une de l'autre, et pour cette raison il convient de préférer aux valeurs de G, H, fournies par les formules (28), (29), celles que déterminent les formules (25), (26) et (27). Pour la même raison, toutes les fois que les conditions énoncées dans les théorèmes IV et V se trouvent remplies, il convient d'appliquer ces théorèmes plutôt que les théorèmes I, II, III; en d'autres termes, il convient de prendre pour G, H, ou deux des trois quantités

$$f(a, a),\quad f(a, b),\quad f(b, b),$$

ou les deux quantités

$$f(a, a, b),\quad f(a, b, b).$$

Lorsque la fonction $f(x)$ est présentée sous la forme qu'indique l'équation (23), alors, pour que chacune des fonctions

$$f'(x),\quad f''(x)$$

conserve toujours le même signe entre les limites $x = a$, $x = b$, conformément aux conditions énoncées dans le théorème IV, il suffit évidemment que les valeurs de G, H déterminées par la première et par la seconde des formules (28) ou (29) soient affectées du même signe, c'est-à-dire que l'on ait

$$(30)\qquad \begin{cases} [\varphi'(a) - \chi'(b)][\varphi'(b) - \chi'(a)] > 0, \\ \quad \text{et} \\ [\varphi''(a) - \chi''(b)][\varphi''(b) - \chi''(a)] > 0. \end{cases}$$

Pareillement, pour que chacune des fonctions

$$f''(x),\quad f'''(x)$$

conserve toujours le même signe entre les limites $x = a$, $x = b$, conformément aux conditions énoncées dans le théorème V, il suffira que l'on ait

$$(31)\quad \left\{ \begin{array}{l} [\varphi''(a) - \chi''(b)][\varphi''(b) - \chi''(a)] > 0 \\ \text{et} \\ [\varphi'''(a) - \chi'''(b)][\varphi'''(b) - \chi'''(a)] > 0. \end{array} \right.$$

Lorsque, les limites a, b étant positives, $f(x)$ représente une fonction entière de x, on peut, dans l'équation (23), réduire la fonction $\varphi(x)$ à la somme des termes positifs du polynôme $f(x)$, et $-\chi(x)$ à la somme des termes négatifs.

Dans un autre article, nous montrerons les grands avantages que présentent, pour la résolution numérique des équations algébriques ou transcendantes, les théorèmes et les formules que nous venons d'établir.

108.

Analyse mathématique. — *Mémoire sur divers points d'Analyse.*

C. R., t. XI, p. 933 (14 décembre 1840).

§ Ier. — *Usage des fonctions interpolaires dans la détermination des fonctions symétriques des racines d'une équation algébrique donnée.*

Les propriétés des fonctions interpolaires qui, comme nous l'avons expliqué, fournissent une méthode générale et facile pour la résolution numérique des équations algébriques ou transcendantes, peuvent encore être employées fort utilement à la détermination des fonctions symétriques des racines d'une équation algébrique donnée. En effet, pour effectuer cette détermination, il suffit de recourir aux propositions suivantes :

Théorème I. — *Représentons par*

$$(1)\qquad f(x) = 0$$

une équation algébrique, dont le premier membre $\mathrm{f}(x)$ *soit une fonction entière de* x, *du degré* n. *Supposons d'ailleurs que cette équation n'offre pas de racines égales, et nommons* $\mathrm{F}(x)$ *une autre fonction entière de* x, *qui conserve toujours la même valeur* U, *quand on y substitue successivement à la variable* x *les diverses racines de l'équation* (1). *Le reste de la division de* $\mathrm{F}(x)$ *par* $\mathrm{f}(x)$ *se réduira simplement à la constante* U.

Démonstration. — En effet, soit $\Pi(x)$ le reste dont il s'agit. L'équation

$$\Pi(x) = \mathrm{U}$$

sera d'un degré inférieur à n; et, puisqu'elle devra subsister pour n valeurs différentes de x, par conséquent, pour des valeurs de x dont le nombre surpassera ce degré, elle ne pourra être qu'une équation identique. Donc la fonction $\Pi(x)$ deviendra indépendante de x, et se réduira simplement à la constante U.

Corollaire. — Représentons par

$$a, \quad b, \quad c, \quad \ldots, \quad h, \quad k$$

les n racines de l'équation (1). Si la fonction $\mathrm{F}(a)$ conserve toujours la même valeur U, quand on y remplace la racine a par l'une quelconque des autres racines

$$b, \quad c, \quad \ldots, \quad h, \quad k,$$

le quotient de la division de $\mathrm{F}(a)$ par $\mathrm{f}(a)$ sera indépendant de a, et se réduira simplement à la constante U.

Théorème II. — *Soient*

$$\mathrm{f}(x)$$

une fonction entière de x, *du degré* n, *et*

$$\mathrm{f}(a, x) = \frac{\mathrm{f}(x) - \mathrm{f}(a)}{x - a}, \qquad \mathrm{f}(a, b, x) = \frac{\mathrm{f}(a, x) - \mathrm{f}(a, b)}{x - b}, \qquad \ldots$$

les fonctions interpolaires de divers ordres qui renferment avec la variable x *diverses valeurs particulières* $a, b, c, \ldots$ *de cette variable. Concevons d'ailleurs que les lettres*

$$a, \quad b, \quad c, \quad \ldots, \quad h, \quad k$$

représentent les n racines de l'équation

$$f(x) = 0,$$

et désignons par

$$F(a, b, c, \ldots, h, k)$$

une fonction entière mais symétrique de ces racines. Pour éliminer de cette même fonction les racines

$$k, \quad h, \quad \ldots, \quad c, \quad b, \quad a,$$

il suffira de la diviser successivement par les divers termes de la suite

$$f(a, b, c, \ldots, h, k), \quad f(a, b, c, \ldots, h), \quad \ldots, \quad f(a, b, c), \quad f(a, b), \quad f(a),$$

considérés, le premier comme fonction de k, le second comme fonction de h, ..., l'avant-dernier comme fonction de b, le dernier comme fonction de a. Le dernier des restes ainsi obtenus sera indépendant de a, b, c, ..., h, k, et représentera nécessairement la valeur U *de la fonction symétrique*

$$F(a, b, c, \ldots, h, k),$$

exprimée à l'aide des coefficients que renferme le premier membre de l'équation (1).

Démonstration. — Supposons d'abord les racines

$$a, \quad b, \quad c, \quad \ldots, \quad h, \quad k$$

inégales entre elles. Comme les équations

$$(2) \quad f(x) = 0, \quad f(a, x) = 0, \quad f(a, b, x) = 0, \quad \ldots, \quad f(a, b, c, \ldots, h, x) = 0$$

admettront, la première toutes ces racines, la seconde les racines b, $c, \ldots, h, k$, la troisième les racines $c, \ldots, h, k$, etc., l'avant-dernière les racines h, k, et la dernière la seule racine k, il est clair que, pour éliminer toutes les racines

$$k, \quad h, \quad \ldots, \quad c, \quad b, \quad a$$

de la fonction symétrique

$$F(a, b, c, \ldots, h, k),$$

il suffira (*voir* le corollaire du théorème I) de diviser successivement cette fonction

par $f(a, b, c, \ldots, h, k)$ considéré comme fonction de k,
puis par $f(a, b, c, \ldots, h)$ considéré comme fonction de h,
....,
puis par $f(a, b)$ considéré comme fonction de b,
puis enfin par $f(a)$ considéré comme fonction de a.

Les restes successivement obtenus seront indépendants, le premier de k, le second de k et de h, ..., l'avant-dernier de $k, h, \ldots, c, b$, le dernier de $k, h, \ldots, c, b, a$, et représenteront autant de valeurs de $F(a, b, c, \ldots, h, k)$, dont la dernière U se trouvera exprimée en fonction des seuls coefficients que renferme le premier membre $f(x)$ de l'équation (1).

Il est bon d'observer que, $f(x)$ étant, par hypothèse, une fonction entière de x, on pourra supposer, dans l'équation (1), le coefficient de la plus haute puissance de x réduit à l'unité. Car, pour opérer cette réduction, il suffira dans tous les cas de diviser les différents termes de l'équation par le coefficient donné de x^n. D'autre part, lorsque dans $f(x)$ le terme du degré le plus élevé se trouvera réduit à x^n, alors évidemment, dans les fonctions

$$f(x), \quad f(a, x), \quad f(a, b, x), \quad \ldots, \quad f(a, b, c, \ldots, h, x),$$

qui forment les premiers membres des équations (2), les premiers termes, c'est-à-dire les termes des degrés les plus élevés, auront tous l'unité pour coefficient, et seront respectivement

$$x^n, \quad x^{n-1}, \quad x^{n-2}, \quad \ldots, \quad x.$$

Donc alors la valeur U de $F(a, b, c, \ldots, h, k)$, déterminée comme nous l'avons dit ci-dessus, sera une fonction rationnelle et même entière, par conséquent une fonction continue des coefficients renfermés dans $f(x)$. D'ailleurs chacun de ces coefficients représentera, au signe près, ou la somme des racines de l'équation (1), ou la somme formée avec les produits qu'on obtient en multipliant ces racines deux à deux, trois à trois, etc. Donc la valeur trouvée de U pourra être encore considérée comme une fonction continue des racines de l'équation (1); et, dans la formule

$$(3) \qquad F(a, b, c, \ldots, h, k) = U,$$

qui se vérifiera toutes les fois que les racines $a, b, c, .., h, k$ seront inégales, les deux membres varieront par degrés insensibles en même temps que ces racines.

Si la puissance x^n, dans $f(x)$, se trouvait multipliée par un coefficient différent de l'unité, ce même coefficient se retrouverait dans les termes les plus élevés des fonctions interpolaires

$$f(a, x), \quad f(a, b, x), \quad \ldots, \quad f(a, b, c, \ldots, h, x);$$

et par suite, la valeur de U, déterminée comme ci-dessus à l'aide de divisions successives, renfermerait des puissances négatives du coefficient dont il s'agit. Mais, alors même, U ne cesserait pas d'être une fonction entière des autres coefficients, par conséquent une fonction continue des racines; et, si ces racines venaient à varier par degrés insensibles, on pourrait toujours en dire autant des deux membres de l'équation (3).

Il est maintenant facile de s'assurer que le théorème II s'étend, avec la formule (3), au cas même où l'équation (1) offre des racines égales. Car des racines égales de l'équation (1) peuvent être considérées comme des limites vers lesquelles convergent des valeurs variables de racines supposées d'abord inégales, mais très peu différentes les unes des autres; et, puisque la formule (3), dont les deux membres varient par degrés insensibles avec les racines, par conséquent avec leurs différences, continuera de subsister pour des valeurs de ces différences aussi rapprochées de zéro que l'on voudra, elle subsistera certainement dans le cas même où ces différences viendront à s'évanouir.

Corollaire. — Puisqu'en supposant, dans l'équation (1), le coefficient de x^n réduit à l'unité, on obtient pour valeur de $F(a, b, c, \ldots, h, k)$

une fonction entière U des autres coefficients, il est clair que, si ces autres coefficients sont entiers, si d'ailleurs, dans la fonction symétrique $F(a, b, c, \ldots, h, k)$, les coefficients des diverses puissances des racines

$$a, \quad b, \quad c, \quad \ldots, \quad h, \quad k,$$

ou des produits de ces puissances, sont eux-mêmes des quantités entières, la valeur numérique de U sera encore un nombre entier. On peut donc énoncer la proposition suivante :

Théorème III. — *Soit*

$$f(x) = 0$$

une équation algébrique dont le premier membre représente une fonction entière de x, du degré n; soient de plus

$$a, \quad b, \quad c, \quad \ldots, \quad h, \quad k$$

les n racines égales ou inégales de cette même équation, et

$$F(a, b, c, \ldots, h, k)$$

une fonction entière mais symétrique de ces racines. Si tous les coefficients renfermés dans les deux fonctions

$$f(x), \quad F(a, b, \ldots, h, k)$$

se réduisent au signe près à des nombres entiers, le coefficient de x^n dans $f(x)$ étant l'unité, la valeur numérique de la fonction $F(a, b, c, \ldots, h, k)$ sera elle-même un nombre entier.

Corollaire. — Si, dans le premier membre de l'équation (1), les coefficients des diverses puissances de x se réduisent, aux signes près, à des nombres entiers, le coefficient de la puissance la plus élevée étant l'unité, alors la somme et le produit des carrés des différences entre ces racines offriront des valeurs entières, et l'on pourra en dire autant des sommes que l'on obtiendra en ajoutant les uns aux autres les produits de ces mêmes carrés combinés par voie de multiplication deux à deux, ou trois à trois, ou quatre à quatre, ... Donc, si l'on forme une équation nouvelle qui ait pour racines les carrés des différences entre les racines de la proposée, les coefficients des diverses puissances de l'inconnue, dans cette nouvelle équation, se réduiront encore, aux signes près, à des nombres entiers. D'ailleurs, si les puissances dont il s'agit sont rangées d'après l'ordre de grandeur de leurs exposants, le premier coefficient, qui ne s'évanouira pas, représentera évidemment le produit des carrés des différences entre les solutions diverses, ou, ce qui revient au même, entre les racines distinctes de l'équation (1). On doit seulement excepter le cas où toutes les racines de l'équation (1) deviendraient égales entre elles, chacune d'elles étant équivalente, au signe près, au coefficient du second terme divisé par n. On peut donc énoncer encore la proposition suivante :

THÉORÈME IV. — *Soit*

$$f(x) = 0$$

une équation algébrique du degré n, dans laquelle les coefficients des diverses puissances de x offrent des valeurs entières, le coefficient de x^n étant l'unité. Si les racines de cette équation ne sont pas toutes égales entre elles, ou, ce qui revient au même, si le premier membre $f(x)$ ne se réduit pas à la puissance $n^{ième}$ d'un binôme de la forme

$$x - l,$$

l étant, dans $f(x)$, le coefficient de x^{n-1} pris en signe contraire, et divisé par n, le produit des carrés des différences entre les racines distinctes de l'équation (1) se réduira, au signe près, à un nombre entier.

§ II. — *Sur la division algébrique.*

En vertu des théorèmes établis dans le § Ier, la détermination des fonctions symétriques des racines des équations se trouve ramenée à la division algébrique. On sait d'ailleurs que cette dernière opération peut être réduite elle-même à un développement en série. Rappelons en peu de mots les principes sur lesquels se fonde cette réduction.

Soient

$$f(x), \quad F(x)$$

deux fonctions entières de x, la première du degré n, la seconde du degré $m > n$. Si l'on nomme $\Phi(x)$ le quotient qu'on obtient en divisant $F(x)$ par $f(x)$, et $\Pi(x)$ le reste, alors $\Phi(x)$ ne sera autre chose que la somme des termes qui renfermeront des puissances entières et positives de x, dans le développement du rapport

$$\frac{F(x)}{f(x)}$$

en une série ordonnée suivant les puissances descendantes de x, ou, ce qui revient au même, suivant les puissances ascendantes de $\frac{1}{x}$. Supposons, pour fixer les idées, qu'en effectuant ce développement, on trouve

$$(1) \qquad \frac{F(x)}{f(x)} = \alpha x^l + 6x^{l-1} + \ldots + \varkappa x + \lambda + \frac{\mu}{x} + \frac{\nu}{x^2} + \ldots,$$

la valeur de l étant

$$l = m - n,$$

on aura

$$(2) \qquad \Phi(x) = \alpha x^l + 6x^{l-1} + \ldots + \varkappa x + \lambda.$$

D'après ce qu'on vient de dire, pour obtenir le quotient $\Phi(x)$, il n'est nullement nécessaire de recourir à l'opération connue sous le nom de *division algébrique*, et l'on pourra remplacer cette opération par l'une quelconque de celles qui servent à développer une fonction suivant les puissances ascendantes d'une variable. Il y a plus : comme on a

$$\frac{F(x)}{f(x)} = \frac{1}{f(x)} F(x),$$

le développement du rapport

$$\frac{F(x)}{f(x)},$$

en une série ordonnée suivant les puissances descendantes de x, se déduira immédiatement du rapport

$$\frac{1}{f(x)}$$

en une semblable série. Or ce dernier développement s'effectuera sans peine à l'aide de formules connues. En effet, en divisant, s'il est nécessaire, tous les termes des polynômes $F(x)$ et $f(x)$ par le coefficient de x^n dans $f(x)$, on pourra toujours réduire ce coefficient à l'unité. Supposons cette réduction opérée, et soit alors

$$(3)\qquad f(x) = x^n + Ax^{n-1} + Bx^{n-2} + \ldots + Hx + K.$$

Si l'on fait, pour abréger,

$$(4)\qquad X = -\left(\frac{A}{x} + \frac{B}{x^2} + \ldots + \frac{H}{x^{n-1}} + \frac{K}{x^n}\right),$$

on trouvera

$$\frac{1}{f(x)} = \frac{1}{x^n}\,\frac{1}{1-X};$$

et, comme on aura d'ailleurs

$$\frac{1}{1-X} = 1 + X + X^2 + \ldots,$$

on en conclura

$$(5)\qquad \frac{1}{f(x)} = \frac{1}{x^n}(1 + X + X^2 + \ldots).$$

Si, dans le second membre de cette dernière formule, on substitue les valeurs de X, X^2, ..., déduites de l'équation (4), et ordonnées suivant les puissances ascendantes de $\frac{1}{x}$, il ne restera plus qu'à réunir entre eux les termes proportionnels aux mêmes puissances de $\frac{1}{x}$, pour obtenir le développement cherché de $\frac{1}{f(x)}$. En opérant ainsi, on reconnaîtra que, dans ce développement, la puissance de $\frac{1}{x}$ du degré $n + l$, savoir

$$\frac{1}{x^{n+l}},$$

a pour coefficient la somme

$$(6)\qquad \sum (l)_{a,b,\ldots,h,k}(-A)^a(-B)^b\ldots(-H)^h(-K)^k,$$

l'expression $(l)_{a, b, \ldots, h, k}$ étant déterminée par la formule

$$(l)_{a, b, \ldots, h, k} = \frac{1.2\ldots l}{(1.2\ldots a)(1.2\ldots b)\ldots(1.2\ldots h)(1.2\ldots k)},$$

et le signe $\sum$ s'étendant à toutes les valeurs entières et positives de a, b, ..., h, k qui vérifient la condition

$$(7) \qquad a + 2b + \ldots + (n-1)h + nk = l.$$

D'ailleurs, dans ces diverses formules, l peut être un nombre entier quelconque, égal ou non à la différence $m - n$.

Il est bon d'observer que, parmi les puissances entières et positives de $\frac{1}{x}$, celle qui offrira le degré le moins élevé sera la première puissance dans X, la deuxième dans X^2, la troisième dans X^3, ... Il en résulte que, si l'on se propose seulement de calculer le quotient $\Phi(x)$, il suffira de conserver dans le développement de

$$\frac{1}{1-X}$$

les termes proportionnels aux puissances de $\frac{1}{x}$ dont le degré ne surpassera pas $m - n$. Donc, pour obtenir $\Phi(x)$, il suffira, en posant $l = m - n$, de chercher les termes proportionnels à des puissances positives de n, et renfermés dans le développement du produit

$$(8) \qquad x^{-n}(1 + X + X^2 + \ldots + X^l)F(x),$$

qu'on peut encore écrire comme il suit :

$$(9) \qquad \frac{1 - X^{l+1}}{1-X}\,\frac{F(x)}{x^n}.$$

Ajoutons que, dans ce même produit, on pourra remplacer, si l'on veut,

$$X^l \text{ par } \left(-\frac{A}{x}\right)^l, \quad X^{l-1} \text{ par } \left(-\frac{A}{x} - \frac{B}{x^2}\right)^{l-1}, \quad \ldots.$$

Ce n'est pas tout. Comme le produit (9), multiplié par $x^{(l+1)n}$, se transformera en une fonction entière de x du degré

$$N = m + nl = m + n(m - n),$$

si l'on désigne par $\chi(x)$ ce même produit, et par θ une quelconque des racines de l'équation binôme

$$\theta^N = 1,$$

on aura, d'après les propriétés connues de ces racines,

$$(10) \qquad \Phi(x) = \sum \frac{\left(\frac{x}{\theta}\right)^{l+1} - 1}{\frac{x}{\theta} - 1} \chi(\theta),$$

le signe $\sum$ s'étendant à toutes les valeurs de θ.

Lorsque, pour déterminer les divers termes du quotient $\Phi(x)$, on a recours à la formule (6), alors, pour obtenir les valeurs entières des exposants

$$\mathrm{a}, \quad \mathrm{b}, \quad \mathrm{c}, \quad \ldots, \quad \mathrm{h}, \quad \mathrm{k},$$

d'après la condition (7), il suffit d'observer que, si l'on pose

$$\mathrm{a} + \mathrm{b} + \ldots + \mathrm{h} + \mathrm{k} = l_n, \quad \mathrm{b} + \ldots + \mathrm{h} + \mathrm{k} = l_{n-1}, \quad \ldots, \quad \mathrm{h} + \mathrm{k} = l_2, \quad \mathrm{k} = l_1,$$

cette condition deviendra

$$(11) \qquad l_1 + l_2 + \ldots + l_{n-1} + l_n = l,$$

chacun des nombres entiers compris dans la suite

$$l_1, \quad l_2, \quad \ldots, \quad l_{n-1}, \quad l_n$$

ne devant jamais surpasser ceux qui le suivent. Cela posé, on calculera sans peine les diverses valeurs qu'il sera possible d'attribuer aux divers termes de la suite

$$l_1, \quad l_2, \quad \ldots, \quad l_{n-1}, \quad l_n,$$

pourvu que l'on commence par fixer les valeurs des derniers termes. En effet, on pourra prendre pour l_n un quelconque des nombres

$$1, \quad 2, \quad 3, \quad \ldots, \quad l,$$

puis, pour l_{n-1}, un quelconque des nombres

$$1, \quad 2, \quad 3, \quad \ldots, \quad l - l_n,$$

puis, pour l_{n-2}, un quelconque des nombres

$$1, \quad 2, \quad 3, \quad \ldots, \quad l - l_n - l_{n-1},$$

....

D'ailleurs, à un système donné de valeurs de

$$l_1, \quad l_2, \quad \ldots, \quad l_{n-1}, \quad l_n,$$

correspondra un système de valeurs de

$$\mathrm{a}, \quad \mathrm{b}, \quad \ldots, \quad \mathrm{h}, \quad \mathrm{k},$$

déterminées par les équations

$$\mathrm{a} = l_n - l_{n-1}, \qquad \mathrm{b} = l_{n-1} - l_{n-2}, \qquad \ldots, \qquad \mathrm{h} = l_2 - l_1, \qquad \mathrm{k} = l_1.$$

Comme, en vertu des formules de Taylor et de Maclaurin, les divers termes du développement d'une fonction en série peuvent être représentés par des dérivées de divers ordres, il est clair qu'on pourrait encore représenter de cette manière les divers coefficients renfermés dans la fonction $\Phi(x)$, et cette fonction elle-même. Si l'on cherche en particulier la valeur λ de $\Phi(x)$ correspondante à $x = 0$, on aura, en vertu de l'équation (1),

$$\lambda = \frac{1}{1.2\ldots l} \mathrm{D}_\varepsilon^l \frac{\varepsilon^l \mathrm{F}\left(\frac{1}{\varepsilon}\right)}{\mathrm{f}\left(\frac{1}{\varepsilon}\right)}, \tag{12}$$

ε désignant une quantité infiniment petite que l'on devra réduire à zéro, après avoir effectué les différentiations. Si l'on voulait exprimer λ à l'aide des notations employées dans le calcul des résidus, alors, au lieu de l'équation (12), on obtiendrait la suivante

$$\Phi(0) = \mathcal{E} \frac{\mathrm{F}\left(\frac{1}{z}\right)}{((z))\, \mathrm{f}\left(\frac{1}{z}\right)}, \tag{13}$$

qui se trouve elle-même comprise dans la formule

$$(14) \qquad \Phi(x) = \mathcal{E} \frac{F\left(\frac{1}{z}\right)}{((z))\, f\left(\frac{1}{z}\right)} \frac{1}{1 - zx}$$

(*voir* les *Exercices de Mathématiques*, t. I, p. 137).

Après avoir déterminé le quotient $\Phi(x)$ qui résulte de la division de $F(x)$ par $f(x)$, on obtiendra aisément le reste $\Pi(x)$, à l'aide de la formule

$$(15) \qquad \Pi(x) = F(x) - f(x)\,\Phi(x).$$

Si l'on cherche en particulier le terme indépendant de x dans ce reste, ou la valeur de $\Pi(0)$, on aura

$$(16) \qquad \Pi(0) = F(0) - \lambda\, f(0),$$

la valeur de λ étant celle que fournit l'équation (12).

Comme les divisions, qui serviront à déterminer les fonctions symétriques des racines d'une équation algébrique, fourniront des restes dont chacun devra être indépendant de la racine éliminée, il est clair qu'on pourra toujours calculer ces mêmes restes à l'aide des formules (12) et (16).

La marche que nous avons suivie pour arriver au développement de la fraction

$$\frac{1}{f(x)} = [f(x)]^{-1}$$

fournirait pareillement celui de

$$[f(x)]^m,$$

m étant un nombre entier quelconque. Les formules que l'on obtiendrait ainsi ne différeraient pas au fond de formules déjà connues, par exemple, de celles qu'a données M. Libri dans un de ses Mémoires.

En terminant ce paragraphe, nous rappellerons que la valeur de $\Pi(x)$ déterminée par l'équation (13), c'est-à-dire, en d'autres termes, le reste de la division de $F(x)$ par $f(x)$, pourrait encore se déduire de la formule d'interpolation de Lagrange. En effet, si l'on nomme

$$a, \quad b, \quad c, \quad \ldots, \quad h, \quad k$$

les n racines de l'équation

$$f(x) = 0, \tag{17}$$

la formule d'interpolation de Lagrange donnera

$$\frac{\Pi(x)}{f(x)} = \frac{F(a)}{f'(a)}\,\frac{1}{x-a} + \frac{F(b)}{f'(b)}\,\frac{1}{x-b} + \ldots + \frac{F(k)}{f'(k)}\,\frac{1}{x-k}, \tag{18}$$

ou, ce qui revient au même,

$$\frac{\Pi(x)}{f(x)} = \mathcal{E}\frac{F(z)}{((f(z)))}\,\frac{1}{x-z},$$

et par conséquent

$$\Pi(x) = \mathcal{E}\frac{F(z)}{((f(z)))}\,\frac{f(x)}{x-z} = \mathcal{E}\frac{F(z)}{((f(z)))}\,\frac{f(x)-f(z)}{x-z}.$$

Si maintenant on pose $x = 0$, on trouvera

$$\Pi(0) = -f(0)\,\mathcal{E}\frac{F(z)}{z((f(z)))},$$

ou, ce qui revient au même,

$$\Pi(0) = F(0) - f(0)\,\mathcal{E}\frac{F(z)}{((z\,f(z)))}, \tag{19}$$

et de la formule (19), jointe à l'équation (16), on tirera

$$\lambda = \mathcal{E}\frac{F(z)}{((z\,f(z)))}. \tag{20}$$

La valeur précédente de λ peut être aisément transformée en une suite composée d'un nombre fini de termes. En effet posons, pour abréger,

$$Z = -(A z^{n-1} + B z^{n-2} + \ldots + H z + K). \tag{21}$$

On aura

$$f(z) = z^n - Z,$$

par conséquent

$$\frac{1}{f(z)} = \frac{1}{z^n} + \frac{Z}{z^{2n}} + \ldots + \frac{Z^l}{z^{(l+1)n}} + \frac{Z^{l+1}}{z^{(l+1)n}(z^n - Z)}. \tag{22}$$

Si d'ailleurs, m étant le degré de $F(z)$, on prend $l = m - n$, la fraction

$$\frac{Z^{l+1}\,F(z)}{z^{(l+1)n+1}(z^n - Z)}$$

offrira un dénominateur dont le degré surpassera de deux unités au moins le degré du numérateur. On aura donc

$$\mathcal{E}\frac{Z^{l+1}\,F(z)}{((z^{(l+1)n+1}(z^n - Z)))} = 0;$$

et l'on tirera de l'équation (22), après en avoir multiplié les deux membres par le rapport $\frac{F(z)}{z}$,

$$\lambda = \mathcal{E}\frac{F(z)}{((z^{n+1}))} + \mathcal{E}\frac{Z\,F(z)}{((z^{2n+1}))} + \ldots + \mathcal{E}\frac{Z^l\,F(z)}{((z^{(l+1)n+1}))}, \tag{23}$$

ou, ce qui revient au même,

$$\left\{\begin{aligned} \lambda = {} & \frac{1}{1.2\ldots n} D_z^n\,F(z) + \frac{1}{1.2\ldots 2n} D_z^{2n}[Z\,F(z)] + \ldots \\ & + \frac{1}{1.2\ldots(l+1)n} D_z^{(l+1)n}[Z^l\,F(z)], \end{aligned}\right. \tag{24}$$

z devant être réduit à zéro après les différentiations. L'équation (24), dont le second membre se compose d'un nombre fini de termes, fournit un développement remarquable de la valeur de λ, et par suite de la valeur de $\Pi(0)$. D'ailleurs, en vertu des formules (18) et (19), on a évidemment

$$\frac{F(a)}{a\,f'(a)} + \frac{F(b)}{b\,f'(b)} + \ldots + \frac{F(k)}{k\,f'(k)} = -\frac{\Pi(0)}{f(0)} = \lambda - \frac{F(0)}{f(0)}. \tag{25}$$

Si l'on supposait la valeur de Z déterminée, non plus par l'équation (21), mais par la suivante

$$Z = -(B^n z^{-2} + \ldots + Hz + K),$$

on aurait

$$f(z) = z^n + A z^{n-1} - Z,$$

et, en développant le rapport

$$\frac{1}{f(z)}$$

en progression géométrique suivant les puissances ascendantes de Z, on obtiendrait, à la place de l'équation (23), cette autre formule

$$(26)\quad \begin{cases} \lambda = \mathcal{E}\dfrac{F(z)}{((z^n(z+A)))} + \mathcal{E}\dfrac{Z\,F(z)}{((z^{2n-1}(z+A)^2))} \\ \qquad + \mathcal{E}\dfrac{Z^2\,F(z)}{((z^{3n-2}(z+A)^3))} + \ldots, \end{cases}$$

dont le second membre serait encore composé d'un nombre fini de termes.

D'ailleurs chacun de ces termes serait de la forme

$$(27)\qquad \mathcal{E}\frac{\psi(z)}{((z^i(z+A)^j))},$$

i, j désignant deux nombres entiers, et $\psi(z)$ une fonction entière de z. Ajoutons qu'il est facile d'obtenir la valeur de l'expression (27) en opérant comme il suit.

Désignons par $\Psi(z)$ la partie du développement de $\psi(z)$ qui offre des puissances de z d'un degré inférieur à i, en sorte qu'on ait

$$\Psi(z) = \psi(0) + z\,\psi'(0) + \frac{z^2}{1.2}\psi''(0) + \ldots + \frac{z^{i-1}}{1.2\ldots(i-1)}\psi^{(i-1)}(0).$$

On aura encore, pour des valeurs de j égales ou supérieures à l'unité,

$$\mathcal{E}\frac{\Psi(z)}{((z^i(z+A)^j))} = 0;$$

et par suite l'expression (27) pourra être réduite à

$$\mathcal{E}\frac{\psi(z) - \Psi(z)}{((z^i(z+A)^j))},$$

ou, ce qui revient au même, à

$$\mathcal{E}\frac{\psi(z)-\Psi(z)}{z^i}\frac{1}{(((z+A)^j))},$$

puisque le développement de $\psi(z)-\Psi(z)$ sera divisible par z^i. En conséquence, on aura

$$(28)\qquad \mathcal{E}\frac{\psi(z)}{((z^i(z+A)^j))}=\frac{(-1)^{j-1}}{1.2\ldots(j-1)}\left[D_A^{j-1}\frac{\psi(-A)}{(-A)^i}-D_A^{j-1}\frac{\Psi(-A)}{(-A)^i}\right].$$

Il est bon d'observer que, dans le second membre de la formule (28), la quantité

$$D_A^{j-1}\frac{\Psi(-A)}{(-A)^i}$$

représente la partie de l'expression

$$D_A^{j-1}\frac{\psi(-A)}{(-A)^i}$$

qui renferme des puissances négatives de A. Cela posé, la formule (26) donnera

$$(29)\qquad \lambda=\frac{F(z)}{z^n}+\frac{1}{1}D_z\frac{Z\,F(z)}{z^{2n-1}}+\frac{1}{1.2}D_z^2\frac{Z^2\,F(z)}{z^{3n-2}}+\ldots,$$

pourvu que l'on rejette après les différentiations tous les termes qui renfermeront des puissances négatives de z, et que l'on pose ensuite $z=-A$.

Pour montrer une application des formules qui précèdent, supposons l'équation (17) réduite à celle-ci

$$x^2+Ax+B=0,$$

alors on aura

$$f(0)=B,\qquad f'(a)=-f'(b)=a-b;$$

par conséquent la formule (25) donnera

$$\lambda=\frac{F(0)}{B}+\frac{1}{a-b}\left[\frac{F(a)}{a}-\frac{F(b)}{b}\right],$$

et l'on tirera de la formule (29)

$$\lambda = \frac{F(z)}{z^2} - \frac{B}{1} D_z \frac{F(z)}{z^3} + \frac{B^2}{1.2} D_z^2 \frac{F(z)}{z^4} + \ldots.$$

On aura donc

$$\frac{\frac{1}{a}F(a) - \frac{1}{b}F(b)}{a-b} = -\frac{F(0)}{B} + \frac{F(z)}{z^2} - \frac{B}{1} D_z \frac{F(z)}{z^3} + \frac{B^2}{1.2} D_z^2 \frac{F(z)}{z^4} + \ldots,$$

pourvu que l'on rejette, après les différentiations effectuées, les puissances négatives de z, et que l'on pose alors $z = -A$.

Si l'on réduit l'équation proposée à la suivante

$$x^2 - 2rx\cos\varphi + r^2 = 0,$$

et si l'on suppose d'ailleurs $F(z) = z^m$, ou, ce qui sera plus commode, $F(z) = z^{m+1}$, la dernière des formules que nous venons d'obtenir donnera

$$\frac{\sin m\varphi}{\sin\varphi} = (2\cos\varphi)^{m-1} - \frac{m-2}{1}(2\cos\varphi)^{m-3} + \frac{(m-3)(m-4)}{1.2}(\cos\varphi)^{m-5} - \ldots,$$

ce que l'on sait être exact; et l'on trouvera en particulier, en prenant $\varphi = 0$,

$$m = 2^{m-1} - \frac{m-2}{1} 2^{m-3} + \frac{(m-3)(m-4)}{1.2} 2^{m-5} - \ldots.$$

§ III. — *Sur la résolution numérique des équations.*

Dans un précédent Mémoire, nous avons fait servir les propriétés des fonctions interpolaires à la résolution numérique des équations; et nous avons donné une méthode à l'aide de laquelle on peut obtenir des valeurs de plus en plus approchées des racines réelles d'une équation algébrique, ou même, très souvent, d'une équation transcendante. Cette méthode se transforme d'elle-même en celle de Newton, lorsqu'on est parvenu à renfermer chaque racine réelle entre des limites suffisamment rapprochées. Mais elle n'indique pas *a priori* le nombre des opérations auxquelles on sera obligé de recourir pour effectuer la séparation des racines réelles. On ne doit pas s'en étonner; car le problème de la séparation des racines est de sa nature un problème insoluble, dans le cas général d'une équation de forme quelconque. En effet, lorsqu'une équation devient transcendante, ou, ce qui revient au même, lorsque le nombre des termes d'une équation algébrique devient infini, cette équation peut admettre entre deux limites même très rapprochées une infinité de racines réelles. C'est ce qui arrivera, par exemple, si l'équation donnée se réduit à

$$x \sin \frac{1}{x} = 0,$$

ou, ce qui revient au même, à

$$1 - \frac{x^{-2}}{1.2.3} + \frac{x^{-4}}{1.2.3.4.5} + \ldots = 0.$$

Dans le cas particulier où l'équation donnée est algébrique ou composée d'un nombre fini de termes, on peut arriver à la séparation des racines réelles, dès que l'on connaît une limite inférieure à la plus petite différence entre ces racines. On peut aussi parvenir au même but, lorsqu'on a résolu d'abord un problème indiqué par Lagrange, et trouvé des règles sûres pour déterminer dans une équation de degré quelconque le nombre des racines réelles, soit positives, soit négatives. Ce dernier problème est précisément celui dont j'ai donné une solution dans des recherches présentées à l'Institut en 1813, et publiées dans le XVIIe Cahier du *Journal de l'École Polytechnique*. J'ai démontré, en particulier, qu'*étant donnée une équation du degré n, on peut toujours obtenir n fonctions rationnelles ou même entières des coefficients, tellement choisies que les signes des quantités représentées par ces fonctions indiquent le nombre des racines réelles, ou la différence entre le nombre des racines positives et le nombre des racines négatives. Pour obtenir, ou cette différence, ou le nombre des racines réelles, il suffit de soustraire du nombre des fonctions représentées par des quantités positives le nombre des fonctions représentées par des quantités négatives*. Ajoutons que, dans le cas où l'on cherche simplement le nombre des racines réelles, l'une des fonctions se réduit toujours à l'unité. D'ailleurs il existe plusieurs systèmes de fonctions qui remplissent les conditions ci-dessus énoncées, et M. Sturm a démontré que *la recherche de semblables fonctions peut être réduite à la recherche du plus grand commun diviseur entre une fonction entière et sa dérivée.* Il est ainsi parvenu à donner du problème indiqué par Lagrange une solution qui a l'avantage de reposer uniquement sur le système d'opérations qu'exige la recherche des racines égales, et qui diffère de la mienne par les valeurs des fonctions que l'on détermine. Mais l'une et l'autre solution pourront devenir insuffisantes, comme la méthode d'approximation ci-dessus mentionnée, quand il s'agira de séparer les racines d'une équation algébrique dont les coefficients seront irrationnels. En effet, dans ce dernier cas, une fonction entière des coefficients offrira généralement elle-même une valeur numérique irrationnelle; et, si la quantité représentée par cette fonction diffère très peu de zéro, le signe de cette quantité ne pourra être fixé avec certitude jusqu'à une époque qu'il sera généralement impossible de déterminer *a priori,* savoir, jusqu'à l'époque où les valeurs approchées des coefficients auront été calculées avec une approximation suffisante, et renfermeront un assez grand nombre de chiffres décimaux pour que ces valeurs, substituées dans la fonction, fassent connaître au moins le premier chiffre significatif de sa valeur numérique.

Quand les coefficients de l'équation numérique donnée, cessant d'être irrationnels, seront au contraire des nombres entiers, on pourra se dispenser de résoudre d'abord le problème indiqué par Lagrange. Alors, en effet, *après avoir réduit le coefficient de la plus haute puissance des x à l'unité, il suffira, pour obtenir immédiatement une limite inférieure à la plus petite différence entre les racines réelles, de diviser l'unité par le double de la limite supérieure aux modules de toutes les racines, puis d'élever le quotient trouvé à la puissance dont le degré sera inférieur d'une unité au nombre des combinaisons que l'on peut former avec les racines combinées deux à deux* (*voir* l'*Analyse algébrique*, p. 487). Ce qui doit surtout être remarqué, c'est qu'en vertu du théorème IV du premier paragraphe, cette règle s'étend au cas même où l'équation donnée offre des racines égales, et détermine alors *une limite inférieure à la plus petite différence entre deux racines réelles distinctes l'une de l'autre*. On n'aura donc pas besoin de s'occuper particulièrement du cas où les racines sont égales; et, dans ce cas même, on pourra, si les coefficients de l'équation donnée sont des nombres entiers, effectuer la séparation des racines diverses à l'aide de la règle que je viens d'énoncer. Ajoutons que la limite inférieure à la plus petite différence entre les racines pourra être considérablement augmentée à mesure que l'on connaîtra des valeurs de plus en plus approchées des racines réelles.

109.

MATHÉMATIQUES. — *Rapport sur les procédés de calcul imaginés et mis en pratique par un jeune pâtre de la Touraine.*

C. R., t. XI, p. 952 (14 décembre 1840).

L'Académie nous a chargés, MM. Arago, Serres, Sturm, Liouville et moi, de lui rendre compte des procédés à l'aide desquels le jeune Henri Mondeux parvient à exécuter de tête, et en très peu d'instants, des calculs très compliqués.

Que sans secours et abandonné à lui-même, un enfant préposé à la garde des troupeaux arrive à exécuter de mémoire et très facilement un grand nombre d'opérations diverses, c'est un fait que seraient tentés de révoquer en doute ceux qui n'en auraient pas été les témoins, et dont le merveilleux rappelle tout ce que l'histoire nous raconte du jeune Pascal, s'élevant à l'âge de douze ans, et à l'aide de figures tracées avec un charbon, jusqu'à la XXXIIe proposition de la Géométrie d'Euclide. Toutefois ce fait merveilleux s'est déjà présenté dans la personne d'un jeune berger sicilien, mais avec cette différence que les maîtres de Mangiamele ont toujours tenu secrètes les méthodes de calcul dont ils se servaient, tandis que M. Jacoby, qui a recueilli chez lui le jeune pâtre des environs de Tours, a offert lui-même de mettre les procédés employés par son élève sous les yeux des Commissaires de l'Académie.

Dès sa plus tendre enfance, le jeune Henri Mondeux, s'amusant à compter des cailloux rangés à côté les uns des autres, et à combiner entre eux les nombres qu'il avait représentés de cette manière, rendait sensible, à son insu, l'étymologie latine du mot *calculer*. A cette époque de sa vie, les systèmes de cailloux semblent avoir été plus particulièrement les signes extérieurs auxquels se rattachait pour lui l'idée de nombre; car il ne connaissait pas encore les chiffres. Quoi qu'il en soit, après s'être longtemps exercé au calcul, comme nous venons de le dire, il finit par offrir aux personnes qu'il rencontrait de leur donner la solution de quelques problèmes, par exemple de leur apprendre combien d'heures, ou même de minutes, se trouvaient renfermées dans le nombre d'années qui exprimait leur âge. Frappé de tout ce que l'on racontait du jeune pâtre, M. Jacoby, instituteur à Tours, eut la curiosité de le voir. Après un mois de recherches, il rencontre un enfant dont l'attitude est celle d'un homme absorbé par une méditation profonde. Cet enfant, appuyé sur un bâton, a les yeux tournés vers le ciel. A ce signe, M. Jacoby ne doute pas qu'il n'ait atteint le but de ses courses. Il propose une question à Henri, qui la résout à l'instant même, et il lui promet de l'instruire. Malheureusement celui qui se rappelle si bien les nombres a beaucoup de peine à retenir un nom ou une adresse. Henri, à son tour, emploie un mois entier en recherches infructueuses avant de retrouver M. Jacoby. Enfin les vœux du jeune pâtre sont exaucés : il a le bonheur de recevoir des leçons d'Arithmétique. Mais les moments de liberté dont il peut disposer le soir pour cette étude lui paraissent trop courts. Henri, depuis quelque temps, était à la solde d'un fermier établi près de la ville. Il avait pour appointements trois paires de sabots par année, du pain noir à discrétion, et un peu d'ail quelquefois. Un jour il quitte la ferme en déclarant qu'il a trouvé une bonne place; et M. Jacoby, qui voit l'enfant arriver à Tours avec quelques hardes sous le bras, accueille avec bonté ce nouveau pensionnaire que la Providence lui envoie, ce pauvre orphelin auquel il devra désormais servir de père. Sous la direction de M. Jacoby, Henri Mondeux, en continuant de se livrer à son étude favorite, est devenu plus habile dans la Science du calcul, et a commencé à s'instruire sous d'autres rapports. Aujourd'hui il exécute facilement de tête, non seulement les diverses opérations de l'Arithmétique, mais encore, dans beaucoup de cas, la résolution numérique des équations : il imagine des procédés quelquefois remarquables pour résoudre une multitude de questions diverses que l'on traite ordinairement à l'aide de l'Algèbre ; et détermine, à sa manière, les valeurs exactes ou approchées des nombres entiers ou fractionnaires qui doivent remplir des conditions indiquées. Arrêtons-nous un moment à donner une idée des méthodes qui sont le plus familières au jeune calculateur.

Quand il s'agit de multiplier l'un par l'autre des nombres entiers, Henri Mondeux partage souvent ces nombres en tranches de deux chiffres. Il est arrivé de lui-même à reconnaître que, dans les cas où les facteurs sont égaux, l'opération devient plus simple, et les règles qu'il emploie alors pour former le produit, ou plutôt la puissance demandée, sont précisément celles que donnerait la formule connue sous le nom de *binôme de Newton*. Guidé par ces règles, il peut énoncer, à l'instant même où on les demande, les carrés et les cubes d'une multitude de nombres, par exemple, le carré de 1204 ou le cube de 1006. Comme il sait à peu près par cœur les carrés de tous les nombres entiers inférieurs à 100, le partage des nombres plus considérables en tranches de deux chiffres lui permet d'obtenir plus facilement leurs carrés. C'est ainsi qu'il est parvenu, en présence de l'Académie, à former presque immédiatement le carré de 756.

Henri est parvenu seul à retrouver le procédé connu qui donne la somme d'une progression arithmétique. Plusieurs des règles qu'il a imaginées, pour résoudre différents problèmes, sont celles qui se déduisent de certaines formules algébriques. On peut citer, comme exemples, les règles qu'il a obtenues pour calculer la somme des cubes, des quatrièmes, et même des cinquièmes puissances des nombres naturels.

Pour résoudre deux équations simultanées du premier degré, Henri a eu recours à un artifice qui mérite d'être signalé. Il a cherché d'abord la différence des inconnues; et, pour y parvenir, il a soustrait les deux équations l'une de l'autre, après avoir multiplié la première par le rapport qui existe entre les sommes formées successivement, pour l'une et pour l'autre, avec les coefficients des deux inconnues. On pourrait, en faisant subir à ce procédé une légère modification, se borner à soustraire l'une de l'autre les deux équations données, après avoir divisé chacune d'elles par la somme des coefficients qui affectent dans le premier membre les deux inconnues. Alors l'équation résultante fournirait toujours immédiatement la différence entre les deux inconnues, de laquelle on déduit sans peine, comme l'a vu Henri Mondeux, ces inconnues elles-mêmes; et l'on obtiendrait ainsi, pour la résolution de deux équations du premier degré, une méthode qui offrirait cet avantage que le calcul resterait symétrique par rapport aux deux inconnues dont on cherche les valeurs.

S'agit-il de résoudre, non plus des équations simultanées du premier degré, mais une seule équation d'un degré supérieur au premier, Henri emploie habituellement un procédé que nous allons expliquer par un exemple. Nous avons proposé à Henri le problème dont voici l'énoncé :

Trouver un nombre tel que son cube, augmenté de 84, fournisse une somme égale au produit de ce nombre par 37.

Henri a donné, comme solutions du problème, les nombres 3 et 4. Pour les obtenir, il a commencé par transformer l'équation qu'il s'agissait de résoudre, en divisant les deux membres par le nombre cherché. Alors la question proposée s'est réduite à la suivante :

Trouver un nombre tel que son carré, augmenté du quotient que l'on obtient en divisant 84 par ce nombre, donne 37 pour somme.

A l'aide de la transformation que nous venons de rappeler, Henri Mondeux a pu immédiatement reconnaître que le nombre cherché était inférieur à la racine carrée de 37, par conséquent à 6; et bientôt quelques faciles essais l'ont amené aux deux nombres que nous avons indiqués.

Les questions même d'analyse indéterminée ne sont pas au-dessus de la portée de Henri Mondeux. L'un de nous lui a demandé deux carrés dont la différence fût 133. Il a donné immédiatement comme solution le système des nombres 66 et 67. On a insisté pour obtenir une solution plus simple. Après un moment de réflexion, il a indiqué les nombres 6 et 13. Voici de quelle manière Henri avait procédé pour arriver à l'une et à l'autre solution. La différence entre les carrés des nombres cherchés surpasse le carré de leur différence d'une quantité qui est égale au double de cette différence multiplié par le plus petit. La question proposée peut donc être ramenée à la suivante : Soustraire du nombre 133 un carré tel, que le reste soit divisible par le double de la racine. Si l'on essaye l'un après l'autre les carrés

$$1,\quad 4,\quad 9,\quad 16,\quad 25,\quad 36,\quad 49,\quad \ldots,$$

on reconnaîtra que parmi ces carrés 1 et 49 sont les seuls qui satisfassent à la nouvelle question. En les retranchant de 133 et divisant les restes 132 et 84 par les racines doublées, c'est-à-dire par 2 et par 14, on obtient pour quotients les nombres 66 et 6, dont chacun répond à l'une des solutions données par Henri Mondeux. On conçoit, d'ailleurs, qu'en suivant la marche que nous venons de rappeler, Henri n'a pas rencontré d'abord celle des deux solutions qui nous paraît la plus simple, mais celle qui offre les carrés dont les racines sont plus rapprochées l'une de l'autre.

Nous avons été curieux de savoir quel temps emploierait Henri Mondeux pour apprendre et retenir un nombre de 24 chiffres partagés en quatre tranches, de manière à pouvoir énoncer à volonté les six chiffres renfermés dans chacune d'elles. Cinq minutes lui ont suffi pour cet objet.

Henri a une aptitude merveilleuse à saisir les propositions relatives aux nombres. L'un de nous lui ayant indiqué divers moyens de simplifier les opérations de l'Arithmétique, il les a mis immédiatement en pratique, avec la plus grande facilité.

Au reste, on serait dans l'erreur si l'on croyait que la mémoire de Henri, si prompte à lui représenter les nombres, peut être aisément appliquée à d'autres usages. Comme nous l'avons déjà remarqué, il a de la peine à retenir les noms des lieux et des personnes. Il lui est pareillement difficile de retenir les noms des objets qui n'ont pas encore fixé son attention, par exemple les noms des figures que l'on considère en Géométrie; et la construction des carrés et des cubes l'intéresse moins que la recherche des propriétés des nombres par lesquels on les représente. D'ailleurs, il ne se laisse pas aisément distraire des calculs qu'il a entrepris. Tout en résolvant un problème, il peut se livrer à d'autres occupations qui ne l'empêchent pas d'atteindre son but; et lorsque l'attention de Henri s'est portée sur quelques nombres qu'il s'agit de combiner entre eux, sa pensée s'y attache assez fortement pour qu'il puisse suivre en esprit les progrès de l'opération, comme s'il était complètement isolé de tout ce qui l'environne.

Henri Mondeux doit beaucoup à M. Jacoby. Lorsque celui-ci consentit à servir de père et de maître au jeune berger, Henri ne savait ni lire ni écrire, il ne connaissait pas les chiffres. S'il montrait une grande aptitude pour le calcul, son instruction, sous tous les autres rapports, et, ce qui est beaucoup plus triste, son éducation même étaient complètement à faire. On doit savoir gré à M. Jacoby de ne s'être point laissé effrayer par les obstacles que semblait opposer d'abord au succès de son entreprise le caractère violent et sauvage du jeune Mondeux; et l'on aime aujourd'hui à retrouver un enfant religieux, caressant et docile dans le petit vagabond de Mont-Louis. Il est vrai que, dans sa pénible tâche, M. Jacoby a été soutenu et encouragé par les heureuses inclinations que Henri Mondeux laissait entrevoir sous l'écorce la plus rude. Naturellement vif et emporté, cet enfant avait un cœur reconnaissant et une tendre charité pour les pauvres, auxquels il distribuait volontiers le peu qu'il possédait. Ces bonnes dispositions ont augmenté l'attachement de M. Jacoby pour son élève, dont le caractère est devenu plus doux. Mais, pour réussir, M. Jacoby a été d'abord obligé de séparer complètement Henri Mondeux de ses autres pensionnaires, et de lui donner une éducation toute spéciale. L'éducation, l'instruction de l'enfant sont-elles aujourd'hui assez avancées pour pouvoir être continuées et complétées, en la présence et la compagnie d'autres élèves? M. Jacoby ne le pense pas, et les membres de la Commission ne le pensent pas non plus. Nous croyons d'ailleurs que l'Académie doit reconnaître le zèle et le noble dévouement que M. Jacoby a déployés dans le double intérêt de son élève et de la Science, encourager ses efforts, le remercier de l'avoir mise à portée d'apprécier la merveilleuse aptitude du jeune Henri Mondeux pour les calculs, enfin émettre le vœu que le Gouvernement fournisse à M. Jacoby les moyens de continuer sa bonne œuvre et de développer de plus en plus les rares facultés qui peuvent faire espérer que cet enfant extraordinaire se distinguera un jour dans la carrière des sciences.

110.

Physique mathématique. — *Rapport sur deux Mémoires présentés à l'Académie des Sciences par M. Duhamel, et relatifs aux vibrations des cordes que l'on a chargées de curseurs.*

C. R., t. XI, p. 957 (14 décembre 1840).

L'Académie nous a chargés, MM. Savart, Savary, Sturm et moi, de lui rendre compte de deux Mémoires de M. Duhamel. Des recherches entreprises par l'auteur de ces Mémoires, dans le dessein de parvenir à l'explication de certains phénomènes d'acoustique, l'ont conduit à étudier les lois suivant lesquelles les vibrations transversales d'une corde sont modifiées lorsqu'on applique à l'un de ses points un curseur dont la masse est connue. Alors les deux parties de la corde qui aboutissent au point dont il s'agit n'ont pas nécessairement en ce point la même tangente; et l'équation de condition, relative à ce point, diffère, par la forme, de celles qui se rapportent aux deux extrémités de la corde. On doit même observer que cette équation n'est pas une équation différentielle ordinaire, comme celles que l'on obtient dans un grand nombre de questions de Physique mathématique, mais une équation aux dérivées partielles. Cette circonstance n'empêche pas M. Duhamel d'effectuer les intégrations, et de trouver l'équation transcendante à l'aide de laquelle se déterminent le son fondamental ou les sons harmoniques que la corde peut rendre, ainsi que la position des nœuds. Comme, pour un son donné, les diverses subdivisions de la corde offrent nécessairement des vibrations de même durée, ces subdivisions doivent être égales en longueur, à l'exception toutefois de celle qui porte le curseur, quand le point, auquel le curseur est appliqué, ne devient pas un nœud. Si l'on fait varier proportionnellement la masse du curseur et la longueur de la corde, le rapport des segments restant le même ainsi que la tension, la durée des vibrations variera dans le même rapport que la longueur de la corde. Cette proposition, analogue à celle que M. Savart a déduite de ses expériences relatives aux vibrations des corps semblables, se démontre aussi, comme l'observe M. Duhamel, par une méthode analogue à celle que l'un de nous a exposée dans le tome IX des *Mémoires de l'Académie*.

Après avoir, dans le premier Mémoire, étudié les vibrations d'une corde chargée d'un curseur, M. Duhamel a composé un second Mémoire dans lequel il a étendu ses recherches au cas où la corde est chargée de deux curseurs à la fois. Dans ce nouveau Mémoire, il a donné encore l'équation transcendante dont les racines servent à déterminer les sons que la corde peut rendre avec la position des nœuds; et, chose remarquable, il a trouvé des solutions qui ne se rapportent à aucune de ces racines. Supposant ensuite que la corde, au lieu d'être abandonnée à elle-même, vibre sous l'action d'un archet, il a retrouvé des théorèmes analogues à ceux qu'il avait obtenus dans un Mémoire dont nous avons déjà rendu compte à l'Académie et qu'elle a honoré de son approbation.

M. Duhamel ne s'est pas contenté de rechercher par la théorie les lois des vibrations des cordes chargées de curseurs. Pour déterminer le nombre de ces vibrations, afin de pouvoir comparer la théorie à l'expérience, il a employé un procédé dont les premières applications ont été faites par Watt et par Eytelwein. Ce procédé consiste à adapter au point matériel dont on cherche le mouvement une pointe qui laisse une trace sur un plan mobile, sans produire un frottement sensible. Pour se dispenser de la nécessité de calculer avec précision le mouvement de ce plan, M. Duhamel a comparé le nombre des vibrations exécutées par une corde chargée de curseurs avec le nombre des vibrations exécutées en même temps par une autre corde parallèle, et voisine de la première, qui ne portait point de curseurs et qui, dans toutes les expériences, rendait le même son. Alors l'observation a montré comment les changements opérés dans la position et la masse des curseurs faisaient varier le premier nombre ou plutôt le rapport du premier nombre au second. Pour des valeurs de ce rapport comprises en $\frac{1}{2}$ et $\frac{3}{4}$, les différences entre les résultats de l'observation et de la théorie ont été constamment très petites, par exemple inférieures à un millième ou à un millième et demi. L'accord du calcul et de l'expérience était donc aussi satisfaisant qu'on pouvait le désirer.

En résumé, les deux Mémoires de M. Duhamel offrent une nouvelle preuve des avantages que la Physique peut retirer de l'Analyse mathématique. Ces deux Mémoires nous paraissent très dignes d'être approuvés par l'Académie et insérés dans le *Recueil des Savants étrangers*.

111.

MÉCANIQUE APPLIQUÉE. — *Rapport sur une machine destinée à la résolution numérique des équations et présentée à l'Académie par M. Léon Lalanne, ingénieur des Ponts et Chaussées.*

C. R., t. XI, p. 959 (14 décembre 1840).

Nous avons été chargés, MM. Savary, Coriolis, Sturm et moi, d'examiner une machine construite par M. Ernst, d'après les dessins et sous la direction de M. Léon Lalanne, et présentée par cet ingénieur à l'Académie dans l'avant-dernière séance. En faisant construire cette machine, M. Léon Lalanne s'est proposé d'appliquer d'une manière nouvelle à la résolution numérique des équations un principe exposé, dès l'année 1810, dans les *Opuscules mathématiques* de M. Bérard, professeur au collége de Briançon, et reproduit par ce dernier, en 1818, dans un ouvrage intitulé : *Méthodes nouvelles pour déterminer les racines des équations numériques*, etc. Entrons à ce sujet dans quelques détails.

On sait que, dans une équation algébrique dont le premier membre est une fonction entière de l'inconnue, il suffit de changer les signes des termes qui renferment des puissances impaires de cette inconnue, pour que toutes les racines réelles changent de signe. Donc la détermination des racines réelles d'une semblable équation peut toujours être réduite à la recherche des racines positives. De plus, en substituant à l'inconnue que renferme l'équation donnée le produit de la limite supérieure des racines positives par une inconnue nouvelle, on obtient une équation transformée dont toutes les racines se trouvent comprises entre zéro et l'unité. Cela posé, considérons un levier horizontal dont le milieu, s'appuyant sur un axe de suspension vertical, puisse parcourir sur cet axe une certaine longueur comptée à partir d'un point fixe et prise pour unité. Supposons d'ailleurs les deux bras de ce levier sollicités au mouvement par des poids qui agissent à des distances de l'axe de suspension représentées par les diverses puissances entières de la distance du levier au point fixe, et qui soient proportionnels aux coefficients des mêmes puissances de l'inconnue dans l'équation transformée, ces poids étant appliqués à un bras du levier ou à l'autre, suivant qu'ils correspondent à des termes positifs ou négatifs. Si le levier dont il s'agit vient à se mouvoir, parallèlement à lui-même, en s'abaissant au-dessous du point fixe, les courbes décrites par les points d'application des divers poids seront évidemment des paraboles de divers ordres, qui auront pour commune origine le point fixe, à partir duquel elles se sépareront pour se réunir de nouveau par leurs extrémités inférieures, les unes à droite, les autres à gauche de l'axe de suspension. Concevons maintenant que, les différents poids étant suspendus au levier par des fils métalliques, les diverses paraboles, correspondantes aux diverses puissances de l'inconnue, soient représentées par des fentes pratiquées dans un triangle rectangle et isoscèle de bois ou de métal. Si tout est disposé de manière que les points d'application des différents poids, c'est-à-dire, en d'autres termes, les extrémités supérieures des fils métalliques, glissent dans ces fentes, on obtiendra l'instrument auquel M. Bérard a donné le nom de *balance algébrique*. Lorsqu'on voudra se servir de cet instrument, pour obtenir des valeurs approchées des racines positives d'une équation, comprises entre les limites o et 1, il suffira de rechercher les diverses positions d'équilibre du levier horizontal; et il est clair qu'à chacune de ces positions correspondra une racine positive représentée par la distance du levier au point fixe qui est l'origine commune des paraboles des divers ordres.

Au reste, il n'est pas toujours facile d'appliquer la balance algébrique, telle que nous venons de la décrire, à la détermination approximative des racines positives d'une équation, supposées toutes comprises entre les limites o et 1. En effet, comme les fentes qui représentent les paraboles des divers ordres ne sauraient être prolongées supérieurement jusqu'à leur commune origine, ni inférieurement jusqu'aux points où elles se réunissent à droite ou à gauche de l'axe de suspension, il deviendra difficile et même impossible de fixer approximativement, à l'aide de la balance, les valeurs de racines positives, si ces racines diffèrent peu de zéro ou de l'unité. Il nous reste à dire quels sont les moyens proposés par M. Bérard lui-même, puis par M. Léon Lalanne, pour remédier à l'inconvénient dont il s'agit.

Le moyen proposé par M. Bérard consiste à remplacer l'inconnue de l'équation algébrique donnée par une autre inconnue qui soit une fonction linéaire de la première, cette fonction étant tellement choisie, que toutes les racines positives de l'équation transformée demeurent comprises, non plus seulement entre les limites o et 1, mais aussi entre les limites plus rapprochées $\frac{4}{10}$ et $\frac{9}{10}$.

Le moyen proposé par M. Léon Lalanne consiste à écarter arbitrairement de l'axe de suspension les paraboles des divers ordres à des distances qui restent toujours les mêmes pour deux paraboles de même ordre tracées symétriquement à droite et à gauche de cet axe. Le moment du poids appliqué à l'une de ces deux paraboles se trouve alors augmenté, mais cette augmentation peut être compensée par l'application d'un poids pareil à l'origine de l'autre parabole. D'ailleurs les divers poids ainsi appliqués aux origines de diverses paraboles peuvent être évidemment remplacés par un poids unique dont le point d'application serait situé à l'unité de distance de l'axe de suspension.

On ne saurait disconvenir que le moyen proposé par M. Léon Lalanne n'ait sur celui qu'indiquait M. Bérard l'avantage de remédier plus efficacement à l'inconvénient que nous avons signalé. A moins d'être construite sur une grande échelle, la balance algébrique, telle qu'elle a été donnée par son auteur, fournira toujours difficilement les valeurs des racines positives qui ne seront pas comprises dans des limites fort resserrées dans le voisinage de la fraction $\frac{1}{2}$. Ajoutons que la nouvelle machine est construite de manière à remplir avec une assez grande exactitude les fonctions qui lui sont assignées, et que les détails de construction imaginés par M. Léon Lalanne sont en rapport avec le but que cet ingénieur s'était proposé. Observons encore qu'il suffirait de remplacer les paraboles des divers ordres par d'autres courbes algébriques ou transcendantes pour rendre la nouvelle machine propre à fournir les racines d'une équation dont le premier membre serait, non plus une fonction entière de l'inconnue, mais la somme de plusieurs termes proportionnels à diverses fonctions données.

En résumé, vos Commissaires pensent que la machine présentée à l'Académie par M. Léon Lalanne offre d'utiles perfectionnements à la balance algébrique, et que pour ce motif de nouveaux encouragements sont dus par l'Académie à l'ingénieux auteur de plusieurs autres appareils qu'elle a déjà honorés de son approbation.

FIN DU TOME V DE LA PREMIÈRE SÉRIE.

TABLE DES MATIÈRES

DU TOME CINQUIÈME.

PREMIÈRE SÉRIE.

MÉMOIRES EXTRAITS DES RECUEILS DE L'ACADÉMIE DES SCIENCES DE L'INSTITUT DE FRANCE.

NOTES ET ARTICLES EXTRAITS DES COMPTES RENDUS HEBDOMADAIRES DES SÉANCES DE L'ACADÉMIE DES SCIENCES.

FIN DE LA TABLE DES MATIÈRES DU TOME V DE LA PREMIÈRE SÉRIE.

5050 Paris. — Imprimerie de Gauthier-Villars, quai des Augustins, 55.

Printed in the United States
By Bookmasters